제 3 판

자동차 전기전자공학

B.C.Info

이찬수 · 황성일 · 정중호 · 유재복 공저

머리말

인류가 처음으로 전기의 존재를 발견한 것은 기원전 600년에 그리스의 철학자 탈레스(Thales)가 호박[琥珀 : 지질시대의 수지(樹脂 : 나무의 진) 따위가 땅속에서 수소, 산소, 탄소 등과 화합하여 돌처럼 된 광물]을 천으로 마찰하면 가벼운 종이나 모(毛) 등을 잡아당기는 이상한 현상을 발견한 것에서 비롯된다. 그러나 전기의 연구가 활발하게 진행된 것은 1672년 독일의 게에릭이 처음으로 다량의 전기를 일으키는 기계를 만들어내어 이 기계로 전기 불꽃을 얻는 데 성공한 이후부터이다.

1752년에는 미국의 프랭클린(Benjamin Franklin)이 연의 실험을 통해 번개는 전기라는 사실과, 전기에 플러스(+)와 마이너스(-)의 두 종류가 있다는 사실을 밝혀냈다. 그 후 1820년에는 덴마크의 에르스테드(Hans Christian Oersted)가 전기와 자기(磁氣) 사이에는 밀접한 관계가 있다는 것을 발견함에 따라 전기자기학이 비약적으로 발전하였고, 1831년에 영국의 패러데이(Michael Faraday)가 전자유도작용(電磁誘導作用)을 발견하고 처음으로 전동기를 만들었다. 이와 같은 역사를 거쳐 최근 1세기 동안 눈부시게 발전하여 현재에 이르고 있다.

1863년 영국 런던에서 세계 최초로 지하철이 개통되었는데, 당시 조선시대였던 우리나라에는 지하철은 고사하고 자동차도 없던 시기였다. 기록에 의하면 우리나라에 처음으로 들어온 자동차는 1902년 고종 황제를 위한 포드 자동차인데, 이것이 조선의 첫 자동차로 기록되어 있다. 하지만 이 자동차를 운전하는 모습은 그 누구도 본 적이 없다고 한다. 이후 몇 년 뒤 백성들이 자동차를 처음 보고 깜짝 놀라는 모습에 한 영국인 기자는 "자동차를 처음 본 조선인들은 혼비백산하여 사방으로 흩어졌고 들고 있던 짐도 내팽개치고 숨기에만 바빴다. 어떤 사람은 이 '쇠 괴물'로부터 자신을 보호해달라고 기도했으며 소와 말도 놀라 고삐를 뿌리치고 숨었다" 라는 내용의 기록을 남기기도 했다. 그 당시 처음으로 자동차의 모습을 본 데다 엔진 소리가 마치 귀신의 곡소리처럼 불쾌한 소리가 났기 때문에 사람들은 놀랐을 수밖에 없었을 것이다. 그만큼 유럽과 우리나라의 격차는 매우 컸다. 하지만 불과 100년 사이에 우리나라는 엄청나게 발전을 이루어냈고, 자동차 문화 역시 유럽보다 훨씬 빠르게 발전하여 1994년에는 우리나라 최초로 엔진과 트랜스미션 등 대부분의 부품을 국산화한 완전한 국산 자동차 '엑센트'를 개발해내기에 이르렀다.

이렇듯 짧은 자동차 역사를 가지고 있음에도 우리나라는 세계 주요 자동차 생산대국으로 성장하게 되었으며, 자동차 분야에 종사하는 전문지식을 갖춘 기술자 또한 기하급수적으로 늘어나고 있다. 따라서 자동차를 공부하는 학생들과, 자동차에 관심이 있는 많은 일반인에게 나날이 달라지고 있는 자동차의 기본 정보를 제공하여 앞으로의 기술진보에 능동적으로 대처할 수 있도록 하는 것이 매우 중요하다고 생각하였고, 이에 따라 이 ≪자동차전기전자공학≫을 집필하게 되었다.

본서에서는 전기를 매우 어렵게 생각하는 자동차 공학도를 위하여 전기 및 전자기초를 알기 쉽게 표현하기 위해 노력하였다. 일반적으로 전기나 전자를 어렵게 생각하는 이유는 대부분 전기를 발생시키는 전자(−)의 작용을 충분히 이해하지 못했기 때문이다. 따라서 전기 및 전자를 쉽게 이해하는 데는 물질의 원자 구조와 이러한 물질에 일정한 형태의 에너지, 즉 마찰, 열, 자기작용, 화학작용 등이 가해질 때 생기는 전자의 작용을 확실히 이해하도록 설명하였다. 또한 자동차에 이용되는 각종 전기장치를 예제와 더불어 각 과정을 이해하고 각종 국가고시와 자격증 취득을 위해 도움을 주었다. 특히 부록 단원에는 자동차 공학도가 반드시 알아야 할 기초공학을 수록하여 학습하는 데 도움이 되도록 하였다.

독자 여러분들이 부디 본서를 통해 자동차 기술을 습득하는 데 많은 도움이 되었으면 하는 바람이 간절하다. 또한 자동차 분야에 야망과 꿈을 걸고 배움에 도전하려는 자동차공학도와 정비사 그리고 관련자 모두에게 성공의 밑거름이 되기를 기대한다.

끝으로 본서가 탄생하기까지 함께 애써주신 기아자동차(주)부산서비스센터 황성일 박사님, 복두출판사 송광헌 대표님 이하 직원 여러분께도 지면으로나마 감사의 마음을 전하는 바이다.

2023년 2월

저자 일동

차례

CHAPTER 01 기초전기

CHAPTER 02 기초전자

CHAPTER 03 축전지

CHAPTER 04 시동장치

CHAPTER 05 점화장치

CHAPTER 06 충전장치

CHAPTER 07 공조장치

CHAPTER 08 등화 및 계기장치

CHAPTER 09 보디전장 장치

CHAPTER 10 에어백 장치

CHAPTER 11 하이브리드 자동차

CHAPTER 12 최신 자동차 전기전자 기술

CHAPTER 01

기초전기

1.1 개요

전기는 사람의 눈으로 볼 수 없고 만질 수 없고 맛으로도 알 수 없기 때문에 매우 어렵다고 생각한다. 그러나 그것은 잘못된 생각이다. 전기는 실험에서만 존재하는 에너지의 형태이므로 여러 가지 실험 등에 의해서 전기의 정체를 알 수 있다.

일반적으로 전기나 전자에 대해 어렵게 생각하는 이유는 전기를 발생시키는 전자(-)의 작용을 충분히 이해하지 못했기 때문이다. 따라서 전기 또는 전자를 쉽게 이해하기 위해서는 물질의 구조와 이러한 물질에 일정한 형태의 에너지, 즉 [그림 1.1]과 같이 마찰, 열, 빛, 압력, 자기작용, 전자유도작용, 화학작용 등이 가해질 때 생기는 전자의 작용을 충분히 이해해야 한다. 특히 기계자동차를 배우는 학생들은 전기 공학의 기초 지식은 매우 필요하다.

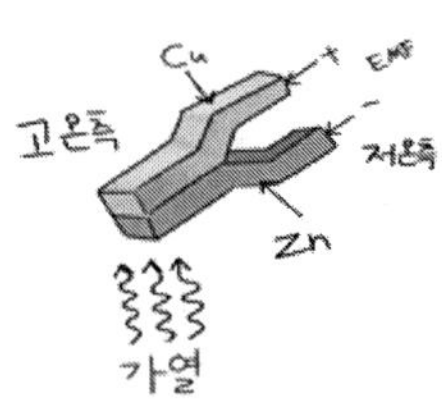

[열에 의한 전기 발생]

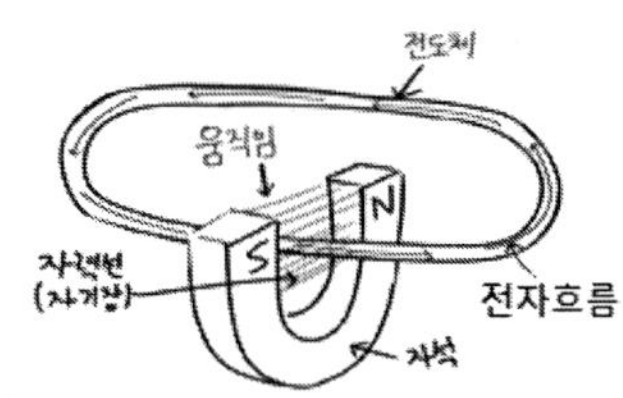

[전자유도에 의한 전기 발생]

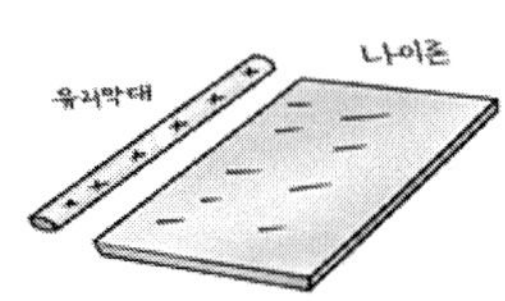

[마찰에 의한 전기 발생]

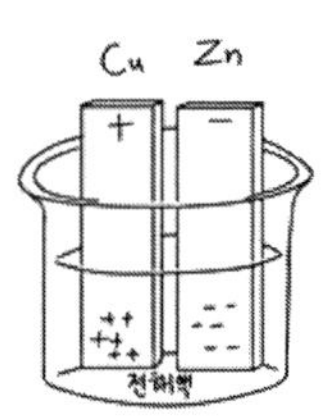

[화학반응에 의한 전기 발생]

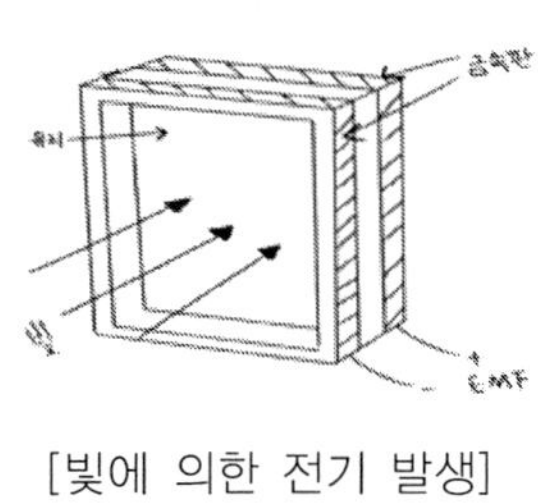

[빛에 의한 전기 발생]

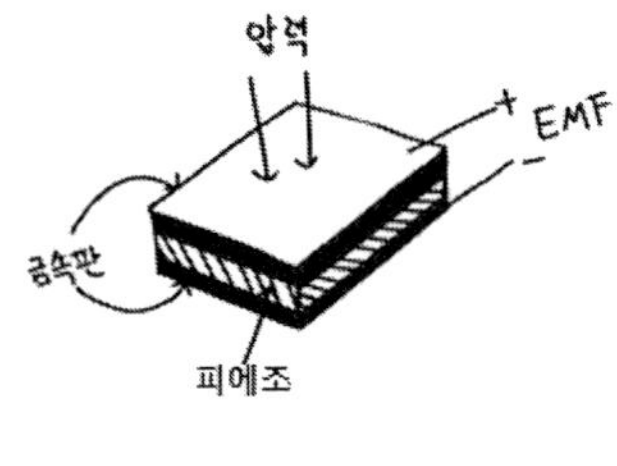

[압력에 의한 전기 발생]

[그림 1.1] 전기의 발생

1.2 전기의 본질

모든 물질은 분자로 구성되어 있고, 분자는 원자(atom)의 집합체로 되어 있다. 전자론에 의하면 원자는 다시 양전기(+)를 띤 원자핵과 음전기를 띤 전자로 구성되어 있다. 그리고 원자는 [그림 1.2]과 같이 가운데에 양전기를 띤 원자핵이 있고, 그 둘레를 음전기를 띤 전자(electron)가 마치 태양의 주위를 지구나 유성이 돌고 있는 것과 같이 특정의 궤도를 빠른 속도로 돌고 있다고 생각된다.

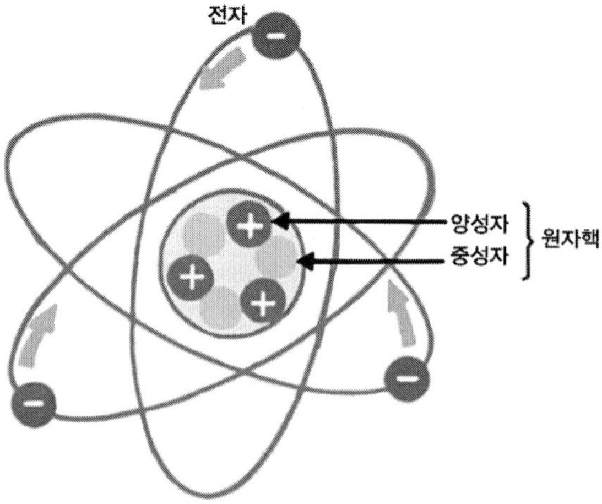

[그림 1.2] 원자의 구조

그러나 보통의 물질은 원자핵이 가진 양전기와 전자가 가진 음전기의 양이 같기 때문에 상쇄되어 전기의 성질을 나타내지 않고 중성 상태로 되어 있다.

이와 같이 보통의 원자는 중성이지만 원자 내의 전자와 원자핵의 평형이 이루어지지 않으면 전기의 성질을 나타내게 된다. 예를 들면 중성의 물질에서 전자가 튀어 나오면 양전기가 (+)전기를 띠고, 반대로 전자가 튀어 들어가면 음전기가 많아져 (-)전기를 띠게 된다.

앞에서 설명한 것과 같이 중성상태에는 원자핵의 주위를 움직이는 전자는 원자핵의 주위를 일정한 궤도를 형성하며 움직이고 있다. 이 궤도는 전자의 수에 따라 여러 개가 되기도 하는데 가장 안쪽 궤도에서부터 K, L, M, N…이라고 명명하며 각각의 궤도에는 일정한 양의 전자가 움직이고, 각 궤도에는 $2n^2$의 수만큼 전자가 존재할 수 있다. 이때 n는 궤도 수를 나타낸다.

원자의 가장 바깥쪽 궤도에는 8개의 전자만 들어가게 되고, 8개의 전자가 있을 때는 가장 안정된 상태로 전기적 성질을 갖지 않는 특성이 있다. 그러므로 원자는 자유전자(가전자)가 8개가 되지 않으면 근처의 원자와 결합하여 8개를 맞춰 안정된 상태를 유지하려는 성질이 있는데, 이를 옥텟 규칙(octet rule) 또는 팔우설(octet theory)이라 한다.

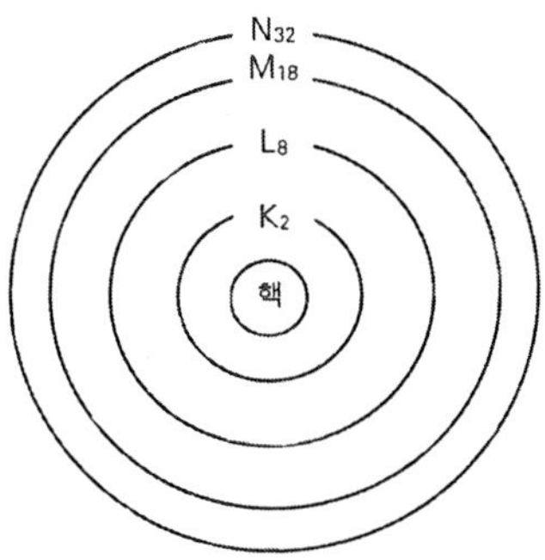

[그림 1.3] 전자의 궤도명과 전자의 수

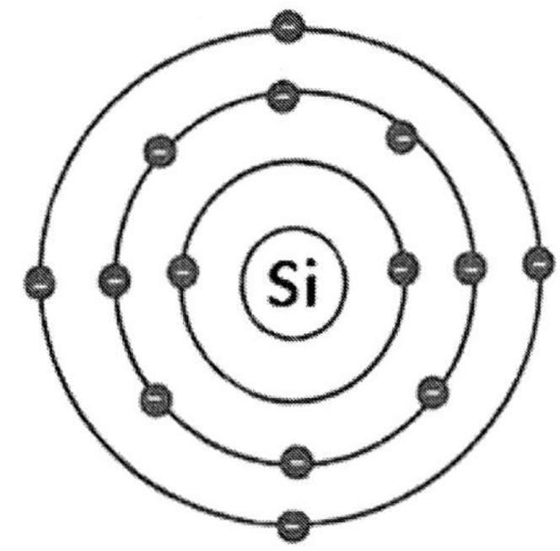

[그림 1.4] 실리콘의 전자배열

1.3 자유전자(가전자)

원자를 형성하고 있는 전자 중에서 가장 바깥쪽의 궤도를 돌고 있는 전자는 원자핵에서 가장 멀기 때문에 핵으로부터의 구속력도 약하므로 궤도에서 벗어나기 쉽고 점차 다른 궤도로 이동할 수 있다. 이와 같은 전자를 자유전자(free electron)라 하며 전기에서의 여러 가지 현상은 이 자유전자가 외부로부터의 자극(刺戟)에 의해 이동하기 때문에 나타나는 것이다.

이와 같이 어느 곳에서나 존재하는 전자라고 하는 것이 전기의 본질이며 자유전자의 이동이 전류가 된다.

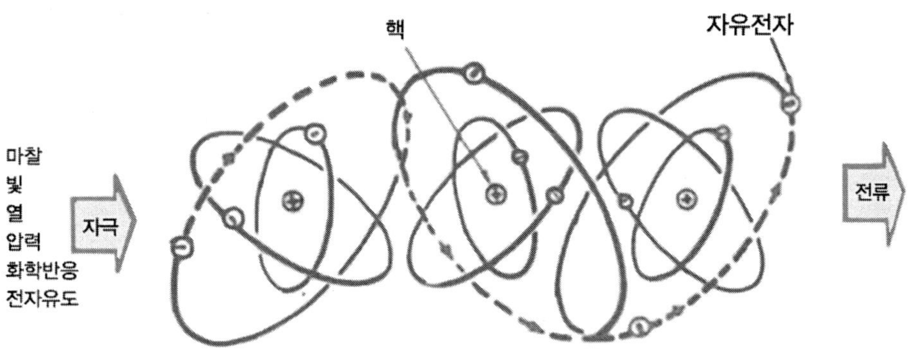

[그림 1.5] 자유전자의 이동

[그림 1.6]과 같이 전자 (-)의 성질을 가진 물질 Ⓑ와 양자 (+)의 성질을 가진 물질 Ⓐ 사이에 도체 Ⓒ를 연결하면 도체는 자유전자를 이동하는 통로가 된다. 여기에서 전류는 전자의 이동방향과 반대로 흐르게 된다.

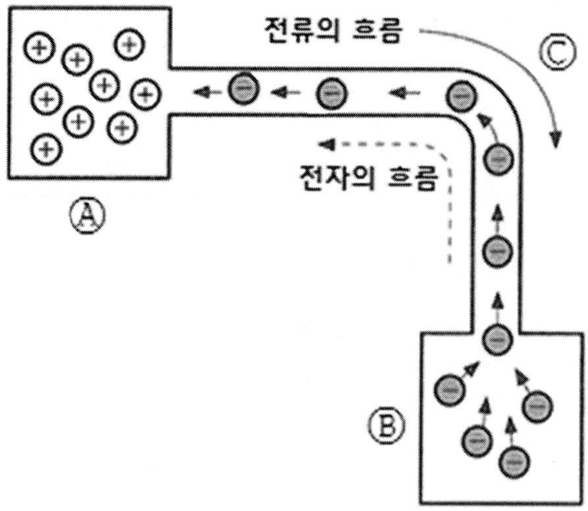

[그림 1.6] 전류의 흐름

예제 1-1 **물질을 이루고 있는 입자인 원자의 설명으로 틀린 것은? ( )**

가. 원자의 가장 바깥쪽 궤도에 있는 전자를 자유전자라고 한다.
나. 전자 1개의 전기량은 양자 1개의 전기량과 같다.
다. 최외곽 궤도에 전자가 8개가 안 될 경우 근처의 원자와 결합하여 8개를 맞추려는 성질이 있다.
라. 최외곽 궤도 내 전자가 8개일 경우 가장 안정적이다.

예제 1-2 **전기를 발생시키는 방법이 아닌 것은? ( )**

가. 전자유도 작용에 의한 발생　　나. 열에 의한 전압 발생
다. 공기에 의한 전압 발생　　라. 빛에 의한 전압 발생

1.4 정전기

물질에 정지(靜止)한 상태에 있는 전기를 정전기(靜電氣 : static electricity)라 하고, 정전기의 이동, 즉 전류에 의해 생기는 형상을 동전기(動電氣 : dynamic electricity)라 한다.

동전기를 발생시키기 위해서는 일정한 형태의 에너지 즉, 마찰, 압력, 열, 빛, 자기, 화학작용을 사용하여 전자의 작용을 일으켜야 한다. 여기에서는 마찰전기, 정전유도, 축전기 등을 예를 들어 설명한다.

(1) 마찰전기

건조한 유리 막대를 명주로 마찰하면 이 유리 막대와 명주는 작은 종잇조각, 작은 나무 조각 등의 가벼운 물체를 끌어당긴다. 이것은 마찰에 의해 에너지를 받아서 온도가 상승하여 자유전자가 유리 막대에서 명주로 이동하였기 때문에 전기가 발생된 현상이다. 이 에너지를 정전기라 한다. 또, 이와 같이 유리 막대 등에 전기가 발생된 것을 '대전되었다'고 하고, 대전된 물체가 가지는 전기를 전하라고 한다.

[그림 1.7]과 같이 명주로 마찰시킨 2개의 유리 막대를 가까이 하면 서로 밀어내지만, 유리 막대와 명주를 가까이 하면 서로 잡아당기는 것을 실험으로 알 수 있는데, 이것을 유리 막대와 명주에 생긴 전하가 서로 다르기 때문이다. 유리 막대의 전하를 양전기라 하고 (+)의 부호로 표시하며, 명주의 전하를 음전기라 하고 (-)의 부호로 표시한다.

두 대전체 사이에 작용하는 힘은 대전체가 가지고 있는 전하량의 곱에 비례하고, 두 대전체 사이의 거리의 제곱에 반비례하는데, 이를 쿨롬의 법칙(coulomb's law)이라 한다.

진공 상태에서 같은 양의 전하를 가지고 있는 두 대전체가 1 [m]만큼 떨어져 있고, 이때 작용하는 힘이 9×10^9 [N]일 때, 그 대전체가 가지고 있는 전하량을 1쿨롬(coulomb, 기호 [C])이라 하고, 이것을 전하의 단위로 사용한다.

참고로 패러데이의 정전기 서열은 에보나이트, 고무, 유황, 플라스틱, 나무, 명주, 유리, 수정, 모피 순이다.

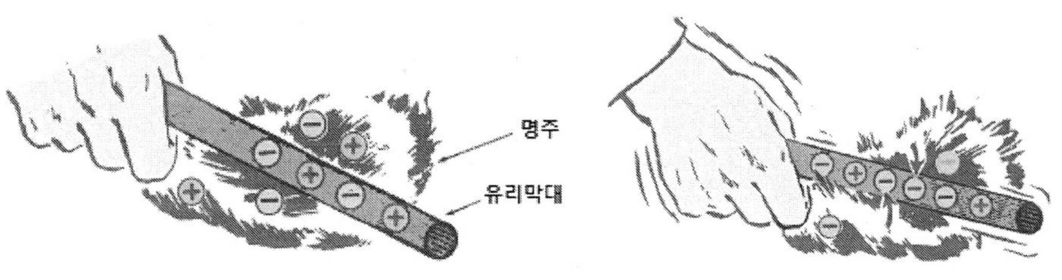

[그림 1.7] 마찰전기

(2) 정전유도

[그림 1.8]과 같이 절연되고, 전기적으로 중성인 도체 A에 음전하를 가진 대전체 B를 가까이 하면 A도체 내의 자유전자는 B의 음전하에 반발되어 그림과 같이 B에서 먼 쪽에 모이고, B에서 가까운 쪽에는 양전하를 가지게 된다. 이와 같이 도체에 대전체를 가까이 하였을 때 대전체에 가까운 쪽에 대전체와 다른 종류의 전하를 먼 쪽에 같은 종류의 전하를 생기게 하는 현상을 정전유도라 한다.

정전유도는 대전체를 가까이 함으로써 생기는 정전력(靜電力)에 의한 것이며, 대전체의 전하를 주는 것이 아니므로 대전체 B를 제거하면 도체의 양쪽에 나타났던 전하는 중화하여 소멸되고 만다.

그러나 [그림 1.8]과 같이 정전유도가 생겼을 때 도체 A에 손을 댄 다음 대전체 B를 제거하면 도체 A는 양전하를 가지게 된다. 대전체 B에 가까운 쪽의 양전하가 B의 음전하의 흡입력에 의해 속박을 받게 되므로 자유롭게 움직이지 못하기 때문에 이것을 구속 전하라고 한다.

이와 반대로 도체 A의 먼 쪽에 생긴 음전하는 대전체의 속박을 받지 않고, 오히려 반발력을 받고 있기 때문에 손을 대면 인체를 통하여 대지로 흘려버린다. 이것은 자유로 벗어날 수 있는 전하이기 때문에 자유전자라고 한다.

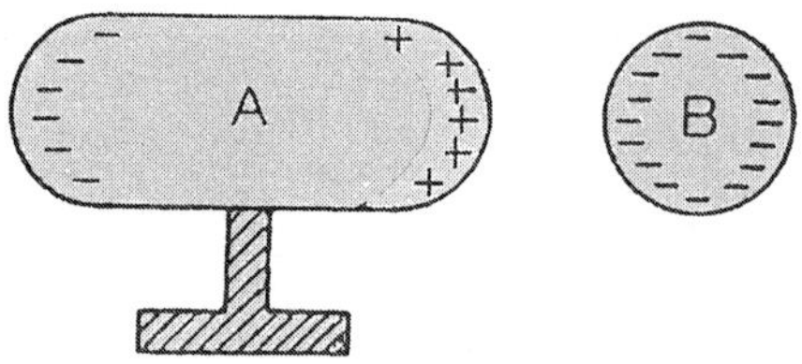

[그림 1.8] 정전유도

마찰전기는 다른 물질을 서로 문지르면 전기가 일어나고, (+)전기와 (-)전기가 있다. 또한 [그림 1.9]와 같이 같은 종류의 전기는 서로 반발하고 다른 종류의 전기는 서로 끌어당긴다는 성질이 있다. 즉, 양전하(+)와 양전하(+), 음전하(-)와 음전하(-)는 서로 밀어내고, 양전하(+)와 음전하(-), 음전하(-)와 양전하(+)는 서로 끌어당긴다.

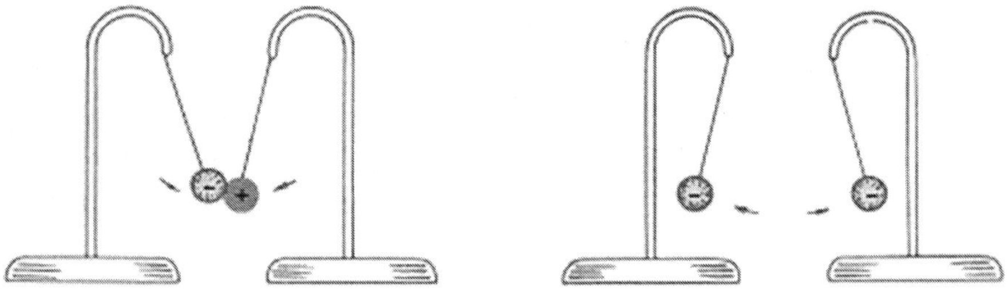

인력(흡입력) 척력(반발력)

[그림 1.9] 전기의 성질

(3) 축전기

[그림 1.10]과 같이 절연체를 사이에 두고 두 장의 편평한 금속판(A), (B)를 아주 가까운 거리에서 마주보게 한 다음 각각의 전원의 (+), (-)를 연결하고 전압을 가하면 두 장의 금속판으로 전원에서 (+), (-)의 전하가 이동하여 (A)판의 (+)전하와 (B)판의 (-)전하가 서로 잡아당기기 때문에 전기를 저장해둘 수 있다. 이와 같이 전압을 가하면 전하가 저장되는 것을 축전기(Condenser) 또는 콘덴서라 한다.

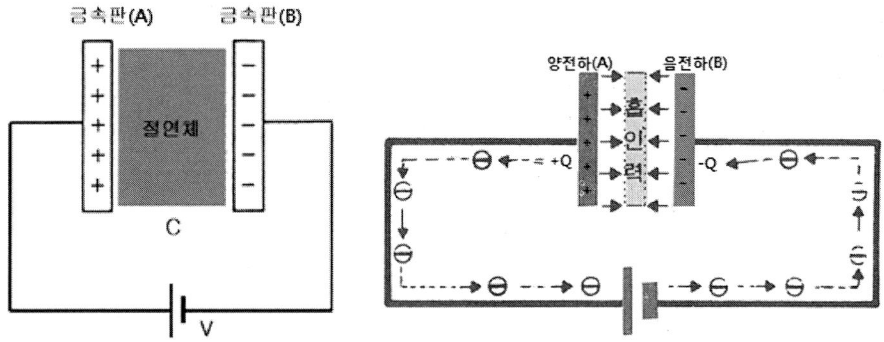

[그림 1.10] 콘덴서

콘덴서에서 저장되는 전기량(전하의 양) Q는 가해지는 전압 [V]에 비례하고, 이들의 관계를 식으로 나타내면 $Q = CE[coulomb]$가 된다. 여기서, C는 비례 정수이다.

두 장의 금속판에 단위 전압을 가했을 때 저장되는 전하의 크기로 저장되는 능력을 나타내고 이것을 정전용량이라 한다. 정전용량(C)은 다음과 같은 조건에 따라 증감된다.

① 가해진 전압에 정비례한다.

② 금속판의 면적에 정비례한다.

③ 절연체의 절연도에 정비례한다.

④ 금속판 거리에 반비례한다.

즉, $C = \epsilon \dfrac{A}{d}[F]$이다.

여기서, ϵ : 절연 능력을 표시하는 유전율, d : 극판 사이의 거리, A : 극판의 면적이다.

(4) 정전용량의 단위

정전용량의 단위는 패럿(farad : 기호 F)를 사용하며 1 [F]이란 1 [V]의 전압을 가하였을 때 1쿨롬의 전기가 저장되는 용량을 말한다. 따라서 [V]볼트의 전압을 가하여 [Q]쿨롬의 전기가 저장되면 그 정전용량 [C]는 $C = \dfrac{Q}{E}(F)$가 된다.

패럿의 단위는 실용상 너무 크기 때문에 그 100만분의 1의 단위를 사용하는데, 이것을 마이크로 패럿(μF)이라고 부른다. 또 이것의 100만분의 1의 작은 단위를 마이크로 · 마이크로 패럿($\mu\mu F$) 또는 피코 패럿(pF)이라 한다.

$$1[\mu F] = \frac{1}{1,000,000}[F] = 10^{-6}[F]$$

$$1[\mu\mu F] = \frac{1}{1,000,000}[\mu F] = 10^{-6}[\mu F] = 10^{-12}[F]$$

(5) 축전기의 종류

축전기는 두 장의 금속판 사이에 들어가는 절연체의 종류에 따라 다음과 같은 것이 있다.

① 공기 축전기

② 종이 축전기([그림 1.11] 참고)

③ 운모(雲母) 축전기

④ 유리 축전기

⑤ 전해(電解) 축전기

⑥ 유입(油入) 축전기

⑦ 티탄 축전기

자동차 전기장치에 사용되고 있는 축전기는 종이 축전기와 전해 축전기가 있다.

종 류	사용장소	용 량
종이 축전기	점화장치	0.2 ~ 0.4 [μF]
전해 축전기	방향지시기 유닛	약 500 ~ 1,000 [μF]

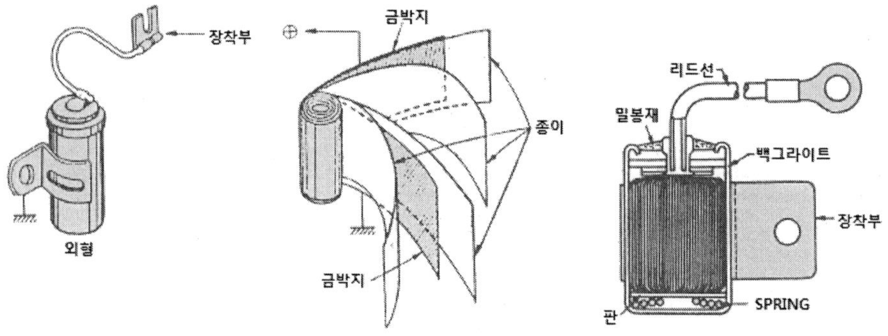

[그림 1.11] 종이 축전기

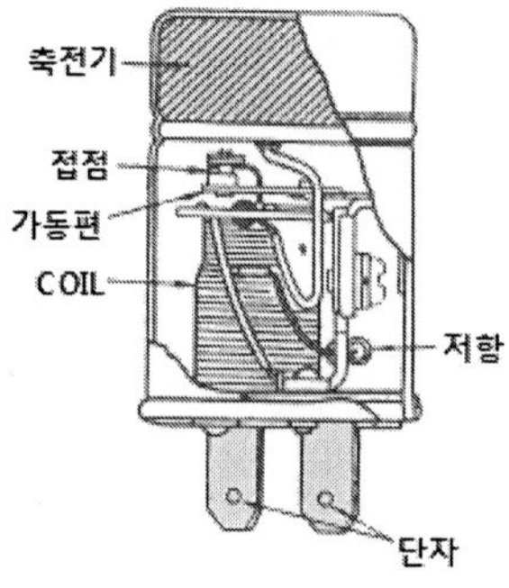

[그림 1.12] 전해 축전기

특히 전해 축전기는 금속의 산화물을 일반적으로 절연성이 있다. 특히 알루미늄의 산화 피막은 경도, 절연성, 내열성이 우수하므로 얇은 띠 모양의 알루미늄 판을 전극으로 하여 적당한 전해액 속에서 전해하면 전극 표면에 극히 얇은 산화 피막이 생겨서 단위 면적당의 정전 용량이 큰 축전기가 된다. 이와 같이 만든 것을 전해 축전기라고 한다.

(6) 축전기를 이용한 자동차 회로

[그림 1.13]과 같이 축전기를 이용한 회로에서 스위치를 [ON]하면 전구는 점등되고 동시에 저항을 거쳐 축전기에는 전하가 저장된다. 스위치를 [OFF]하면 축전기에 저장된 전하가 방전되어 일정 시간동안 전구는 점등되고 곧 소등된다. 즉, 축전기는 타이머(지연)회로, 노이즈 방지회로 등에 이용되고, 전기회로에 병렬로 연결하여 사용된다.

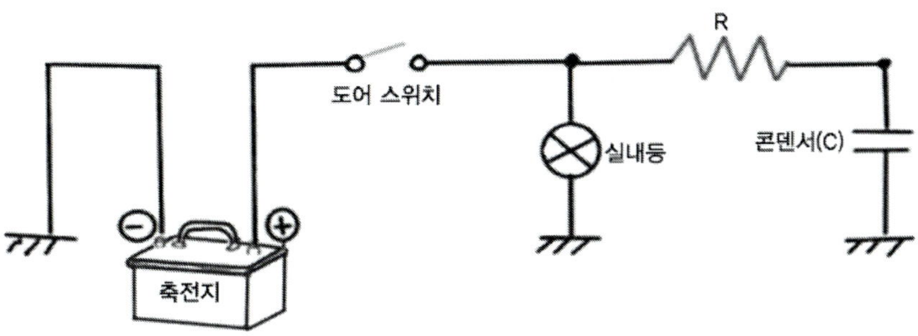

[그림 1.13] 축전기를 이용한 회로

(7) 축전기의 시정수

시정수란 콘덴서의 충전시간을 나타내는 척도로서 콘덴서가 인가전압의 약 63 [%]로 충전될 때까지의 소요시간을 의미한다.

축전기의 충 · 방전 시간은 축전기의 용량과 저항에 의해 결정되는데, 일반적으로 100 [%] 충전은 시정수의 5 [배]의 시간이 걸린다. 따라서 시정수$(\tau) = R(\Omega) + C(F)$[sec]가 된다.

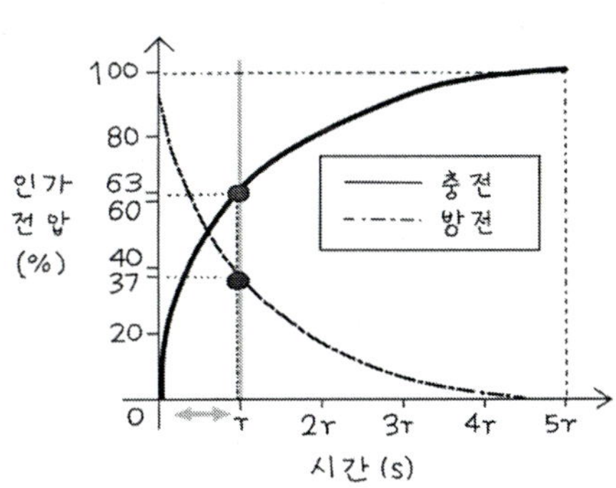

[그림 1.14] 전압변화

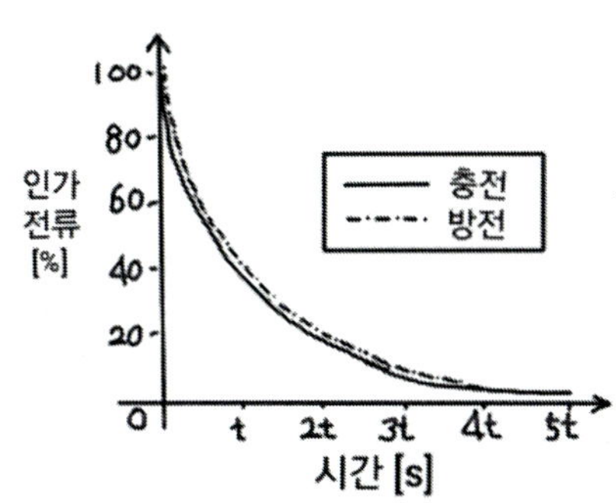

[그림 1.15] 전류변화

(8) 축전기의 병렬연결 합성 정전용량(C)

축전기는 직류(DC)는 통하지 않으나 교류(AC)는 통한다. 또한 축전기 병렬접속 시 합성 정전용량은 각각의 정전용량의 합과 같다.

$$Q = Q_1 + Q_2 + \cdots\cdots + Q_n$$

$$CE = C_1E + C_2E + \cdots\cdots + C_nE$$

$$CE = E(C_1 + C_2 + \cdots\cdots + C_n)$$

$$\therefore\ C = C_1 + C_2 + C_3 + \cdots\cdots + C_n$$

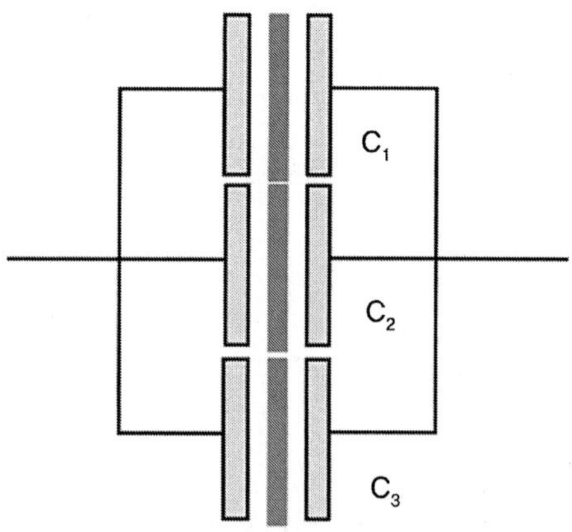

[그림 1.16] 축전기 병렬연결

(9) 축전기의 직렬연결 합성 정전용량(C)

$$E_1 = \frac{Q}{C_1},\ E_2 = \frac{Q}{C_2},\cdots\cdots\ E_n = \frac{Q}{C_n}$$

$$E = E_1 + E_2 + \cdots\cdots + E_n$$

$$\frac{Q}{C} = Q\left(\frac{1}{C_1} + \frac{1}{C_2} + \cdots\cdots + \frac{1}{C_n}\right)$$

$$\frac{1}{C} = \frac{1}{C_1} + \frac{1}{C_2} + \cdots\cdots + \frac{1}{C_n}$$

$$\therefore\ C = \frac{1}{\frac{1}{C_1} + \frac{1}{C_2} + \frac{1}{C_3} + \cdots + \frac{1}{C_n}}$$

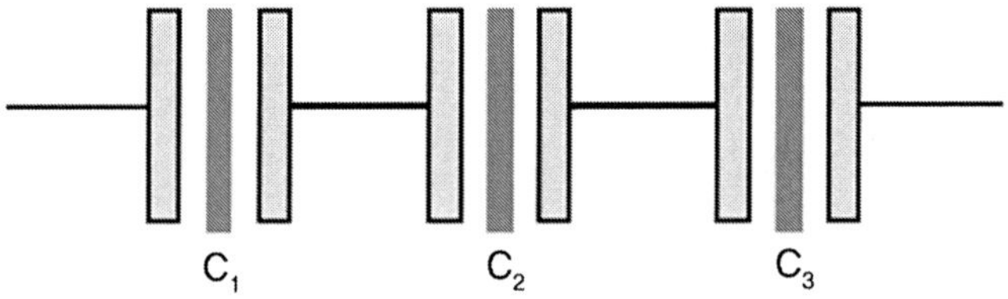

[그림 1.17] 축전기 직렬연결

예제 1-3 다음 중 정류회로에서 맥동전류의 출력을 평활하게 하기 위해 사용하는 것은? ( )

가. 콘덴서　나. 트랜지스터　다. 다이오드　라. 정류기

예제 1-4 축전기에 대한 기술이다. 틀린 것은? ( )

가. Q = CE　나. C = Q/E　다. E = Q/C　라. C = QE

예제 1-5 점화장치에서 축전기는 어떻게 연결되어야 정상인가? ( )

가. 직렬연결　나. 병렬연결　다. 직·병렬연결　라. 1차 연결

예제 1-6 축전기에 축적되는 전하의 양은 아래 열거한 사항에 따라 증감된다. 다음 중 틀린 것은? ( )

가. 가한 전압에 정비례한다.
나. 마주보는 금속판 면적에 정비례한다.
다. 금속판 사이의 절연물의 절연도에 반비례한다.
라. 금속판 사이의 거리에 반비례한다.

예제 1-7 시정수(시상수)가 2초인 콘덴서를 충전하고자 한다. 충전 종료까지 예상되는 소요시간은? ( )

가. 3초　나. 6초　다. 8초　라. 10초

예제 1-8 0.3 [μF]와 0.4 [μF]의 축전기를 병렬로 연결하고 12 [V]의 전압을 가하면 얼마의 전기량이 축적되는가? ( )

가. 6.9 [μF]　나. 8.4 [μF]　다. 17 [μF]　라. 21 [μF]

1.5 전류 · 전압 · 저항

1.5.1 전류

[그림 1.18]과 같이 양(+)전하를 가진 물체 Ⓐ와 음(-)전하를 가진 물체 Ⓑ를 도체 Ⓒ로 연결하면 양 전하 사이의 흡입력에 의해 Ⓑ의 자유전자는 Ⓒ를 통하여 Ⓐ쪽으로 이동하여 섞여 각각의 성질을 잃거나 중간의 성질을 띠게 된다. 즉, Ⓑ에서 Ⓐ의 방향으로 전자의 흐름이 생긴다. 이때 도체에 전류가 흘렀다고 한다.

이와 같이 전류는 자유전자가 이동하는 것에 의해 생기는데 옛날에는 전기의 성질을 잘 알지 못하였기 때문에 (+)전하가 이동하는 것으로 편의상 정하고 있었으므로 지금도 관례상 (+)에서 (-)의 방향으로 전류가 흐른다고 그 방향을 정하고 있다.

전류의 기호는 [I], 측정에는 암페어(Ampere : [A]) 단위를 사용하며, 1 [A]란 도체 내의 임의의 한 점을 매초 1 [쿨롬]의 전하(6.26×10^{18}개)가 이동하고 있을 때의 전류의 크기이고, 전류의 3대 작용은 발열작용, 화학작용, 자기작용이다.

1암페어 [A] = 1,000밀리암페어 [mA]이고, 1밀리암페어 [mA] = 1,000마이크로암페어 [μA]이다.

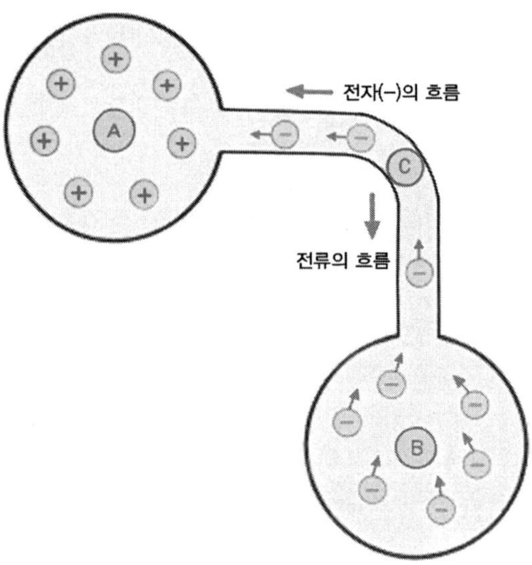

[그림 1.18] 전하의 이동

[참고] 단위에 곱해지는 배수의 접두어는 아래 [표 1.1]과 같다.

[표 1.1] 단위에 곱해지는 배수의 접두어

단위에 곱해지는 배수	접두어		단위에 곱해지는 배수	접두어	
	명칭	기호		명칭	기호
10	데카(deca)	da	10^{-2}	센티(centi)	c
10^{2}	헥토(hecto)	h	10^{-3}	밀리(milli)	m
10^{3}	킬로(kilo)	K	10^{-6}	마이크로(micro)	μ
10^{6}	메가(mega)	M	10^{-9}	나노(nano)	n
10^{9}	기가(giga)	G	10^{-12}	피코(pico)	p
10^{12}	테라(tera)	T	10^{-15}	펨토(femto)	f
10^{-1}	데시(deci)	d	10^{-18}	아토(atto)	a

1.5.2 전류의 3대 작용

정전기를 방전할 때 흐르는 순간적인 것이므로 에너지원으로 사용할 수 없으나 배터리나 발전기는 항상 전류를 흐르게 하는 힘을 갖고 있기 때문에 연속적으로 전류를 흐르게 할 수 있다.

전류의 3대 작용에는 발열작용, 화학작용, 자기작용이 있다.

[1] 발열작용(發熱作用)

도체에는 저항이 있으므로 전류가 흐를 경우 열이 발생하는데, 저항 값이 크고 전류가 증가할수록 증가한다. 자동차에서는 예열 플러그, 공기 히터, 시가라이터, 성에 제거 열선, 플래셔 유닛, 전구 등에 이용된다.

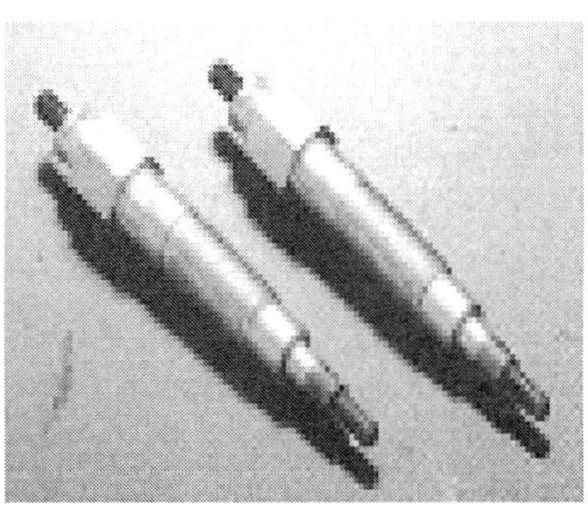

[그림 1.19] 예열 플러그

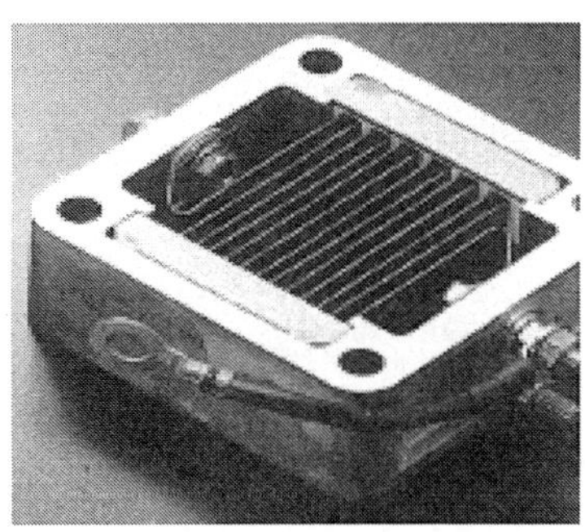

[그림 1.20] 공기 히터

[2] 화학작용(化學作用)

전류가 도체 속을 흐를 때 화학반응이나 전기분해 작용이 발생한다. 자동차에서는 축전지(battery)에 이용되고, 전기도금, 전해연마 등에도 이용된다.

[그림 1.21] 축전지

[그림 1.22] 기동전동기

[3] 자기작용(磁氣作用)

전선이나 코일에 전류가 흐르면 그 주위의 공간에는 자기현상이 나타난다. 자동차에서는 발전기, 기동전동기, 릴레이, 솔레노이드(solenoid : 전자석), 경음기 등에 이용된다.

예제 1-9 **다음 중 전류[A] 값이 제일 큰 것은? ( )**

가. 2 [MA] 나. 1.5×10^6 [A] 다. 1,000 [kA] 라. 500,000 [A]

예제 1-10 **다음 중 전류의 3가지 작용은? ( )**

가. 발열작용, 전기작용, 화학작용 나. 발열작용, 자기작용, 화학작용
다. 자기작용, 기계작용, 화학작용 라. 자기작용, 발열작용, 물리작용

예제 1-11 **다음 중 전류의 작용 중에 자기작용을 이용한 자동차의 부품이 아닌 것은? ( )**

가. 기동전동기 나. 발전기 다. 릴레이 라. 예열플러그

1.5.3 전압(전위차)

[그림 1.24]에서 설명한 바와 같이 두 개의 물체 Ⓐ, Ⓑ를 금속선 Ⓒ로 연결하면 전류가 Ⓐ에서 Ⓑ로 흐른다. 이는 금속선에 전류를 흐르게 하기 위한 일종의 전기적 압력이 Ⓐ에서 Ⓑ쪽으로 가해지기 때문이다.

이 전기적 압력을 전압 또는 전위차(전위차)가 있다고 한다. 이 경우 Ⓐ의 전위는 Ⓑ의 전위보다 높다고 한다. 이와 같이 전위가 다른 전하를 도체로 연결하면 전위차에 의해 높은 전위에서 낮은 전위로 향하여 전류가 흘러 전구를 점등하거나 전동기를 회전시켜서 여러 가지 일을 하게 한다.

즉, 전압이란 전류가 흐르도록 하는 전기적인 압력을 말하며 기호는 E, 측정 단위는 볼트(V : Voltage)이다. 전압의 차이가 클수록 큰 전류가 흐르며, 1 [V]란 저항 1 [Ω]의 도체에 1 [A]의 전류를 흐르게 하는 전기적인 압력을 1 [V]라 한다.

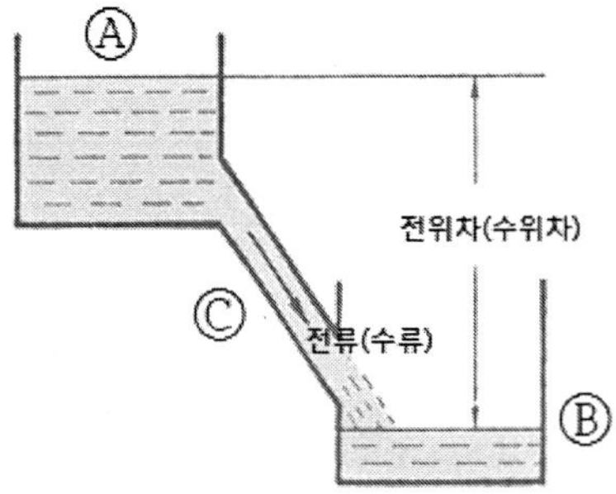

[그림 1.23] 전위차

전기적 작용을 물에 비유하여 쉽게 알 수 있다. [그림 1.23]과 같이 물탱크 Ⓐ를 파이프로 연결하면 수면이 높은 Ⓐ의 물은 수면이 낮은 Ⓑ쪽으로 흐른다.

여기에서 수면의 높이에 상당하는 것을 전위차 또는 전압이라 하며, 전류란 물의 흐름, 즉 전자의 이동이라 할 수 있다. 이때 저항은 파이프의 굵기라 할 수 있으며 파이프의 굵기에 따라 전류의 흐름은 달라진다.

1.5.4 전원과 기전력

[그림 1.24] (a)와 같이 양(+)전하를 가진 물체 Ⓐ와 이것과 같은 양의 음(-)전하를 가진 물체 Ⓑ를 전선으로 연결하면 Ⓐ의 전위는 Ⓑ의 전위보다 높기 때문에 부하 Ⓒ에 전류가 흘러 양 전하의 중화가 이루어진다.

즉, Ⓐ의 전위는 저하되고 반대로 Ⓑ의 전위는 상승하여 전하(電荷)가 완전히 중화 소멸되면 Ⓐ와 Ⓑ는 같은 전위가 되어 전류가 흐르지 않게 된다. 그러나 이 경우에는 [그림 1.24] (b)와 같이 Ⓐ, Ⓑ 사이에 축전지를 연결하면 Ⓒ에 연속적으로 전류를 흐르게 할 수 있다. 이것은 축전지의 작용에 의해 Ⓒ를 통하여 중화 감소된 만큼의 전하가 계속해서 Ⓐ와 Ⓑ에 공급되어 Ⓐ, Ⓑ 사이의 전위차가 일정하게 유지되기 때문이다. 이와 같이 전하를 이동시켜 계속해서 전위차를 발생시키는 힘을 기전력(起電力 : electro motive force)이라 하며, 기전력을 발생시켜 전류원이 되는 것을 전원이라고 한다. 기전력은 일반적으로 기호를 [E], 단위를 [V]로 표시한다.

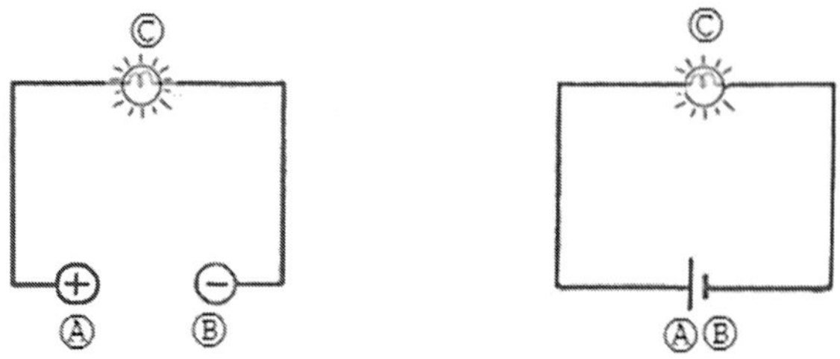

(a) (b)

[그림 1.24] 기전력의 설명

1.5.5 전기 저항

전자(電子)가 물질 내(內)를 이동할 때 전자는 물질 내의 원자와 충돌하여 저항(抵抗)을 받는다. 그리고 이 저항은 물질이 가지고 있는 자유전자의 수나 원자핵의 구조, 물질의 형상(形相) 또는 온도에 따라 변화된다.

이와 같이 물질에 전류가 흐르기 쉬운가 또는 어려운가의 정도를 표시하는 것을 전기 저항(resistance : 기호 R)이라 한다. 전기 저항의 크기를 나타내는 단위에는 옴(ohm : Ω)을 사용한다. 1 [Ω]이란 1 [A]의 전류를 흐르게 하는데 1 [V]의 전압을 필요로 하는 도체의 저항이다.

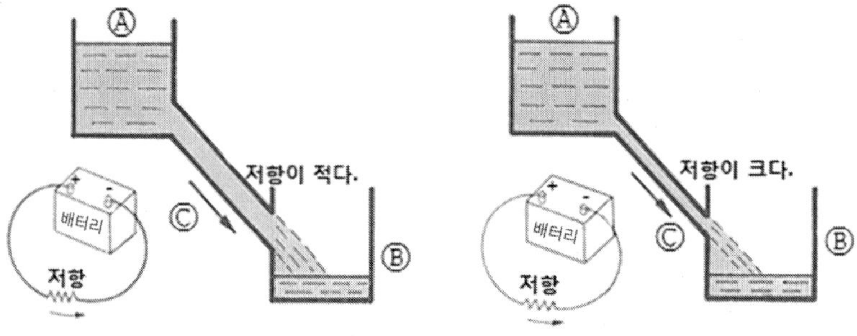

(A) (B)

[그림 1.25] 전기 저항의 설명

전기의 저항은 [그림 1.25]와 같은 파이프의 안지름이 각각 다른 물의 흐름을 비유할 수 있다. 파이프의 굵기가 물의 흐름에 영향을 주므로 파이프의 안지름이 큰 (A)는 저항이 적고 안지름이 적은 (B)는 저항이 크게 된다. 저항에는 물질의 고유저항, 형상에 의한 저항, 절연저항, 접촉저항 등이 있다.

[1] 물질의 고유저항(비저항)

물질의 저항은 재질, 형상, 온도에 따라 변화하며, 형상 및 온도를 일정하게 하면 재질에 따라 저항값이 달라진다.

일반적으로 고유저항(specific resistance)은 단위 길이, 단위 단면적당 물질의 전기 저항을 말하고, 여러 가지 물체의 저항을 비교할 때의 기준으로 사용한다. 고유저항의 기호는 로우[ρ]를 쓰며 단위는 옴미터[Ωm]로 표시한다. 금속 도체와 같이 고유저항이 작은 경우에는 10^{-6}[Ωcm] 또는 [$\mu\Omega$cm]를 사용한다.

[표 1.2] 주요 물질의 고유저항

명 칭	고유저항 ($\mu\Omega$cm/20℃)	명 칭	고유저항 ($\mu\Omega$cm/20℃)
은(Ag)	1.62	황동(Cu+Zn)	5.7
구리(Cu)	1.69	순철(Fe)	10.0
금(Au)	2.40	탄소강	20.6
알루미늄(Al)	2.62	주철(cast)	57~114
니켈(Ni)	6.9	니켈-크롬(Ni-Cr)	100~110

[2] 물질의 형상에 따른 저항

도체 내에서 전자가 이동할 때 전류가 흐르는 방향과 수직되는 단면적이 커지면 전자는 넓은 통로를 쉽게 흐르게 되므로 저항은 작아지고, 전류가 흐르는 거리가 증가되면 그만큼 도중의 원자 사이를 뚫고 나가야 하므로 저항은 커진다. 즉, 도체의 저항은 그 길이에 비례하고 단면적에 반비례한다. 따라서 단면적이 커지면 저항이 작아져서 전류가 잘 흐르고, 길이가 길면 저항이 증가해서 전류 흐름이 좋지 못하다.

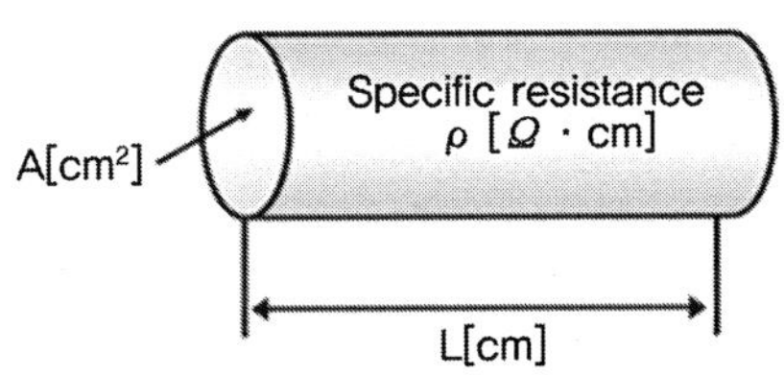

[그림 1.26] 도체의 형상

도체의 저항$(R) = \rho \times \dfrac{L}{A}[\Omega]$의 관계가 있으며, 도체와 그 형상이 정해지면 저항값을 구할 수 있다.

여기서,

R: 도체의 저항(Ω), ρ : 도체의 고유저항(Ω·cm), L: 도체의 길이(cm),

A: 도체의 단면적(cm^2)

예제 1-12 다음 설명 중 전기 저항과 가장 관련이 없는 것은? ( )

가. 전자가 이동할 때 물질 내의 원자와 충돌하여 일어난다.
나. 원자핵의 구조, 물질의 형상, 온도에 따라 변한다.
다. 크기를 나타내는 단위는 옴(Ohm)을 사용한다.
라. 도체의 저항은 그 길이에 반비례하고, 단면적에 비례한다.

예제 1-13 니크롬선의 고유저항은 110 [$\mu\Omega$cm]이다. 단면적이 0.001 [cm^2] 길이 500 [cm]의 니크롬선의 저항은? ( )

가. 45 [Ω] 나. 55 [Ω] 다. 65 [Ω] 다. 75[Ω]

[3] 절연저항

절연체(insulator)의 전기 저항은 양도체의 저항에 비하여 대단히 크기 때문에 실용단위는 메가옴(MΩ)을 사용하며, 절연저항(insulator resistance)이라 부른다. 절연저항은 [그림 1.27]과 같이 절연체를 사이에 두고 높은 전압을 가하면 절연체의 절연저항 정도에 따라 극히 적은 양이기는 하지만 화살표와 같이 전류가 흐르게 되므로 이 전류를 전류계로 측정하여 다음 식에 의해 구한다.

$$R[M\Omega] = \frac{가한전압[V]}{측정전류[I]} \times \frac{1}{1,000,000}$$

이때 흐르는 전류를 누설 전류(leakage current)라고 한다.

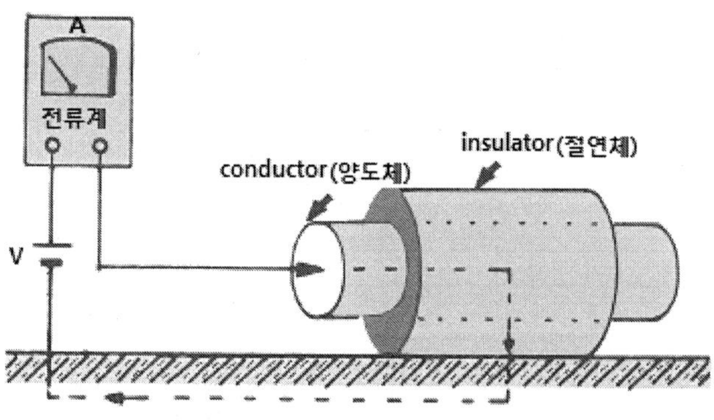

[그림 1.27] 절연저항의 측정

예제 1-14 어떤 배전선의 권선저항을 측정하였더니 0.2 [MΩ]이었다. 500 [V]의 전압을 가하면 누설전류는 몇 [mA]인가? ( )

가. 0.25 [mA] 나. 1.25 [mA] 다. 2.5 [mA] 라. 25 [mA]

[4] 온도와 저항과의 관계

물질의 저항은 재질과 형상이 정해져도 온도에 따라 변화되며, 물질의 종류에 따라 온도가 상승하면 저항이 증가되는 것과 역으로 감소되는 것이 있다.

일반적으로 금속은 온도가 상승하면 저항이 증가되고 탄소, 반도체, 절연체 등에서는 온도가 상승하면 반대로 감소된다. 예를 들면 구리의 저항은 온도가 1 [℃] 상승할 때마다 약 0.004 [배]씩 증가되므로 20 [℃]일 때 1 [Ω]의 저항이 45 [℃]가 되면 그 저항은 1Ω[1+(45-20)×0.004] = 1.1[Ω]으로 되며 저항이 10 [%] 증가하게 된다.

(1) 정(+)특성 서미스터(PTC : Positive Temperature Coefficient)

PTC는 온도가 내려오면 저항 값이 감소하고, 온도가 올라가면 저항 값이 증가하여 전류 흐름을 제한하는 회로에 이용된다.

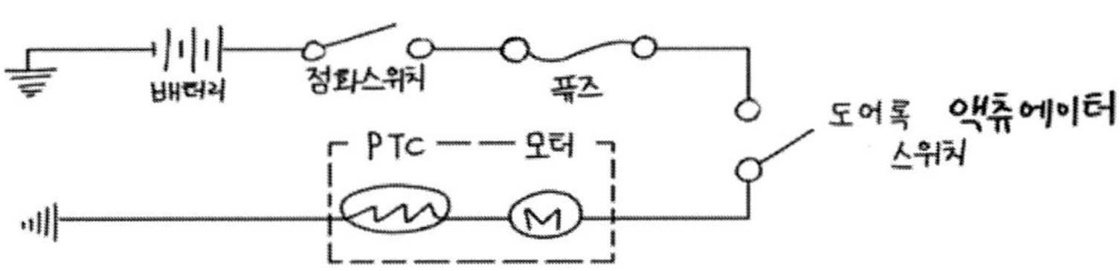

[그림 1.28] 정특성 서미스터 사용 예

PTC 사용 예를 보면 도어 록(lock) 스위치가 작동되어 한도 이상의 전류가 흐르면 서미스터가 발열하고 온도가 상승하여 저항이 증가된다. 저항이 증가되면 전류를 제한하여 모터를 보호하게 하는 과열보호 장치 또는 과전류 보호 장치(서킷 브레이크), 화재경보기 등에 사용된다.

(2) 부(−)특성 서미스터(NTC : Negative Temperature Coefficient)

NTC는 온도가 올라가면 저항이 점점 줄어드는 성질이 있고, 반대로 온도가 내려오면 저항이 증가되는 성질이 있다. 주로 자동차 온도센서, 연료센서 등에 널리 사용되고 있다. 특히 연료센서는 트립 컴퓨터를 장착한 차량에서 연료잔량 경고등이 점등되면 남은 연료로 주행가능 거리를 정확하게 알려주는 트립(trip) 정보 시스템에 이용되기도 한다.

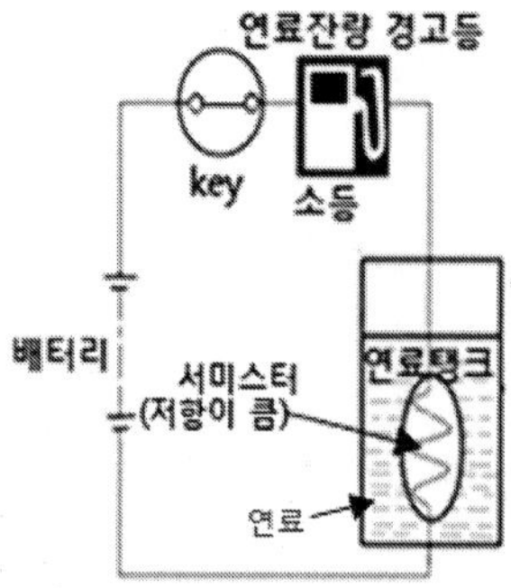

[그림 1.29] 서미스터가 연료 속에 잠길 때

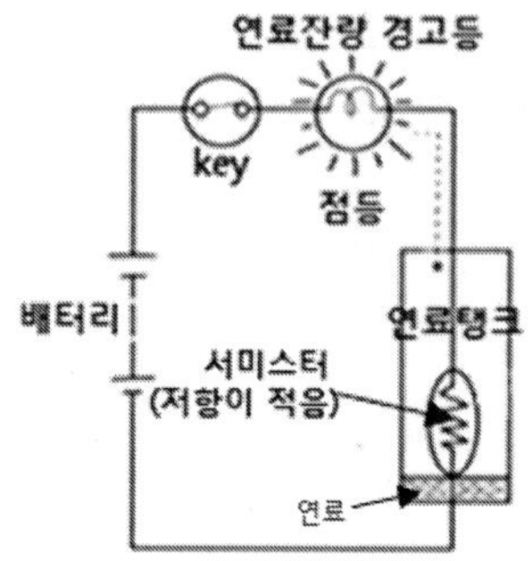

[그림 1.30] 서미스터가 연료 밖에 있을 때

(3) CTR(Critical Temperature Resistor) 서미스터

특정한(어떤) 온도에 있어서 전기저항이 급격히 변화하는 서미스터를 CTR이라 한다.

Handy hint ....

☞ 트립(trip) 정보 시스템이란?

트립 컴퓨터를 장착한 차량은 현재 남아있는 연료로 주행가능 거리를 정확하게 알 수 있다. 또한 출발시점부터 현재 시점까지 주행 적산거리와 평균속도, 주행시간, 평균외기온도 등을 알 수 있다. 그 밖에 업다운 스위치를 이용해 한계속도를 설정해 놓으면 주행 한계속도를 넘었을 때 경보음을 울리는 등 다양한 부대장치가 마련되어 있다.

예제 1-15 **온도와 저항의 관계를 설명한 것으로 옳은 것은? ( )**

가. 일반적인 반도체는 온도가 높아지면 저항이 작아진다.
나. 도체의 경우는 온도가 높아지면 저항이 작아진다.
다. NTC는 온도가 낮아지면 저항이 작아진다.
라. PTC는 온도가 높아지면 저항이 작아진다.

예제 1-16 **다음 중 회로 보호 장치에 속하지 않는 것은? ( )**

가. 서킷 브레이크 나. 퓨즈 블링크 다. 퓨즈 라. 하니스

예제 1-17 **연료탱크에 연료가 가득 차 있는데 연료잔량경고등이 점등될 수 있는 요인으로 맞는 것은? ( )**

가. 경고등 접지선의 단선
나. 서미스터(NTC) 결함
다. 퓨즈 단선
라. 경고등 전원선의 단락

예제 1-18 **현재의 연료 소비율, 평균속도, 항속 가능 거리 등의 정보를 표시하는 시스템으로 옳은 것은? ( )**

가. 종합경보 시스템(ETACS 또는 ETWIS)
나. 엔진·변속기 통합제어 시스템(ECM)
다. 자동주차 시스템(APS)
라. 트립(trip) 정보 시스템

예제 1-19 **다음 중 트립 컴퓨터(Trip ECU)의 기능이 아닌 것은? ( )**

가. 적산거리계　　나. 주행가능거리　　다. 최고속도　　라. 주행시간

[5] 접촉저항

도체와 도체를 연결할 때 헐겁게 연결하거나 또는 녹이나 도장을 제거하지 않고 전선을 연결하면 그 접촉면 사이에 저항이 생겨 전류의 흐름을 방해한다. 이와 같이 접촉면에 생기는 저항을 접촉저항이라 한다.

접촉저항이 있는 부분에 전류가 흐르면 열이 발생되며 접촉면이 산화되어 점점 전류의 흐름이 좋지 않게 된다. 따라서 접촉저항은 접촉 면적과 압력의 증가와 함께 감소된다. 접촉 부분을 납땜하거나 단자 조임 부분의 와셔 이용, 단자의 도금, 전기 접점의 청소 등은 모두 전기 저항을 감소시키기 위한 방법이다.

[그림 1.31] 배터리 터미널 부식

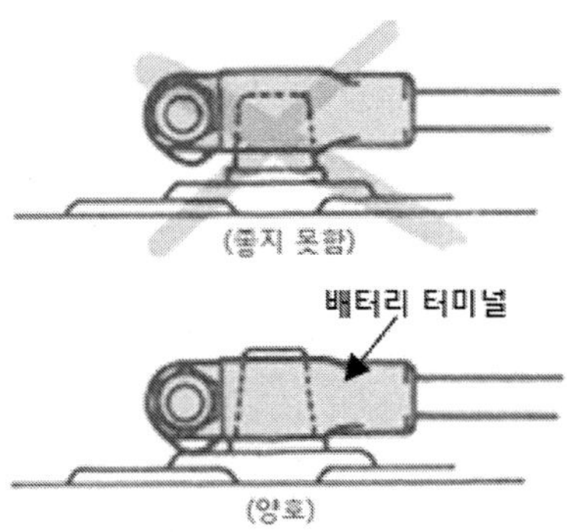

[그림 1.32] 터미널 연결 상태

1.6 전기 배선 회로

1.6.1 단순 전기회로

전기회로(circuit)란 [그림 1.33]과 같이 전류가 흐를 수 있도록 전지(배터리), 전선(와이어링, 하니스), 부하 등을 연결해 놓은 전기적 통로를 말한다. 따라서 전기회로는 전류의 순환회로를 의미하며, 단순히 '회로'라고도 한다. 이외에도 전기회로는 회로를 보호하기 위한 퓨즈와 스위치, 각 구성품을 연결하는 터미널, 커넥터로 구성된다.

전류는 (+)극 → 전선 → 전구 → 전선 → (-)극 → 배터리 → (+)극의 순으로 흐른다.

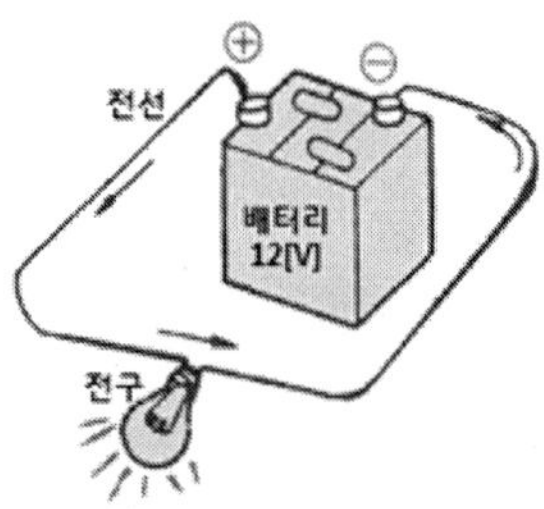

[그림 1.33] 전기회로

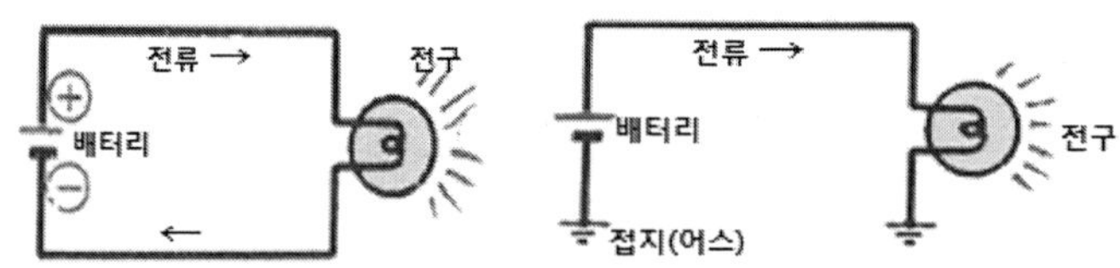

[그림 1.34] 배선회로도상의 표시

1.6.2 릴레이가 적용된 전기회로

[그림 1.35]와 같이 릴레이(relay)가 적용된 회로에서 단자 30은 상시전원, 87은 부하전원, 86은 코일 전원, 85는 코일제어 단자로 부른다. 이 회로는 전원부(배터리), 제어부(릴레이), 작동부(부하)로 나누어진 회로다.

테스트램프로 점검하는 요령을 알아보자. 테스트램프로 30번 단자에 연결하면 램프는 점등, 87번 단자에 연결하면 소등, 86번 단자에 연결하면 점등, 85번 단자에 연결하면 점등되면, 이 릴레이는 정상적으로 동작한다. 만약 스위치를 ON으로 하면 87은 테스트 램프에 점등되어야 정상이다.

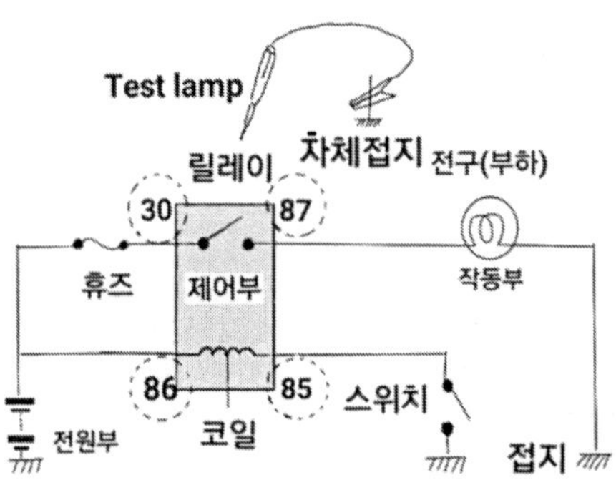

[그림 1.35] 릴레이가 적용된 전기회로

1.6.3 전선의 허용 전류와 퓨즈

전선에 전류가 흐르면 열(H) ≒ $0.24I^2Rt$(cal), 즉 전류의 제곱에 비례하는 주울열이 발생하는데, 이 열이 절연 피복을 변질시키거나 소손하여 화재 발생의 원인이 된다. 따라서 전선에는 안전한 상태로 사용할 수 있는 용량의 전류값이 반드시 정해져 있으며 이것을 허용 전류라 한다. 모든 전기 회로에 사용하는 전선은 이 허용 전류 범위 내에서 사용하여야 한다.

만일 [그림 1.36]과 같이 전압을 가한 전선의 절연 피복이 손상되어 전선이 프레임과 직접 접촉되면 부하를 통하지 않고 전원에 연결되기 때문에 큰 전류가 흐르게 된다. 이와 같이 부하를 통하지 않고 전원에 연결된 것을 단락(short)이라 한다.

단락에 의해서 전선이 화재를 일으키지 않도록 극히 용융점이 낮은 퓨즈(fuse)를 회로 중에 직렬로 설치하여 전선의 온도가 올라가면 퓨즈가 녹아 끊어져 회로를 차단하게 된다.

또 [그림 1.37]과 같이 양 전선의 절연 피복이 열화되어 서로 접촉되는 경우에도 한 회로의 스위치를 닫으면 다른 부하에도 전류가 흐르기 때문에 전선에 흐르는 전류가 많게 되어 온도가 상승되므로 퓨즈가 끊어져 위험을 방지한다.

자동차에 사용되는 퓨즈는 blade type fuse로서, 종류에는 5 [A], 10 [A], 15 [A], 20 [A], 30 [A] 등이 있다. 퓨즈의 재료는 용융점이 낮은 납 또는 납과 주석, 아연과 주석의 합금이 사용되고, 퓨즈의 용량결정은 흐르는 전류보다 20 [%] 높게 설계한다.

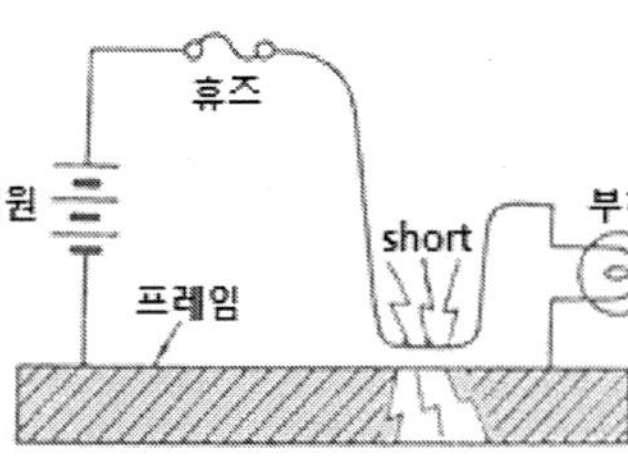

[그림 1.36] 프레임에 단락된 경우

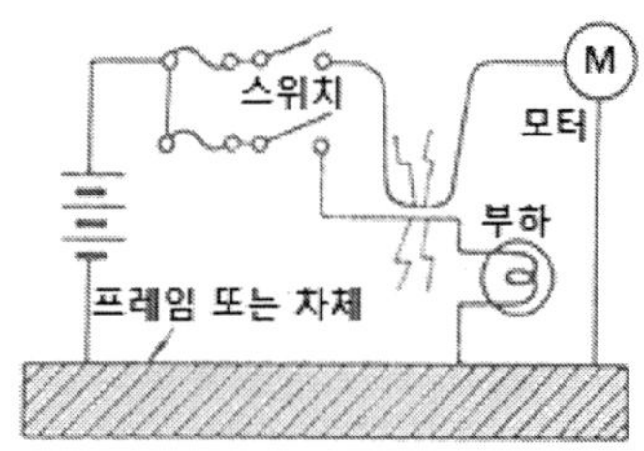

[그림 1.37] 전선끼리 단락된 경우

Handy hint ....

☞ 열량과 일량의 관계

1 [J] = 0.24 [cal], 1 [cal] = 4.2 [J], 1 [kcal] = 4.2 [kJ], 1 [J] = 1 [N · m], 1 [J] = 1 [W · s], 1 [W] = 1 [J/s]

☞ 힘의 단위

1 [kgf] = 9.8 [N]

1.6.4 퓨즈 및 퓨즈블 링크 점검

[1] 퓨즈

(1) 검사

퓨즈(fuse)는 정격 이상의 전류가 흐를 때 혹은 전류가 계속 ON-OFF될 때 접촉부 접촉저항에 의해 발열되어 소손되기 쉽다.

① 정격 이상의 과전류가 흘러 퓨즈가 소손된 경우

[그림 1.38]과 같이 소손된 경우 퓨즈를 새것으로 교환하기 전에 먼저 회로의 단락 또는 관련 부품의 비정상 상태를 점검한다. 특히 전구 내에서 단락된 경우가 종종 발생하니 주의한다. 단락이나 비정상 상태에 대한 조치 후에는 동일용량의 것으로 교환해야 하며 정격 이상의 것을 절대 사용해서는 안 된다.

② 전류가 계속 ON-OFF되어 소손된 경우

보통 정격전류보다 낮은 상태에서 상당히 오랜 기간 동안 사용하여 발생되는 문제로 상기 과전류에 의한 경우보다 드물게 나타난다.

(2) 교환

퓨즈가 소손되어 교환해야 할 경우 반드시 동일용량의 퓨즈로 교환해 주어야 한다.

[그림 1.38] 퓨즈 검사 및 교환

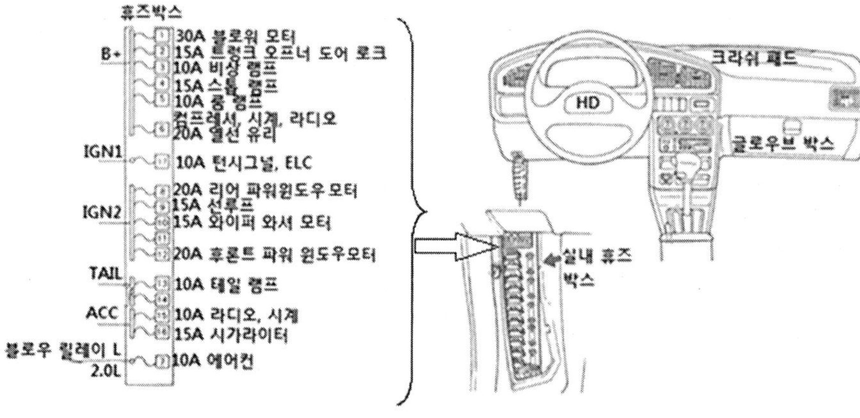

[그림 1.39] 실내 퓨즈 박스

[2] 퓨즈블 링크(fusible link)

(1) 제원

[표 1.3] 퓨즈블 링크의 제원

<table>
<tr><th colspan="2">항 목</th><th>제 원</th></tr>
<tr><td rowspan="4">메인 퓨즈블 링크
(main fusible link)</td><td>형 식</td><td>스크루 업(screw-up type)</td></tr>
<tr><td>정격용량</td><td>60A(20A)</td></tr>
<tr><td>하우징 색깔</td><td>황색(청색)</td></tr>
<tr><td>장착 위치</td><td>엔진실(배터리 (+) 터미널과 연결</td></tr>
<tr><td rowspan="3">보조 퓨즈블 링크
(sub fusible link)</td><td>형 식</td><td>커넥터 형식(connector type)</td></tr>
<tr><td>정격용량, 부하회로
및 하우징 색깔</td><td><table>
<tr><th></th><th>점화스위치</th><th>ECI</th><th>배터리</th><th>전조등</th></tr>
<tr><td>정격용량</td><td>30A</td><td>20A</td><td>50A</td><td>30A</td></tr>
<tr><td>하우징 색</td><td>핑크색</td><td>청색</td><td>적색</td><td>핑크색</td></tr>
</table></td></tr>
<tr><td>장착 위치</td><td>엔진실(릴레이 및 퓨즈 박스 내)</td></tr>
</table>

[그림 1.40] 메인 퓨즈블 링크 및 보조 퓨즈블 링크의 위치

(2) 검사

① 저항계로 퓨즈블 링크의 소손을 점검한다.

② 퓨즈블 링크가 소손되었을 때는 회로 내에 단락 혹은 기타 문제점이 있는 것이므로 교환 전에 반드시 원인을 파악하여 수리한다.

③ 만일 회로 내에 규정치보다 높은 전류가 흐르면 15초 이내에 퓨즈블 링크가 소손된다.

Handy hint ....

☞ IPS(Intelligent Power Switching device)

퓨즈와 릴레이를 대체하며 단선, 단락에 따른 전류값을 감지함으로써 필요 시 회로를 차단하는 장치이다.

1.6.5 배선과 커넥터

[1] 배선방식과 색깔

배선방식에는 단선식과 복선식이 있으며, 전조등 회로와 같이 전류가 많이 흐르는 장치에는 주로 복선식을 사용한다.

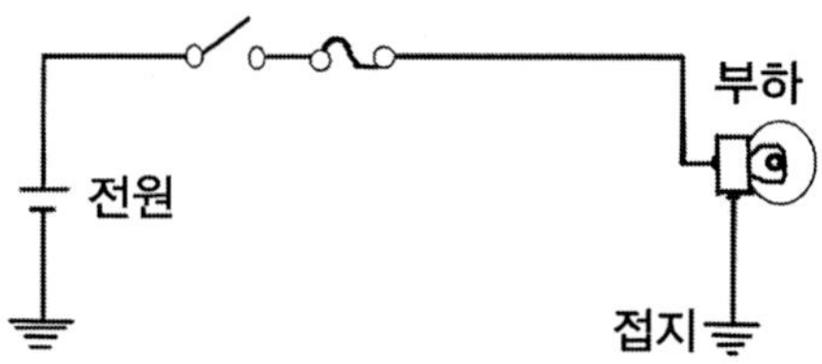

[그림 1.41] 단선식

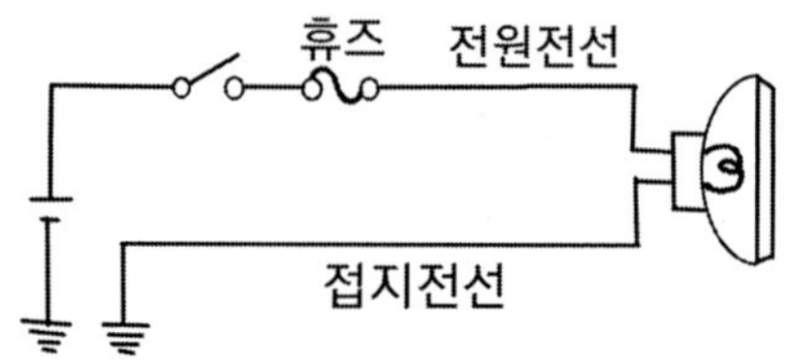

[그림 1.42] 복선식

자동차 배선의 색깔은 단색인 것과 2색의 무늬로 된 것이 있다. 예를 들어 백색 바탕에 흑색 줄무늬가 있으면 백색이 기준색이고 흑색은 보조색이다.

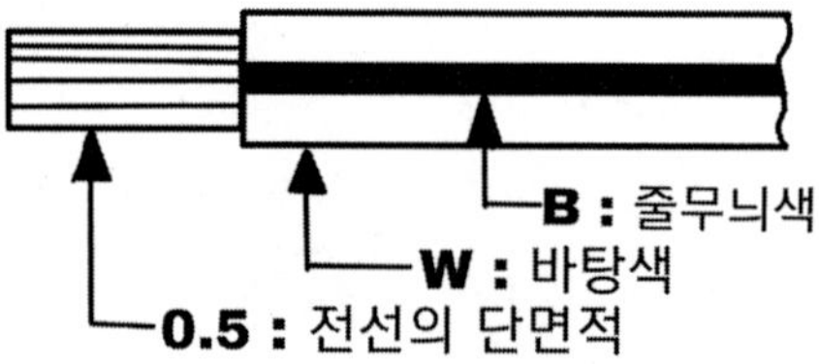

[그림 1.43] 배선 규격 표시법

단색일 경우는 그것이 기준색이 된다. 배선의 색은 대개 [표 1.4]와 같이 통일되어 있지만 일부 다른 경우도 있다.

[표 1.4] 배선 색깔

색코드 / 회로명칭	기본색	기본색에 대한 예외적 적용	보조색(선색)
시 동 회 로	B		W, Y, R, L, G
충 전 회 로	W	(Y)	B, R, L, G
LAMP 회 로	R		B, W, G, L, Y
신 호 회 로	G	Lg, Br	B, W, R, L, Y
계 기 회 로			B, W, R, G, L
기 타 회 로	L	B, Y, Br, O	B, W, R, G, Y
접 지 회 로	B		

B(Black) : 흑색
W(White) : 백색
R(Red) : 적색
G(Green) : 녹색
Y(Yellow) : 황색
L(Blue) : 청색
Br(Brown) : 갈색
Lg(Light Green) : 연두색
O(Orange) : 오렌지색

[그림 1.44]는 회로에 의해 표시된 색깔의 예를 나타내고 있다.

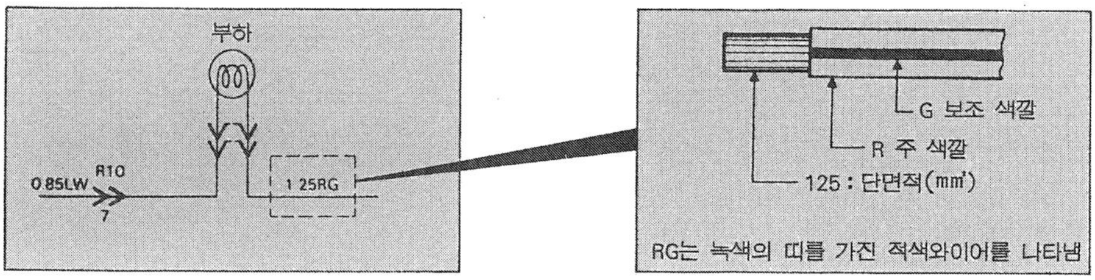

[그림 1.44] 배선의 표시 및 색깔

[2] 배선의 굵기

배선의 굵기는 주위 온도, 진동, 기계적인 운동 등에 의해서 결정된다. 와이어 굵기는 전류의 크기 및 부하에 흐르는 전류의 연속성에 따라 결정된다.

[표 1.5] 배선의 굵기와 허용 전류

단면적(mm^2)	소선의 지름	소선 수(가닥 수)	전선의 외경(mm)	허용전류(A)
0.5	0.32	7	2.2	9
0.85	0.32	11	2.4	12
1.25	0.32	16	2.7	15
2	0.32	26	3.1	20
3	0.32	41	3.8	27
5	0.32	65	4.6	37
8	0.45	50	5.5	37
15	0.45	84	7.0	59
20	0.8	41	8.2	84
30	0.8	70	10.8	120
40	0.8	85	11.4	135
50	0.8	108	13.0	160

[3] 커넥터

자동차 배선도에서 커넥터(connector)를 많이 볼 수 있는데, 어떤 커넥터를 찾아도 어느 것이 몇 번 핀인지 알 수 없으면 정비를 할 수 없다. 그리고 각 회로도의 커넥터 단자를 점검할 경우, 암커넥터와 수커넥터의 단자 구분에 주의하도록 한다.

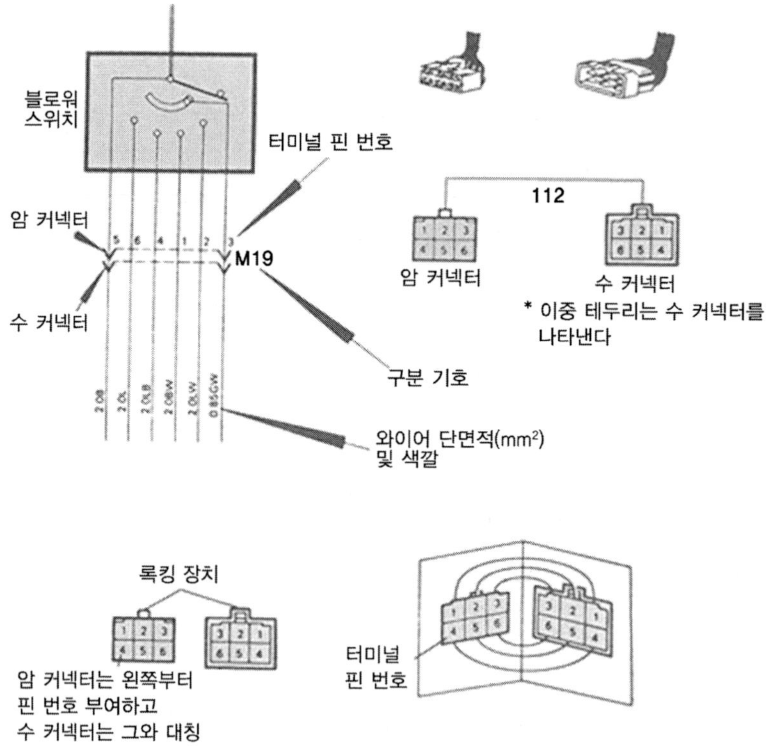

[그림 1.45] 커넥터 판별 방법

[4] 와이어링 하니스 및 커넥터 구별법

[표 1.6] 와이어링 하니스 및 커넥터 구별법 참고

와이어링 하니스명	위치	커넥터 구분 기호
메인 와이어링 하니스	대쉬패널 및 스티어링 컬럼	M01……
엔진 와이어링 하니스	엔진룸	E01……
컨트롤 와이어링 하니스	엔진룸	C01……
크래쉬 패드 와이어링 하니스	계기판 및 크래쉬 패드	I01……
리어 & 트렁크 리드 와이어링 하니스	화물실 및 트렁크	R01……
루프 와이어링 하니스	루프	M71……
도어(운전석/조수석) 와이어링 하니스	도어	D01……

① 커넥터 구분 기호는 각 와이어링 하니스의 배선위치 및 커넥터 번호를 나타낸다.
② 각각의 커넥터 위치는 와이어링 하니스 배치도에 나와 있다.

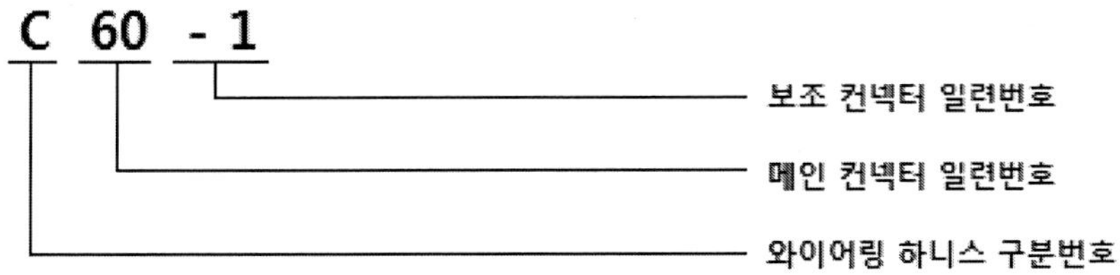

③ 각각의 와이어링 하니스 커넥터가 접속될 경우 다음과 같이 나타낸다.

예를 들어 메인 와이어링 하니스 커넥터와 리어 와이어링 하니스 커넥터가 접속될 때

[5] 전장 회로도 심벌

[표 1.7] 배선도상의 기호 표시

심 벌	설 명	심 벌	설 명
	구성부품	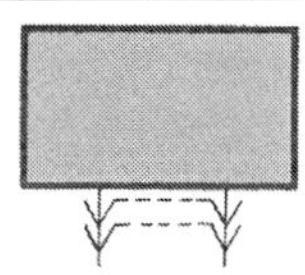	한 개의 부품에 한 개의 커넥터가 달림(점선의 표시)
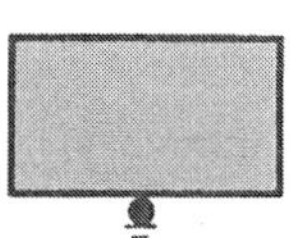	구성부품 자체가 접지	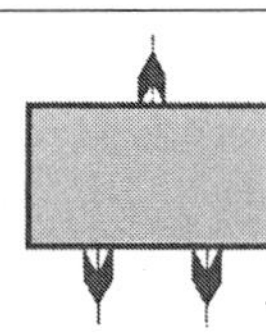	한 개의 부품에 여러 개의 서로 다른 커넥터가 달림
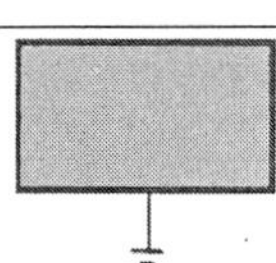	와이어를 통해 차체 접지	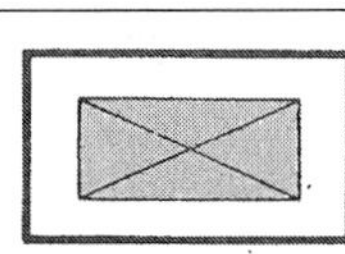	ECU와 같은 일렉트로닉 구성부품
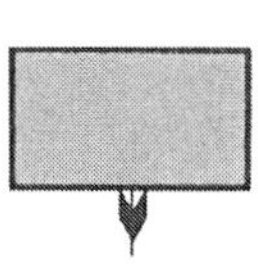	구성부품에 달린 커넥터	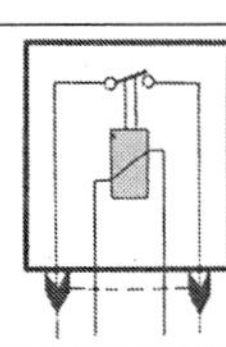	릴레이

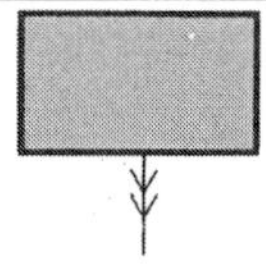	구성부품의 리드와이어에 달린 커넥터	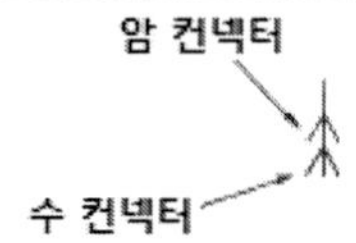	커넥터를 사용한 와이어 접속
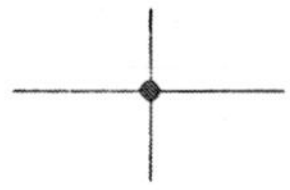	접속된 와이어	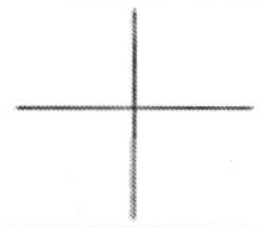	접속되지 않는 와이어
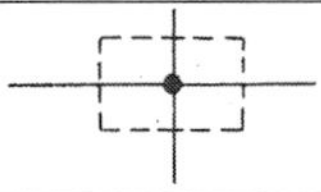	조인트 커넥터 (릴레이 박스)	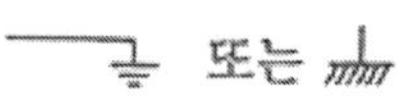	접지(earth)
	스위치		퓨즈
	배터리		도선의 분기점

예제 1-20 **아래 그림과 같이 테스트 램프를 사용하여 릴레이 회로의 각 단자(B, L, S_1, S_2)를 점검하였을 때 테스트 램프의 작동이 틀린 것은? (단, 테스트 램프 전구는 LED 전구이며, 테스트 램프의 접지는 차체 접지)** ( )

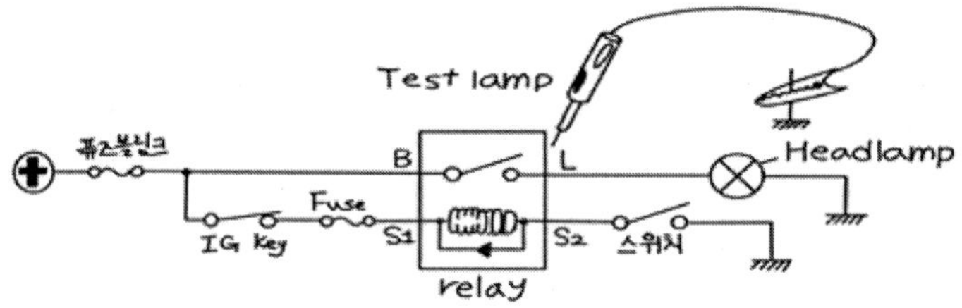

가. B 단자는 점등된다.
나. L 단자는 점등되지 않는다.
다. S_1 단자는 점등된다.
라. S_2 단자는 점등되지 않는다.

예제 1-21 **다음 중 퓨즈가 녹아 끊어지는 원인이 아닌 것은?** ( )

가. 회로의 합선으로 의해 과도 전류가 흐를 때
나. 잦은 ON/OFF 반복으로 피로가 누적되었을 때
다. 퓨즈 홀더의 접촉 저항 발생에 의한 발열 때
라. 전원부의 접촉저항 과대로 인한 전압강하가 클 때

예제 1-22 자동차에 사용되는 전자석 릴레이를 사용하는 이유 중 옳은 것은? ( )

가. 작은 전류로 큰 전류를 제어하기 위해
나. 전자기구의 성능을 향상시키기 위해
다. 차량 전체 가격을 줄이기 위해
라. 모터 등에 열적 부하를 방지하기 위해

예제 1-23 자동차 전기장치에서 '저항에 의해 발생되는 열량은 도체의 저항, 전류의 제곱 및 흐르는 시간에 비례한다'는 현상을 설명한 것은? ( )

가. 앙페르의 법칙　　나. 키르히호프의 제1법칙
다. 뉴턴의 법칙　　라. 줄의 법칙

예제 1-24 저항의 도체에 전류가 흐를 때 주행 중에 소비되는 에너지는 일부 열로 되고, 이때의 열을 줄열(H)이라고 한다. 이 줄열(H)를 구하는 공식으로 틀린 것은?(단, E : 전압, R : 저항, t : 시간이다.) ( )

가. $H = 0.24EIt$　　나. $H = 0.24IE^2t$
다. $H = 0.24\dfrac{E^2}{R}t$　　라. $H = 0.24I^2Rt$

예제 1-25 전기장치의 배선회로도에서 배선의 치수 및 색깔 코드가 0.85RW일 경우 W가 뜻하는 것은? ( )

가. 단면적　　나. 배선의 굵기　　다. 줄무늬 색　　라. 바탕 색

1.7 옴의 법칙

전압에 의하여 전류가 흐르고 저항은 전류의 흐름을 방해하므로 전류, 전압 및 저항 사이에는 밀접한 관계가 있다. 즉, '도체에 흐르는 전류[I]는 전압[E]에 정비례하고, 그 도체의 저항[R]에는 반비례한다'는 관계는 1827년 독일의 물리학자 옴에 의해 발견되었기에 옴의 법칙(Ohm's law)이라 한다.

$$I = \frac{E}{R} \qquad R = \frac{E}{I} \qquad E = IR$$

여기서, I : 전류(Ampere : A)　E : 전압(Voltage : V)　R : 저항(Resistor : Ω)

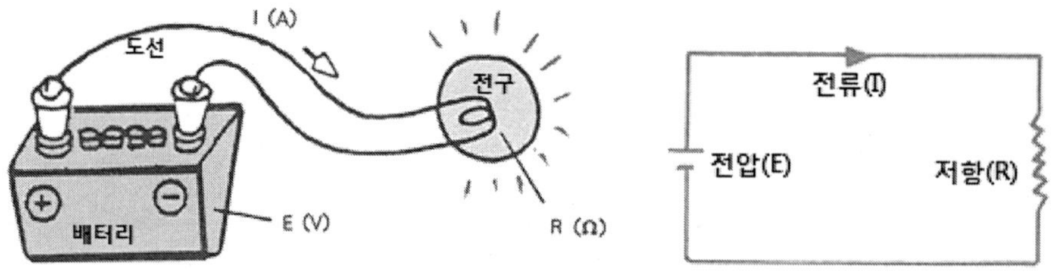

(a) 실물도 (b) 회로도

[그림 1.46] 옴의 법칙

이상 세 가지 식에서 E, I, R 가운데 어느 것이든 두 개만 알면 나머지 하나는 쉽게 알 수 있다.

식의 전압[E]는 회로 중의 저항[R : Ω]에 I [A]의 전류가 흐르면 이 저항의 양끝에서 E = IR [V]의 전압이 소비되는 것을 의미하고, 저항 R의 도체에 I의 전류를 흐르게 하기 위해서는 E의 전압이 필요하다는 것을 의미한다.

예제 1-26 **저항이 4 [Ω]인 전구를 12 [V] 축전지에 의하여 점등했을 때 접속이 올바른 상태에서 전류 [A]는 얼마인가? ( )**

가. 4.8 [A] 나 2.4 [A] 다. 3.0 [A] 라. 6.0 [A]

1.7.1 전압의 측정

전압의 측정은 전압계를 사용하며, 측정하고자 하는 배선의 양끝을 병렬로 연결하여 [그림 1.47]의 (a), (b)와 같은 방법으로 측정한다. 전압 측정 회로의 표시는 [그림 1.48]과 같다.

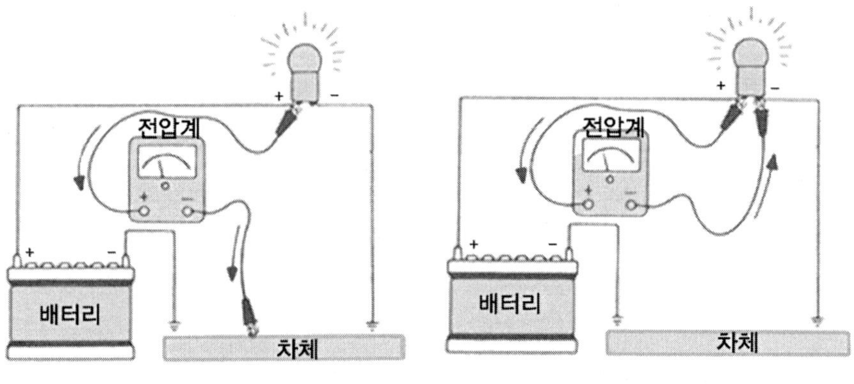

(a) 전압 측정 (b) 전압 측정

[그림 1.47] 전압의 측정

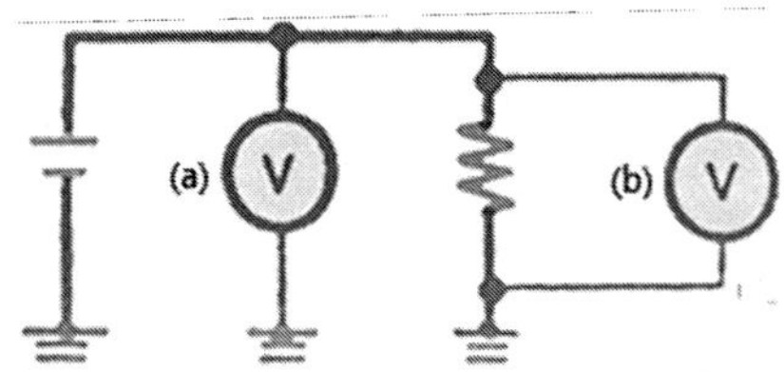

[그림 1.48] 전압 측정 회로도

예제 1-27 다음 회로에서 전압계 V_1과 V_2를 연결하여 스위치를 ON, OFF하면서 측정한 결과로 옳은 것은? ( )

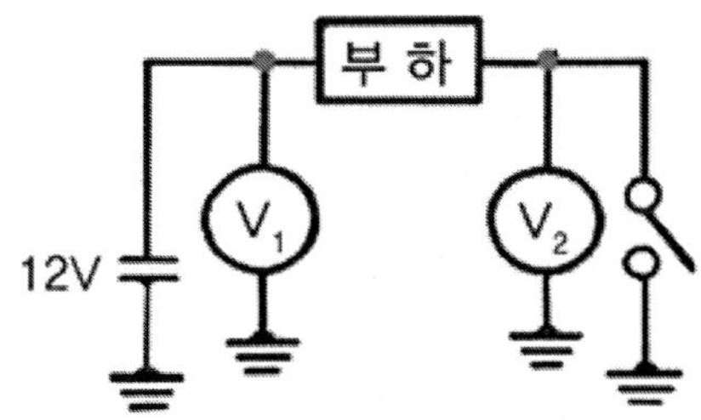

가. ON : $V_1 - 12[V], V_2 - 12[V]$ OFF : $V_1 - 12[V], V_2 - 12[V]$
나. ON : $V_1 - 12[V], V_2 - 12[V]$ OFF : $V_1 - 0[V], V_2 - 12[V]$
다. ON : $V_1 - 12[V], V_2 - 0[V]$ OFF : $V_1 - 12[V], V_2 - 12[V]$
라. ON : $V_1 - 12[V], V_2 - 0[V]$ OFF : $V_1 - 0[V], V_2 - 0[V]$

예제 1-28 다음 회로에서 릴레이 코일선이 단선되어 릴레이가 작동되지 않는다. 각각 e점, f점의 전압 값으로 맞는 것은? ( )

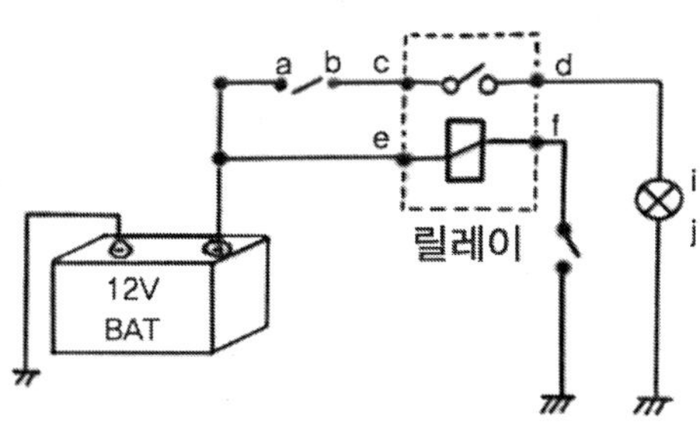

가. e : 12 [V], f : 12 [V]　　나. e : 0 [V], f : 12 [V]
다. e : 12 [V], f : 0 [V]　　라. e : 0 [V], f : 0 [V]

예제 1-29 다음 회로에서 스위치를 ON하였으나 전구가 점등되지 않아 테스트 램프(LED)를 사용하여 점검한 결과 i점과 j점이 모두 점등되었을 때 고장원인으로 옳은 것은? ( )

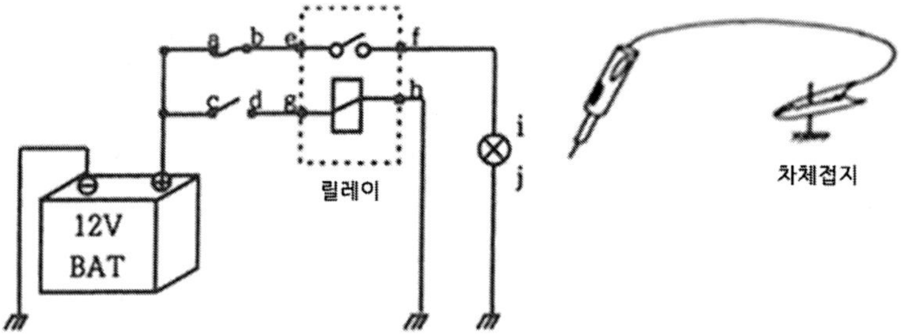

가. 퓨즈 단선　　나. 릴레이 고장
다. h와 접지선 단선　　라. j와 접지선 단선

1.7.2 전류의 측정

전류의 측정은 배선 회로에 직렬로 연결 [그림 1.49]와 같은 방법으로 측정한다. 만약 전류계를 배선 회로와 병렬로 연결하면 전류계가 손상되므로 주의해서 측정한다.

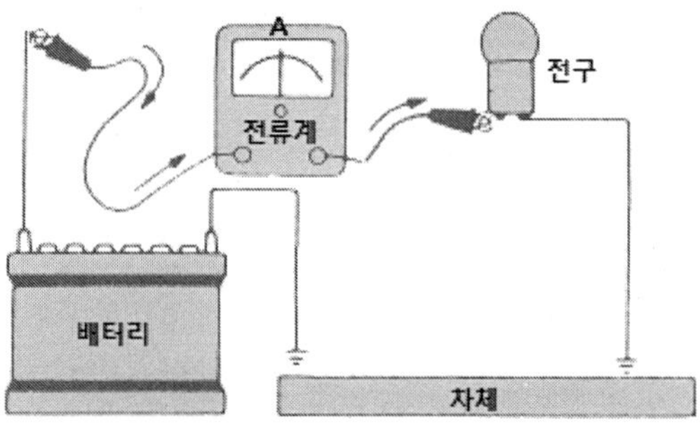

[그림 1.49] 전류의 측정

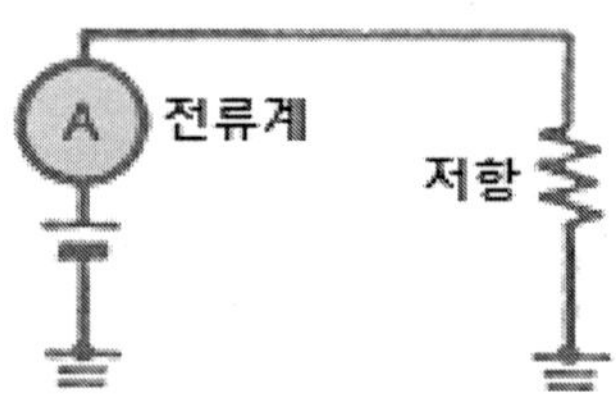

[그림 1.50] 전류측정 회로도

1.7.3 저항의 접속법

몇 개의 저항을 접속하는 방법에는 기본적으로 직렬 접속법(series connection)과 병렬 접속법(parallel connection)이 있다. 어느 접속에서도 전체의 저항 [R]은 전압 [E]를 전 전류[全電流 : I]로 나눈 R = E/I가 되며, 이 R은 R_1, R_2의 두 개의 저항을 합성한 것이므로 이 R을 합성 저항이라 한다.

(1) 직렬 접속

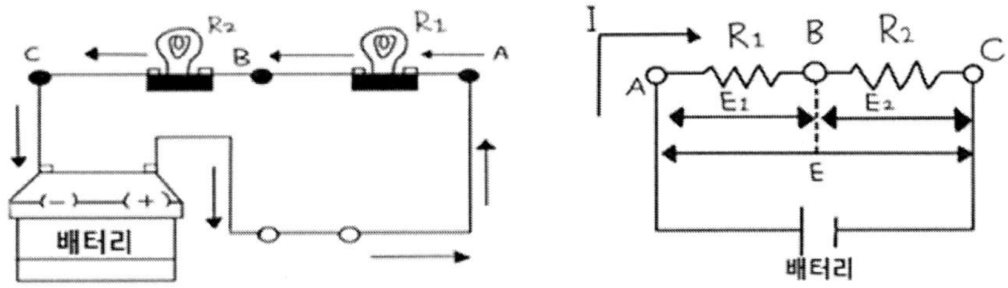

[그림 1.51] 저항의 직렬 접속법

[그림 1.51]과 같이 몇 개의 저항을 일렬로 접속한 것을 직렬 접속(series connection)이라 한다. A · C 사이에 저항 R_1, R_2을 직렬로 접속하고 E[V]의 전압을 가하면 각 저항에는 같은 전류 I[A]가 흐르게 되므로 각 저항의 양 끝의 전압을 E_1, E_2라 하면 옴의 법칙에 의하여

$$E_1 = IR_1$$
$$E_2 = IR_2$$

가 된다. 따라서

$$E = E_1 + E_2 = IR_1 + IR_2 = I(R_1 + R_2)$$

가 된다. 또 A · C 사이의 합성 저항을 R이라 하면 $E = IR$이 되며, $IR = I(R_1 + R_2)$이 되므로

$$R = R_1 + R_2$$

가 된다. 따라서 n개의 저항 R_1, R_2, $R_3 \cdots R_n$을 직렬로 접속하였을 때 그 합성 저항 R은 각 저항의 합과 같게 되므로

$$R = R_1 + R_2 + R_3 + \cdots + R_n$$

이 되어 직렬 접속의 합성 저항은 각 저항의 어느 하나보다 크게 된다. 저항의 직렬 접속은 다음과 같은 특징이 있다.

① 램프를 1개를 사용할 때보다 램프를 여러 개를 사용하면 램프의 밝기가 흐려지며, 이는 회로의 전체 합성 저항이 커지기 때문이다. 즉, 전압강하는 저항을 직렬로 연결

하였을 때 발생한다.

② 저항이 2개 이상이어야 전압강하가 발생한다.

③ 어느 저항에서나 똑같은 전류가 흐른다.

④ 전압이 나누어져 저항 속을 흐른다.

⑤ 각 저항에 가해지는 전압의 합은 전원 전압의 합과 같다.

예제 1-30 **다음 그림과 같은 회로가 구성되어 있다. 이 회로를 분석한 내용 중 틀린 것은? ( )**

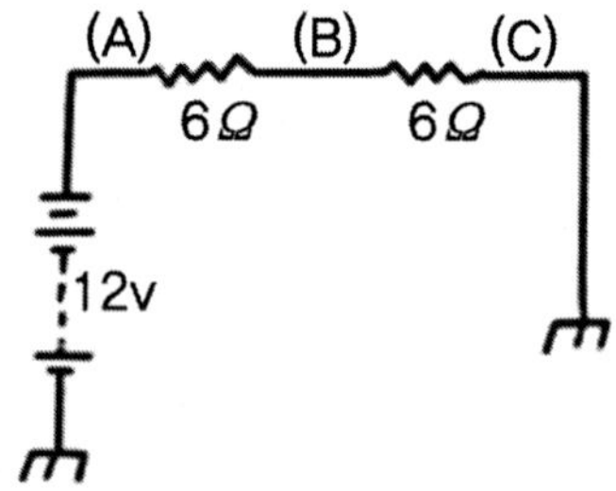

가. 총 소요 전류는 1 [A]이다.
나. 제일 높은 전압은 (A)지점이고, 제일 낮은 전압은 (C)지점이다.
다. (C)지점의 전압은 6 [V]이다.
라. (B)지점의 전압은 6 [V]이다.

예제 1-31 **다음 직렬회로에서 저항 R_1에 5 [mA]의 전류가 흐를 때 R_1의 저항값은? ( )**

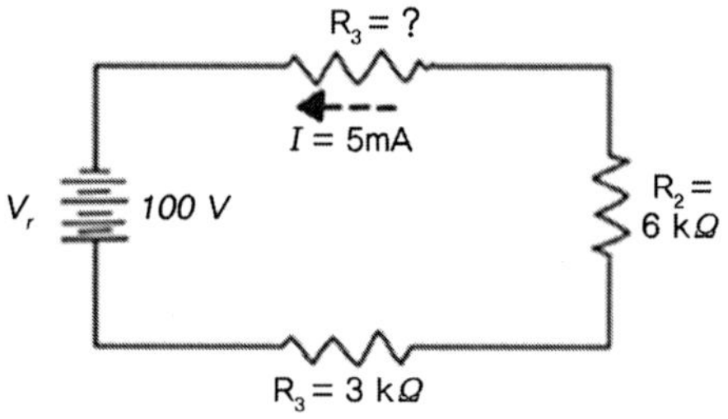

가. 7 [kΩ] 나. 9 [kΩ] 다. 11 [kΩ] 라. 13 [kΩ]

[해설]

$$\text{합성 저항}(R) = \frac{E}{I} = \frac{100[V]}{5[mA]} = \frac{100[V]}{0.005[A]} = 20{,}000[\Omega] = 20[k\Omega]$$

$$\therefore R_1 = 20k\Omega - (6k\Omega + 3k\Omega) = 11[k\Omega]$$

(2) 병렬 접속

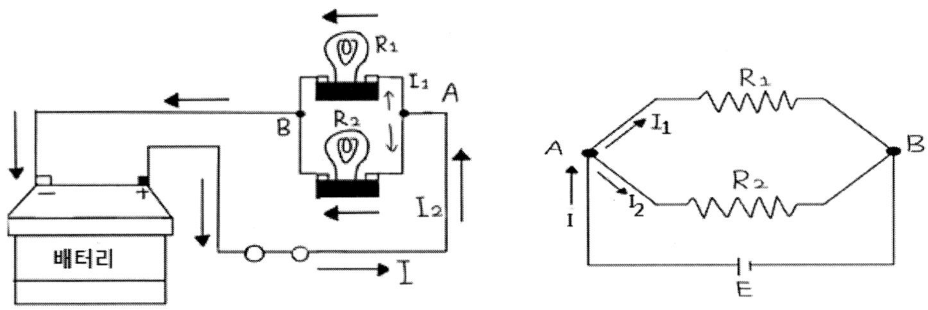

[그림 1.52] 저항의 병렬 접속 방법

[그림 1.52]와 같이 접속하는 것을 병렬 접속(parallel connection)이라 한다. 즉 A · B 사이에 저항 R_1, R_2를 접속하고 E[V] 전압을 가하면 각 저항 R_1, R_2에는 동일한 전압이 가해지므로 각 회로의 전류는 옴의 법칙에 의하여

$$I_1 = \frac{E}{R_1},\ I_2 = \frac{E}{R_2}$$

가 된다. 그리고 A점에 흘러 들어가는 전류를 [I]라 하면 [I]는 A점에서 분류(分流)하여 I_1, I_2가 되어 각 저항을 흐르므로 [I]는 I_1과 I_2의 합과 같다.

따라서 $I = I_1 + I_2$ 가 되고

$$I = \frac{E}{R_1} + \frac{E}{R_2} = E\left(\frac{1}{R_1} + \frac{1}{R_2}\right)$$

가 된다. 지금 A · B 사이의 합성 저항을 R이라 하면 $I = \frac{E}{R}$ 가 되고 $\frac{E}{R} = E\left(\frac{1}{R_1} + \frac{1}{R_2}\right)$이므로

$$\frac{1}{R} = \frac{1}{R_1} + \frac{1}{R_2}$$

가 된다.

따라서 n개의 저항 R_1, R_2, $R_3 \cdots R_n$을 병렬로 접속한 경우 그 합성 저항을 R이라 하면 $\frac{1}{R} = \frac{1}{R_1} + \frac{1}{R_2} + \frac{1}{R_3} + \cdots + \frac{1}{R_n}$ 이 되며

따라서 합성 저항 $R=\dfrac{1}{\dfrac{1}{R_1}+\dfrac{1}{R_2}+\dfrac{1}{R_3}+\cdots+\dfrac{1}{R_n}}$ 이 되어 병렬 접속의 합성 저항은 각 저항의 어느 하나보다도 작게 된다.

병렬 접속방법은 모든 저항을 두 단자에 공통으로 연결하는 것이며, 작은 저항을 얻고자 할 때 사용하는 것으로 다음과 같은 특징이 있다.

① 어느 저항에서나 동일한 전압이 흐른다.
② 합성 저항은 각 저항의 어느 것보다도 적다.
③ 저항이 감소하는 것은 전류가 나누어져 저항 속을 흐르기 때문이다.
④ 병렬 회로는 램프 개수와 관계없이 밝기가 일정하고 부하에 의해 전압강하가 발생하지 않는다.

그러나 전류소비가 직렬회로 대비 크게 증가되며 부하의 개수가 많을수록 전류는 증가한다.

예제 1-32 **아래 그림과 같은 병렬 접속 회로에서 R_1 = 2 [Ω], R_2 = 3 [Ω], R_3 = 4 [Ω]이면 전체 저항은? ( )**

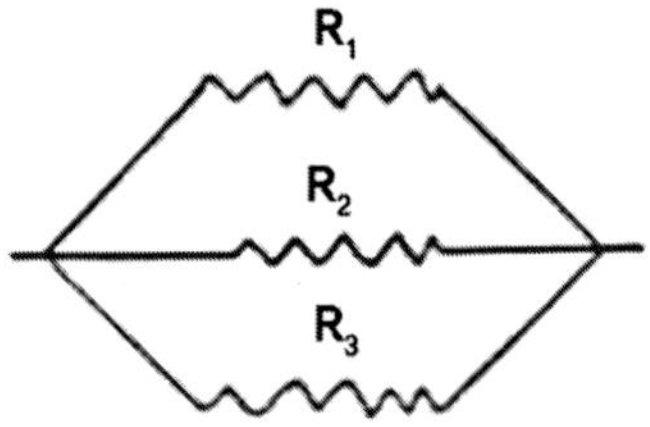

가. $\dfrac{13}{12}[\Omega]$　　나. $\dfrac{12}{13}[\Omega]$　　다. 9[Ω]　　라. $\dfrac{1}{9}[\Omega]$

예제 1-33 **몇 개의 저항을 병렬 접속했을 때 설명 중 틀린 것은? ( )**

가. 각 저항을 통하여 흐르는 전류의 합은 전원에서 흐르는 전류의 크기와 같다.
나. 합성 저항은 각 저항의 어느 것보다도 작다.
다. 각 저항에 가해지는 전압의 합은 전원 전압과 같다.
라. 어느 저항에서나 동일한 전압이 가해진다.

1.7.4 전압 강하

전원에서 전기 에너지를 소비하는 부하(load)에 전류 [I]가 흐를 때는 도중의 전선 저항[R] 때문에 옴의 법칙에 의해 IR [V]의 전압이 소비되어 전원에서 멀어질수록 전압은 점차 낮아진다.

[그림 1.53]와 같이 단자 전압 [V]인 전원으로부터 전선을 끌어서 전구에 전류를 흐르게 하는 경우, 한 개의 전선의 저항을 R [Ω], 부하 [전구]에 전류 I [A]가 흐른다고 하면 IR [V]의 전압을 소비하며 (+), (-)의 왕복 두 개의 전선에서는 2 IR [V]가 되므로 부하 C, D 양끝의 전압 V_L은 V-2 IR [V]가 된다.

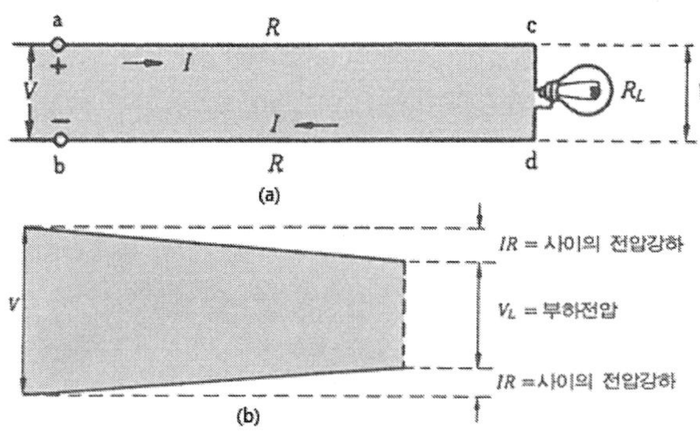

[그림 1.53] 전압강하

이와 같이 전원 전압은 부하 쪽으로 나아감에 따라 낮아지고 부하 전압 V_L은 [그림 (b)]와 같이 된다. 즉, 이 전압의 전하는 회로의 저항 중에 소비된 전압 때문에 발생되는 것이다. 이와 같이 전기 회로에 사용하고 있는 전선의 저항이나 회로 접속부의 접촉 저항 등에서 소비되는 전압을 그 저항에 의한 전압 강하(voltage drop)라고 한다. 전압 강하가 증가되면 부하의 기능이 저하되므로 회로에 사용하는 전선의 굵기는 적절한 것이어야 한다. 자동차의 전기 회로 중에서 전압 강하는 축전지의 단자, 스위치, 배선의 접속부 등에서 발생되기 쉽다.

예제 1-34 **다음 그림에서 2 [Ω] 저항의 양 끝에 걸리는 전압은 얼마인가?**

( )

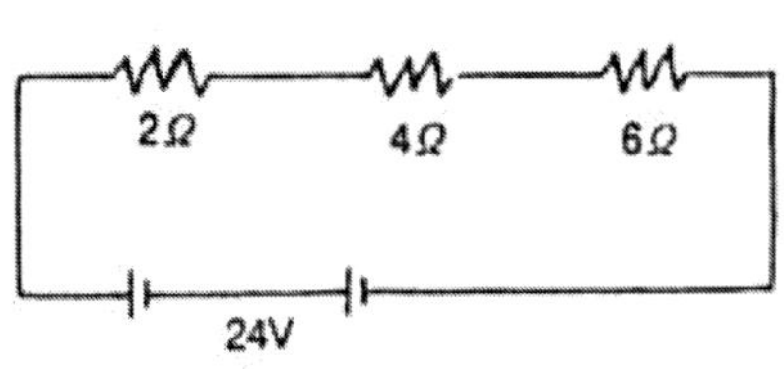

가. 2 [V]　　나. 4 [V]　　다. 6 [V]　　라. 8 [V]

예제 1-35 자동차 전기회로의 전압강하에 대한 설명이 아닌 것은? ( )

가. 저항을 통하여 전류가 흐르면 전압강하가 발생한다.
나. 전압강하가 커지면 전장품의 기능이 저하되므로 전선의 굵기는 알맞은 것을 사용해야 한다.
다. 회로에서 전압강하의 총량은 회로의 공급전압과 같다.
라. 전류가 적고 저항이 클수록 전압강하도 커진다.

1.8 키르히호프의 법칙

복잡한 회로의 전압, 전류, 저항을 다루는 데는 옴의 법칙을 발전시킨 키르히호프의 법칙(kirchhoff's law)을 사용한다. 예를 들면 전원이 2개 이상 있는 회로에서 전체로서의 합성 기전력의 계측이나 복잡한 전기 회로망 각 부의 전류 분포 등을 구할 때 이 법칙을 사용하면 편리하다.

1.8.1 키르히호프의 제1법칙(전류의 법칙)

회로가 아무리 복잡할지라도 어떤 1점에 유입하는 전류는 곧 다른 통로를 통하여 유출되므로 [그림 1.54]와 같은 회로에서 '임의의 접속점으로 유입한 전류의 총합과 유출한 전류의 총합은 서로 같다'고 하는데, 이것을 키르히호프의 제1법칙이라 한다.

예를 들면 [그림 1.54]에서 점 '0'으로 유입하는 전류와 유출하는 전류의 총합은 서로 같으므로 다음 식이 성립한다.

$$I_1 + I_3 + I_5 = I_2 + I_4, \quad (I_1 + I_3 + I_5) - (I_2 + I_4) = 0$$

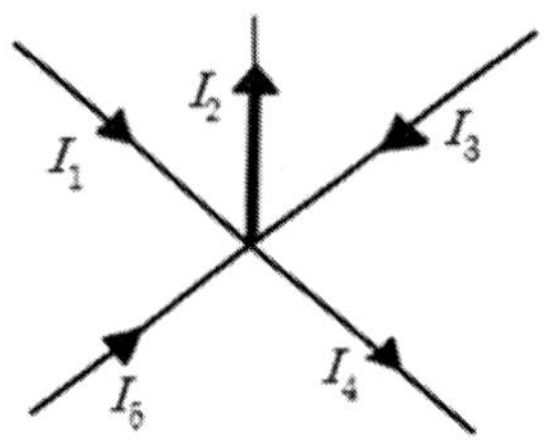

[그림 1.54] 키르히호프의 제1법칙

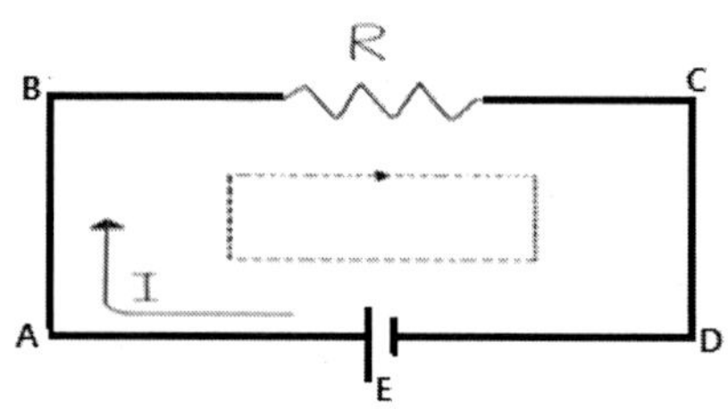

[그림 1.55] 키르히호프의 제2법칙

1.8.2 키르히호프의 제2법칙(전압의 법칙)

[그림 1.55]에서 기전력 E [V]에 의해 R [Ω]의 저항에 I [A]의 전류가 흐르는 회로에서는 옴의 법칙에 의하여

$$E = IR$$

가 된다. 이것을 문자로 표시하면 기전력 = 전압 강하된 전압의 합계가 되어 A → B → C → D의 방향에서는 기전력과 전압 강하의 총합은 같다는 것을 뜻한다.

이상은 가장 간단한 회로의 경우이나 전원이 두 개 이상 있는 복잡한 회로에도 적용된다. 즉, '임의의 폐회로에 있어서 기전력의 총합과 저항에 의한 전압 강하의 총합은 같다'고 하며, 이것을 키르히호프의 제2법칙이라 한다.

1.8.3 배터리(전지)의 접속법

전지를 전원으로 사용할 때 전지 1개로는 기전력이 부족하거나 용량이 작아서 충분한 전류를 얻기 어려운 경우가 있다. 이와 같은 경우에는 몇 개의 전지를 서로 접속해서 전원으로 사용한다. 이 접속법에는 직렬접속, 병렬접속 및 직병렬접속 등 3가지가 있다.

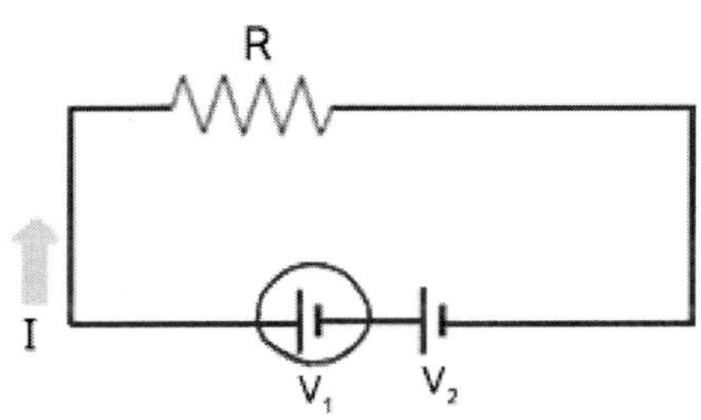

(a) 직렬접속법

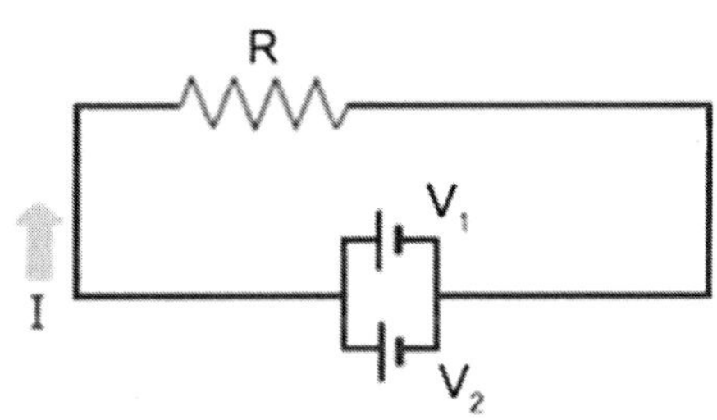

(b) 병렬접속법

[그림 1.56] 축전지의 접속방법

(1) 직렬접속

[그림 1.57] (a)와 같이 직렬로 접속할 때는 각 전지의 기전력의 방향을 모두 같은 방향으로 해야 한다. 지금 기전력 E [V], 내부저항 r [Ω]인 전지 n개를 직렬로 접속하고 여기에 R [Ω]의 부하저항을 접속할 때 흐르는 전류를 I [A]라 하면, 키르히호프의 제2법칙에 의하여 다음과 같이 된다.

$$(nr + R) = nE$$

$$\therefore \ I = \frac{nE}{nr+R} = \frac{E}{r+\dfrac{R}{n}} [A]$$

즉, n개의 전지를 직렬로 접속한 경우의 기전력은 전지 하나의 n배가 되는 동시에 내부저항도 n배가 된다.

따라서 n개의 같은 전지를 직렬로 접속한 것은 [그림 1.57] (b)와 같이 기전력 nE [V], 내부저항 nr [Ω]의 전지 1개와 같이 된다. 즉 [그림 1.57] (b)의 회로를 (a)회로의 등가 회로라고 한다.

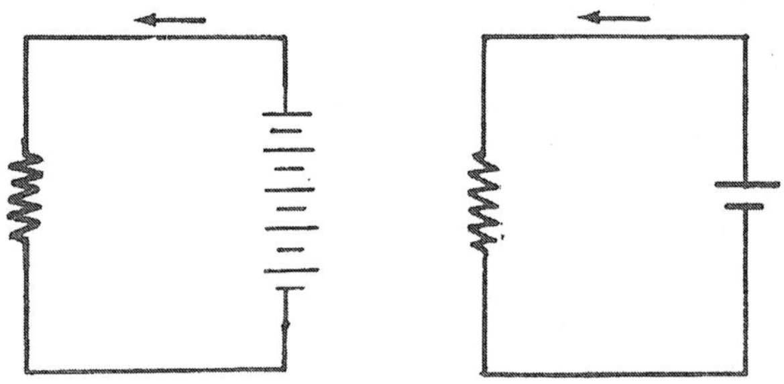

(a) (b)

[그림 1.57] 전지의 직렬접속

(2) 병렬접속

전지를 병렬로 접속하여 이상적으로 동작시키려면 각 전지의 기전력이 같아야 한다. [그림 1.57]의 (a)와 같이 기전력 E [V], 내부저항 r [Ω]인 전지 n개를 병렬로 접속하고 여기에 외부저항 R [Ω]를 접속할 때 R에 흐르는 전류를 I [A]라 하면 전지 하나에 흐르는 전류 I는 1/n가 되므로, 키르히호프의 제2법칙에 의하여 다음과 같이 된다.

$$\frac{1}{n} + IR = E$$

$$\therefore \ I = \frac{E}{\dfrac{r}{n}+R} \ [A]$$

위 식에서 알 수 있는 것과 같이 이 경우 부하 전류는 [그림 1.58] (b)와 같이 기전력 E[V], 내부저항이 $\frac{r}{n}$[Ω]의 부하저항을 접속할 때 흐르는 전류와 같다.

다시 말해 같은 전지를 병렬로 접속하면 전체의 기전력은 그 개수에 관계없이 전지 1개의 기전력과 같으므로 기전력에는 변화가 없다. 그러나 전체로서의 합성 내부저항은 전지의 개수에 반비례하여 r/n로 감소되기 때문에 병렬 개수를 증가시킴에 따라 회로의 전 저항은 감소하게 되므로 전류를 증가시킬 수 있다.

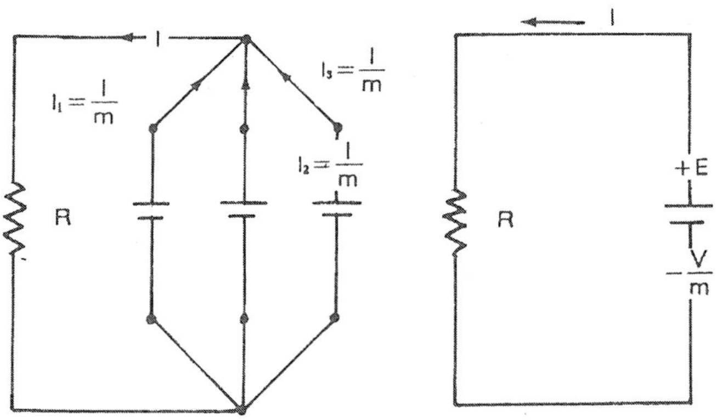

(a) (b)

[그림 1.58] 병렬접속

예제 1-36 **'회로 내의 어떤 한 점에 유입한 전류의 총합과 유출한 전류의 총합은 같다'는 법칙은? ( )**

가. 렌츠의 법칙　　나. 앙페르의 법칙
다. 키르히호프의 제2법칙　　라. 키르히호프의 제1법칙

예제 1-37 **다음 그림에서 $I_1 = 2$ [A], $I_2 = 3$ [A], $I_3 = 4$ [A], $I_4 = 5$ [A], $I_5 =$ [A]라고 할 때 I_5에 흐르는 전류를 구하면? ( )**

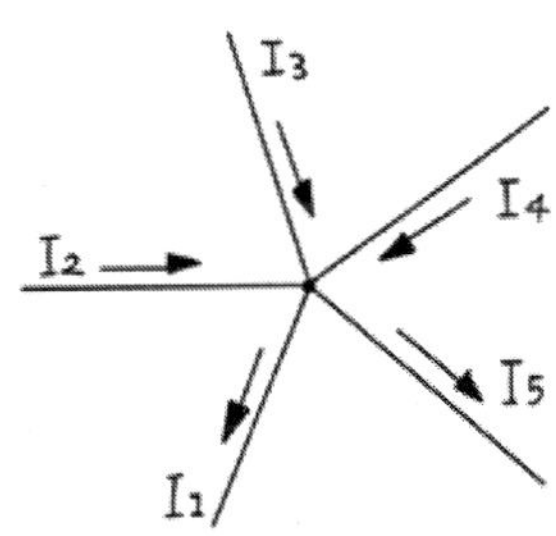

가. 9A　　나. 10A　　다. 11A　　라. 12A

예제 1-38 **기전력이 2 [V], 내부저항이 0.2 [Ω]의 전지 10 [개]를 병렬로 접속했을 때 부하 4 [Ω]에 흐르는 전류는? ( )**

가. 0.333 [A]　　나. 0.498 [A]　　다. 0.664 [A]　　라. 13.64 [A]

예제 1-39 기전력이 2.8 [V], 내부저항이 0.15 [Ω]인 전지 33개를 직렬로 접속할 때 1 [Ω]의 저항에 흐르는 전류는 얼마인가? ( )

가. 12.1 [A] 나. 13.2 [A] 다. 15.5 [A] 라. 15.2 [A]

1.9 전력과 전력량

1.9.1 전력(P)

전력(electric power)이란 단위시간 동안에 전기가 한 일, 즉 전기출력을 말한다. 우리가 일상생활에서 사용하는 전구나 전기장판, 커피포트, 기타 전기에 의한 가전제품 등은 전류가 저항체를 만나 기계적인 일을 하며, 전력은 전압이나 전류가 클수록 크게 된다. 즉, 전력은 전압(E)과 전류(I)를 곱한 것에 비례한다.

따라서

$$P = EI[W] \cdots\cdots ①$$

옴의 법칙 $E = IR$에서

$$P = EI = IR \times I = I^2 R[W] \cdots\cdots ②$$

또 $I = \dfrac{E}{R}$의 관계에서

$$P = EI = E \times \frac{E}{R} = \frac{E^2}{R}[W] \cdots\cdots ③$$

가 된다.

Handy hint ....

☞ 마력과 와트(watt)

기계 동력의 단위로는 마력을 사용하며, 마력과 와트의 관계는 다음과 같다.

① 1HP = 550 [ft · lb/sec] = 746 [W] = 0.746 [kW] ≒ 3/4 [kW]

② IPS = 75 [kgf · m/sec] = 632.3 [kcal/hr] = 736 [W] = 0.736 [kW]

③ 1kW = 102 [kgf · m/sec] = 860 [kcal/hr]

④ 1 [kW] = 1.36 [PS]

☞ 동력 표시

동력 $= \dfrac{\text{일량}}{\text{단위시간}} = \dfrac{\text{힘 X 거리}}{\text{단위시간}} =$ 힘 X 속도로 표시하고, 단위는 HP, PS, kW로 나타낸다.

1.9.2 전력량

전력량이란 전류가 어떤 시간 동안에 한 일의 총량을 말하며, 전력에 사용한 시간을 곱한 값으로 표시된다. 따라서 P [W]의 전력을 t [초] 동안 사용하였을 때 전력량 [W : Watt]은

$$W = P \times t \text{ [와트 · 초] 또는 주울 [Joule : J]}$$

로 표시된다.

만일 I [A]의 전류가 R [Ω]의 저항 속을 t [초] 동안 흐를 때는

$$W = I^2 Rt\,[Ws]$$

의 전력량이 모두 열로 되어 소비되므로 이때 발생하는 열량을 [H]칼로리(calorie)라 하면

$$H = 0.24EI = 0.24I^2 Rt = 0.24\frac{E^2}{R}[cal]$$

가 된다. 위 식은 저항에 의해 발생하는 열량이 전류의 제곱과 저항의 곱에 비례한다는 것을 나타내고 있으며 이것을 주울의 법칙(Joule's law)이라 한다.

이와 같이 저항 속을 전류가 흘러 발생하는 열을 주울의 열이라 하며 전기 히터, 시가라이터, 예열플러그 등에 널리 이용되고 있다.

전력량 단위에는 [Ws], [Wh], [kWh] 등이 사용되며 이들 사이의 관계는 다음과 같다.

$$1\,[kWh] = 10^3\,[Wh] = 3.6 \times 10^6\,[J]$$

$$1\,[J] = 0.24\,[cal] \text{이고 } 1\,[cal] \fallingdotseq 4.2\,[J]$$

예제 1-40 12 [V]용 같은 와트 수의 전구 2개를 그림과 같이 배선하고 점등을 하였더니 20 [A]의 전류가 흘렀다. 각 전구의 와트[W] 수는 얼마인가? (단, 축전지는 12V-100AH이다.) ( )

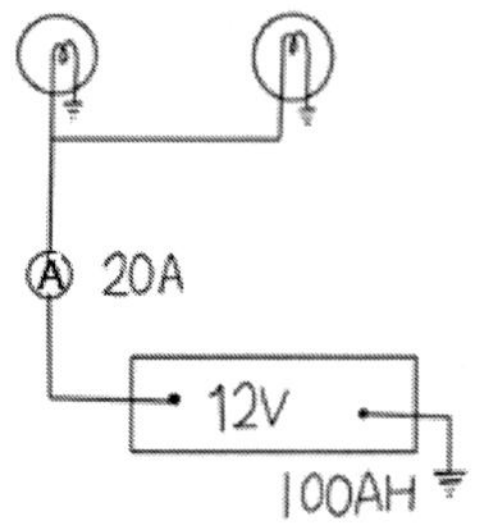

가. 30 [W]　　나. 60 [W]　　다. 120 [W]　　라. 240 [W]

예제 1-41 다음 그림과 같이 회로가 연결되었을 때 전류계가 지시하는 전류의 값은 몇 [A]인가? ( )

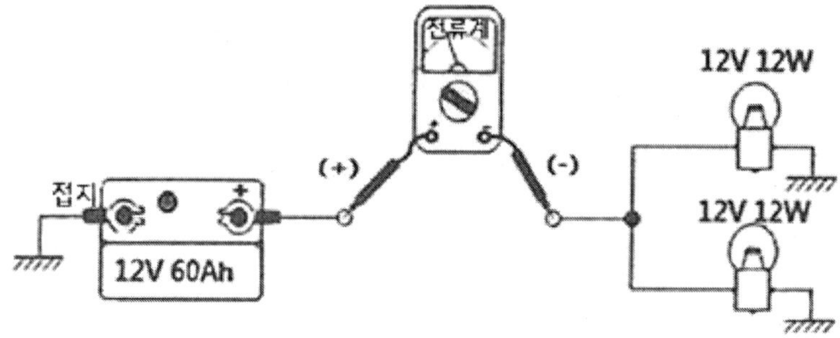

가. 1 [A]　　나. 2 [A]　　다. 4 [A]　　라. 12 [A]

예제 1-42 **다음 그림과 같은 자동차 헤드라이트 회로에서 사용해야 할 퓨즈의 용량은? (　)**

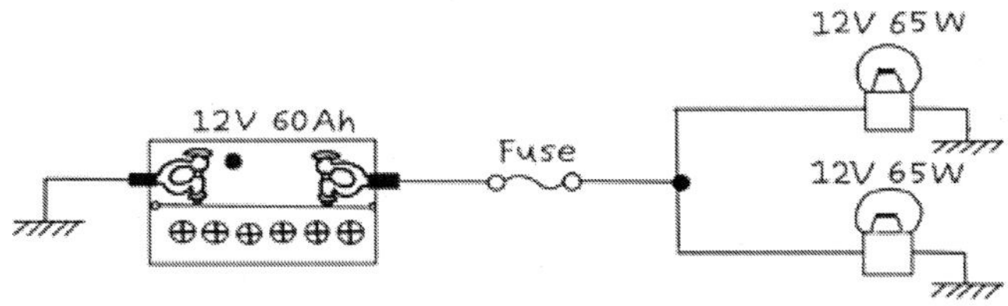

가. 5 [A]　　나. 15 [A]　　다. 25 [A]　　라. 35 [A]

[해설] 퓨즈의 용량은 전기회로에 흐르는 전류보다 약 20 [%] 높게 설정한다.

예제 1-43 **100 [V], 500 [W]의 전열기에 80 [V]의 전압을 가하였을 때 전력은? (　)**

가. 400 [W]　　나. 320 [W]　　다. 280 [W]　　라. 180 [W]

[해설] ① 100 [V], 500 [W] 전열기의 저항을 구하면

$$R = \frac{E^2}{P} = \frac{100^2}{500} = 20\,[\Omega]$$

② 80 [V]의 전압을 가할 때

$$\therefore \text{전력}[P] = \frac{E^2}{R} = \frac{80^2}{20} = 320\,[W]$$

예제 1-44 **5 [kW]의 발전기가 있다. 이것을 운전하려면 몇 마력 [PS]의 동력이 필요한가? (　)**

가. 6.8 [PS]　　나. 7.8 [PS]　　다. 8.8 [PS]　　라. 9.8 [PS]

예제 1-45 **정비용 리프트에서 중량 13,500 [N]인 자동차를 3초 만에 높이 1.8 [m]로 상승시켰을 때 리프트의 출력은? (단, 1 [kgf] = 9.8 [N]이다.) (　)**

가. 24.3 [kW]　　나. 8.1 [kW]　　다. 22.5 [kW]　　라. 10.8 [kW]

예제 1-46 다음 회로에서 전류 [A]와 소비 전력 [W]은? ( )

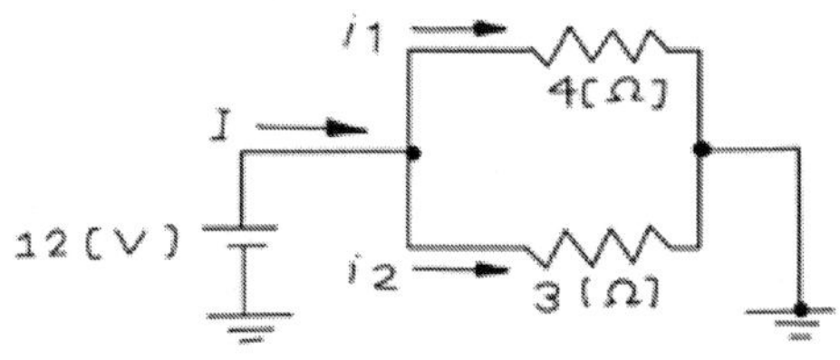

가. I = 0.58[A], P = 5.8[W]　　나. I = 5.8[A], P = 58[W]
다. I = 7[A], P = 84[W]　　라. I = 70[A], P = 840[W]

1.10 전기와 자기

1.10.1 자석과 자석의 성질

자철광은 쇳가루와 쇳조각 등을 끌어당기는 성질을 가지고 있으며, 이와 같이 철편을 끌어당기는 작용을 자기(磁氣)라 한다.

자기를 가지고 있는 물체를 자석(magnet)이라 한다. 자석에는 자철광과 같은 천연 자석과, 철(Fe), 니켈(Ni), 코발트(Co) 등의 금속에 인공적으로 자기를 가지게 한 인공 자석이 있는데, 실용화되고 있는 자석은 후자의 것이다. 이와 같이 자기작용을 느끼거나 자석이 될 수 있는 물체를 자성체(磁性體)라 하고, 구리(Cu), 알루미늄(Al) 등은 자기를 거의 느끼지 않으므로 비자성체(非磁性體)라 한다.

자석이 철편을 끌어당기는 작용은 자석 전체에 존재하는 것이 아니다. 예를 들면 막대자석 등에 쇳가루를 끌어당기게 하면 자석 양끝 가까운 곳에만 쇳가루가 붙는다. 이 양끝의 자성이 가장 강한 부분을 자극(magnetic pole)이라 한다.

막대자석을 수평 되게 그 중앙을 매달면 한쪽의 자극은 북쪽을 가리키고 다른 한쪽의 자극은 남쪽을 가리킨다. 북쪽을 가리키는 자극을 북극(양극) 또는 N극이라 하고 남쪽을 가리키는 자극을 남극(음극) 또는 S극이라 한다.

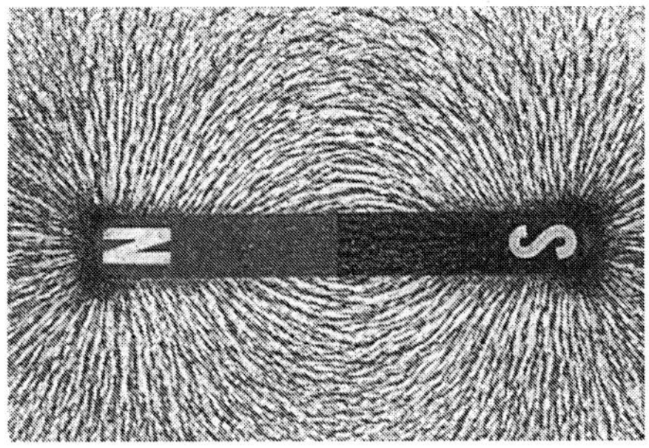

[그림 1.59] 막대자석

1.10.2 자극의 세기

자석에서 자극의 세기는 그 부근에 다른 자석을 놓았을 때 양 자극 사이에 작용하는 흡인력 또는 반발력의 크기로 표시한다. 즉 두 개의 자극의 세기를 각각 m_1, m_2라 하고, 자극 사이의 거리를 $[r]$이라 하면 양 자극 사이에 작용하는 힘 $[F]$는 다음 관계식으로 표시된다.

$$F = \propto \frac{m_1 \times m_2}{r^2} \quad \text{또는} \quad F = K \cdot \frac{m_1 \times m_2}{r^2}$$

여기서 K는 힘이 미치는 공간의 매질과 단위계에 따라 정해지는 비례 상수이다. 이 식에서 알 수 있는 것과 같이 **흡인력 또는 반발력 F는 거리 r의 제곱에 반비례하고, 자극의 세기를 서로 곱한 $m_1 \times m_2$ 것에 정비례한다.** 이것을 **쿨롱의 법칙**(coulomb's law)이라 한다.

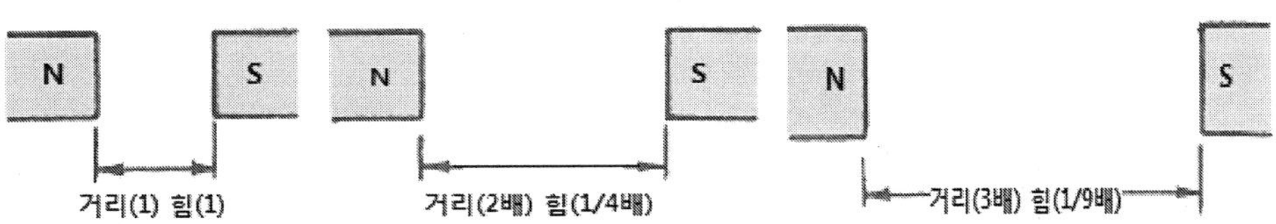

[그림 1.60] 자극의 강도

1.10.3 자계와 자력선

자석 위에 종이나 유리판을 놓고 그 위에 쇳가루를 뿌린 다음 가볍게 두들기면 [그림 1.63]과 같이 N극과 S극을 연결하는 곡선 모양이 생긴다. 이와 같이 자석이 작용하는 범위를 자계(磁界) 또는 자장(磁場)이라 한다.

자계의 강도, 즉 자기력의 크기는 자계의 저항의 크기에 반비례한다. 즉, 자장의 세기 $(H) = \frac{\theta}{\ell} = \frac{\ell \times N}{\ell}$[A/m] 여기서, θ : 기자력, ℓ : 자기회로의 평균길이, N : 코일권수가 된다.

또 기자력(θ)이란 자력을 만드는 원동력이 되는 것으로 $\theta =$ 전류 $\times$ 권수 $[AT$: Ampere

Turn]로 표시된다.

[그림 1.61]에서 쇳가루가 그리는 곡선의 밀도를 보면 자극 가까운 곳은 밀도가 크고 자극에서 먼 곳은 밀도가 작다. 또 이 곡선은 N극과 S극 사이에서 자기의 힘, 즉 자력이 어떤 길을 거쳐 작용하고 있는가를 나타내는 선이며, 이 선을 자력선이라 한다. 자력선은 보통 N극에서 S극으로 향하는 방향에 화살표를 넣어 표시한다.

자력선의 성질은 패러데이(Michael Faraday : 영)의 가설에 의하면 하나하나의 자력선은 마치 끌어당겨진 고무줄과 같이 줄어들려고 하고, 인접한 자력선 사이에는 반발력이 작용하여 서로 멀어지려고 한다. 이 가설을 이용하면 자계에 의해서 생기는 여러 가지 힘을 생각하는 데 대단히 편리하다.

즉, [그림 1.61]에서 N극과 S극을 마주 놓으면 자력선이 서로 반발하여 동종의 극이 서로 멀어지려는 현상을 설명할 수 있다. 이 가설은 기동전동기, 발전기의 원리를 공부하는 데 있어 매우 중요한 것이다.

그리고 **자력선의 방향과 직각인 단위면적[1cm²]을 통과하는 전체의 자력선을 자속(磁束 : Wb)** 이라 한다. 자속의 밀도$(B) = \dfrac{\phi}{A}$[Wb/m²]이고, 여기서 ϕ : 자속, A : 자력선의 직각인 단면적이 된다. 한편, 자력선이 통과하기 쉬운 척도를 투자율이라고 한다. 즉 자속의 밀도[B]에 대한 자장의 세기 [H] 비를 투자율이라 한다. 즉 다음과 같다.

$$\text{투자율}(\mu)= \frac{B}{H}= \frac{\frac{\phi}{A}}{\frac{\theta}{\ell}}= \frac{\ell\phi}{\theta A}[A\cdot s/A\cdot m]$$

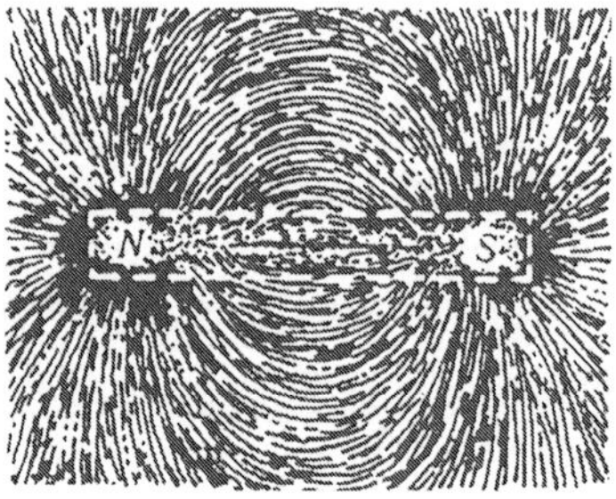

(a) 막대자석의 철분도형

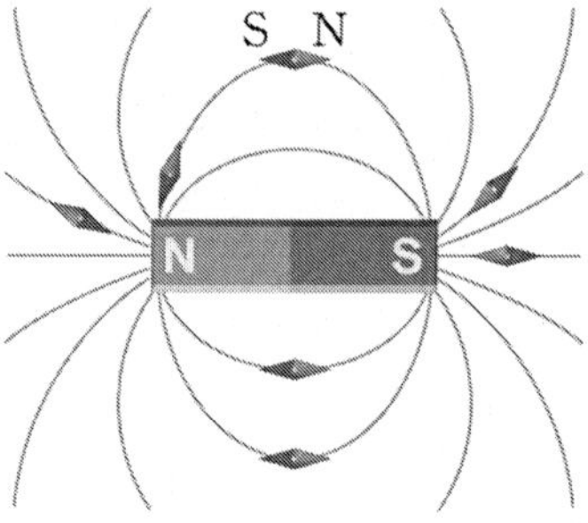

(b) 자력선

[그림 1.61] 막대자석의 자력선

Handy hint ....

☞ 자력선의 특징

① 자력선은 N극에서 나와 S극으로 향한다.

② 자력선의 방향으로 자계의 방향을 알 수 있다.

③ 자력선의 밀도(자속밀도)로 자계(자력)의 세기를 나타낸다.

④ 각각의 자력선은 서로 반발하거나 혼합하지 않는다.

1.10.4 자기유도(磁氣誘導)

자석 가까이에 쇠붙이를 가까이 하면 끌어당긴다. 이는 그 쇠붙이가 자석이 되기 때문이다. 예를 들면 [그림 1.62]와 같이 자석 가까이에 철편을 가져갔다고 하면 철편에는 자극 가까운 쪽에 다른 종류의 극이, 먼 쪽에는 같은 종류의 극이 생겨 자극에 끌어당겨진다.

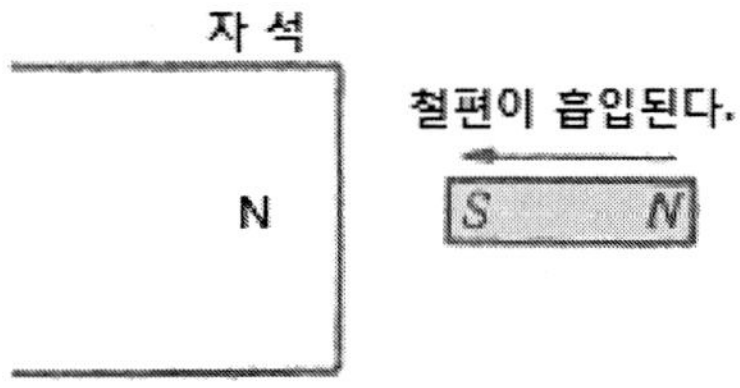

[그림 1.62] 자기유도

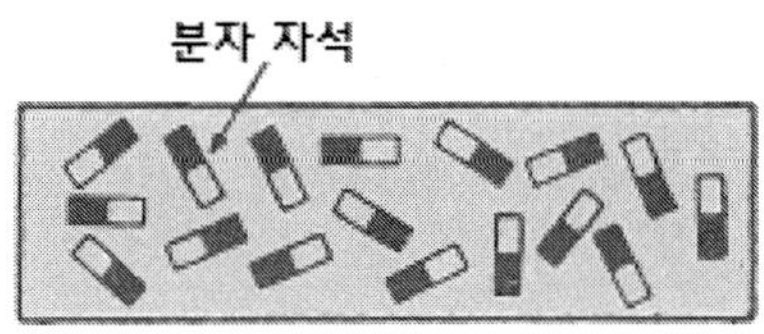

[그림 1.63] 분자 자석

이와 같이 자계 내에 있는 물체가 자기를 띠는 현상을 자기유도라 하며, 이 경우 이 물체는 자기유도 작용에 의해 자화(磁化)되었다고 한다. 이 자기유도 현상을 깊이 생각한 것이 **분자 자석설**이다.

이 설에 의하면 철(Fe)이나 니켈(Ni) 등의 강자성체는 자화되지 않는 경우에도 [그림 1.65]와 같이 대단히 작은 자극을 가진 분자 자석으로 되어 있다고 생각하고 있다. 자화하는 힘을 외부에서 주지 않을 때는 [그림 1.63]와 같이 분자 자석이 불규칙하게 여러 방향으로 향하고 있기 때문에 각 분자의 자력은 상쇄되어 철(Fe) 전체로서는 외부에 자석의 성질을 나타내지 않는다. 그러나 이것을 자계에 넣으면 [그림 1.64] (a)와 같이 분자 자석이 자력선 방향으로 규칙 정연하게 배열되며, 가운데에서는 N극과 S극의 자력이 상쇄되고 철(Fe) 전체의 양끝에서 N극과 S극이 나타나는 자석이 된다.

만일 [그림 1.64] (b)와 같이 X-X′의 곳을 절단하면 지금까지 중화(中和)되어 있던 자력이 나타나서 절단면에 N, S극이 나타나 2개의 자석이 된다. 또 Y′-Y에서 절단하면 역시 2개의 자석이 된다고 생각할 수 있다.

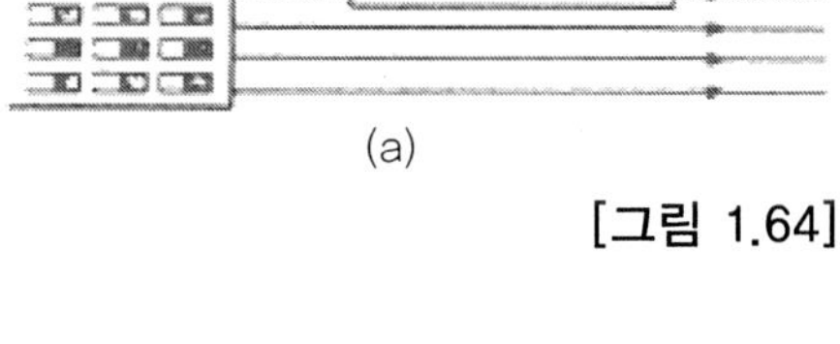

(a)

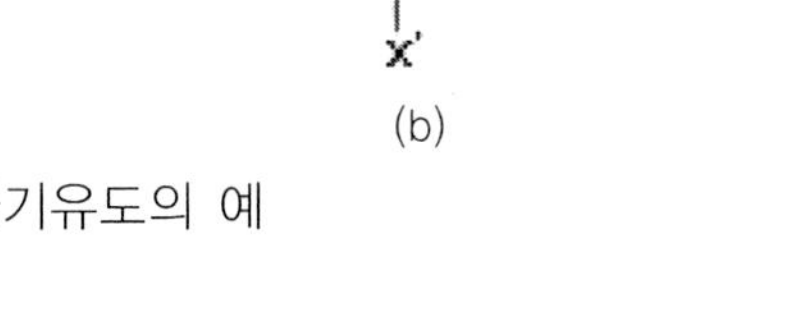

(b)

[그림 1.64] 자기유도의 예

[그림 1.64] (a)에서 철편의 분자 자석이 바르게 배열된 다음에는 강한 자석을 가까이 해도 철편의 자기를 강하게 할 수 없다. 이와 같이 자화력을 강하게 해도 자기가 증가되지 않게 되는 현상을 **자기포화(磁氣飽和)**라 한다. 또 일단 자화된 철편에는 그 자화력을 점차로 약하게 하면 자기도 점차로 감소되나 자화력을 완전히 없애도 철편에 자기가 남는 경우가 있다. 이 남은 자기를 **잔류자기(殘溜磁氣)**라 하며, 잔류자기를 없애려면 다시 반대 방향의 자화력을 가하여야 한다. 이와 같이 철(Fe)이 자화될 때는 자기적(磁氣的)인 경력이 나타나며, 이 현상을 자기 히스테리시스(hysteresis)라 한다.

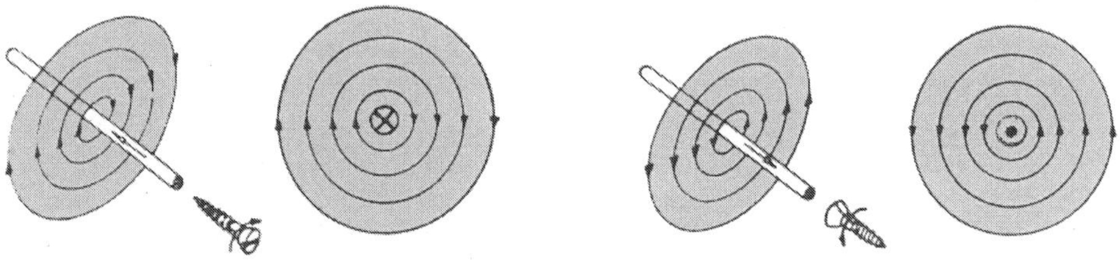

(a) 전류가 들어가는 방향　　　(b) 전류가 나오는 방향

[그림 1.65] 오른나사의 법칙

[그림 1.65]와 같이 전류의 방향을 ⊗표 방향으로 하면 자력선의 방향은 오른나사의 진행 방향, 즉 오른쪽으로 회전하게 된다. [그림 1.65]에서 ⊗는 들어가는 방향이고, ⊙는 나오는 방향이다.

1.10.5 전기와 자기의 관계

(1) 전류가 만드는 자계

전선에 전류가 흐르면 그 주위에 자기작용이 나타나 [그림 1.66] (b)와 같이 지침이 움직이게 된다. [그림 1.66] (a)와 같이 전선에 직각으로 놓은 종이에 쇳가루를 뿌리고, 전선에 전류를 흐르게 하면 쇳가루는 전선을 중심으로 하는 많은 동심원으로 배열이 되며, 그 밀도는 전선에 가까울수록 크다.

이와 같이 전선에 전류가 흐르면 그 주위에는 전류의 세기에 비례하고, 전선에서의 거리에 반비례하는 자계가 생긴다. 그리고 자력선은 전선을 중심으로 하는 동심원 모양이 되며, 전류가 흐르는 방향과 자력선의 방향과의 사이에는 '전류의 방향을 오른나사의 진행 방향과 일치시키면 자력선 방향은 오른나사가 회전하는 방향과 일치한다'는 관계가 있다. 이것을 자력선의 오른나사 법칙이라 한다.

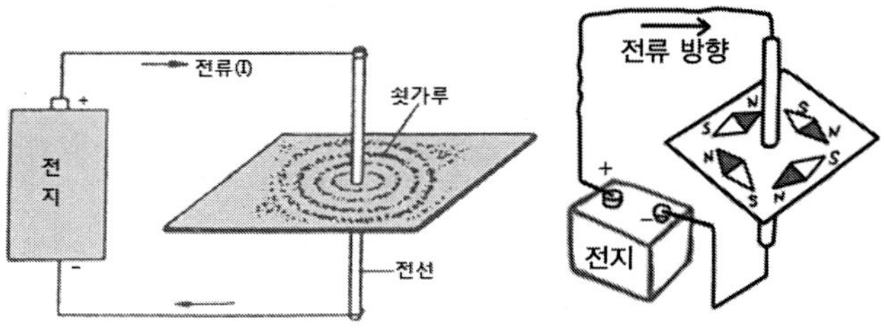

(a) (b)

[그림 1.66] 전류가 만드는 자계

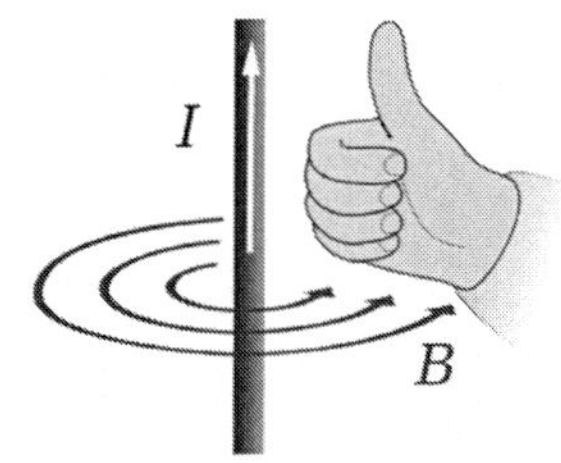

[그림 1.67] 오른나사의 법칙

(2) 코일의 자계

① 솔레노이드(solenoid)

[그림 1.68]과 같이 전선을 원형으로 구부려 코일(coil)을 만들고 전류를 흐르게 하면 코일 내부에는 아래의 그림과 같은 방향의 자계가 생긴다. 또 이와 같은 코일을 [그림 1.68] (c)와 같이 서로 밀접하게 여러 번 감고(솔레노이드라 한다) 이것에 전류를 흐르게 하면 자계는 한 번 감은 코일이 만드는 자계를 같은 축 위에 겹친 것과 같이 된다. 또한 코일 내부의 자계는 코일의 권수에 비례하여 크게 되고, 마치 막대자석과 같은 작용을 하게 된다.

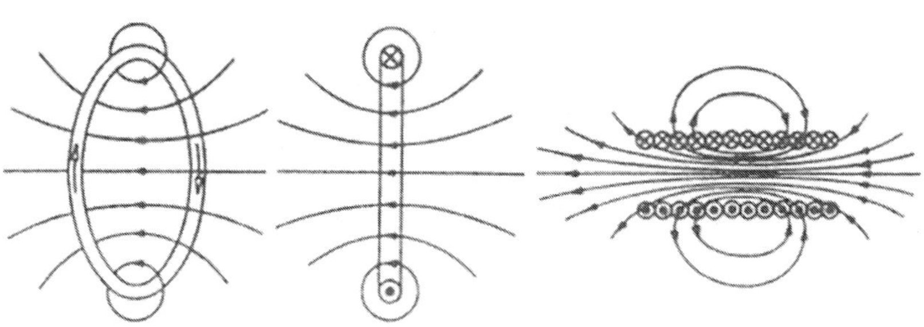

(a) (b) (c)

[그림 1.68] 코일 및 솔레노이드가 만드는 자계

다음에 [그림 1.69]와 같이 솔레노이드 내부에 철심을 넣고(전자석이라 한다) 솔레노이드에 전류를 흐르게 하면 철심에 생기는 자속은 철심에 포화되지 않는 한 솔레노이드의 권수 [N]과 여기에 흐르는 전류 [I]와의 곱 [NI]에 비례하여 증가한다. 이 [NI]는 자속을 발생시키는 능력을 나타낸 것으로 기자력(起磁力)이라고 하며 그 단위는 암페어 회수[AT : Ampere Turn]를 사용한다. 즉

$$\text{기자력}(\theta) = \text{전류} \times \text{권수}\,[\mathrm{AT}]$$

가 된다.

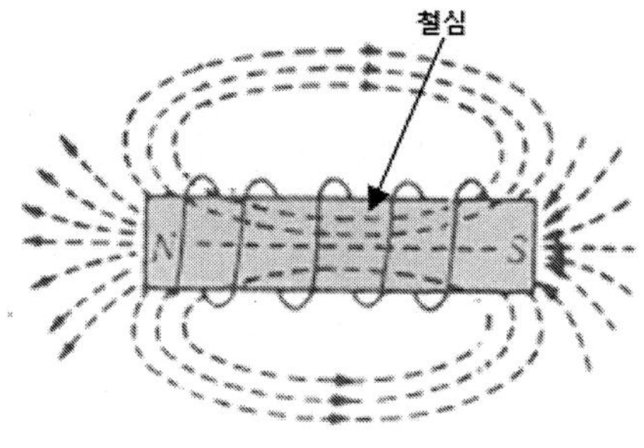

[그림 1.69] 전자석의 자계

Handy hint ....

☞ 전자석의 특징

① 전자석은 전류를 인가했을 때만 자력을 띠게 된다. 따라서 전류를 차단하면 자력선은 사라진다.

② 전자석은 전류의 방향을 바꾸면 자극도 반대가 된다.

③ 전자석의 자력은 코일의 권수와 공급전류의 크기에 영향을 받는다.

② 오른손 엄지손가락 법칙

솔레노이드에 전류를 흐르게 하였을 때 그 내부에 생기는 자력선의 방향을 알기 위해서는 오른나사의 법칙을 이용해도 좋으나 더 간단한 방법은 오른손 엄지손가락 법칙이 있다.

즉 그림 [1.70]와 같이 오른손의 엄지손가락을 다른 네 개의 손가락과 직각이 되게 하고, 네 손가락 끝을 전류의 방향과 일치시켜 코일을 잡으면 엄지손가락 방향이 솔레노이드 내부에 생기는 자력선의 방향, 즉 N극의 방향이 된다. 이것을 오른손 엄지손가락의 법칙이라 하며, 코일 및 전자석의 자계 방향을 알려고 할 때 사용한다.

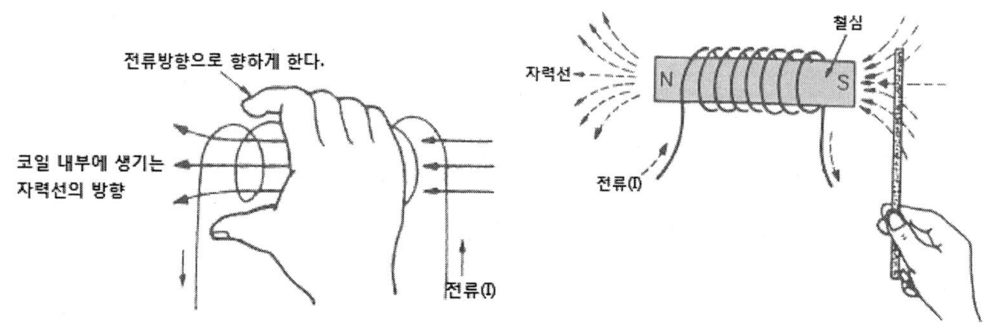

[그림 1.70] 오른손 엄지손가락의 법칙

③ 전자력

전류가 흐르고 있는 도체의 주위에는 자계가 생기고, 가까이 있는 철편 등에는 흡인력이 작용한다. 따라서 전류가 흐르고 있는 도체의 부근에 자극을 놓으면 그 자극에 힘이 작용한다.

만약 자극을 고정하고 도체가 자유로 움직일 수 있게 하면 그 힘은 도체에 작용하여 도체가 움직이게 된다. 이때 생기는 힘을 전자력(F)이라 한다.

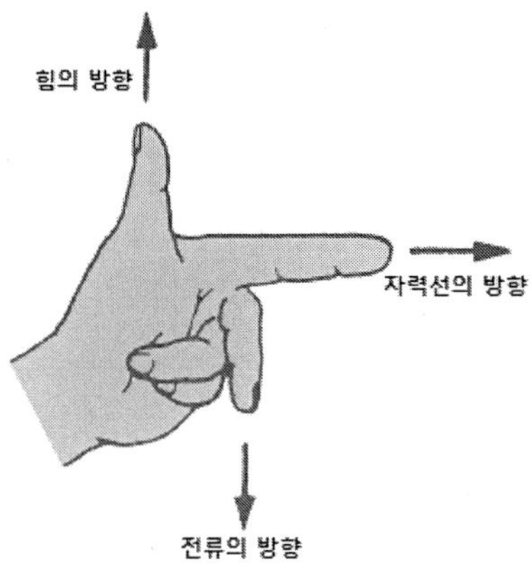

[그림 1.71] 플레밍의 왼손법칙

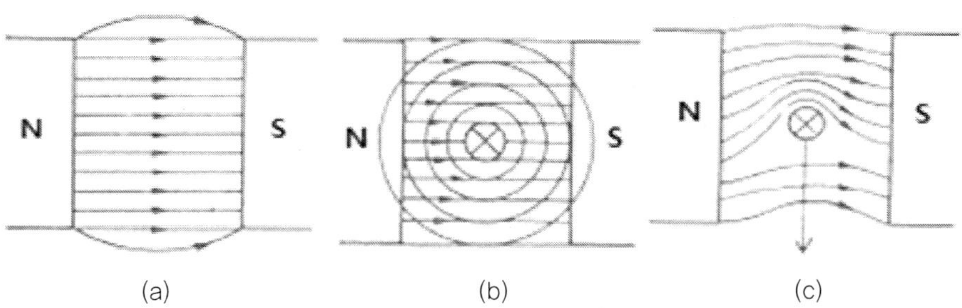

[그림 1.72] 전자력 받는 방향

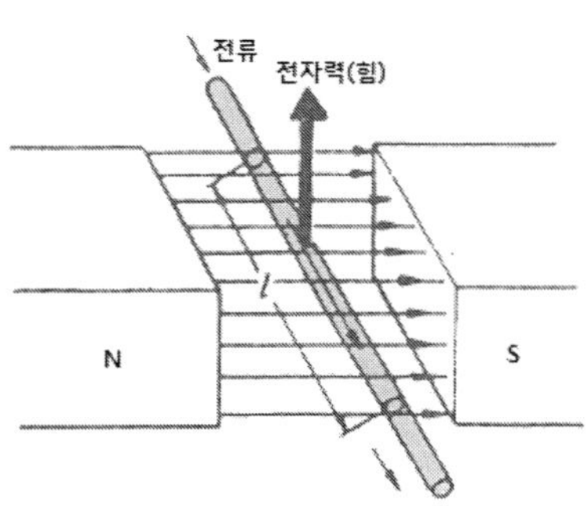

[그림 1.73] 전자력

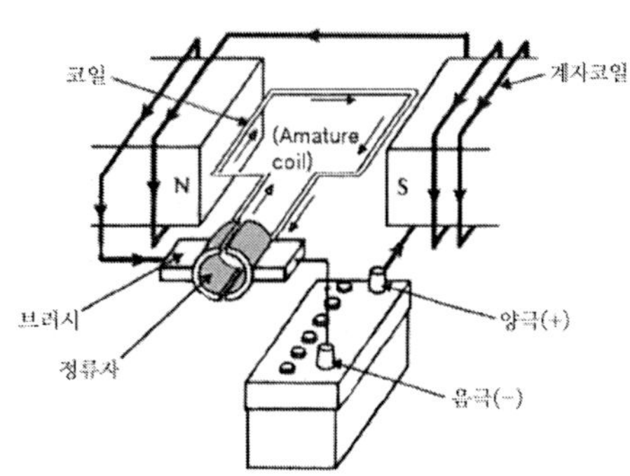

[그림 1.74] 직류모터의 원리

전자력의 크기는 [그림 1.73]과 같이 **자력선의 방향과 전류의 방향이 직각이 될 때 가장 크며,** 그리고 자계의 세기[B(자속밀도) : Wb/m^2], 전류[I]의 크기, 도체의 길이[ℓ]에 비례하여 증가한다. 즉

$$전자력(F) = B \times I \times \ell \times \sin\theta [N]$$

가 된다. 참고로 1 [Wb]는 6.33×10^6 [N]이다.

전자력을 받는 방향은 도체에 흐르는 전류의 방향과 주위의 자계의 방향에 따라 결정된다. 즉 [그림 1.72]와 같이 자계의 자력선의 상태를 (a) 및 (b)의 양 자력선을 합성한 자력선의 상태는 (c)와 같이 되어 마치 막대가 고무줄에 의해 아래쪽으로 밀리는 것과 같은 모양이 되므로 도체는 아래쪽 방향으로 전자력을 받는다. 따라서 전류와 자력선의 방향 가운데에서 어느 하나의 방향을 바꾸면 전자력의 방향은 반대 방향이 된다.

전자력 방향을 쉽게 알 수 있는 방법으로 플레밍의 왼손 법칙(Fleming's left hand rule)이 있다. 이 방법은 [그림 1.71]과 같이 왼손의 엄지, 인지, 중지를 서로 직각되게 하고, 인지를 자력선의 방향, 중지를 전류의 방향에 일치시키면 도체에는 엄지손가락은 전자력이 작용하는 방향을 가리킨다는 것을 나타낸 것이다. 전자력을 이용한 것에는 스피커, 전동기, 전압계, 전류계 등이 있다.

④ 자장(자계)의 상쇄와 합성

하나의 철심에 2개의 코일 L_1, L_2를 감고, 전류를 흐르게 하면 [그림 1.75] (a)와 같이 2개의 코일 L_1과 L_2가 만드는 자장의 방향이 반대로 되어 철심에 만들어지는 자력이 약하거나 없어지는 현상을 자장의 상쇄라 한다. [그림 1.75] (b)와 같이 코일을 감고 전류를 흐르게 하면 코일 L_1과 L_2가 만드는 자장이 같은 방향이 되어 철심에 생기는 자력은 서로 합성되므로 커지게 된다. 이것을 자장의 합성이라고 한다.

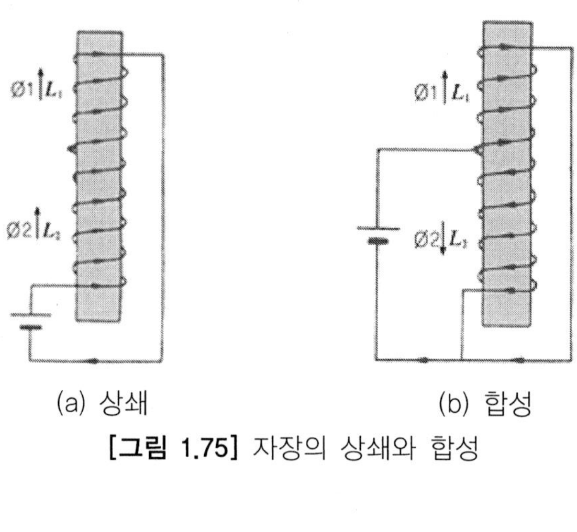

(a) 상쇄　　　　　　　　(b) 합성

[그림 1.75] 자장의 상쇄와 합성

예제 1-47 자계와 자력선에 대한 설명으로 틀린 것은? (　)

가. 자계란 자력선이 존재하는 영역이다.
나. 자속은 자력선 다발을 의미하며 단위로는 [Wb/m^2]을 사용한다.
다. 자계강도는 단위 자기량을 가지는 물체에 작용하는 자기력의 크기를 나타낸다.
라. 자기유도는 자석이 아닌 물체가 자계 내에서 자기력의 영향을 받아 자석을 띠는 현상을 말한다.

예제 1-48 분자 자석설에 대한 설명으로 맞는 것은? (　)

가. 자석은 동종 반발, 이종 흡입의 성질이 있다.
나. 자속은 자극 가까운 곳의 밀도는 크고 방향은 모두 극 쪽으로 향한다.
다. 자력은 자속이 투과하는 매질의 투과율 및 자계강도에 비례한다.
라. 강자성체는 자화되어 있지 않는 경우에도 매우 작은 분자자석으로 되어 있다.

예제 1-49 전자력에 대한 설명으로 틀린 것은? (　)

가. 전자력은 자계의 세기에 비례한다.
나. 전자력은 도체의 길이, 전류의 크기에 비례한다.
다. 전자력은 자계방향과 전류의 방향이 평행일 때 가장 크다.
라. 전류가 흐르는 도체 주위에 자극을 놓았을 때 발생하는 힘이다.

예제 1-50 다음은 전자력과 자계에 대한 설명이다. 틀린 것은? (　)

가. 전자력의 크기는 자계의 저항의 크기에 비례한다.
나. 전자력의 크기는 자계 내의 도선의 길이에 비례한다.
다. 자계와 전류 사이에 작용하는 힘을 전자력이라 한다.
라. 전자력의 크기는 도선이 자계의 자력선과 직각일 때 최대가 된다.

1.11 전자유도(電磁誘導) 작용

1.11.1 전자유도를 발생시키는 방법

[그림 1.76]과 같이 자계 내에 자력선과 직각으로 도체를 놓고, 그 양 끝에 전류계를 연결한 다음, 도체를 자력선과 직각 방향으로 상하로 움직이면 도체에 전류가 발생하여 전류계의 바늘이 움직인다.

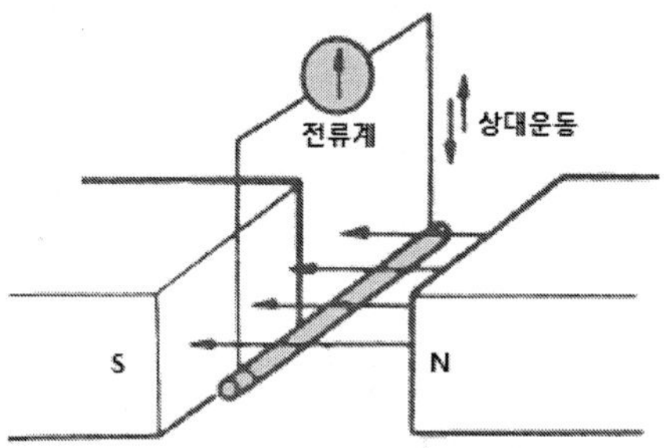

[그림 1.76] 전자유도

이 현상을 종합하면 다음과 같은 것을 알 수 있다.

① 도체나 자석 중 어느 것을 움직여도 전류계의 바늘이 움직인다.
② 움직이는 방향이 반대가 되면 전류계의 바늘의 움직임도 반대가 된다.
③ 움직이는 속도가 빠를수록 전류계의 바늘의 움직임이 크게 된다.
④ 정지하면 전류계의 바늘도 움직이지 않는다.

이와 같이 어떤 방법에 의해 도체와 자력선이 교차되면 도체에 기전력이 발생한다. 이 현상을 전자유도 작용(electro magnetic induction)라 하며, 이 유도 작용에 의해 발생하는 기전력을 유도 기전력, 흐르는 전류를 유도 전류라 한다.

또 [그림 1.77] (a)와 같이 코일에 자석을 가까이 했다가 멀리하거나 (b)와 같이 코일과 대립한 다른 코일의 전류를 증감시키거나 또는 (c)와 같이 코일 자신의 전류를 증감하여 그 자속수를 증감하면 코일에 기전력이 발생한다. 이것은 코일 내를 통과하는 자속수가 변화되면 코일은 변화된 양에 상당하는 자력선과 교차하게 되므로 그 변화가 계속되는 동안 그 코일에 기전력이 발생된다.

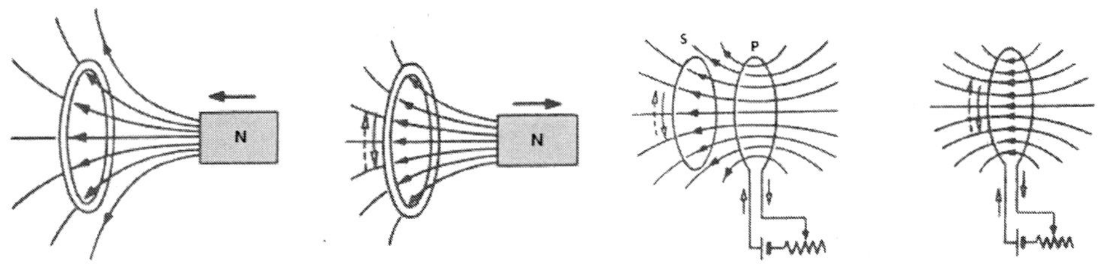

(a) (b) (c)

[그림 1.77] 전자유도

이상과 같이 전자유도를 발생시키는 방법은 다음과 같다.

① 도체와 자력선과의 상대운동에 의한 방법

② 도체에 영향하는 자력선을 변화시키는 방법

1.11.2 렌츠의 법칙

도체에 영향하는 자력선을 변화시켰을 경우는 [그림 1.78]과 같이 **유도 기전력의 방향은 코일 내의 자속의 변화를 방해하는 방향으로 생긴다. 이것을 렌츠의 법칙**(Lenz's law)이라 한다. 즉 자석을 코일에 가깝게 할 경우에는 자석에 가까운 쪽에 같은 종류의 극이 생기도록 코일에 기전력이 발생되어 자석의 접근을 방해한다. 또 자석을 코일에서 멀리할 경우에는 자석에 가까운 쪽에 다른 종류의 극이 생기도록 기전력이 발생되어 자석이 멀어지려는 것을 방해한다.

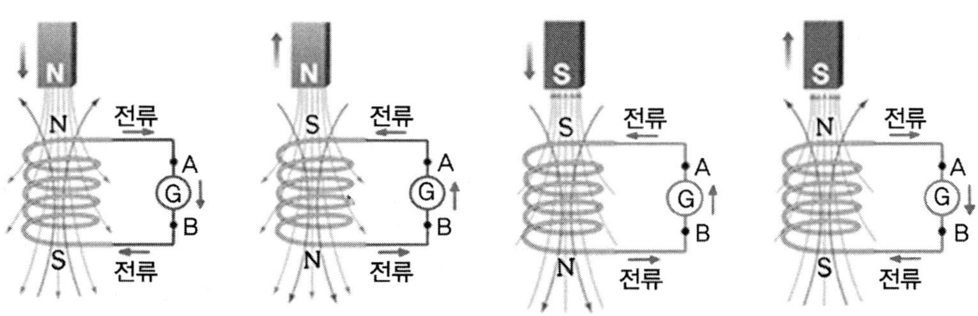

[그림 1.78] 렌츠의 법칙

유도 기전력의 크기는 최초 도체와 교차하고 있는 자력선의 수가 ϕ이면 자력선이 t초 동안에 변화하여 ϕ'가 되면 유도 기전력의 크기는

$$E = \frac{\phi - \phi'}{t} = B\ell v[V]$$

여기서, B : 자속의 밀도[Wb/m^2], ℓ : 도체의 길이[m], v : 도체의 움직이는 속도[m/s]

만일 도체가 N번 감긴 코일이면 유도 기전력의 크기는 중첩되어

$$E = N \times \frac{\phi - \phi'}{t}$$

가 된다.

1.11.3 플레밍의 오른손 법칙

도체와 자력선과의 상대운동에 의한 경우에도 기전력의 방향은 렌츠의 법칙에 의해 구할 수 있으나 더 간단한 방법으로 플레밍의 오른손 법칙(Fleming's light hand rule)이 있다.

[그림 1.79]와 같이 오른손의 엄지, 인지, 중지를 서로 직각이 되게 하고, 인지를 자력선 방향에, 엄지를 운동 방향에 일치시키면 중지는 유도 기전력의 방향을 가리킨다는 것을 나타낸다.

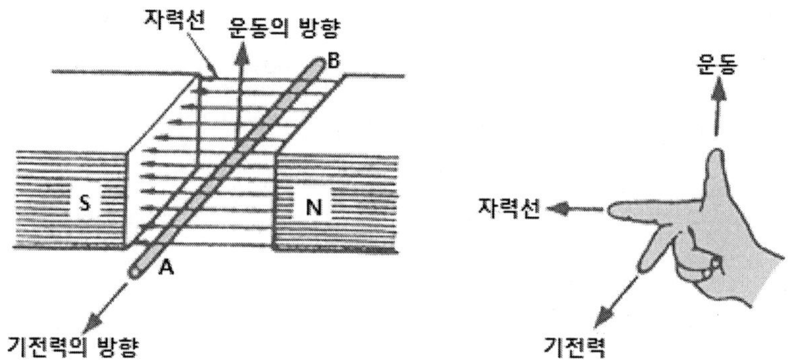

[그림 1.79] 플레밍의 오른손 법칙

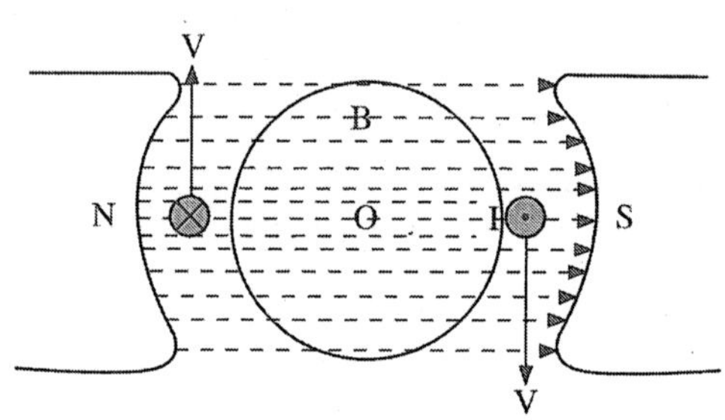

[그림 1.80] 발전기의 원리

발전기는 전자유도 작용을 이용하여 전기를 발생시키는 것인데, [그림 1.80]은 발전기의 원리를 나타낸 것이다. N극과 S극이 이루는 자장 내에서 도체가 자속을 끊으면서 회전할 수 있도록 하면 플레밍 오른손 법칙에 의하여 N극 쪽에서는 ⊗의 방향으로 기전력이 유기되며, S극 쪽에서는 ⊙의 방향으로 기전력이 유기된다. 이것이 180° 회전하면, 이 두 도체의 위치가

바뀌어져서 기전력의 방향이 정반대로 되므로 180° 회전할 때마다 전류의 방향이 바뀌는 교류 발전기(alternator current)가 된다.

이 경우 유도기전력의 크기는 단위 시간에 끊긴 자력 수에 비례한다. 즉, t초 동안에 ϕ의 자력선을 잘랐다고 하면 기전력의 크기는

$$E = N\frac{\Delta\phi}{\Delta t}$$

가 된다. 또 상호 운동의 속도가 빠를수록 또는 자력선의 수가 많을수록 기전력은 커진다.

예제 1-51 **유도기전력은 코일 내의 자속변화를 방해하는 방향으로 생긴다는 법칙을 무슨 법칙이라고 하는가? ( )**

가. 앙페르 법칙 나. 줄의 법칙
다. 플레밍의 왼손법칙 라. 렌츠의 법칙

예제 1-52 **자동차에 사용하는 교류 발전기는 무슨 원리로 구동되는가? ( )**

가. 플레밍의 왼손 법칙 나. 뉴턴의 운동의 법칙
다. 플레밍의 오른손 법칙 라. 베르누이 정리

1.12 자기 및 상호유도 작용

1.12.1 자기유도(自己誘導) 작용

[그림 1.81]과 같이 **코일 자신에 흐르는 전류를 변화시키면[on → off] 코일과 교차하는 자력선도 변화되므로 그 변화를 방해하는 방향으로 기전력이 발생한다. 이와 같은 전자유도 작용을 자기유도(self induction) 작용**이라 한다. 자기유도 작용은 전류의 변화가 동일해도 코일의 권수, 형상 등에 따라 다르기 때문에 이 작용을 일으키는 정도를 표시하는데, 자기 인덕턴스(self inductance : L)라는 계수를 사용하고 단위로는 헨리(Henry : H)를 사용한다. 자기유도 작용에 의한 유도기전력은 코일의 감긴 수와 전류의 변화량에 비례하여 커진다. 즉

$$\text{자기유도기전력}(E_1) = -L\frac{di}{dt}$$

여기서, L : 자기 인덕턴스[H], di : 전류[A] 변화량, dt : 미소시간[sec]

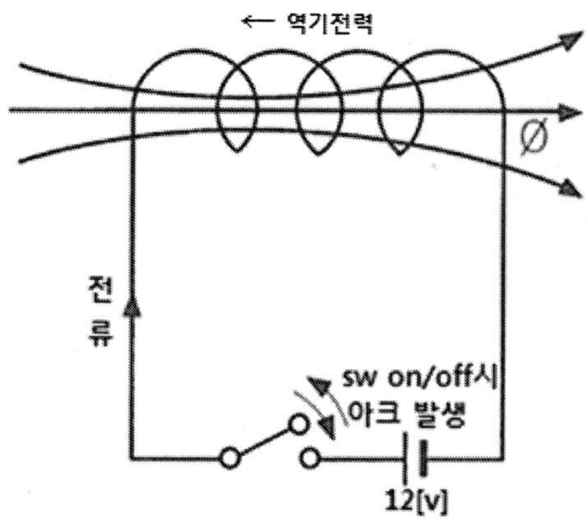

[그림 1.81] 자기유도

[그림 1.81]과 같이 코일에 12 [V]의 전류를 흐르게 한 후 스위치를 ON에서 OFF시키면, 스위치 위치에서 큰 아크가 발생한다. 이는 코일 자신에 흐르는 전류를 변화시키면 코일과 교차하는 자력선도 변화되기 때문에 코일에 그 변화를 방해하는 방향으로 기전력이 발생하여 스위치 쪽으로 전자들이 이동하게 되고 이로 인해 전자가 스위치에 부딪쳐서 일어나는 현상이다.

1.12.2 상호유도(相互誘導) 작용

[그림 1.82]와 같이 두 코일을 접근시켜 1차 코일에 전류를 흐르게 하면 자계가 발생한다. 이 자계는 2차 코일 속을 관통한다. 즉 [그림 1.82] (b)와 같이 스위치가 ON일 때는 코일에 의한 자력의 변화로 2차 코일에 전압이 유기되나, 1차 코일의 역기전력에 의해 전류 흐름이 억제되고 자기유도 작용이 완만히 발생하므로 높은 기전력은 발생하지 않는다.

그러나 [그림 1.82] (c)와 같이 스위치를 급격히 OFF하여 1차 전류를 단속하면, 지금까지 1차 전류에 의해 발생했던 자계가 갑자기 소멸된다. 이로 인해 2차 코일의 자계도 급격하게 변화되므로 2차 코일에 큰 기전력이 발생한다.

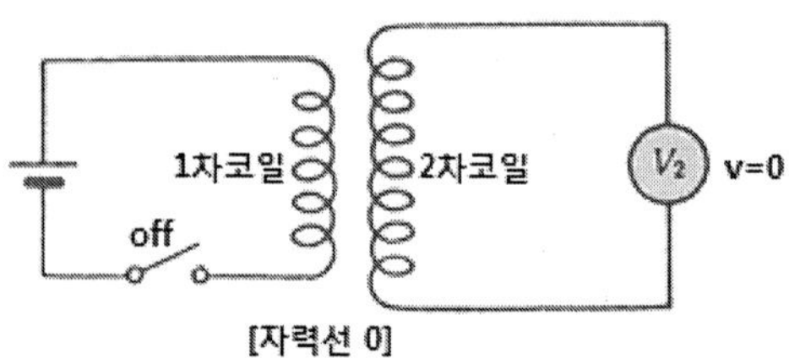

(a)

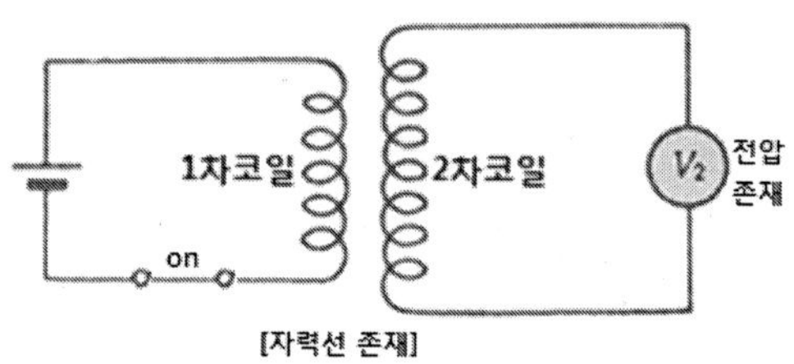

(b)

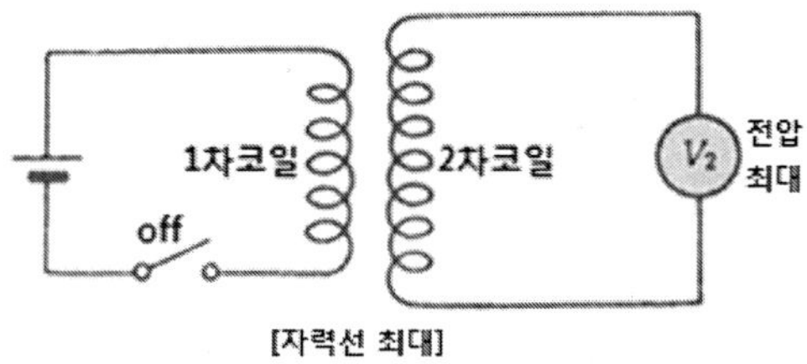

(c)

[그림 1.82] 상호유도 작용

이와 같이 **하나의 전기회로에 자력선의 변화가 생겼을 때 그 변화를 방해하려고 다른 전기회로에 기전력이 발생되는 현상을 상호유도 작용**이라 한다.

상호유도 작용은 같은 1차 코일의 전류변화에서도 양 코일의 권수, 형상, 상호 위치 등에 따라 다르기 때문에 자기유도 작용의 경우와 같이 그 작용을 일으키는 정도를 표시하는데 상호 인덕턴스(mutual inductance : M)라는 계수를 사용하며, 단위로는 헨리[H]를 사용한다. 상호유도 작용에 의한 유도 기전력의 크기는

$$E_2 = M\frac{di}{dt}[V]$$

가 된다.

상호 인덕턴스는 자기 인덕턴스 및 코일 권수비에 비례한다.

$$M = L \times \frac{\text{2차코일 권수}(N_2)}{\text{1차코일 권수}(N_1)} \qquad \frac{N_2}{N_1} \text{ : 권수비}$$

또, [그림 1.83]과 같이 철심에 두 개의 코일을 감고, 그 하나의 코일을 입력쪽(1차 코일)으로 하고, 다른 하나를 출력쪽(2차 코일)으로 하여 입력 쪽에 교류를 가하면 1차쪽의 자력선이 변화되므로 2차쪽에는 권수비에 비례하는 교류 전압이 발생한다. 즉

$$E_2 = \frac{N_2}{N_1} \times E_1$$

가 된다.

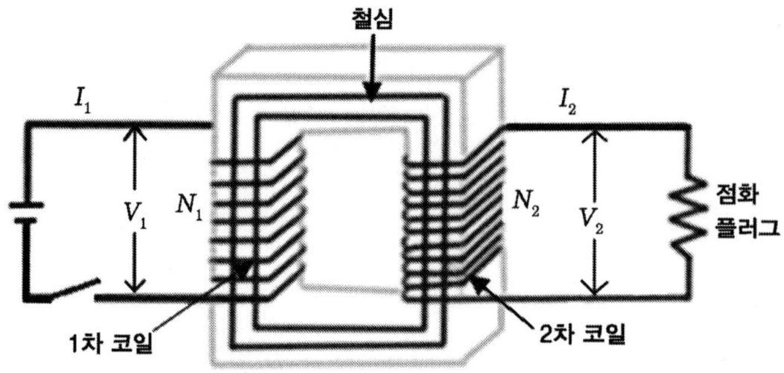

[그림 1.83] 2차 코일 유도 기전력의 크기

정리하면, $N_2 > N_1$이면 전압은 높아지고, $N_2 < N_1$이면 전압은 낮아진다. 따라서 권수비를 알맞게 선택하여 자유로 전압을 바꿀 수 있다. 그러나 1차 쪽이 직류 회로이면 1차 쪽의 자력선이 변화되지 않기 때문에 2차 쪽에 전압이 발생하지 않는다.

그러나 교류로 1차 쪽의 자력선을 변화시키면 2차 쪽에 전압을 발생시킨다. 자동차에서 점화코일을 사용하여 높은 전압을 발생시키는 회로는 이 원리를 이용한 것이다.

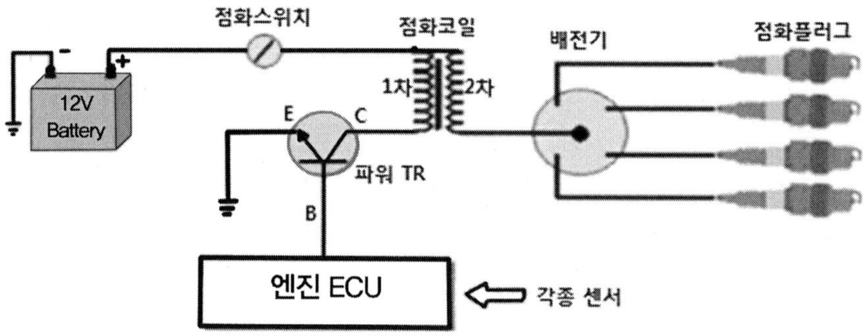

[그림 1.84] 자동차의 점화장치 회로

예제 1-53 **2개의 코일 사이에 상호인덕턴스가 0.3 [H]일 때 한쪽 코일의 전류가 0.2 [초] 사이에 6 [A]에서 2 [A]로 변화하면 다른 코일에는 몇 [V]의 기전력이 유도되는가? ( )**

가. 2 [V] 나. 4 [V] 다. 6 [V] 라. 8 [V]

예제 1-54 **코일의 권수비가 그림과 같았을 때 1차 코일의 전류 단속에 의해 350 [V]의 유도전압을 얻었다면 2차 코일에서 발생하는 전압 [V]은? ( )**

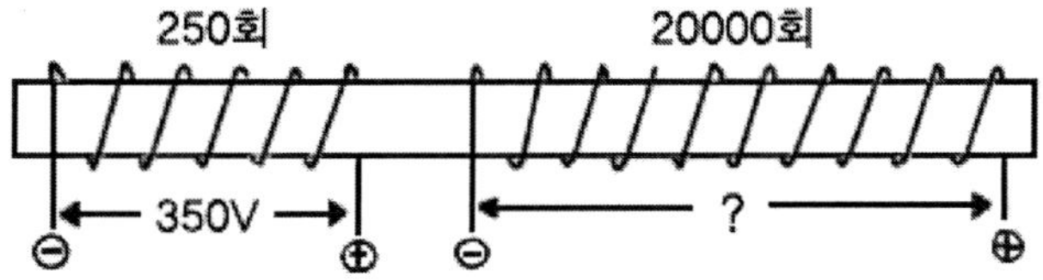

가. 0 [V]　　나. 2,800 [V]　　다. 28,000 [V]　　라. 35,000 [V]

예제 1-55 다음 중 가솔린 자동차 점화코일에서 고전압이 발생되는 원리는? (　)

가. 자기유도와 상호유도 작용　　나. 키르히호프의 제1법칙
다. 렌츠의 법칙　　라. 키르히호프의 제2법칙

1.13 맴돌이 전류

도체 속에 자력선이 통과하고 있을 때 [그림 1.85] (a)와 같이 그 자력선이 변화하든가 (b)와 같이 도체와 자력선이 상대적으로 운동할 때는 도체 내에는 전자유도 작용에 의한 기전력이 발생되며, 이 때문에 흐르는 유도전류는 그 도체 중에서 가장 저항이 작은 통로를 따라 마치 맴돌이와 같은 회로를 만들면서 흐른다. 이와 같은 전류를 맴돌이 전류(eddy current)라고 한다.

맴돌이 전류가 흐르고 있는 도체에는 그 도체의 저항에 의해 I^2R의 전력 손실이 일어난다. 이것을 맴돌이 전류손실이라 하고, 도체의 온도를 상승시킨다. 교류 회로에 사용되고 있는 변압기의 철심의 온도가 서서히 상승되는 것은 맴돌이 전류 때문이다.

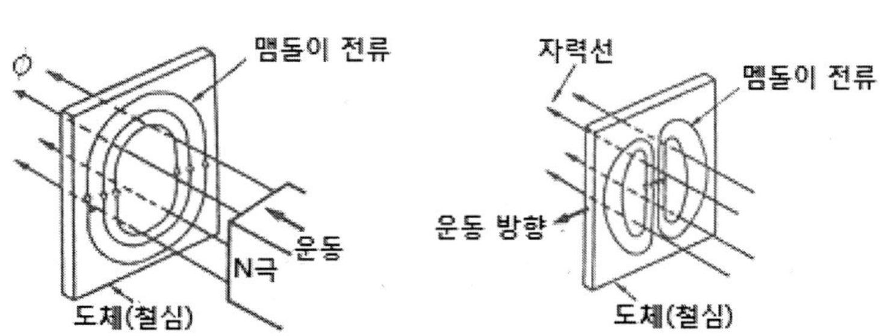

(a)　　(b)

[그림 1.85] 맴돌이 전류

전기자 철심에 성층(成層)철심을 사용하는 이유는 [그림 1.86] (a)와 같이 철심이 덩어리로 되어 있을 때는 철심이 자력선을 끊고 기전력을 유지하는데, 주속도가 빠른 철심의 표면일수록 기전력도 크게 되므로 철심 내에 맴돌이 전류가 흘러 손실로 된다. 이를 방지하는 방법으로

(b)와 같이 철심을 0.5 [mm] 정도의 철판으로 하고 수지 등으로 절연하여 여러 장 겹치면 맴돌이 전류의 통로에 저항이 증가되어 맴돌이 전류를 크게 감소시킬 수 있다.

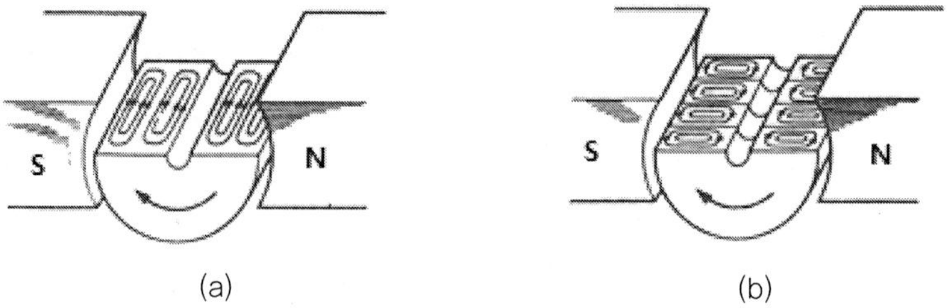

[그림 1.86] 성층철심

[그림 1.87]과 같이 원판의 자극 바로 아래 부분에 플레밍의 오른손 법칙에 의한 맴돌이 전류가 유기되어 맴돌이 전류가 흐른다. 이 맴돌이 전류와 자극 사이에는 플레밍의 왼손 법칙에 의하는 회전력이 작용하여 원판 운동이 저지된다. 이것을 맴돌이 전류 브레이크라 하며 자동차의 감속 브레이크의 하나인 맴돌이 전류 감속기(retarder)로서 이용된다.

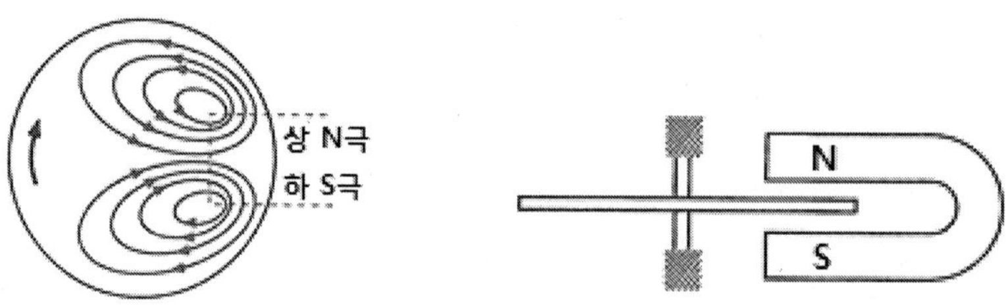

[그림 1.87] 맴돌이 전류제동

1.14 교류의 기초

1.14.1 교류

전기에는 정전기와 동전기가 있으며 동전기에는 직류(DC : Direct Current)와 교류(AC : Alternating Current)가 있다. 한편 이상의 양자에도 속하지 않는 것으로 맥류(脈流) 또는 진동 전류가 있다.

직류란 [그림 1.88]과 같이 시간의 경과에 대하여 전압 또는 전류가 일정한 값을 유지하며 그 방향이 일정한 것을 말하고 교류란 [그림 1.89]와 같이 시간의 경과에 대하여 전압 또는 전류가 시시각각으로 변화하고 그 방향이 정방향과 역방향이 교대로 반복되는 것을 말한다. 또한 교류는 변압기를 이용해서 전압을 자유자재로 변환이 가능하다. 맥류는 직류와 교류를 합해진 것이고, 자동차에서는 직류, 교류, 맥류 전기가 발생된다.

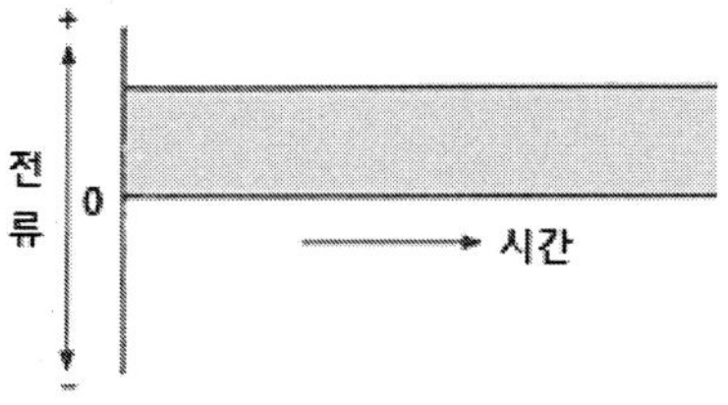

[그림 1.88] 직류

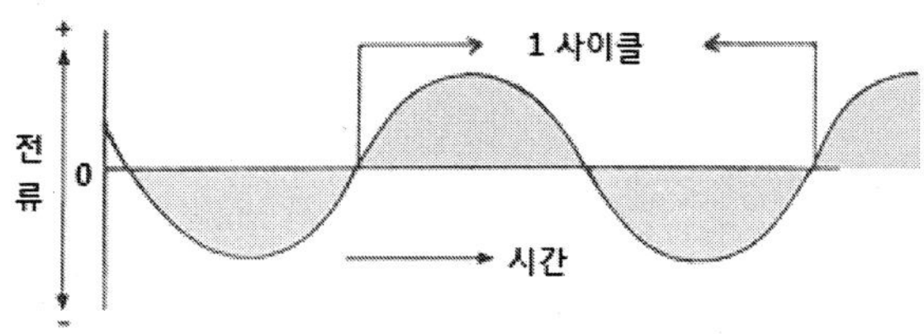

[그림 1.89] 교류

1.14.2 정현파 교류의 크기

정현파(sine wave) 교류는 순시치, 최대치, 실효치, 평균치, P-P치로 나타낸다.

(1) 순시치

$e = E_m \sin(\omega t + \phi)$ 여기서, E_m : 최대값, sin : 파형, ωt : 변화의 속도, ϕ : 위상

$= E_m \sin\theta$ 여기서, $E_m = 2Blv$

$i = I_m \sin(\omega t + \phi) = I_m \sin\theta$

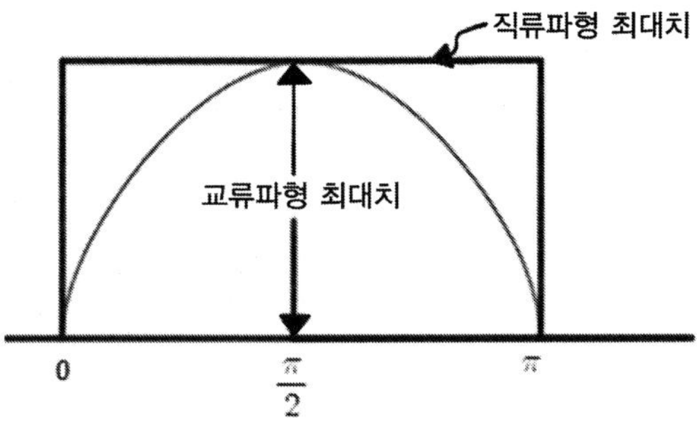

[그림 1.90] 직류와 교류의 최대치

(2) 실효치

가정용 교류 220 [V]는 실효값으로 표시되며, 교류의 실효값은 직류와 같은 크기의 열량을 내는 교류의 크기로 표시하는 것인데, 정현파 교류의 실효값은 최댓값의 $1/\sqrt{2}$ 배에 해당한다. 즉

$$실효값 = \frac{1}{\sqrt{2}} \times 최대값 ≒ 0.707 \times 최대값$$

가 된다.

(3) 평균치

직류 평균치는 최대치와 같으나 교류 정현파의 반 사이클 평균치는 파형 상의 한 점을

제외하고는 모든 값이 적기 때문에 피크치보다 적게 된다. 즉 모든 정현파에 대한 반 사이클의 평균치는 최대치의 0.637배이다.

$$\text{평균값} = \frac{2}{\pi} \times \text{최대값} \fallingdotseq 0.637 \times \text{최대값}$$

(4) P−P치

[그림 1.91]에서 보면 교류의 각 사이클에는 두 개의 최대치 또는 피크치가 있는데, 하나는 양(+)의 한 사이클에 있고 또 하나는 음(-)의 반 사이클에 있다. 양(+) 피크치와 음(-) 피크치의 차를 정현파의 피크 간 차라 한다. 즉 양(+)의 최대값과 음(-)의 최대값 사이의 값을 피크-피크값(peak-to-peak value)이라 한다.

이 값은 정현파의 최대치 또는 피크치의 2배가 되며 때로는 교류전압을 측정하는 데 이용된다.

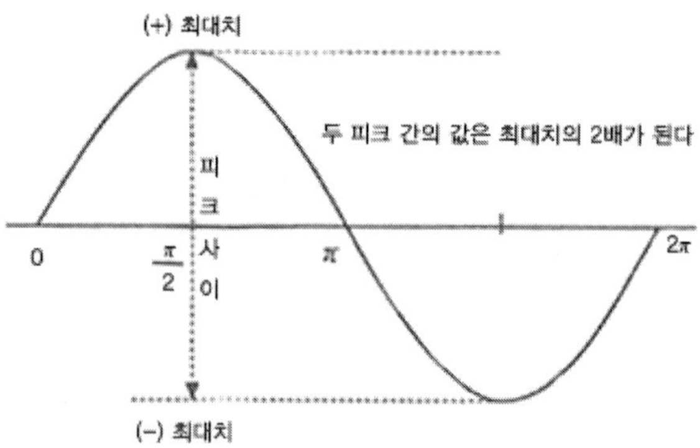

[그림 1.91] P−P치

1.14.3 변화의 속도

(1) 주파수(frequency : f)

주파수란 단위 시간(1초 사이)에 같은 변화를 반복하는 횟수를 나타내고 기호는 f, 단위는 헤르츠, 단위 기호는 [Hz]를 사용한다.

(2) 주기(period : T)

주기란 1회의 변화(1 주파)를 완료하는 때에 요하는 시간이며, 기호는 T, 단위는 초, 단위 기호는 [s]를 사용한다. 따라서 주파수 f와 T와의 사이에는 다음과 같은 관계가 있다.

$$T = \frac{1}{f}[s] \ \text{또는}\ f = \frac{1}{T}[\text{Hz}]$$

(3) 변화의 속도 ω와 주파수 f, 주기 T와의 관계

순시값의 식에서 ωt나 ϕ는 각도($\sin\theta$)로 표시하지만, 전기 공학에서는 일반적으로 호도법에 따라서 각도를 나타낸다. 즉

$$1\text{주기} = 360^\circ = 2\pi\ [\text{rad}],\ \ \text{반주기} = 180^\circ = \pi\ [\text{rad}]$$

가 된다.

1주기의 시간은 $T = \frac{1}{f}[s]$라 하면, 변화속도 ω는 다음과 같이 나타낸다.

$$\omega T = 2\pi$$

$$\omega = \frac{2\pi}{T} = \frac{2\pi}{\frac{1}{f}} = 2\pi f\,[\text{rad/s}]$$

이 ω를 각속도 또는 각주파수라 하며, 단위에는 라디안 매초, 단위 기호는 [rad/s]를 사용한다.

예제 1-56 **주파수를 설명한 것 중 틀린 것은? ( )**

가. 1초에 60회 파형이 반복되는 것을 60 [Hz]라고 한다.
나. 교류의 파형이 반복되는 비율을 주파수라고 한다.
다. $\frac{1}{\text{주기}}$은 주파수와 같다.
라. 주파수는 직류의 파형이 반복되는 비율이다.

예제 1-57 **오실로스코프에서 듀티 시간을 점검한 결과 아래와 같은 파형이 나왔다면 주파수는? ( )**

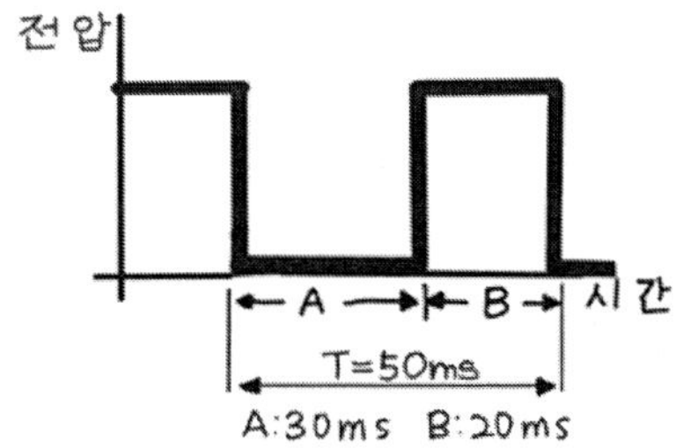

가. 20 [Hz]　　나. 25 [Hz]　　다. 30 [Hz]　　라. 50 [Hz]

예제 1-58 듀티 30 [%]인 변속 솔레노이드의 주파수가 366 [Hz]일 때 주기는 약 얼마인가? ( )

가. 1.09 [ms] 나. 2.73 [ms] 다. 10.9 [ms] 라. 27.3 [ms]

1.14.4 교류의 발생

교류는 시간에 따라 크기와 방향이 변화하는 전류를 말하며, 단상 교류와 3상 교류가 주로 사용되고 있다.

[그림 1.92]와 같이 자극 N, S 사이에 도체 aa′와 bb′를 코일 변으로 하는 코일을 XX′를 축으로 하여 일정 속도로 회전시키면 도체 aa′ 및 bb′는 자속을 끊게 되어 플레밍 오른손 법칙에 따라 화살표 방향으로 기전력이 유기된다. 이 기전력의 크기는 자력선을 유효하게 끊는 비율에 비례하고 방향은 반회전마다 규칙적으로 바뀌므로 부하에는 정현파(sine wave)의 교류가 흐르게 된다.

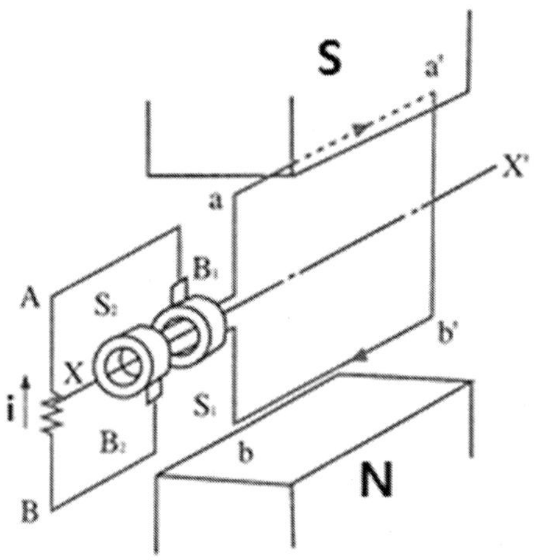

[그림 1.92] 교류의 발생

1.14.5 단상교류

(1) 단상교류의 발생

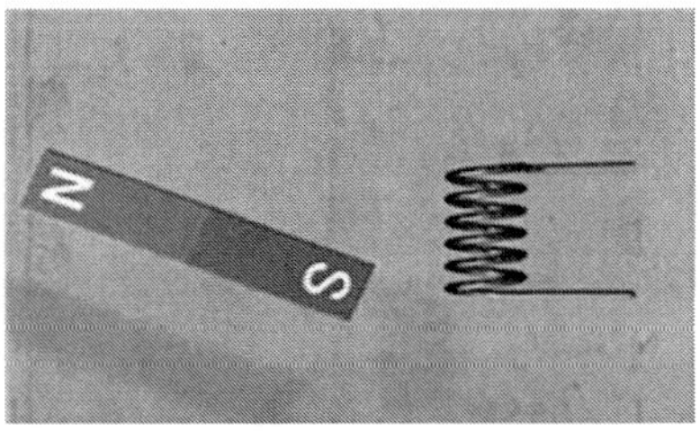

(a) 단상교류의 발생

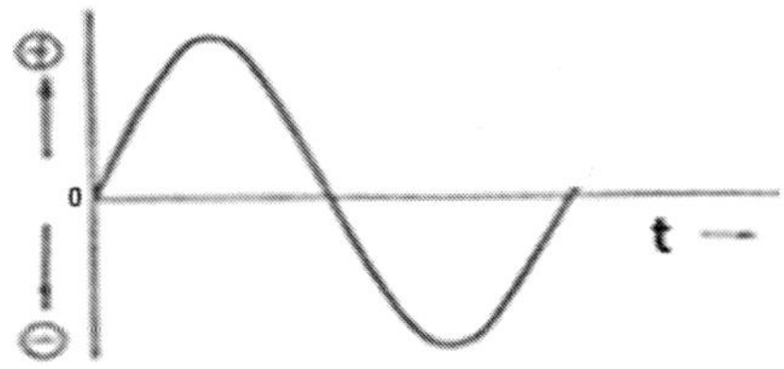

(b) 단상교류의 기전력

[그림 1.93] 단상교류의 발생과 기전력

자장 내에서 도체를 회전시키면 교류 기전력을 얻을 수 있다는 것은 이미 설명한 바와 같으며 도체 속에서 자석을 회전시켜도 역시 교류 기전력을 얻을 수 있다. [그림 1.93] (a)에는 자석이 1회전하였을 때 도체에 발생하는 기전력의 크기 및 방향을 나타낸 것이다([그림 1.93] (b)). 이와 같이 기전력을 발생하는 도체가 1조의 코일로 되어 있는 것을 단상교류(single phase AC)라 하고 이 형식의 발전기를 단상교류 발전기라 한다.

(2) 단상 발전기의 회전수와 주파수와의 관계

[그림 1.93] (b)에서 (a)로부터 (b)까지의 기전력 변화를 1 [cycle]이라고 하고, 이 변화를 1 [초] 동안에 반복한 횟수를 주파수(frequency)라 한다. 만일 [그림 1.95]에서 자석이 1 [초] 동안에 1 [회전]한다고 하면 발생되는 주파수는 1 [Hz]가 된다.

[그림 1.93] (b)에서는 자석이 2극인 것에 대한 경우이고, 4극의 자석의 경우에는 반회전마다 마찬가지로 변화를 반복하므로 자석 1 [회전]에 대한 2 [cycle]의 변화를 하게 된다. 따라서 자석의 극수를 증가시킬수록 또는 회전 속도를 빠르게 할수록 발생되는 주파수는 증가된다. 즉

$$\text{주파수} \propto \text{자극 수} \times \text{회전속도}$$

$$f = \frac{\frac{p}{2} \times n}{60} = \frac{np}{120}, \; n = \frac{120f}{p}$$

여기서, f[Hz] : 주파수, p : 자극 수, n[rpm]

1.14.6 3상 교류

(1) 3상 교류 발생

3상 교류(three phase AC)는 단상 교류를 3개 조합한 것으로 단상 교류에 비하여 고능률이고 경제성이 우수하다. 그리하여 자동차용 교류발전기에 사용되고 있다. 또한 저속 회전에서도 발생 전압이 높아서 배터리 충전 능력이 뛰어나고 고속 회전에서도 안정된 성능을 발휘한다.

3상 교류는 [그림 1.94] (a)와 같이 감긴 수가 같은 3개의 코일을 120° 간격으로 스테이터에 배치하고 자석 N, S를 로터로 하여 일정 속도로 회전시키면, 각 코일에 유기되는 교류 기전력은 [그림 1.94] (b)와 같은 3상 교류가 발생된다.

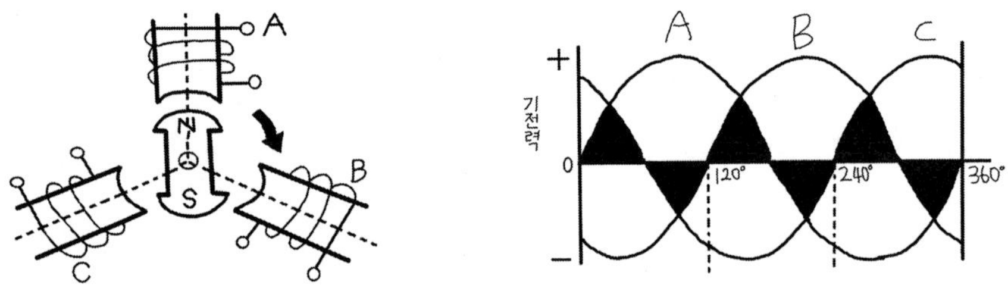

(a) 3상 교류 발전기의 단면 (b) 3상 교류 기전력

[그림 1.94] 3상 교류 발전기와 기전력

(2) 3상 코일의 결선 방법

3상 교류 발전기의 3개의 코일에서 도선을 끌어내는 방법에는 [그림 1.95] (a)와 같은 각 코일의 한쪽 끝을 공통으로 연결한 중성점에 접속하고, 다른 끝을 끌어낸 Y결선 또는 성형결선법과 (b)와 같이 각 코일의 끝을 순차적으로 접속하여 환상으로 하고 각 코일의 접속점에서 하나씩 단자를 끌어낸 삼각결선 또는 델타결선법이 있다.

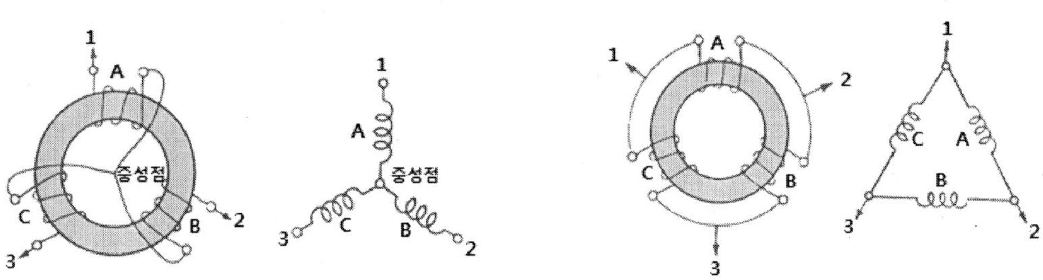

(a) Y결선 또는 성형 결선 (b) 삼각결선 또는 Δ(델타)결선

[그림 1.95] 3상 결선법

(3) 3상 교류의 선간전압 및 전류

Δ결선에서의 선간전압 e는 각 상전압 ea, eb, ec와 같으나 단자 ac 사이에 부하가 연결되었을 때에 흐르는 선간전류는 상전류의 $\sqrt{3}$배가 된다.

한편 [그림 1.96] (a)와 같이 결선된 Y결선의 선간전압을 보면 상전압 ea, eb, ec의 크기가 같은 경우에는 상전압의 $\sqrt{3}$배가 되고, 선간전류는 상전류와 크기는 같으나 위상만이 다르다.

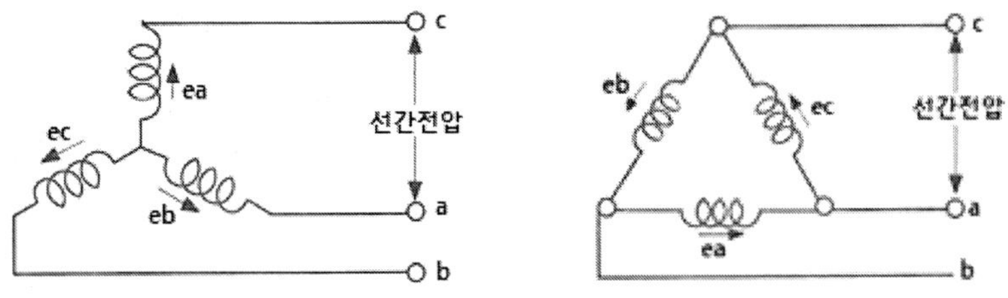

[그림 1.96] 선간전압과 전류

따라서 교류발전기의 상전압이 같을 때는 Y결선 시의 선간전압이 Δ결선 시의 선간전압보다 높게 되어 자동차용 교류발전기에 Y결선이 사용되고 있다.

1.15 직류발전기

1.15.1 직류발전기의 원리

[그림 1.97] (a)와 같이 전자석 N, S 사이에 전기자 코일(armature coil) a, b, c, d를 놓고, 그 단자 b, c를 정류자(commutator) C1, C2에 접속한다. 그리고 이것을 외부에서 힘을 가하여 축 OO′를 중심으로 회전시키면 도체 ab 및 cd는 자속을 끊게 되어 전자유도 작용에 의해 전압이 발생된다. 이 발생 전압의 방향은 플레밍의 오른손 법칙에 따르며 그 크기는 자속을 직각으로 끊는 비율에 비례한다.

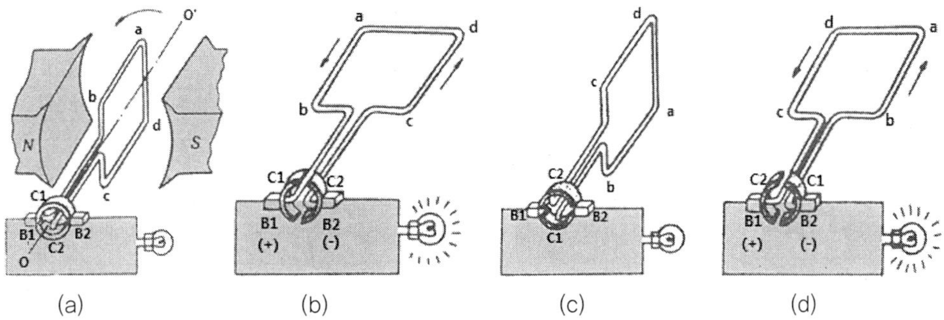

[그림 1.97] 직류발전기의 원리

따라서 코일이 [그림 1.97] (a)의 위치에서 (b)에 이르기까지는 [그림 1.98]과 같이 점차로 크게 되어 (b)에 최대가 되고 (c)에 가까워짐에 따라 점차 작아져 (c)에서 0이 된다. 그리고 이 전압은 정류자 B1 및 B2 사이에 나타난다. 따라서 발전기에서 외부로 나가는 방향이 정의 방향이면 브러시의 극성은 B1이 (+), B2가 (-)가 된다.

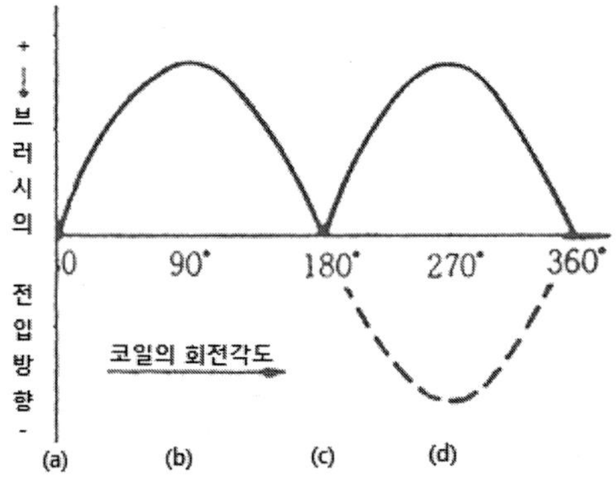

[그림 1.98] 발생전압의 크기

또 회전을 계속하면 발생되는 전압의 방향은 b에서 a, d에서 c로 향하여 [그림 1.98]의 점선과 같이 반대 방향으로 되지만 브러시에 접촉하는 정류자편이 동시에 바뀌므로 브러시의 극성은 일정하게 되며 브러시 사이의 전압은 실선으로 표시하는 방향으로 정류된다.

이와 같은 상태에서는 전압 방향은 일정하게 되나 그 크기는 [그림 1.98]과 같이 0에서 최댓값까지 변화되기 때문에 실제의 경우에는 코일의 수와 정류자편을 증가시켜 브러시 사이의 전압 변동을 적게 하여 발생 전압이 가급적 균일하게 되도록 제작된다.

1.15.2 직류발전기의 주요 구성요소

[그림 1.99]는 직류발전기의 원리 구성도이다. 발전기의 주요부는 자계를 만드는 계자코일(field coil) 및 계자 철심(pole coil) 또는 자극철심, 자계 속에서 회전하면서 그 자속을 끊어 전압을 유기하는 전기자 코일(armature coil), 유기된 교류 전압을 직류 전압으로 정류하여 외부로 내보내는 정류자와 브러시의 세 주요 부분으로 구성되어 있다.

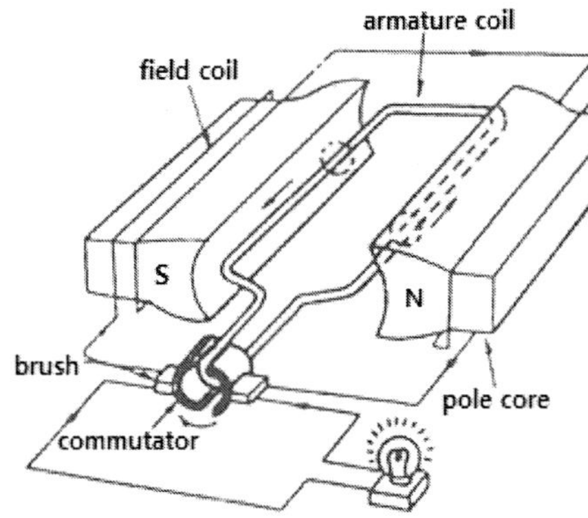

[그림 1.99] 직류발전기의 구성도

1.15.3 직류발전기의 종류

발전기의 계자코일에 흐르게 하여 자속을 만드는 것을 여자(勵磁)한다고 하며, 발전기를 여자 방법에 따라 분류하면 자여자 방식과 타여자 방식이 있다.

(1) 자여자 발전기

발전기 자체에서 발생된 전압에 의해 계자코일에 전류를 흐르게 하여 여자하게 된 형식이다. [그림 1.100]은 자여자 발전기(self excited generator)의 회로를 나타낸 것인데, [그림 1.100]과 같이 자여자 발전기는 전기자 코일과 계자코일 접속 방법에 따라 직권식(直券式), 분권식(分券式), 복권식(複券式)의 3종류로 분류되며, 자동차용으로는 정전압(定電壓) 발생에 가장 적합한 분권식이 사용되고 있다.

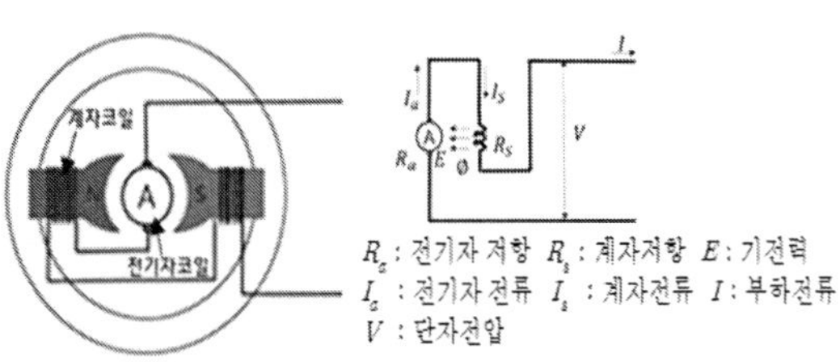

(a) 직권식

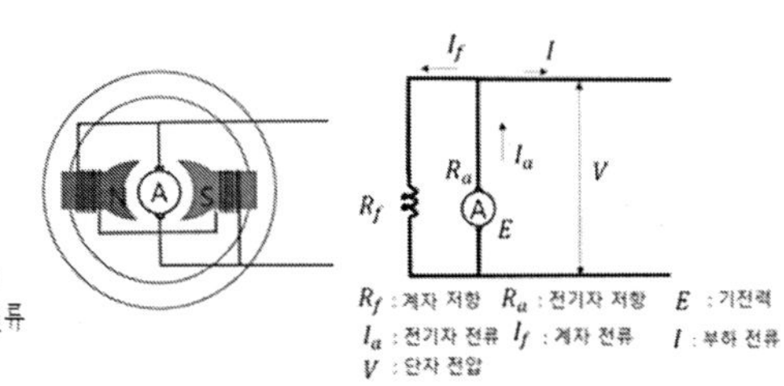

(b) 분권식

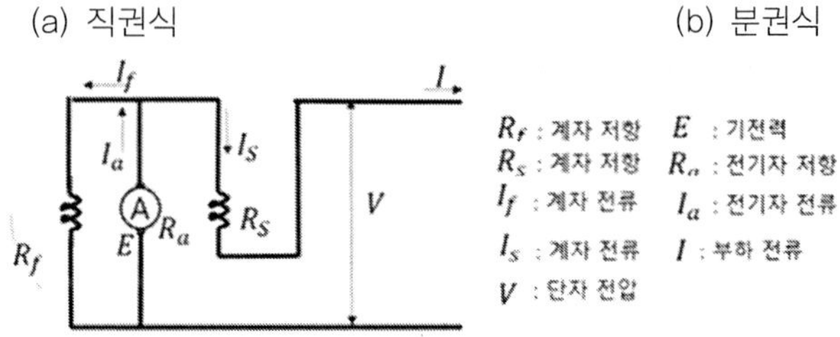

(c) 복권식

[그림 1.100] 자여자식 직류발전기의 종류

(2) 타여자 발전기

타여자 발전기(separately excited generator)는 [그림 1.101]과 같이 별도로 설치한 전원으로부터 계자코일에 전류를 흐르게 하여 여자하게 된 형식이다.

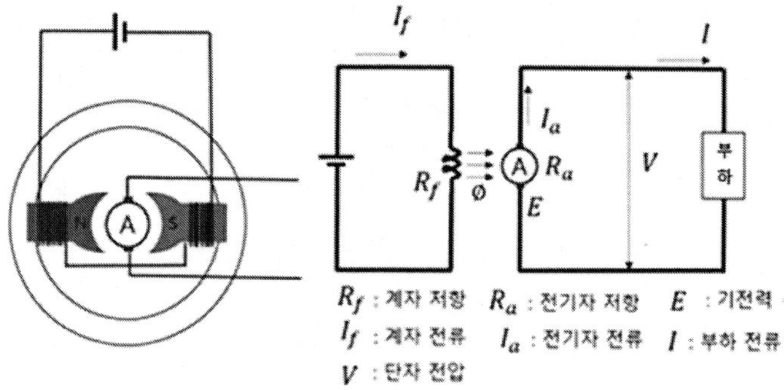

[그림 1.101] 타여자식 직류발전기

1.15.4 교류발전기과 직류발전기의 비교

교류발전기와 직류발전기의 비교는 [표 1.8]과 같다.

[표 1.8] 교류발전기와 직류발전기의 비교

비교사항	교류발전기	직류발전기
회전하는 부분	로터 축	전기자 축
전기 생성 부분	스테이터 코일	전기자 코일
자계 생성 부분	로터 코일	계자코일
브러시 접촉 소손	적다	많다
역류 방지	다이오드	컷 아웃 릴레이
정류하는 부분	다이오드	정류자
전압/전류조정기	전압조정기만 필요	전압조정기, 전류제한기, 컷 아웃 릴레이 모두 필요
충전가능 여부	저속에서도 충전가능 (Y결선에 의한 선간전압이 상전압의 $\sqrt{3}$ 배)	저속에서는 충전 어려움

CHAPTER 02

기초전자

2.1 개요

반도체 기술 발달로 다이오드(diode), TR(transistor), IC(inter grated circuit) 등을 이용하여 여러 산업분야, 특히 자동차의 전기 · 전자장치에 반도체 소자를 이용하여 그 응용범위가 증가되어 가고 있다.

전자 부품은 수명이 길고 신뢰성도 뛰어나므로 자동차의 전자화에 따라 앞으로의 기술 혁신은 각 장치의 전자 제어화가 중심이 될 것이다. 따라서 자동차 전기 · 전자장치를 이해하기 위해서는 반도체의 원리와 구성 등 기초지식을 충분히 익혀두는 것이 최우선의 과제라 하겠다.

2.2 원자의 구조와 자유전자

모든 물질은 원자가 여러 가지 형태로 결합되어 구성된 분자로 만들어져 있다. 이와 같은 모든 원자의 결합이 전기와 어떠한 관계가 있는가를 알아보자. 원자 중에서 가장 작은 것은 수소원자이다. 이것을 전자 현미경으로 자세히 관찰해보면 수소원자는 태양 주위를 돌고 있는 하나의 유성(流星)과 같은 것이다.

즉, 전자는 유성, 원자핵은 태양과 같은 것이다. 전자는 음(-)전하의 전기를 가지고 있으며, 원자핵은 양(+)전하의 전기적 성질을 가지고 있다. 원자에 있어서 핵 주위를 돌고 있는 음으로 대전된 전자의 총수는 핵 내의 잉여 양전하수와 꼭 같다. 이 양전하를 양자(proton)라고 부른다.

원자핵은 양자 이외에도 중성자라고 하는 전기적으로 중성인 입자를 가지고 있다(수소원자는 제외). 여러 가지 원소의 원자는 핵 내의 각각 다른 중성자수를 가지고 있으나 핵 주위를 돌고 있는 전자(-) 수는 항상 핵 내에 있는 자유 양자수와 같다. 원자의 내부 궤도에 있는 전자는 구속전자라고 하며 핵으로부터 강력한 인력(引力)이 작용하여 자기 궤도로부터 쉽게 벗어날 수 없다. 이 전자를 구속전자라고 부른다. 한편 핵에서 최외곽 궤도에 있는 전자를 자유전자(free electron)라고 하며 외부 자극(刺戟)에 의해 자기 궤도로부터 쉽게 벗어날 수 있다. 이 자유전자의 이동이 전류를 흐르게 하는 것이다.

Handy hint ....

☞ 물질의 전자와 가전자

① 전자 1개의 질량은 극히 작은 것으로 9.105×10^{-31} [kg]이다. 그리고 1개의 전자는 1.602×10^{-19} 쿨롬(Q : coulomb)의 전자를 가지고 있다.

② 1개의 양자는 전자보다 훨씬 커서 1.673×10^{-27} [kg]으로서 전자의 약 1,840배의 질량을 가지며, 전자와 같은 1.602×10^{-19} 쿨롬의 양전기를 갖고 있다.

③ 보통의 물질은 그 내부의 전자와 양자의 수가 같으며 각각의 같은 수의 양전기와 음전기를 가지고 서로 흡인하여 굳게 결합하고 있으므로 전기적 성질이 없는 중성의 상태가 되어 있다. 그리고 가장 안정된 상태의 원자는 궤도별로 배열되는 전자의 개수가 $2 \times n^2$ [개]이며, n은 궤도수이다.

④ 바깥 궤도의 전자수를 가(價)전자라 하며 반도체 소자를 이해하는 데 매우 중요하다.

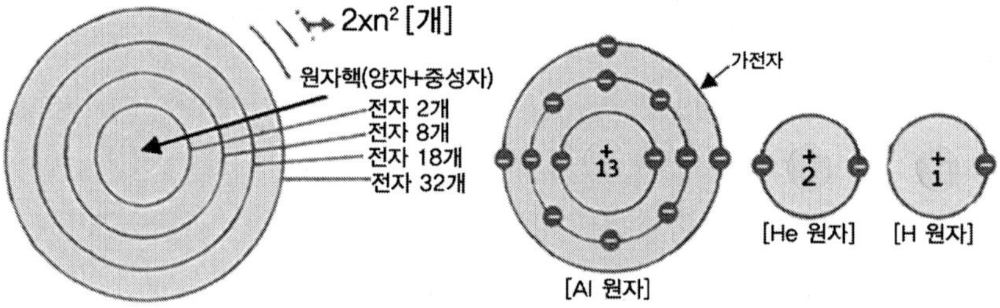

[그림 2.1] 궤도별 전자(−)수

2.3 물질의 이온결합

염화나트륨은 나트륨(Na)과 염소(Ci)의 결합으로 식염이라고도 부른다. Na의 원자번호는 11이고, 각 궤도의 정원 전자수를 보면 K = 2, L = 8이므로 최외각의 전자는 1가이고, Ci은 원자번호가 17이므로 K = 2, L = 8 그 나머지 전자는 7개이므로 7가가 된다. 이들은 각각 불안정한 상태로 놓여 있어서 Na는 1가를 방출하여 양이온 Na^+로 되기 쉽고 Ci은 외부에서 전자 1개를 받아 음이온 Ci^-로 되기 쉽다.

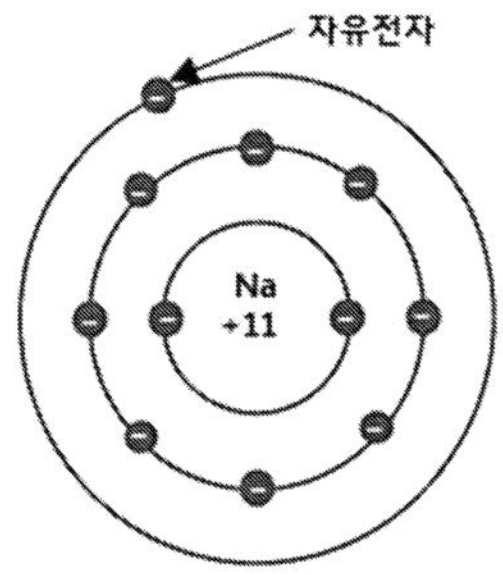

[그림 2.2] Na의 원자구조

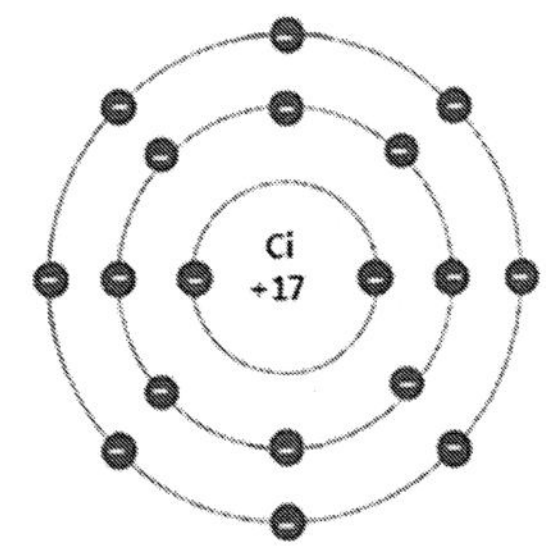

[그림 2.3] Ci의 원자구조

따라서 Na와 Ci는 (+)와 (-)전하의 인력으로 결합하여 안정화한다. 이를 화학식으로 표현하면 $Na^{+}Ci^{-}$로 된다. 이러한 전기적인 결합의 형태를 이온결합이라고 한다.

2.4 물질의 공유결합(共有結合)

공유결합은 보통 반도체 소자에서 일어나는데, 대표적인 반도체 소자인 Si(실리콘)과 Ge(저마늄)이 여기에 속한다.

예를 들면 Si의 원자번호는 14이고, 각 궤도의 정원 전자수를 보면 K = 2, L = 8이므로 최외각 전자는 4가가 된다. 이 4개의 가(價)전자가 원자끼리 서로 튀어나가 결합하고 있다.

Ge의 원자번호는 32이고, 각 궤도의 정원 전자수를 보면 K = 2, L = 8, M = 18이므로 최외각 전자는 4가가 된다. 이 4개의 가전자가 원자끼리 서로 튀어나가 결합하고 있다. 1개의 Ge 원자는 인접한 4개의 Ge 원자와 가(價)전자를 공유하여 결합하고 있다.

1개의 Si 원자는 인접한 4개의 Si 원자와 가전자를 공유하여 결합하고 있다. 이와 같은 결합을 공유결합(covalent bond)이라고 한다.

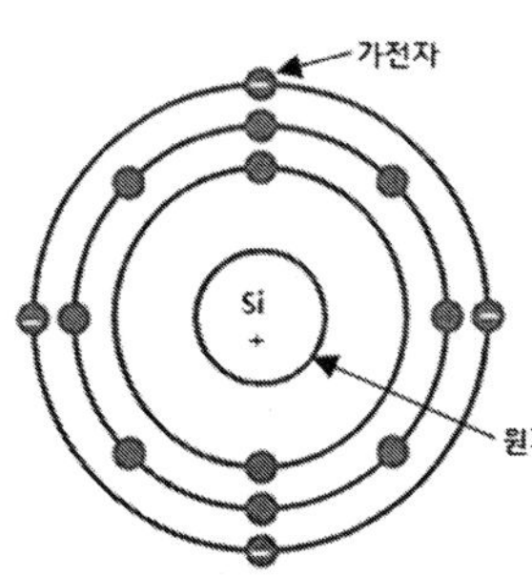

[그림 2.4] Si의 원자구조

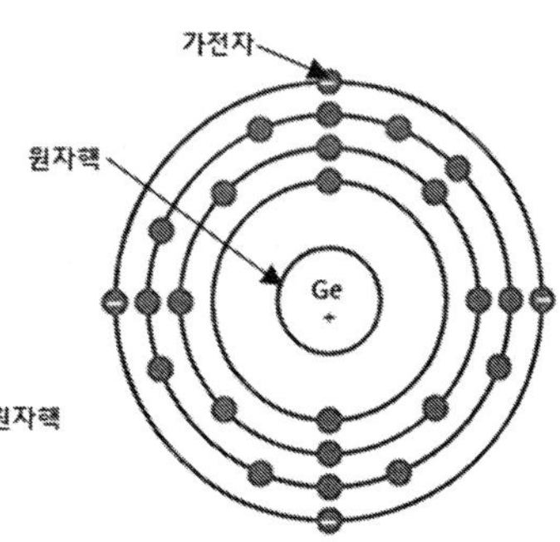

[그림 2.5] Ge의 원자구조

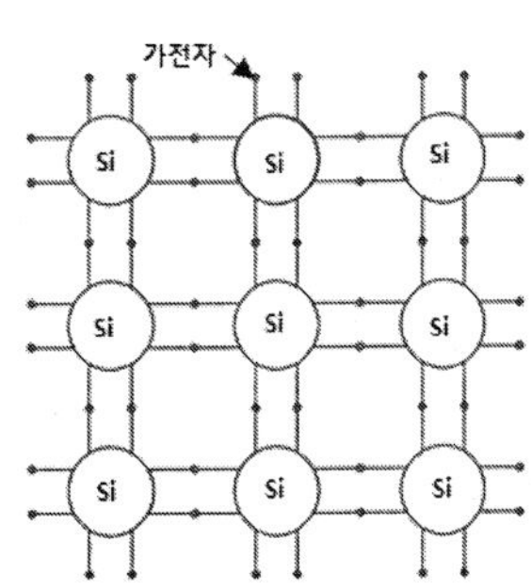

[그림 2.6] Si의 공유결합

2.5 반도체(半導體)의 소자(素子)

물질에 전기가 통하기 쉬움은 그 물질을 구성하고 있는 원자핵의 가장 바깥쪽의 자유전자와 원자핵의 결합의 세기로 결정된다는 것을 알았다.

자유전자가 많은 금속 등의 도체(conductor), 반대로 외각 전자가 핵에 붙어 있어 이동이 어려운 부도체 또는 절연체(insulator), 이들의 중간 성질을 띠는 반도체(semi-conductor)의 3종류로 크게 나눌 수 있다.

이것을 물질의 고유저항으로 분류하면 [그림 2.7]과 같다.

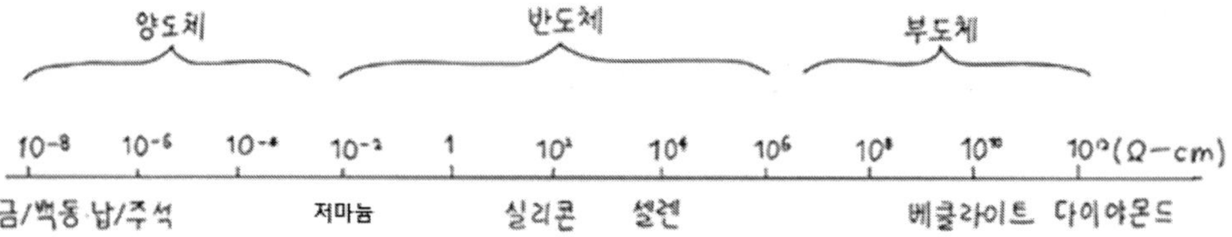

[그림 2.7] 주요 물질의 고유저항

반도체는 고유저항이 10^{-2}[Ωcm]로부터 10^{6}[Ωcm] 정도의 값을 가지는 것을 말하며 Si(실리콘), Ge(저마늄), Se(셀렌) 등이 이에 속한다. 그 중에서 특히 다음과 같은 성질을 가진 것을 일반적으로 반도체라 한다.

① 전기 저항의 온도 계수가 부(-)이다. 즉 온도가 상승하면 전기저항이 감소하는 것을 의미한다.
② 다른 원자(불순물)가 극히 작은 양이 혼합되어도 전기저항이 크게 변화한다.
③ 열, 빛이 닿으면 전기 저항이 변한다.
④ 전압을 가하면 빛을 발한다.

2.6 반도체의 종류

2.6.1 진성 반도체

불순물이 들어있지 않는 순수 반도체를 진성 반도체(intrinsic semiconductor)라 한다. 최근에는 고유 반도체라고 부르는 경우도 있으며 다른 원자가 거의 섞이지 않은 것으로 순도가 99.99 [%]에 가깝고 외부로부터 전압, 열, 빛 등을 받으면 자유전자나 양공의 수가 증가하여 전도성이 높아진다.

2.6.2 불순물 반도체

불순물 반도체는 진성 반도체에 다른 원소를 혼합하여 전류 흐름이 쉽게 한 반도체이며

P형 반도체와 N형 반도체가 있다. 이 불순물 반도체에 첨가하는 불순물의 작용에는 2가지가 있는데, 반도체 사이의 자유전자 수를 증대시키거나 반도체 내의 양공을 증가시킨다.

(1) P형 반도체

[그림 2.8]과 같이 4가의 Si 반도체 속에 3가의 원자, 예를 들면 B(붕소)를 첨가하면 B의 가전자 중 3개만 Si의 원자와 공유결합하고 1개의 가전자가 부족하게 된다. 즉, 전자가 들어 있어야 할 자리가 하나 비어서 양공(hole)이 발생된다. 이와 같이 인위적으로 양공을 만들기 위해 혼합하는 3가의 원자를 억셉터(acceptor)라 하고 양공의 수가 자유전자의 수보다 많으므로 이 반도체를 P형 반도체(positive type semiconductor)라 한다. 또한 양공을 발생시키는 불순물 원소들은 B(붕소), Al(알루미늄), In(인듐) 등이 있다.

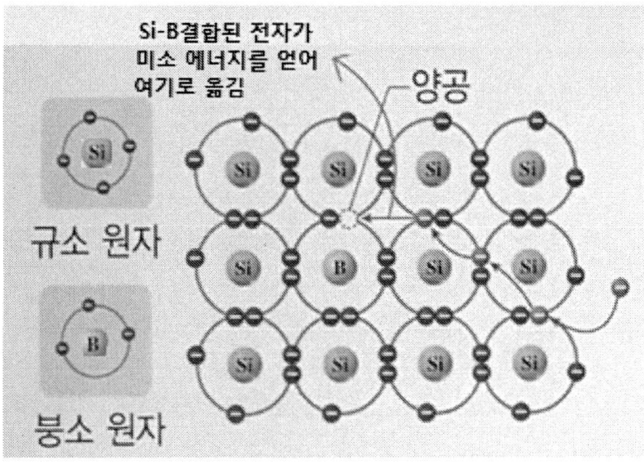

[그림 2.8] P형 반도체

(2) N형 반도체

[그림 2.9]와 같이 4가의 Si 반도체 속에 5가 원자, 예를 들면 P(인)을 첨가하면 P의 가전자 중 4개만 Si의 원자와 결합하고 1개의 가전자는 남아돌게 된다. 이때 남아도는 전자를 과잉전자인 도너(donor), 이 과잉전자로 인한 반도체를 N형 반도체(negative type semiconductor)라 한다. 그리고 과잉전자는 원자핵에 구속되는 힘이 약하기 때문에 약간의 에너지로 반도체의 결정 안을 자유로이 돌아다니는 자유전자가 된다. 또한 과잉전자를 발생시키는 불순물 원소들은 P(인), Sb(안티몬), As(비소), Pb(납) 등이 있고 이들 원소를 도너(donor : 기증자)라 한다.

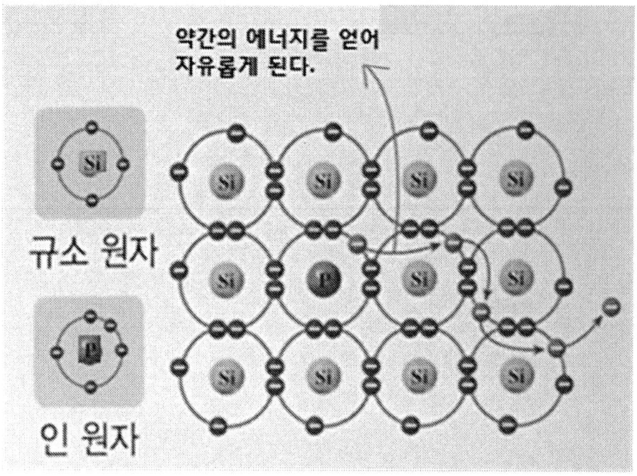

[그림 2.9] N형 반도체

Handy hint ....

☞ 반도체 전류의 흐름

① N형 반도체에 있어서 전류는 전자에 의해서 흐르고, P형 반도체에서의 전류는 양공에 의하여 흐른다.

② N형 반도체에서의 전자와 P형 반도체에서의 양공을 모두 캐리어(carrier)라고 한다.

(3) PN접합 반도체

다이오드, 트랜지스터, 사이리스트(SCR) 등은 PN접합이 기본이 되어 만든 반도체 소자이다. PN접합이라 하면 마치 P형 반도체와 N형 반도체를 접착제로 붙인 것 같은 느낌이 들지만 실제로는 그렇지 않다. PN접합은 연속적으로 P층에서 N층으로 변해가는 구조를 이룬다. 이와 같이 PN접합면이 하나밖에 없으면 단접합, 접합면이 2개인 것은 2중 접합, 3개 이상인 것은 다중 접합이라 한다.

[표 2.1] 반도체 접합의 종류

구 분	접 합 도	적용 반도체
무접합	P N	서미스터, 광전도셀
단접합	PN	실리콘다이오드, 제너다이오드, 발광다이오드
이중접합	NPN, PNP	트랜지스터, 가변용량다이오드
다중접합	PNPN	사이리스터, 트라이액

PN접합이 되면 [그림 2.10]과 같이 P형의 양공(hole)은 N형의 영역으로 확산해 흐르고 자유 전자는 N형에서 P형 영역으로 흐른다. 이와 같이 서로 상대방의 영역으로 이동한 캐리어를 주입 캐리어라 한다.

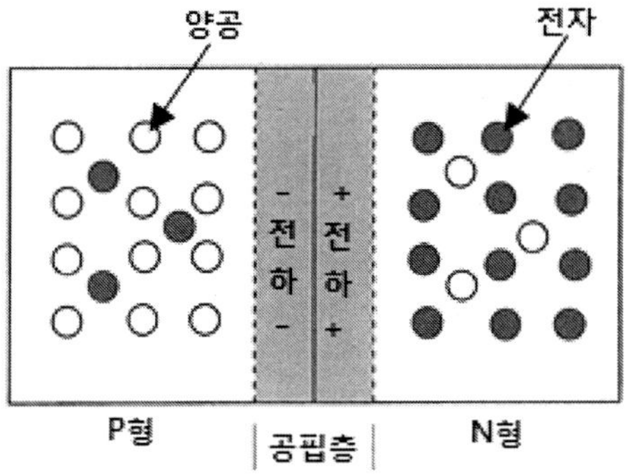

[그림 2.10] PN접합의 공핍층

접합면의 P형 영역에서 양공이 유출하면, 정(+)전하가 흘러나간 것이 되므로 이 P형 영역은 (-)전하로 바뀌게 되고, N형 영역은 자유전자가 흘러 나가므로 (+)로 된다. 따라서 P형과 N형의 접합부분에서는 자유전자와 양공의 이동을 저지하기 때문에 P형 영역과 N형 영역의 캐리어는 균형을 이룬 상태로 된다. 이 부분은 캐리어를 잃었기 때문에 공핍층(전위장벽)이라고 하며, 이 전위장벽을 뚫는 데는 실리콘 반도체인 경우 약 0.7 [V] 정도가 되고, 저마늄에서는 약 0.3 [V] 정도인데 근래에는 저마늄으로 만든 게 없어서 실리콘을 참고하면 되겠다.

다시 말하면 0.7 [V] 정도 이상의 전압을 걸어줘야 비로소 전기가 통과된다는 말이다. 그렇다고 너무 큰 전압을 걸면 열이 나서 전멸해버리므로 주의해야 한다.

예제 2-1 **저마늄(Ge) 또는 실리콘(SI)에 어느 불순물을 혼합하여야 P형 반도체가 되는가? ( )**

가. 비소(As) 나. 인(P) 다. 안티몬(Sb) 라. 인듐(In)

2.7 다이오드

다이오드(diode)는 P형 반도체와 N형 반도체를 마주대고 접합한 것으로 PN정션(PN junction)이라고도 하며, 역류방지 및 정류작용, 라디오의 고주파에서 신호를 꺼내는 검파용, 전류의 ON/OFF를 제어하는 스위칭 용도 등 매우 광범위하게 사용되고 있다. 다이오드는 전류가 공급되는 단자를 애노드(anode), 전류가 유출되는 단자를 캐소드(cathode)라 한다.

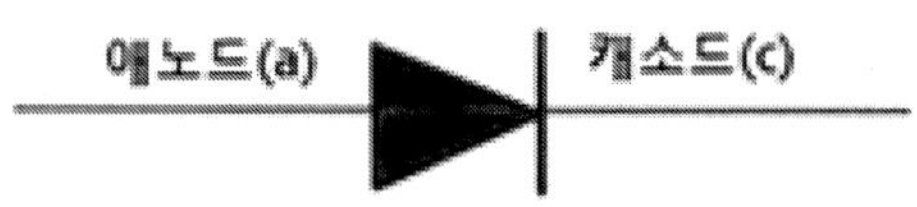

(a) 다이오드 기호

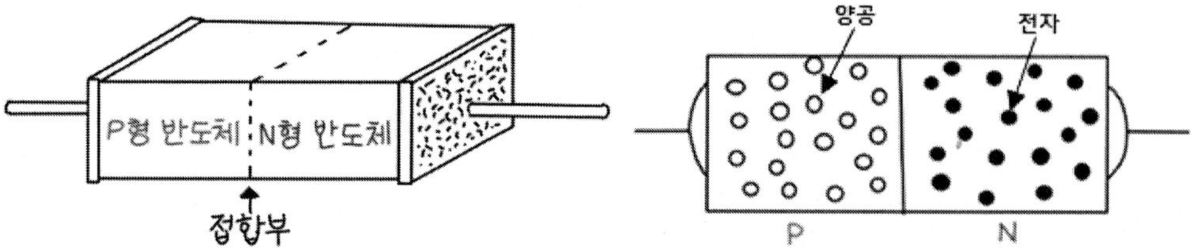

(b) 다이오드의 구조

[그림 2.11] 다이오드 기호와 구조

2.7.1 순(順)방향 흐름

[그림 2.12]와 같이 전원을 P형에는 (+)를, N형에는 (-)를 접속하면 P형의 홀은 (+)극에 반발하여 N형으로 유입되고 N형의 전자는 (-)극에 반발하여 P형 속으로 유입된다. 이에 따라 다이오드에는 전류가 흐르며, 다이오드에 전류가 흐르는 상태를 순방향 흐름(forward bias)이라 한다.

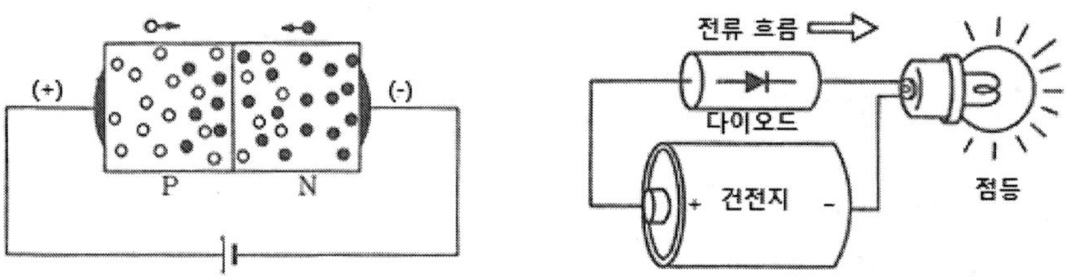

[그림 2.12] 순방향 전류

2.7.2 역방향 흐름

[그림 2.13]과 같이 전원을 P형에는 (-)를, N형에는 (+)를 접속하면 P형의 홀은 (-)극 쪽으로 N형의 전자는 (+)극 쪽으로 이동하여 P형과 N형의 경계에는 홀이나 전자가 거의 없어져 매우 큰 저항이 발생한다. 이에 따라 다이오드에는 전류가 흐르지 못한다. 이러한 상태를 역방향 흐름(reverse bias)이라 한다. 따라서 다이오드는 순방향에서는 전류가 흐르고, 역방향으로는 전류가 흐르지 않는데 이 작용을 정류(rectification) 작용이라 한다.

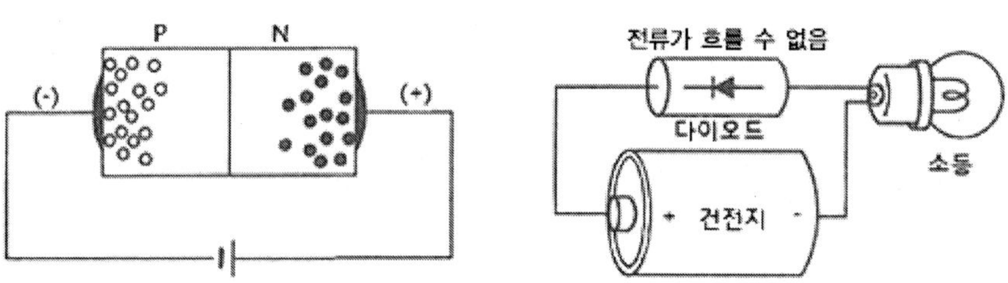

[그림 2.13] 역방향 전류

2.7.3 다이오드를 이용한 응용회로

(1) 스위치 노이즈 방지용 회로

[그림 2.14]과 같은 회로에서 스위치 OFF에서 ON으로 될 때는 전자의 이동이 약하기 때문에 역기전력이 크지 않아 문제가 없지만, 스위치 ON에서 OFF될 때는 전류가 많이 흐르므로 코일의 자기유도 작용에 의해 전류의 크기에 비례하여 역기전력은 증가하므로 역기전력이 거의 120 [V] 정도 큰 값이 발생된다.

이것이 스위치로 흐르면 스위치 손상 및 잡음이 발생한다. 그렇지만 다이오드가 [그림 2.14] 처럼 연결되어 있으면 스위치는 역방향이지만 다이오드는 순방향이 되기 때문에 코일에서 발생한 역기전력은 다이오드를 통해 다시 코일로 다시 흘러 소멸되어 스위치를 보호한다. 만약 이 스위치를 ECU가 제어한다면 역기전력(서지전압)으로 인해 ECU가 소손되기 때문에 자동차에서는 릴레이 내부에 다이오드를 장착하여 ECU를 보호하게 되어 있다.

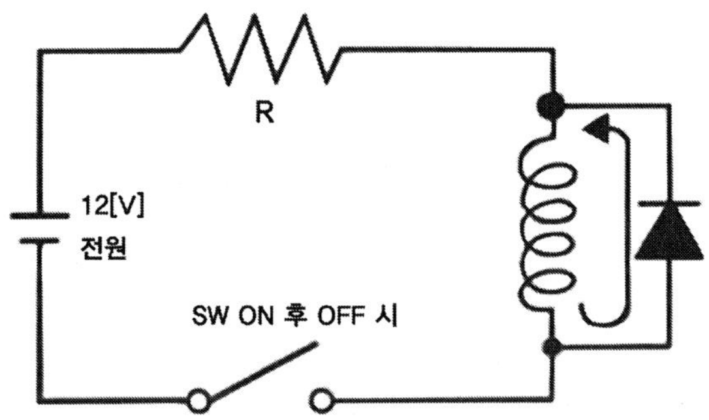

[그림 2.14] 노이즈 방지용 회로

(2) 교류발전기 정류용 회로

다이오드는 순방향으로는 전류가 통하고 역방향으로는 통하지 않는 성질을 가지고 있다. 즉 한쪽 방향으로만 전류를 흘러주는 성질을 가지고 있다. 이러한 성질을 이용하여 교류로부터 직류를 얻어내는 회로과정을 정류라 한다. 정류는 크게 단상 반파 정류와 단상 전파 정류로 나눌 수 있다. 자동차에서는 발전기에서 3상 교류가 만들어지기 때문에 이것을 정류시키는 정류작용을 하며 이를 3상 전파 정류라 한다.

① 단상 반파 정류

저항 R에 흐르는 전류는 A쪽이 (+)일 때만 흐르고 반대로 B쪽에 (+)일 때는 흐르지 않으며, 정류 전류는 [그림 2.15] (c)와 같이 (+)쪽의 반파만을 이용하는 정류 방법이다. 이 전류는 반파이므로 맥류가 되어 직류 전원으로는 적당하지 않다.

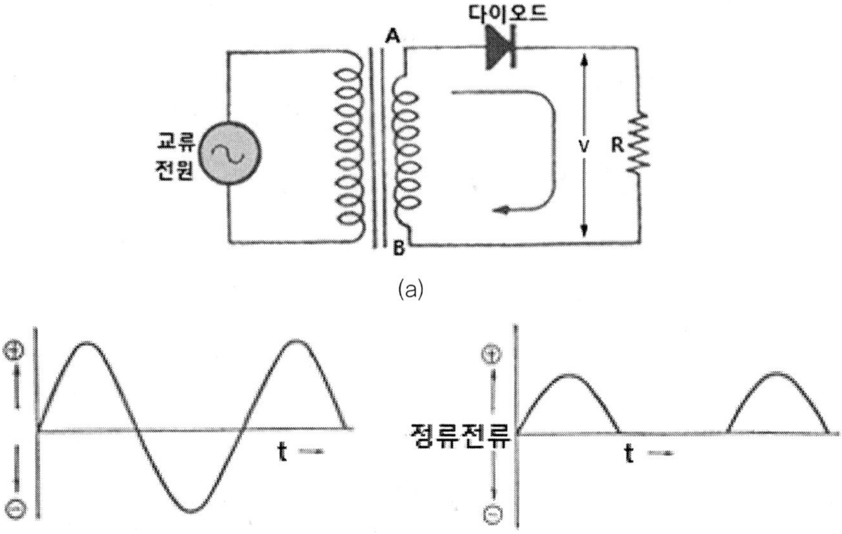

(b) 교류전압 (c) 정류전류

[그림 2.15] 단상 반파 정류

단상 반파 정류의 출력전압(V)= $\frac{\sqrt{2}}{\pi} V = 0.45 V[V]$가 된다.

② 단상 전파 정류

단상 전파 정류는 [그림 2.16] (b)와 같이 4개의 다이오드를 브리지(bridge) 모양으로 접속한다. 지금 A쪽이 (+), B쪽이 (-)라 하면 [그림 2.16] (b)에서 실선 방향으로 전류가 흐르고, 반대로 A쪽이 (-), B쪽이 (+)라 하면 점선 방향으로 흐르기 때문에 R에는 항상 일정 방향의 전류가 흐른다. 이와 같이 전파 정류는 (-)쪽의 반파 방향을 (+)쪽에 변환시켜서 이용하는 것으로 반파 정류와 같은 끊김 없이 연속파를 만들게 된다.

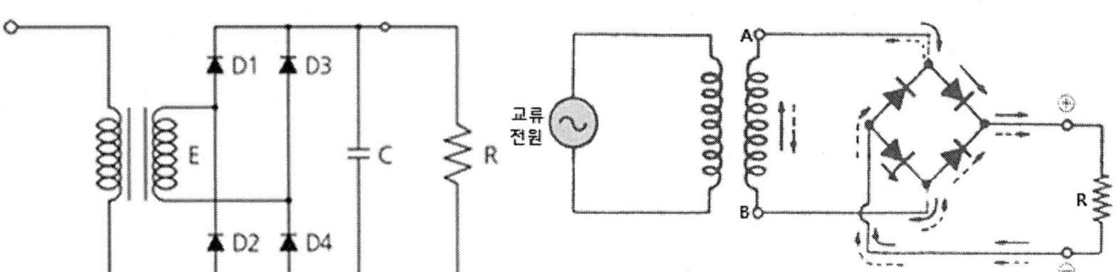

(a) 단상 전파 정류 (b) 단상 전파 정류의 등가회로

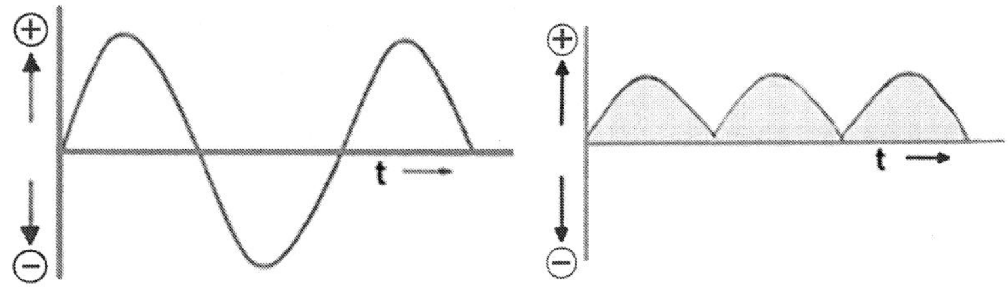

(b) 교류전압 (c) 정류전류

[그림 2.16] 단상 전파 정류

단상 전파 정류의 출력 전압($[V] = \frac{2\sqrt{2}}{\pi} V = 0.9\,V[V]$)가 된다.

③ 3상 전파 정류

[그림 2.17]은 자동차에 사용되고 있는 3상 교류 발전기의 정류 회로로서 다이오드 6개를 사용하여 3상 교류를 전파 정류하고 있다. 이 정류 파형은 단상 교류의 전파 정류 파형과 비교했을 때 정류 파형의 변화가 적어 거의 직류에 가까운 전류로 된다는 장점이 있다.

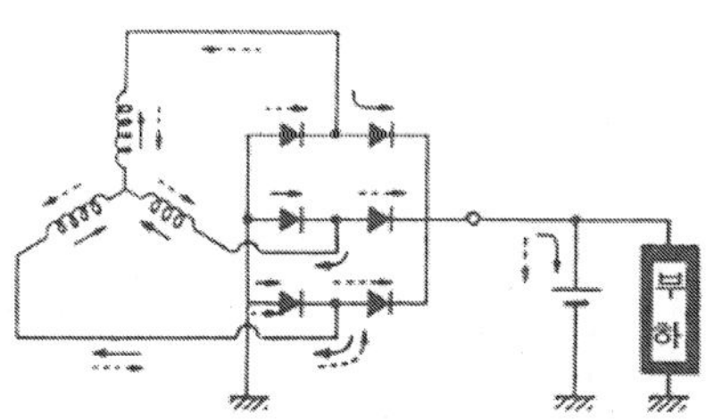

(a)

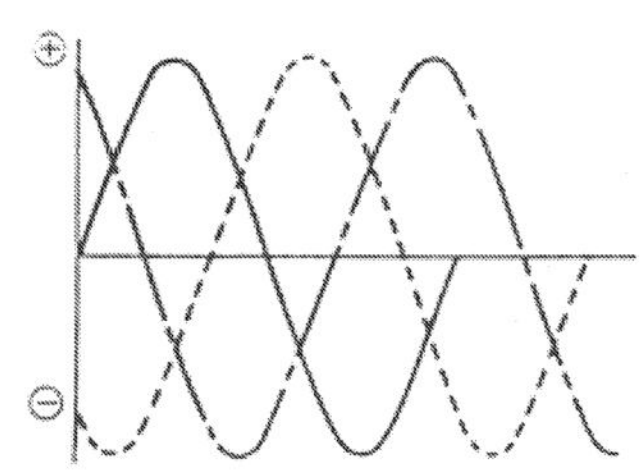

(b) 교류전압

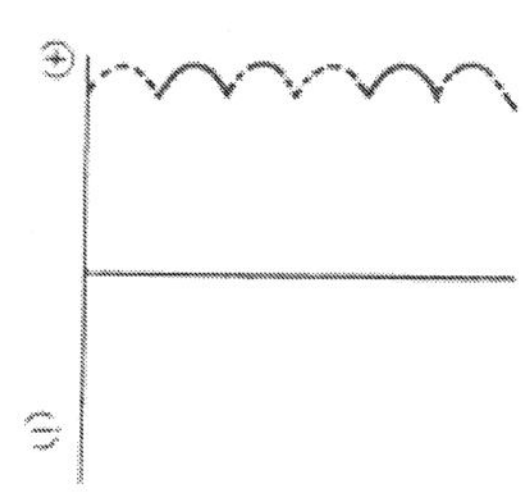

(c) 정류전류

[그림 2.17] 3상 전파 정류

3상 전파 정류의 출력전압(V) $= 1.35\,V[V]$가 된다.

예제 2-2 다음은 다이오드를 이용한 자동차용 전구 회로이다. 옳게 설명한 것은? ( )

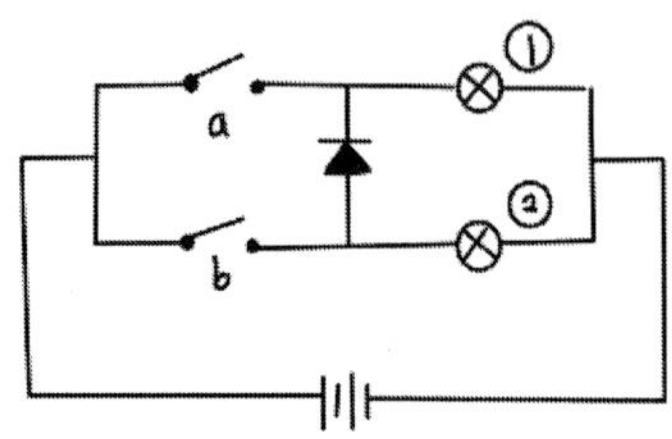

가. 스위치 a가 ON일 때 전구 ①, ②가 모두 점등된다.
나. 스위치 a가 ON일 때 전구 ①만 점등된다.
다. 스위치 b가 ON일 때 전구 ②만 점등된다.
라. 스위치 b가 ON일 때 전구 ①만 점등된다.

예제 2-3 다음 그림과 같이 릴레이 내부에 다이오드 또는 저항이 장착된 목적으로 옳은 것은? ( )

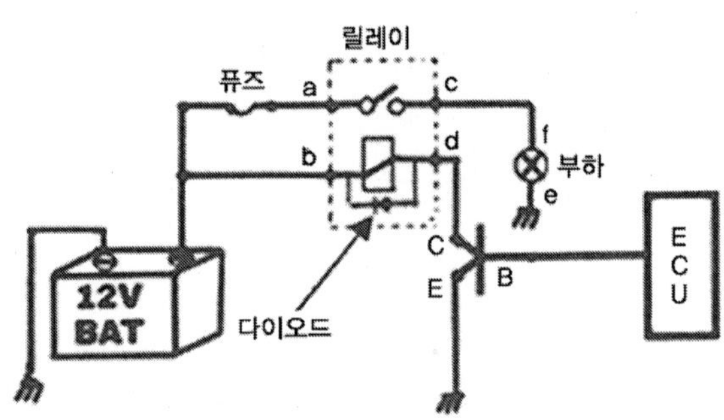

가. 역방향 전류 차단으로 릴레이 접점 보호
나. 역방향 전류 차단으로 릴레이 코일 보호
다. 릴레이 접속 시 발생하는 스파크로부터 전장품 보호
라. 릴레이 차단 시 코일에서 발생하는 서지전압으로부터 제어모듈 보호

2.8 제너 다이오드

제너 다이오드(zener diode)는 실리콘 다이오드의 일종이며 어떤 전압 하에서는 역방향으로도 전류가 흐를 수 있도록 제작한 것이다. 제너 다이오드는 역방향으로 가해지는 어떤 값에

도달하면 순방향 특성과 같이 급격히 전류를 흐르게 한다. 이때의 전압을 제너 전압(breakdown voltage : 항복전압)이라고 한다. 그리고 역방향 전압이 점차 감소하여 제너 전압 이하가 되면 역방향 전류가 흐르지 못한다.

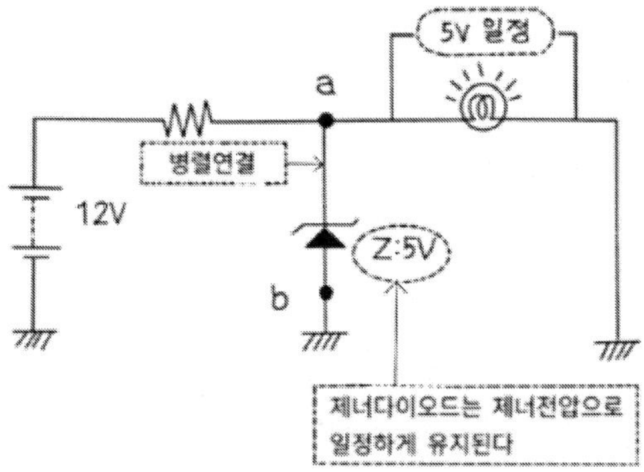

[그림 2.18] 제너 다이오드의 기호와 특성

구 분	a점의 전압 ≧ 5V	a점의 전압 ≦ 5V
전류의 흐름	제너 다이오드를 통해 접지로 흐른다.	제너 다이오드로 흐르지 않는다.
전압	a점의 전압은 떨어진다.	a점의 전압은 다시 올라간다.

제너 다이오드는 정전압 회로 또는 전압 안정화 회로에 사용된다. 또한 제너 다이오드는 자동차 점화장치, 발전기 전압조정기 회로 등에 이용된다.

Handy hint ....

☞ 브레이크다운 전압이란?

브레이크다운 전압(breakdown voltage)은 전류가 급격히 흐르기 시작할 때의 전압을 말한다. 제너 다이오드 작용은 PN접합 다이오드를 [그림 2.19]와 같이 역방향의 전압이 점차 상승하여 어느 전압에 도달한 시점에서 공유결합 부분의 가(價)전자는 역방향 전압 에너지에 의하여 자유전자로 변화하여 튀어나가고 그 빈자리에는 새로운 양공이 발생하여 떠돌아다니는 자유전자를 빈자리로 흡인하려고 한다. 이로 인하여 접합부분을 넘어 가전자로 변화한 자유전자와 새롭게 발생한 양공이 운반자로 되어 전류가 흐르기 시작한다. 이와 같은 현상을 제너현상이라고 한다. 그리고 제너 전압보다 높은 역방향 전압을 제너 다이오드에 가하면 급격히 큰 전류가 흐르기 시작하는데, 이 현상을 브레이크 다운이라 한다.

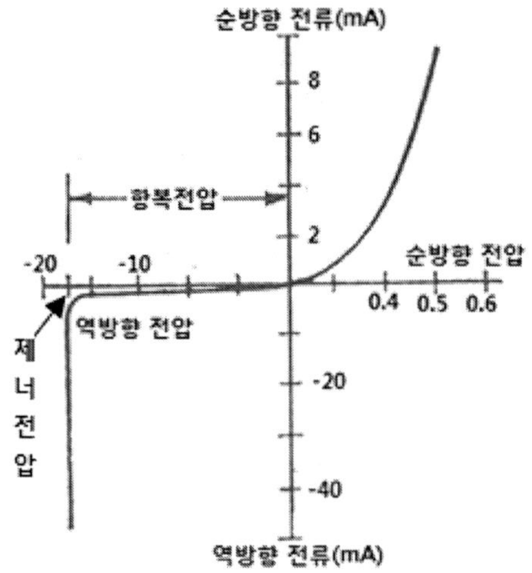

[그림 2.19] 제너현상

예제 2-4 다음 중 어떤 전압에 도달하면 역방향으로 큰 전류가 흐르도록 설계된 것은 어느 것인가? ( )

가. 트랜지스터 나. P형 다이오드 다. 포토 다이오드 라. 제너 다이오드

2.9 발광 다이오드

발광 다이오드(Light Emitting Diode : LED)는 일반 다이오드(PN접합 다이오드)처럼 순방향으로만 전류가 흐르며 이때 빛을 발생하는 반도체이다. 발광 다이오드는 소비전력이 작아 수 [mA]에서도 작동되며 최근에는 대체조명으로 각광받고 있다. 정전압 다이오드처럼 전류가 흐르기 위해서는 약 0.6 [V]의 전압이 필요하다.

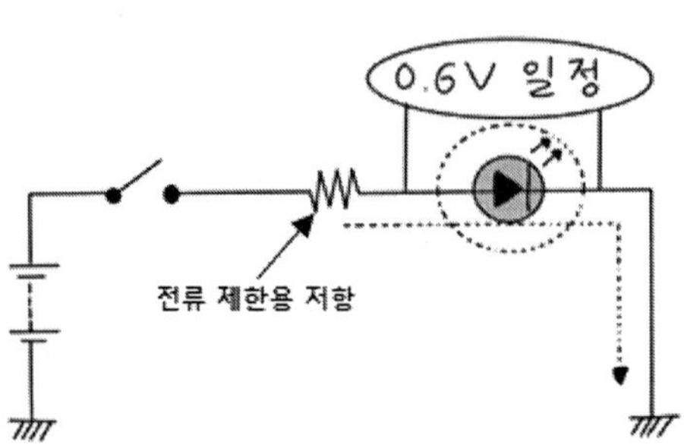

[그림 2.20] 발광 다이오드의 기호와 응용회로

스위치가 ON되면 전류는 저항 → 발광 다이오드(LED) → 접지로 흘러 발광 다이오드가 점등된다. 발광 다이오드는 수 [mA]에서 작동하는 반도체이므로 과도한 전류가 흐르지 않도록 하기 위한 전류 제한용 저항을 사용하여야 한다. LED에서 발생되는 빛은 가시광선(可視光線)으로부터 적외선(赤外線)까지 반도체 재료에 따라 여러 가지 빛을 발생시킨다. 발광 다이오드는 전기적 에너지를 빛으로 변환시키는 것으로 특징은 다음과 같다.

① 수명이 백열전구의 10 [배] 이상으로 반영구적이다.
② 낮은 전압(2 ~ 3 [V])에서도 발광 작용을 한다.
③ 소비 전력이 0.05 [W] 정도이고, 전류는 10 [mA] 정도이다.
④ 점멸(點滅) 응답성이 10 ~ 6 [ms]로 매우 빠르다.

2.10 포토 다이오드

포토 다이오드(photo diode)는 빛을 쬐면 역방향으로 전류가 흐르는 특성을 가지고 있다. 즉 입사광선을 접합부에 쪼이면 빛에 의하여 공핍층의 전자가 궤도를 이탈하여 전류가 흐르게 된다. [그림 2.21]은 포토 다이오드를 이용한 가로등 제어 회로는 빛에 의해 전구가 ON/OFF되는 회로이다. 주변이 어두울 경우 포토 다이오드로 전류가 흐르지 않으므로 TR은 ON되어 전구는 점등된다. 그러나 주변이 밝은 경우 포토 다이오드로 전류가 흐르므로 TR 베이스의 전위가 낮아지므로 TR은 OFF된다. 따라서 전구는 소등된다.

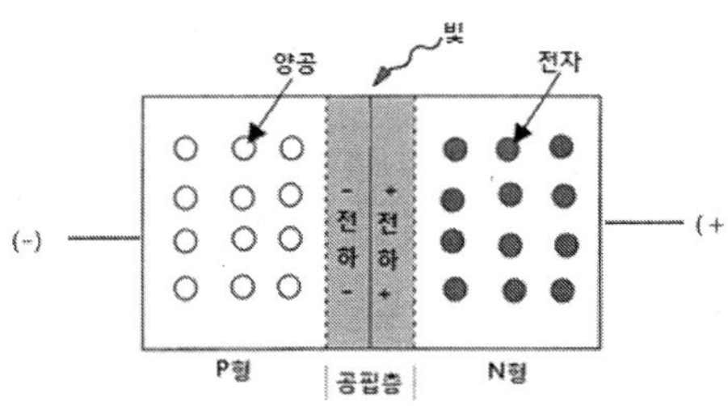

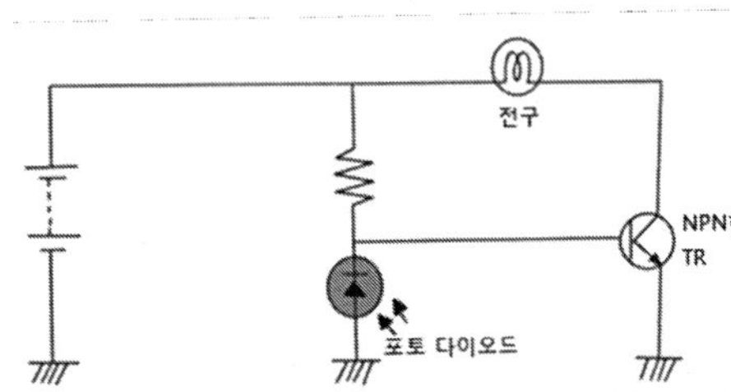

[그림 2.21] 포토 다이오드의 구성과 응용회로

예제 2-5 **발광 다이오드에 대한 설명 중 <u>틀린</u> 것은? ( )**

가. 자동차에는 크랭크 각 센서로도 사용된다.
나. 역방향으로 전류가 흐르면 빛을 발생한다.
다. 소비전력이 적고, 발광할 때는 10 [mA] 정도의 전류가 필요하다.
라. 전류가 흐르면 캐리어가 가지고 있는 에너지의 일부가 빛으로 된다.

2.11 트랜지스터

트랜지스터(transistor : TR)는 PN형 다이오드의 N형 쪽에 P형을 덧붙인 PNP형과, P형 쪽에 N형을 덧붙인 NPN형이 있으며, 3개의 단자 부분에는 인출선이 붙어 있다. 중간 부분을 베이스(B : base : 제어전극), 양쪽 P형 또는 N형을 각각 에미터(E : emitter) 및 컬렉터(C : collector)라고 한다. PNP형은 에미터에서 베이스로 전류가 흐르고, NPN형은 베이스에서 에미터로 전류가 흐른다. 그리고 트랜지스터의 대표적인 작용은 스위칭(switching) 작용과 증폭작용, 발진작용 등이 있다.

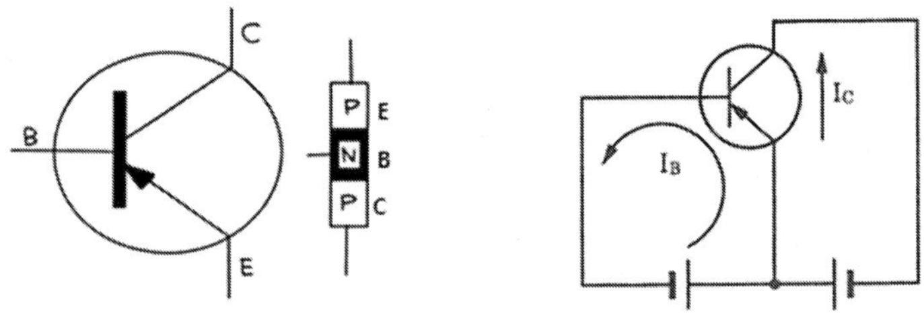

[그림 2.22] PNP형 트랜지스터의 구조 및 전류흐름

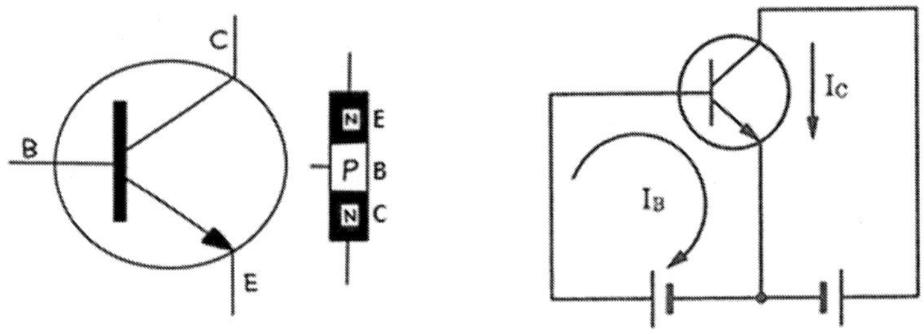

[그림 2.23] NPN형 트랜지스터의 구조 및 전류흐름

2.11.1 트랜지스터에 전류가 흐를 때

PNP형에 축전지를 에미터 (+), 베이스에 (-), 컬렉터에 (-)극을 연결하면 에미터 내의 양공은 축전지 (+)극에 반발하여 중앙에 있는 베이스(N형)로 유입된다. 그러나 N형 부분은 매우 얇게 되어 있으므로 유입된 양공은 거의 모드가 베이스를 뚫고 컬렉터와의 경계 부분에 도달한다. 이때 컬렉터에 가해져 있는 (-)극에 끌어 당겨져 흡입된다. 또 일부의 양공은 베이스 내의 전자와 중화(中和)하여 베이스 전류로 되고, 대부분은 컬렉터 전류로 된다.

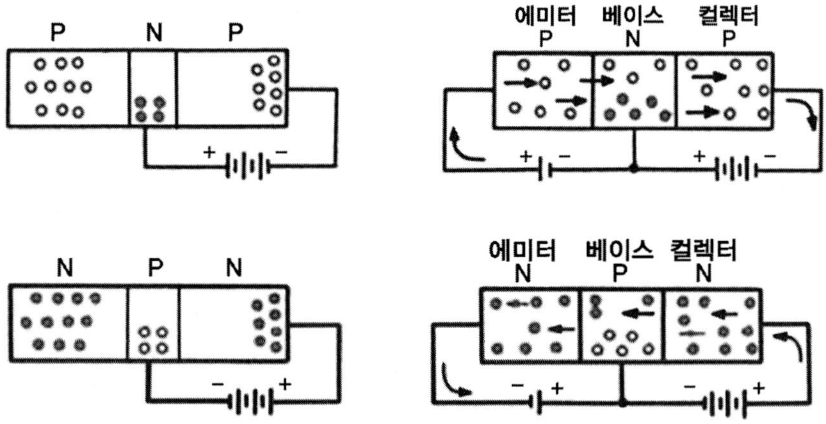

[그림 2.24] 트랜지스터에 전류가 흐를 때

2.11.2 트랜지스터에 전류가 흐르지 않을 때

PNP형에 축전지를 에미터에 (-), base에 (+)극을 연결하면 에미터의 양공은 축전지 (-)에 의해 흡인되고 베이스(base) 내의 전자는 축전지의 (+)극에 의해 흡인되며, 경계 부분은 빈 공간으로 되어 베이스에는 전류가 거의 흐르지 않는다. 이에 따라 에미터에서 컬렉터로도 전류가 거의 흐르지 않는다.

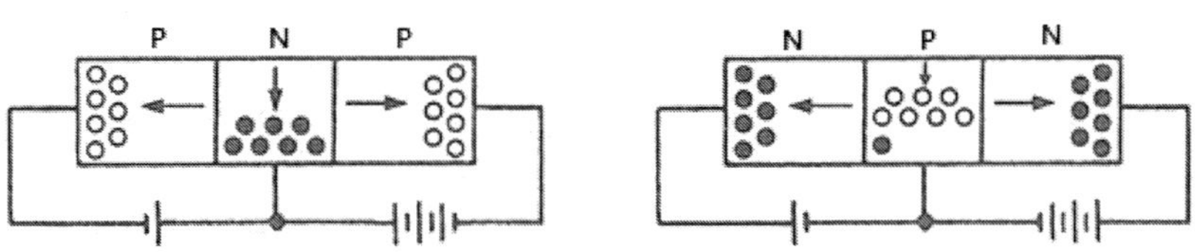

(a) PNP형　　(b) NPN형

[그림 2.25] 트랜지스터에 전류가 흐르지 않을 때

2.11.3 트랜지스터의 스위칭 작용

트랜지스터는 베이스 전류를 단속(ON/OFF)함으로써 컬렉터 전류를 단속할 수 있다. 즉 [그림 2.26]에서 스위치가 OFF 상태일 때 TR1은 OFF, TR2는 ON되어 램프가 점등되고, 스위치가 ON되면 TR1은 ON되고 TR2는 OFF되어 램프는 소등된다. 이것을 트랜지스터의 스위칭(switching) 작용이라고 한다.

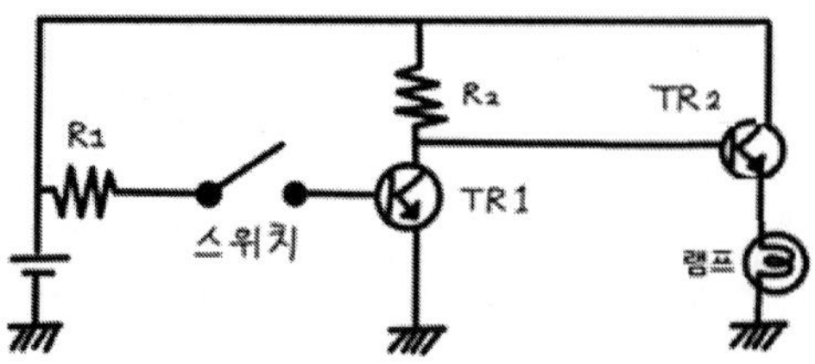

[그림 2.26] 트랜지스터의 스위칭 작용

[그림 2.26]과 같이 NPN형 트랜지스터를 사용한 회로를 보면(R_2가 없을 경우), 배터리에서 나온 전류는 베이스에서 에미터로 전류가 흘러들어오면 이때 에미터와 베이스 사이는 12 [V]가 걸리고 내부저항이 고작 20 [Ω] 정도도 안 되므로 엄청난 열에 의해 파손되어버린다. 그러나 그림처럼 베이스에 직렬로 저항을 걸면 저항 양단에 큰 전압이 걸리고 베이스와 에미터 사이에는 작은 전압이 걸리므로 이온에 의한 장벽 정도만 뚫을 정도의 전압만 걸어주면 된다. 이와 같이 전류가 베이스 쪽에서 에미터 쪽으로 흐르면 컬렉터에서 에미터로 전류가 흘러 램프가 점등된다. 만약 모든 에너지 측면에서 램프를 컬렉터에 연결하면 베이스로 흘러 들어오는 전류만큼 손해를 봐야 하기 때문에 램프를 에미터에 설치하면 에너지 이용면에서 유리할 것이다.

[그림 2.27]은 릴레이(relay)를 이용한 램프 점등회로이다. 릴레이란 코일에 전류가 흐르면 전자석이 되고 그 전자력에 의하여 가동 철편을 유인하는 것을 이용하여 이것과 연동시킨 기구에 의한 접점을 개폐시키는 것으로 전자력에 의하여 접점을 개폐하는 기능을 갖는 장치를 말한다. 릴레이의 기본이 되는 4단자 릴레이는 코일(2단자)과 접점(2단자)으로 이루어져 있다.

[그림 2.27]은 4단자 릴레이를 이용한 램프 점등회로이다. 간단히 회로를 설명하면 다음과 같다. 먼저 스위치를 ON하면 배터리의 전류는 퓨즈를 통해서 스위치로 흐르고 그리고 릴레이 코일에 전류가 흘러 전자석이 된다. 따라서 릴레이에 있는 스위치가 ON이 되어 램프가 점등하게 된다. 이와 같이 트랜지스터도 릴레이의 작동과 같은 작용을 한다.

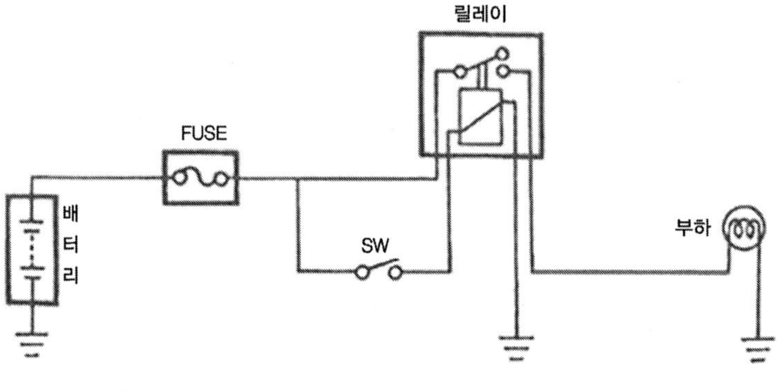

[그림 2.27] 릴레이를 이용한 램프 점등회로

Handy hint ....

☞ 트랜지스터 스위칭 작용과 릴레이의 비교

① 스위칭 동작의 ON/OFF가 빠르다. 1초에 1,000회 이상 반복동작이 가능하다.
(릴레이는 100～200회 정도)

② 트랜지스터는 기계적인 접점이 없으므로 릴레이와 같은 개폐 시의 채터링(chattering) 현상이 없어 동작이 안정된다.

③ 낮은 베이스 전류로 스위칭이 되므로 제어회로가 간단하고, 소비전력이 극히 적다.

④ 베이스 전류를 가감하여 컬렉터 전류를 조절할 수 있다.

2.11.4 트랜지스터의 증폭작용

트랜지스터의 증폭작용은 [그림 2.28]처럼 적은 양의 베이스 전류로 큰 컬렉터 전류를 얻을 수 있으며, 또 베이스 전류의 크기를 변화시킴으로써 컬렉터의 전류를 증감할 수 있는데 이 작용을 증폭작용이라고 한다. 증폭율은 다음의 공식으로 표시한다.

$$I_E = Ic + Ib \quad \text{또는} \quad \text{전류 증폭율} = \frac{\text{컬렉터 전류}(Ic)}{\text{베이스 전류}(Ib)}$$

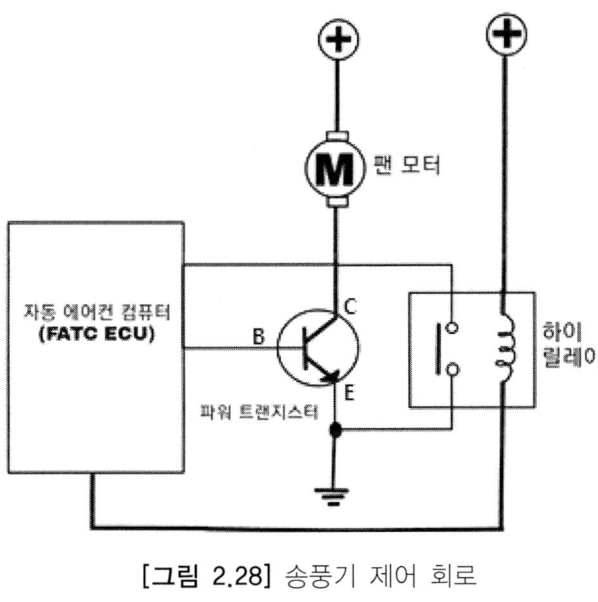

[그림 2.28] 송풍기 제어 회로

2.12 다링톤 트랜지스터

증폭율을 크게 하기 위해 [그림 2.29]와 같이 TR 1개의 컬렉터 출력이 다른 TR 베이스 입력으로 들어가는 방법을 취하고 있다. 간단히 보면 TR 내부에 2개의 TR이 구성되어 있다.

이러한 접속을 다링톤 접속이라 한다. 다시 말해 한 개의 TR인데도 두 개의 효과를 가진 증폭도가 100×100배가 된다. 보통 TR의 증폭도(h_{FE})는 100이다. TR 1개로 2개분의 TR 증폭 효과가 나므로 매우 작은 베이스 전류로도 큰 전류를 제어할 수 있어 볼륨식 가변저항 1개로도 10 [A] 정도 용량의 히터 블로워 모터의 전류를 제한할 수 있다는 것이다.

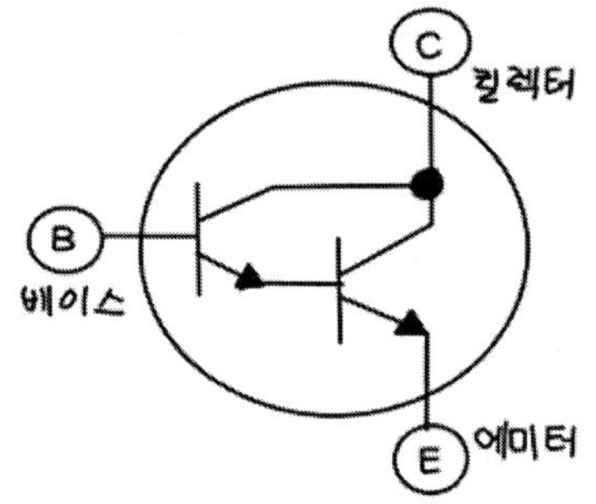

[그림 2.29] 다링톤 TR

2.13 포토트랜지스터

포토 TR은 PN접합부에 빛을 쪼이면 빛 에너지에 의해 컬렉트 전류를 제어하는 트랜지스터이다. 즉, 입사광선에 의해 전자와 양공이 발생하면 역 전류가 증가하고, 입사광선에 대응하는 출력 전류가 얻어지는데 이를 광전류라 한다. 포토 TR에는 PN접합의 2극 소자형과 NPN의 3극 소자형이 있으며, 빛이 베이스 전류 대용으로 사용되므로 전극이 없고 빛을 받아서 컬렉터 전류를 제어한다.

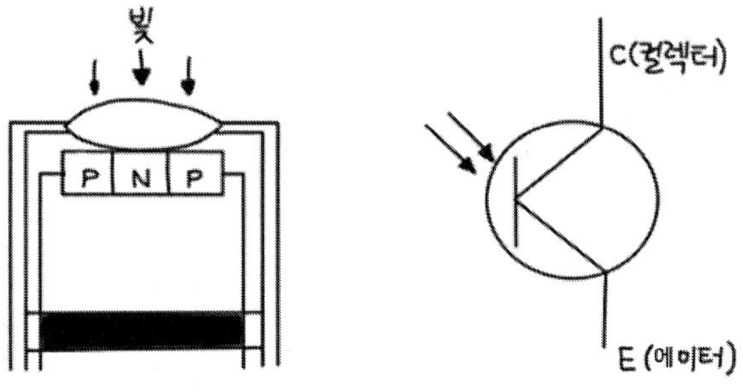

[그림 2.30] 포토트랜지스터의 구조와 기호

2.14 전계효과 트랜지스터(FET)

트랜지스터는 베이스 쪽에 전류를 공급해야만 컬렉터에서 에미터로 전류가 흐른다는 단점이 있다. 그래서 FET(Field Effect Transistor)를 사용한다. 이 반도체는 [그림 2.31]과 같은 구조를 가지고 있다. FET는 트랜지스터와는 다른 구조를 가지고 있는데 P채널과 N채널형이 있다. 단자 이름은 그림에서 보는 바와 같이 드레인(drain : D), 게이트(gate : G), 소스(source : C)이다.

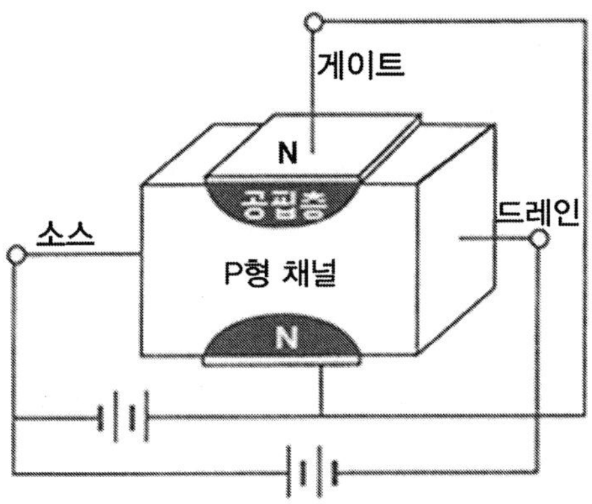

[그림 2.31] FET

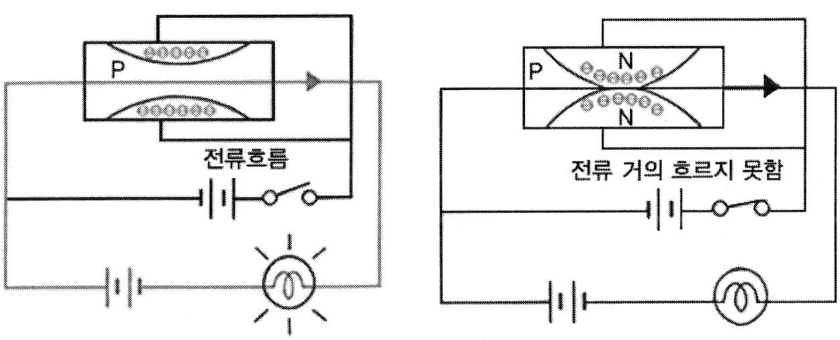

[그림 2.32] P채널 FET 작동원리

2.14.1 P채널 FET

P형 반도체의 양단에 전극을 연결한다. 이 전극을 소스와 드레인으로 한다. 이의 위 아래쪽으로 N형을 삽입해 놓는다. 그렇게 하면 [그림 2.32]처럼 가운데에는 P형과는 공핍층이 생긴다. 이때의 경계층은 두께가 두껍지 않고 아직 얇아서 가운데의 P형 반도체를 침범하지 않으므로 소스에서 드레인으로의 전류가 흐르는 데 지장이 없다. 그렇지만 [그림 2.32] 우측 그림처럼 게이트에 (+)전기를 공급하면 N형 반도체는 주어진 양공을 맞이하기 위해 서로 위 아래로 몰리게 되어 가운데 P형 반도체는 공핍층이 넓어져서 단면적이 좁아지게 되고 소스에서 드레인으로 전류가 흐르지 않게 된다.

즉 트랜지스터는 베이스 전류를 공급해야만 이미터에서 컬렉터로 흐르는데, FET는 반대로 전기를 안 주면 안 줄수록 소스에서 드레인으로 전기가 잘 통하게 되고 전기를 준다고 해도 경계층만 두꺼워질 뿐 전력 소비가 없다는 장점이 있다.

2.14.2 N채널 FET

P채널과 작동 방법은 같고 전원의 극성과 전류 방향만 반대일 뿐이다.

예제 2-6 **NPN 트랜지스터에 대한 설명 중 맞는 것은? ( )**

가. 콜렉터에서 에미터로 순방향전류가 흐른다.
나. 베이스 전압보다 컬렉터 전압을 낮게 한다.
다. 베이스는 N극이다.
라. 에미터에서 베이스로 순방향 전류가 흐른다.

예제 2-7 **트랜지스터 내부가 2개의 트랜지스터로 구성되어 매우 작은 베이스 전류로 큰 전류를 제어하여 증폭도를 높인 트랜지스터는? ( )**

가. 포토 트랜지스터
나. NPN 트랜지스터
다. PNP 트랜지스터
라. 다링톤 트랜지스터

2.15 서미스터

서미스터(thermistor)는 니켈(Ni), 구리(Cu), 망간(Mn), 아연(Zn), 마그네슘(Mg) 등의 금속 산화물을 적당히 혼합하여 1,000 [℃] 이상에서 소결시켜 제작한 것이다. 서미스터는 온도의 변화에 대해 전기저항 값이 크게 변화하고, 온도가 높아짐에 따라 전기저항 값이 감소하는 반도체를 말한다. 서미스터에는 (-)온도계수를 갖는 부특성(NTC) 서미스터, (+)온도계수를 갖는 정특성(PTC) 서미스터, 특정 온도에 있어서 전기저항이 급격히 변화하는 CTR(Critical Temperature Resistor) 서미스터가 있다.

[그림 2.33]과 [그림 2.34]는 서미스터 종류와 특성, 기호를 나타내었다. NTC 서미스터는 전자 회로 온도 보상과 냉각수온도 센서, 흡기온도 센서, 자동 에어컨 온도센서, 온도계 유닛 등의 주로 온도 감지용 센서로 사용된다. 일반적으로 서미스터라고 함은 부특성(NTC) 서미스터를 의미한다. PTC 서미스터는 정온발열, 과전류보호용(서킷 브레이크) 등으로 주로 사용된다.

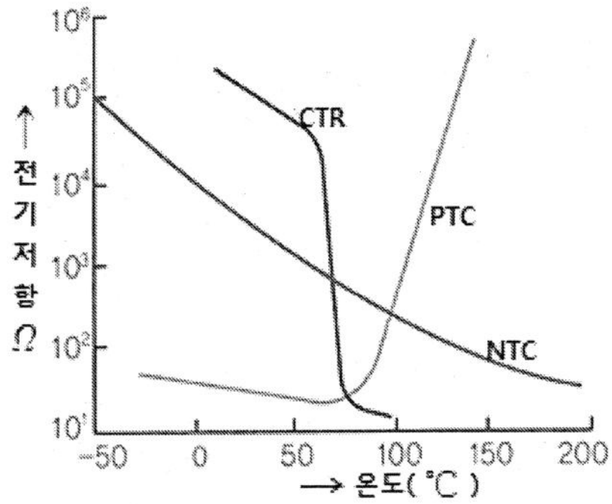

[그림 2.33] 서미스터 종류 및 특성

[그림 2.34] 서미스터 기호

2.15.1 부특성 서미스터

부특성 서미스터(NTC : Negative Temperature Coefficient)는 온도가 상승하면 전기저항 값이 감소하여 전기가 잘 통하고, 반대로 온도가 내려오면 전기저항 값이 상승하는 특성을 가지고 있는데 이를 서미스터의 부특성이라 한다.

[그림 2.35]는 서미스터가 연료 속에 담겨져 있을 때는 온도가 내려가 전기저항 값이 상승하여 전기가 흐르지 않아 연료잔량 경고등이 소등된다. 반대로 연료가 적어져 서미스터가 밖으로 노출되면 온도가 상승하여 전기저항 값이 낮아지면서 전기가 잘 흘러 연료잔량 경고등이 계기판에 점등되어 연료가 부족하다는 경고를 하게 된다.

[그림 2.36]은 부특성 서미스터를 이용한 냉각수 온도센서 회로로 냉각수온의 변화에 따라 서미스터의 저항이 변화된다. 이때 직렬회로로 구성된 고정저항과 서미스터 간에 발생되는 전압강하의 변화를 ECU(전자제어유닛)이 감지하므로 수온을 알게 된다.

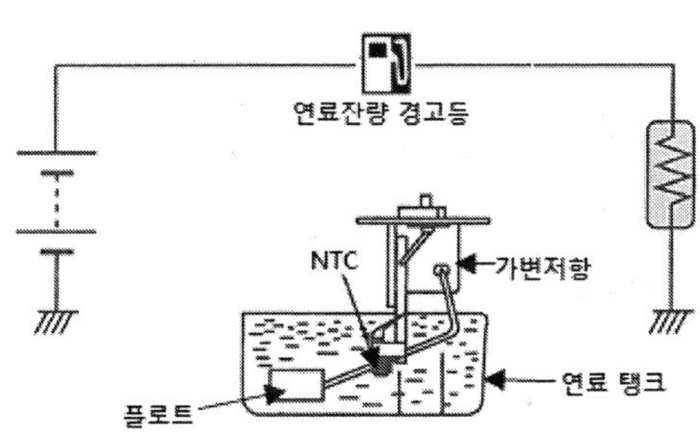

[그림 2.35] NTC를 이용한 회로

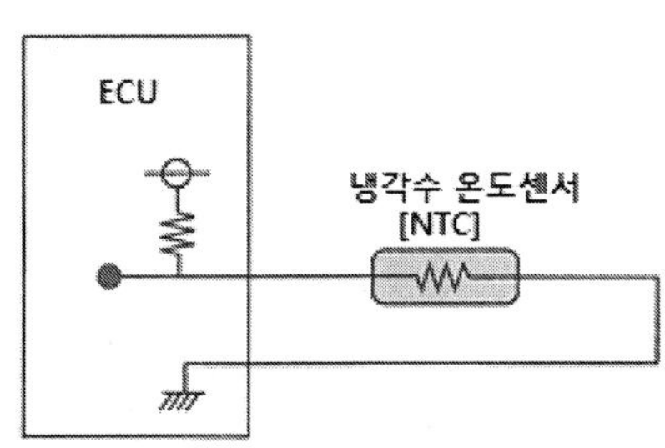

[그림 2.36] NTC를 이용한 회로

2.15.2 정특성 서미스터

정특성 서미스터(PTC : Positive Temperature Coefficient)는 온도가 내려오면 전기저항 값이 감소하고, 온도가 올라가면 전기저항 값이 증가하여 전류 흐름을 제한하는 회로에 이용된다.

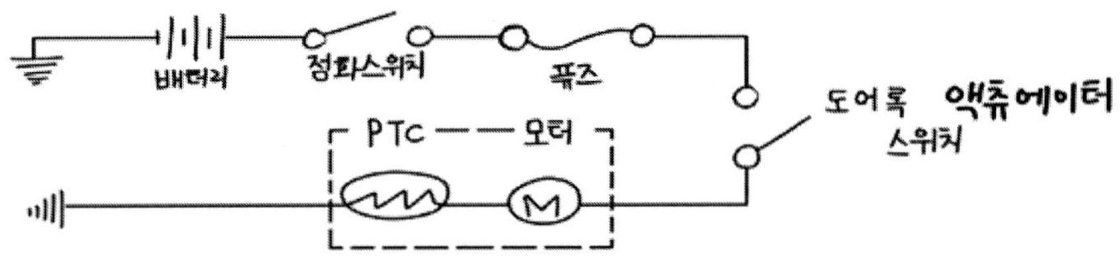

[그림 2.37] 정특성 서미스터를 사용한 회로

[그림 2.37]은 PTC 사용 예이다. 즉 도어록(lock) 스위치가 작동되어 한도 이상의 전류가 흐르면 서미스터가 발열하고 온도가 상승하여 저항이 증가된다. 저항이 증가되면 전류를 제한하여 모터를 보호하는 과열보호 장치 또는 과전류 보호 장치(서킷 브레이크), 화재경보기 등에 사용된다.

예제 2-8 **냉각수 온도 센서(WTS), 흡기 온도 센서(ATS)는 어떤 특성을 가지는가? ( )**

가. 정특성 나. 부특성 다. 정온도 특성 라. 압전특성

예제 2-9 **연료탱크에 연료가 가득 차 있는데 연료잔량경고등이 점등될 수 있는 요인으로 맞는 것은? ( )**

가. 경고등 접지선의 단선 나. 서미스터(NTC) 결함
다. 퓨즈 단선 라. 경고등 전원선의 단락

2.16 광전도 셀(광량 센서 : CdS)

CdS(황화카드뮴)는 빛의 밝기에 따라 저항이 변화되는 소자로 카드뮴(Cd)과 유황(S)이 화합하여 생긴 황화카드뮴 단결정에 금속 다리를 붙인 부품으로, 광전도 셀(photoconductive cell)이라고 한다. CdS는 가시광선이 없는 어두운 곳에서는 절연체와 같이 전류가 흐르지 않다가 가시광선이 닿으면 도체와 같이 전류가 잘 흐르는 성질을 가지고 있어서 어두운 곳에서는 높은 전기저항 값을 갖고 있다가 빛이 밝아질수록 자체의 내부 전기저항 값이 낮아지는 성질을 이용한 것이다. 따라서 자동차 에어컨의 일사센서, 헤드램프의 조도센서와 같은 빛 감지 센서로 사용한다.

[그림 2.38]은 광전도 셀을 이용한 가로등 응용회로이다. 낮에는 빛에 의해 저항이 적어 CdS 셀로 전류가 통하여 가로등이 점등되지 않지만 저녁이 되면 CdS 셀의 저항이 증가하여

TR의 베이스 쪽으로 전류가 흘러 가로등이 점등된다.

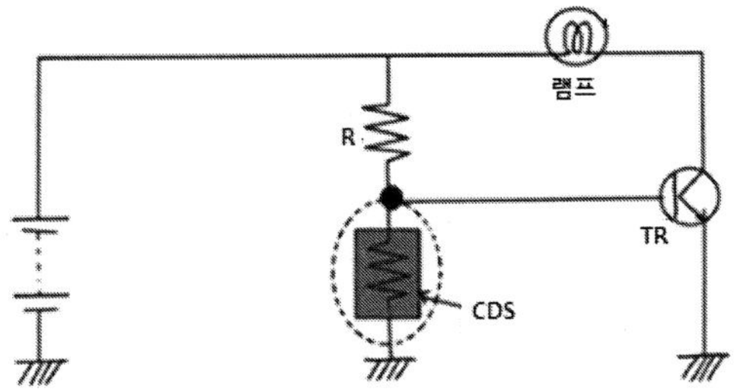

[그림 2.38] CdS 응용회로

예제 2-9 반도체 소자 중 광센서가 아닌 것은? ( )

가. 발광 다이오드 나. 포토트랜지스터 다. Cds 라. 서미스터

2.17 압전소자(반도체 피에조 저항)

압전소자는 티탄(titan)산, 바륨(barium) 등을 재료로 사용하며, [그림 2.39]와 같이 압력을 받으면 기전력이 발생하고 전압을 가하면 변형되는 반도체이다. 용도는 연료탱크 압력, DPF 압력, 노크 센서, 대기압 센서, MAP 센서 등에서 사용된다.

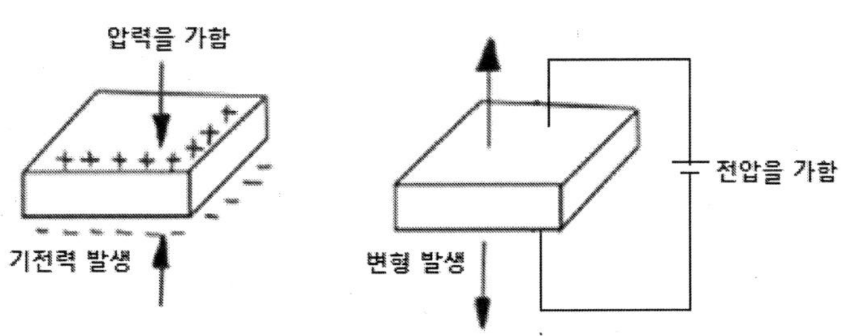

[그림 2.39] 압전 소자

2.18 홀 효과

홀 효과(hall effect)란 두 개의 자석을 사이에 두고 자장이 변화하면서 일정한 전압신호가 발생되는 현상을 가리킨다. 이러한 홀 효과를 이용하여 출력 신호를 디지털로 ECU에 입력하는 방식을 홀 센서 방식이라고 한다. 홀 센서 방식은 1번 실린더 압축 상사점 센서뿐 아니라 크랭크 각 센서에도 사용하는 방식도 있다.

홀 센서는 캠축에 설치된 돌기가 캠축과 같이 회전하면서 홀 센서의 감지부와 간격이 변화하여 기전력을 발생하는 원리를 이용한다. 즉 캠축 1회전당 1개의 디지털 펄스 신호를 발생시켜 ECU에 입력된다.

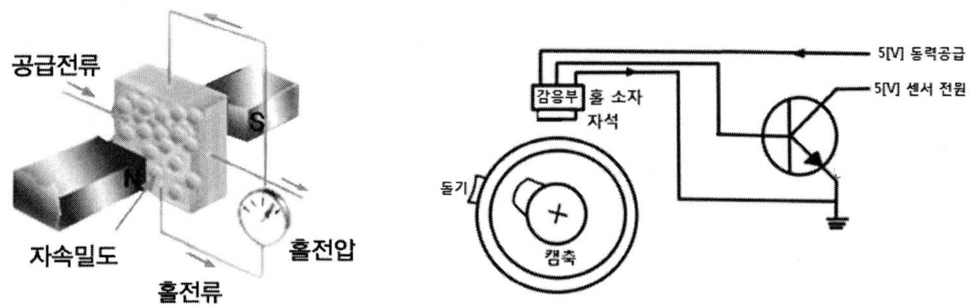

[그림 2.40] 홀 효과와 홀 센서

2.19 바리스타

바리스타(varistor)의 주재료는 탄화규소나 실리콘 카바이트이며, 인가전압에 따라 전기저항값이 변화하는 소자이다. 바리스타의 작용 반도체 층에는 아주 작은 수많은 양도체 결정입자가, 차단층에는 도전성이 아주 불량한 재료가 아주 얇게 도포되어 있다. 작용 반도체 층과 차단층은 소결을 통해 함께 융착되어 있다.

전압이 낮을 경우엔 차단층의 고저항 때문에 저항값이 크고, 전압이 높으면 차단층이 도통되어 저항이 크게 감소한다. 즉, 바리스타의 저항은 전압이 낮을 때 크고, 전압이 높을 때 작다. 자동차 장비의 전원부에 설치되어 허용전류 이상이 인가되면 장치가 파손되기 전에 순식간에 회로를 차단한다. 일종의 퓨즈(fuse)와 같은 성질을 가지고 있다.

2.20 다층 반도체 소자

PN접합을 3개 이상 갖는 전류 제어형인 부저항소자로서 ON상태와 OFF상태인 2개의 안정상태를 가지며 OFF상태에서 ON상태로 또는 그 역으로도 스위칭(switching)이 가능한 반도체 소자이다. 종류로는 사이리스터(SCR), 다이액(DIAC), 트라이악(TRIAC) 등이 있다.

2.20.1 사이리스터

사이리스터(thyristor : SCR)는 실리콘 제어 정류소자(Silicon Control Rectifier : SCR)라고도 한다. 특수 반도체 소자로 스위칭 소자이며, 구조를 보면 PN 다이오드를 2개 합쳐서 P나

N쪽에 게이트 단자를 부착하였다. (+)쪽은 애노드(A), (-)쪽은 캐소드(K), 제어단자는 게이트(G)의 3개 단자로 구성되었다.

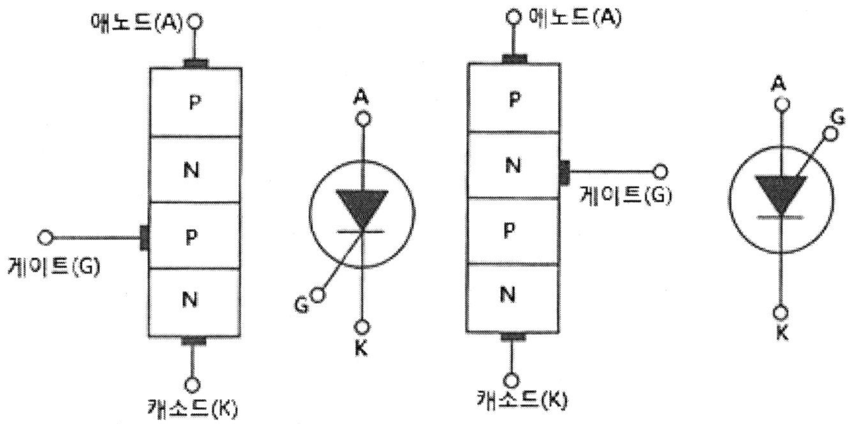

[그림 2.41] 사이리스터의 구조와 기호

[그림 2.42]에서처럼 다이오드처럼 생겼지만 축전지 전류를 공급하면 전류가 흐르지 않는다. 전구가 점등되려면 게이트(G)에 축전지 (+)전류를 흘려줘야 한다. 이때 게이트(G) 전류를 OFF해도 전구는 계속 점등된다. 즉, 한 번만 연결되면 그 다음부터는 스스로 회로가 연결되는 성질을 가지고 있다.

사이리스터 특성을 이용한 스위칭 소자로 버스에 달려있는 벨을 누르면 부저와 함께 불이 켜지고 버스 문이 열리는 순간 불이 꺼진다. 즉 자동문이 사이리스터의 게이트(G) 역할을 하는 것이다.

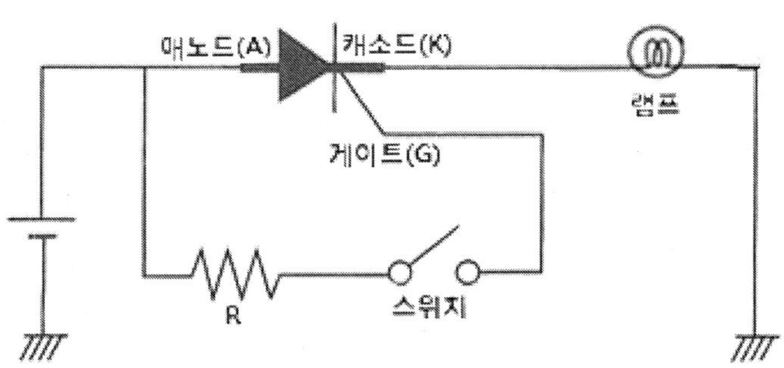

[그림 2.42] SCR 응용회로

2.20.2 다이악

(1) 다이악의 구조와 기호

다이악(DIAC)은 diode alternating current switch의 약자로, [그림 2.43]과 같이 4층 다이오드 2개를 역 병렬로 접속하여 양방향 대칭 5층 반도체 소자로 만든 것이다.

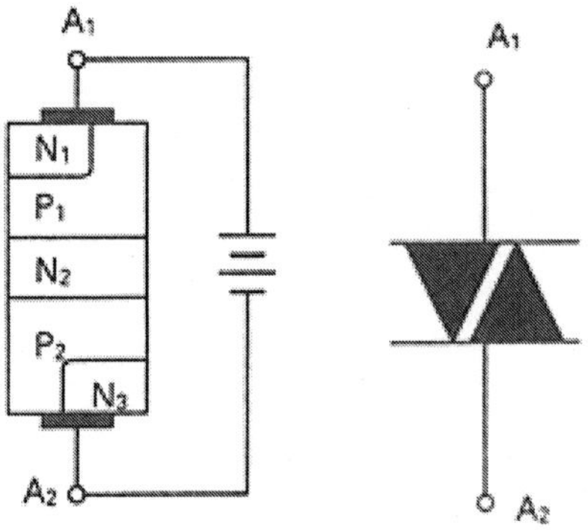

(a) 구조 및 회로 (b) 기호

[그림 2.43] 다이악의 구조와 기호

(2) 다이악의 동작원리

음극단자가 없는 대신에 양극 1(A_1)과 양극 2(A_2)가 있다. 양극 1이 양극 2에 대하여 양일 때 이용할 수 있는 반도체 층은 $P_1N_2P_2$와 N_3이다. 양극 2가 양극 1에 대하여 양일 때 이용할 수 있는 반도체 층은 $P_2N_2P_1$과 N_1이다. 양단의 주전극 단자를 각각 애노드 1, 2(A_1, A_2)라 한다.

다시 말하면 [그림 2.43] (a)와 같이 A_1에 (+), A_2에 (-)가 되도록 전압을 공급하면 상부의 A_1과 P_1의 접합층은 역방향이 된다. 그러나 P_1은 직접 A_1과 연결되어 있으므로 전류가 흐르게 될 경우에는 직접 P_1측으로 흐르게 된다. 즉 N_1층이 없는 것과 같다. 따라서 A_1에 (+)전압이 작용할 때는 [그림 2.44] (a)와 같은 등가회로가 가능하게 된다.

반대로 A_1에 (-), A_2에 (+)가 되도록 전압을 공급하면 N_2층이 없는 것과 같다. 따라서 A_2에 (+)전압이 작용할 때는 [그림 2.44] (b)와 같은 등가회로가 가능하게 된다.

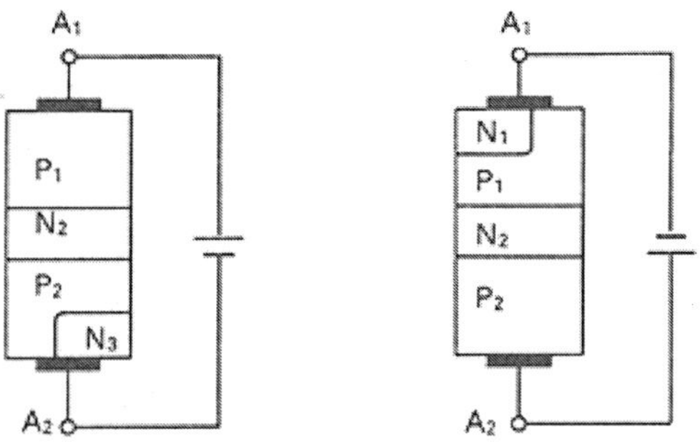

(a) A_1이 (+)일 때의 등가회로 (b) A_1이 (-)일 때의 등가회로

[그림 2.44] 다이악의 동작원리

2.20.3 트라이악

(1) 트라이악의 구조 및 기호

트라이악(TRIAC)은 triode alternating current switch의 약자로서, 구조는 [그림 2.45]와 같이 2개의 SCR을 역 병렬로 접속하여 1개의 5층 반도체 소자로 만들고, 이 5층 반도체 소자에 2개의 제어단자를 설치하였다. 제어단자를 게이트(G), 양단의 주전극 단자를 각각 애노드 1, 2(A_1, A_2)라 한다.

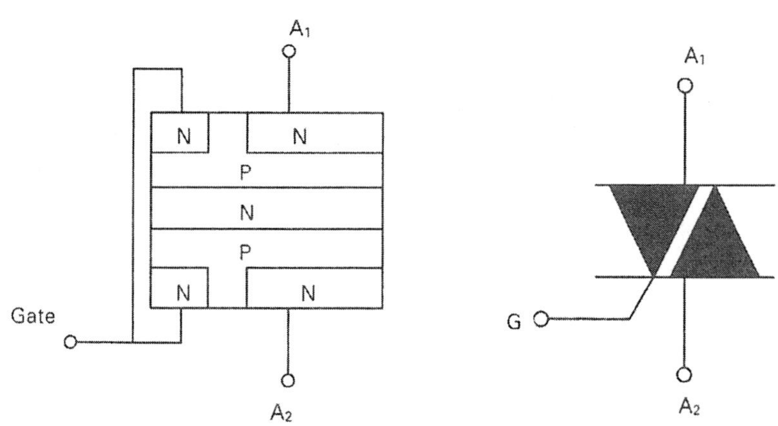

(a) 구조 (b) 기호

[그림 2.45] 트라이악의 구조 및 기호

(2) 트라이악의 동작원리

트라이악의 동작원리는 A_1에 양(+)의 반파가 작용하면 아래쪽의 PN접합이 공핍층이 되고, 반대로 A_2에 양(+)의 반파가 작용하면 위쪽의 PN접합이 공핍층이 된다. 트라이악은 게이트를 통해 공급되는 전압에 의해 사이리스터(SCR)에서와 똑같은 과정을 거쳐 도통된다.

트라이악은 다이악과 함께 양방향성이므로 교류를 제어하는 반도체 소자로서 적합한 특성을 갖추고 있다. 따라서 연속적으로 변화하는 교류 제어용으로 사용된다.

2.21 IC(집적회로)

IC(Integrated Circuit)란 인터그레이티드 서킷을 말하며, 한 개의 기판에 여러 개의 다이오드, 트랜지스터, 저항, 콘덴서 등의 수많은 소자를 하나의 실리콘 결정의 기판에 회로를 집적(集積 : 가득 채운)하여 세라믹이나 플라스틱으로 고체화시킨 전기회로이다. IC는 회로의 소자 수에 따라 [표 2.2]와 같은 종류로 분류된다.

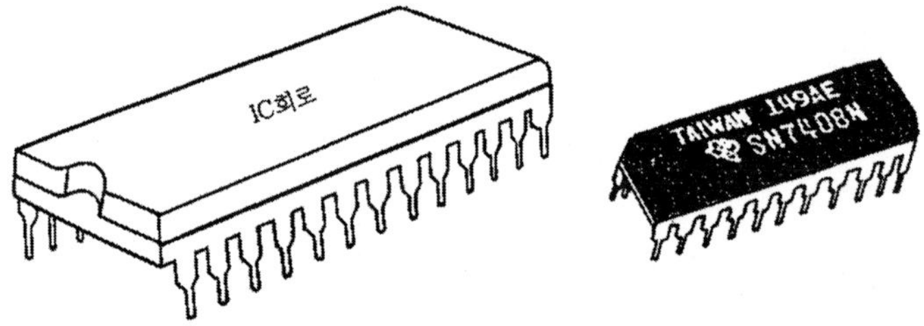

[그림 2.46] IC 회로의 구조

[표 2.2] IC의 종류

명 칭	소 자 수
SSI(small scale integrated circuit) : 소규모 집적회로	100개 정도
MSI(middle scale integrated circuit) : 중규모 집적회로	100 ~ 1,000개 정도
LSI(large scale integrated circuit) : 대규모 집적회로	10,000개 이상
VLSI(very large scale integrated circuit) : 초대규모 집적회로	100,000개 이상

디지털 IC의 종류에는 바이폴러(TTL, DTL, RTL)형과 유나폴러(N MOS, P MOS, C MOS)형이 있다. TTL IC는 싱크 전류 타입으로만 정확히 작동하며 소스 타입은 절대로 안 된다. 여기서 싱크 타입이란 스위치가 OFF일 때 4.5 ~ 5.0 [V]가 걸리고, 스위치가 ON일 때 0.8 [V] 이하이면 ECU 내부 인터페이스에 쓰인 IC는 TTL IC이란 뜻이다.

CMOS형은 전원 전압이 3 ~ 15 [V] 사이로 폭 넓게 사용할 수 있고 소비전력이 적다. CMOS형은 스위치를 ON하면 전원 전압의 1/3 이하가 되어야 하고, 스위치를 OFF하면 전원 전압의 2/3 이상이 나와야 한다. 즉 스위치를 OFF하면, 전원 전압의 2/3 [8V] 이상이라면 ECU 내부 인터페이스에 쓰이는 IC는 CMOS IC이란 뜻이다.

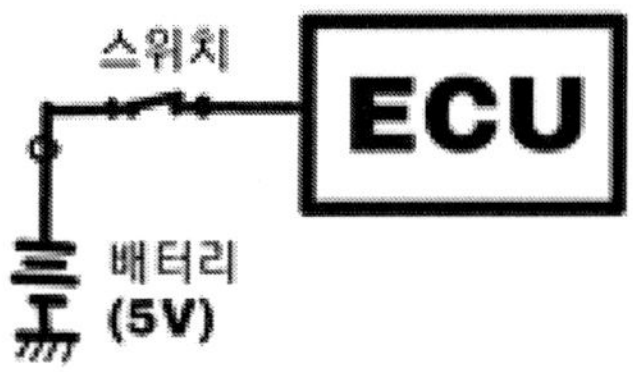

[그림 2.47] TTL IC

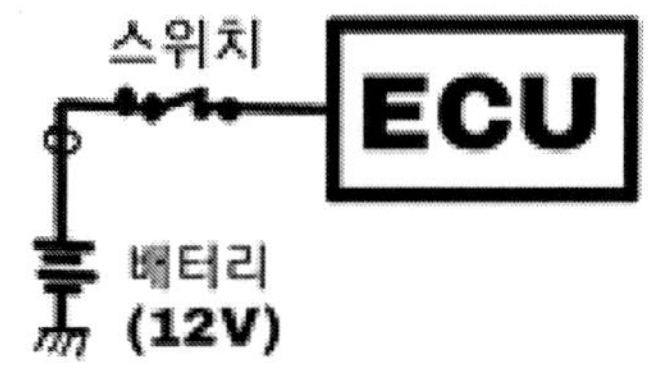

[그림 2.48] CMOS IC

Handy hint ....

① 싱크(sink) 타입 : 컴퓨터에 입력되는 스위치 신호 라인에서 OFF 상태의 전압이 5 [V]로 측정된다.
② 소스(source) 타입 : 컴퓨터에 입력되는 스위치 신호 라인에서 OFF 상태의 전압이 0 [V]로 측정된다.

예제 2-11 다음 그림은 디지털 로직이다. 회로에 대한 설명으로 옳은 것은? (단, 배터리 전압은 12 [V]이다.) ( )

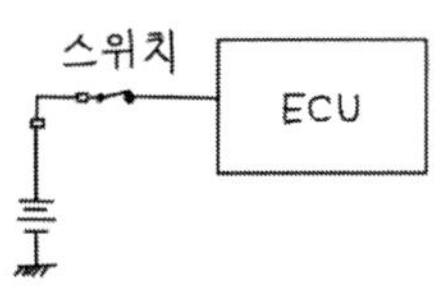

가. ECU 내는 풀업 저항이 걸려 있다.
나. ECU 내는 TTL 회로 방식이다.
다. 입력신호는 아날로그 회로이다.
라. ECU 내는 MOS형 회로 방식이다.

예제 2-12 ECU에 입력되는 스위치 신호 라인에서 OFF 상태의 전압이 5 [V]로 측정되었을 때의 설명으로 옳은 것은? ( )

가. 스위치의 신호는 아날로그 신호이다.
나. ECU 내부의 인터페이스는 소스(source) 방식이다.
다. ECU 내부의 인터페이스는 싱크(sink) 방식이다.
라. 스위치를 닫았을 때 2.5 [V] 이하이면 정상적으로 신호처리를 한다.

2.22 Pull Up 저항과 Pull Down 저항

(1) Pull Up 저항

Pull Up 저항은 스위치가 off했을 때 단자전압을 up시킨다. 즉, '1'이라는 신호를 나타낸다. 파워 스티어링 스위치가 on일 때 [그림 2.49] (a)에서 a점의 전압은 TTL IC에서는 0.8 [V] 이하, 스위치 off일 때 전압은 TTL IC에서는 2.5 [V] 이상 나와야 한다. 스위치가 on일 때 0 [V]의 '0'의 신호가 off일 때는 5 [V]인 '1'의 신호가 입력된다.

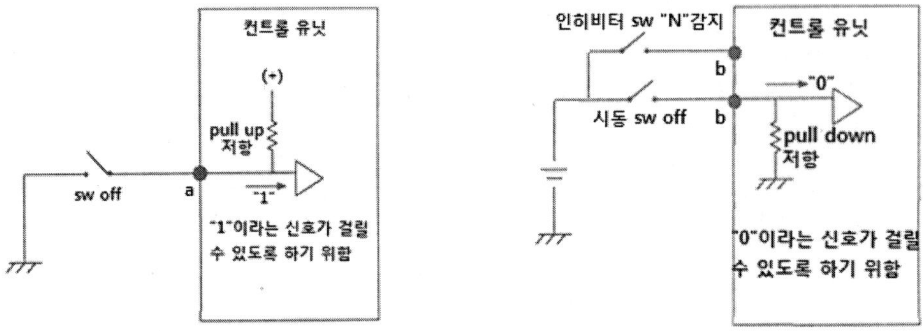

(a) (b)

[그림 2.49] Pull Up과 Pull Down 저항이 걸린 회로

(2) Pull Down 저항

Pull Down 저항은 스위치를 off했을 때 단자전압을 down시킨다. 즉 '0'이라는 신호를 나타낸다. [그림 2.49] (b)에서 b점의 전압은 인히비터 스위치 중립(N)감지 스위치를 on했을 때 12 [V]이고, off일 때는 4 [V] 이하가 되어야 한다. 시동신호에서 스위치가 on일 때 12 [V]의 '1' 신호가 off일 때는 4 [V] 이하인 '0'의 신호가 입력된다.

2.23 컴퓨터의 논리회로

컴퓨터가 정보를 처리하기 위한 기본적인 전기회로를 논리회로(logic circuit)라고 한다. 논리기본회로에는 AND회로, OR회로, NOT회로, NAND회로, NOR회로 등이 있으며 이들 회로의 조합으로 해독(decoder), 명령(instruction), 기억(memory register), 연산(arithmetic) 등 데이터 처리를 하고 있다.

2.23.1 AND 회로

AND 회로(논리적 회로)란 2개의 정보(입력) A와 B가 모두 '1'일 때만 출력 '1'이 되는 회로를 말하며 직렬로 연결된 회로와 등가회로이다. [그림 2.50]에 나타낸 기호로 표시한다.

[그림 2.51]은 AND 회로의 원리를 나타낸 것이며 스위치 A, 스위치 B가 동시에 ON일 때 출력 C의 램프가 점등 및 A, B의 입력에 대한 출력 C와의 관계는 [표 2.3]의 진리값표라고 불리는 것으로 표시한다.

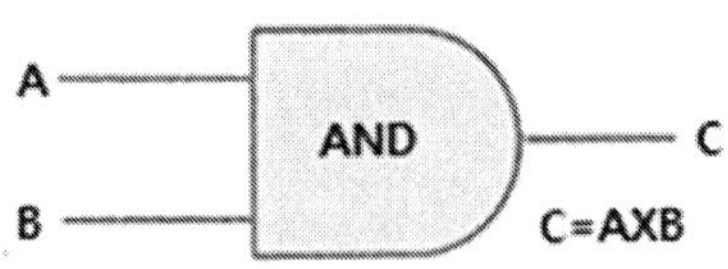

[그림 2.50] AND 회로 기호

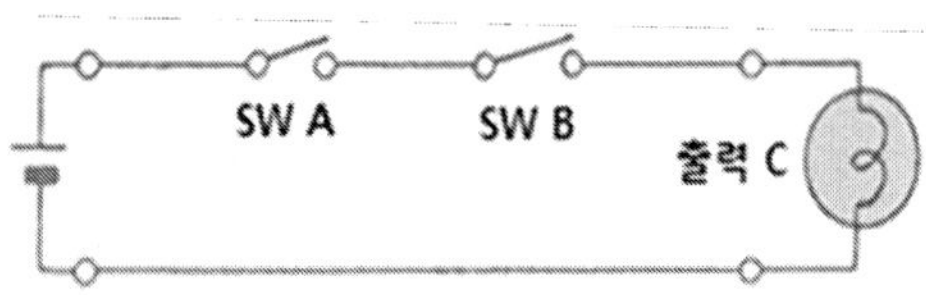

[그림 2.51] AND 회로의 원리

A	B	C
0	0	0
0	1	0
1	0	0
1	1	1

[표 2.3] AND 회로 진리값표

2.23.2 OR 회로

OR 회로란 논리합 회로이며, 2개의 정보(입력) A 또는 B의 어느 한쪽 또는 양쪽이 '1'일 때에 출력이 '1'이 되는 병렬회로이다. [그림 2.52]는 그 기호를 나타낸 것이다. [그림 2.53]은 OR 회로의 원리를 나타낸 것이다.

스위치 A 및 B의 어느 한쪽 또는 양쪽이 ON일 때에 출력 C의 램프가 점등한다. 이 회로의 진리값표는 [표 2.4]와 같다.

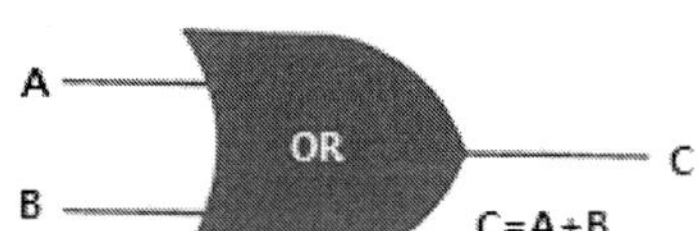

[그림 2.52] OR 회로 기호

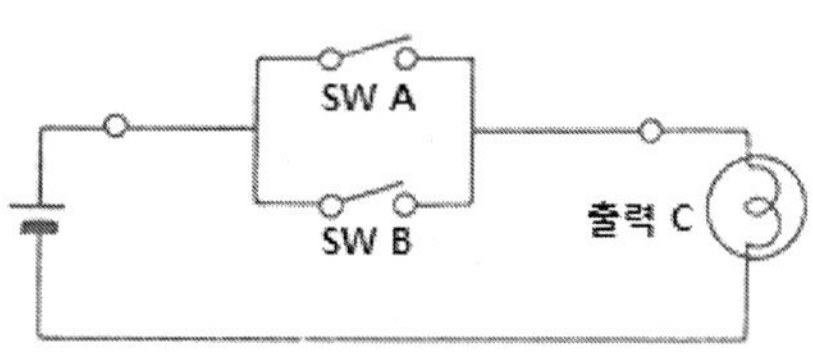

[그림 2.53] OR 회로 원리

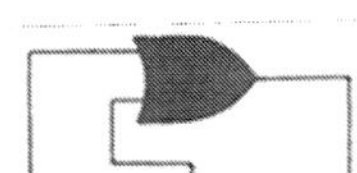

A	B	C
0	0	0
0	1	1
1	0	1
1	1	1

[표 2.4] OR 회로 진리값표

2.23.3 NOT 회로

NOT 회로는 인버터 회로라 하기도 하며 논리 부정회로이다. 이 회로는 정보(입력)가 '0'일 때 출력 C가 '1'이 되고 입력이 '1'일 때 출력 C가 '0'이 되는 회로이다.

[그림 2.54]는 NOT 회로의 기호를 나타낸 것이고, [그림 2.55]는 NOT 회로의 원리를 나타낸 것이다. 즉 스위치 A를 ON으로 하면 트랜지스터도 ON이 되기 때문에 출력 C에는 전압이 나타나지 않는다. 반대로 스위치 A를 OFF로 하면 트랜지스터도 OFF되기 때문에 출력 C에는

전압이 나타난다.

[표 2.5]는 NOT 회로의 입력에 대한 출력의 관계를 진리값표로 나타내었다.

[그림 2.54] NOT 기호

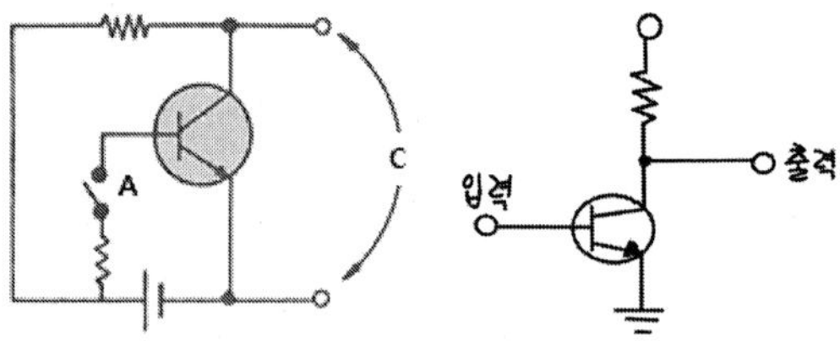

[그림 2.55] NOT 회로 원리

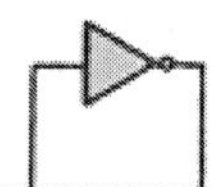

A	C
0	1
1	0

[표 2.5] NOT 진리표값

2.23.4 NAND 회로

NAND 회로는 논리적 부정회로로서 AND의 부정을 의미하며 NAND 회로의 출력은 [표 2.6]의 진리표값에 보여주는 것과 같이 AND 회로 출력의 반대를 가지고 있다. 즉 [그림 2.56]은 이 회로의 기호이며 NAND 회로는 AND 회로에 NOT 회로를 접속한 회로이다. 또한 NAND로서 NOT와 AND 또는 OR를 만들 수 있다.

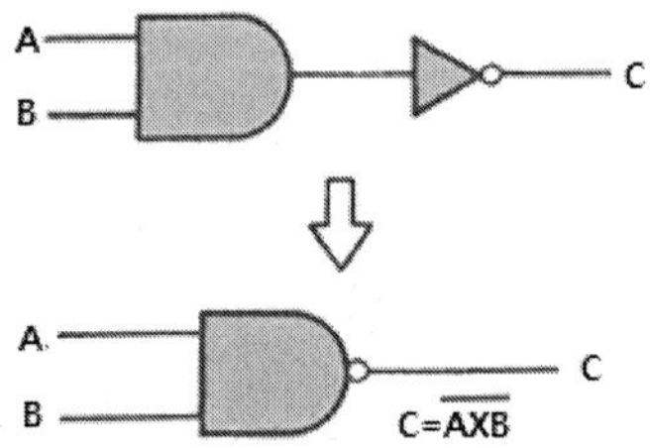

[그림 2.56] NAND 기호

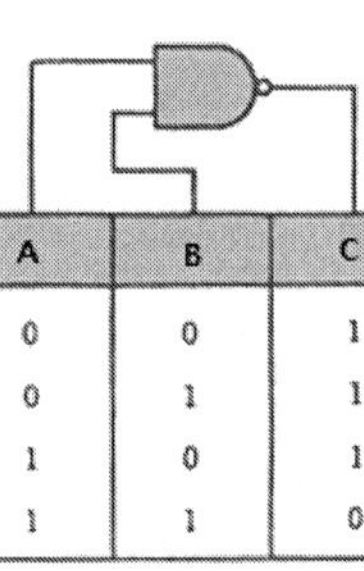

A	B	C
0	0	1
0	1	1
1	0	1
1	1	0

[표 2.6] NAND 진리값표

2.23.5 NOR 회로

NOR 회로는 OR 회로에 NOT 회로를 접속한 회로이며 기호는 [그림 2.57]로 표시되고 진리값표는 [표 2.7]로 표시된다.

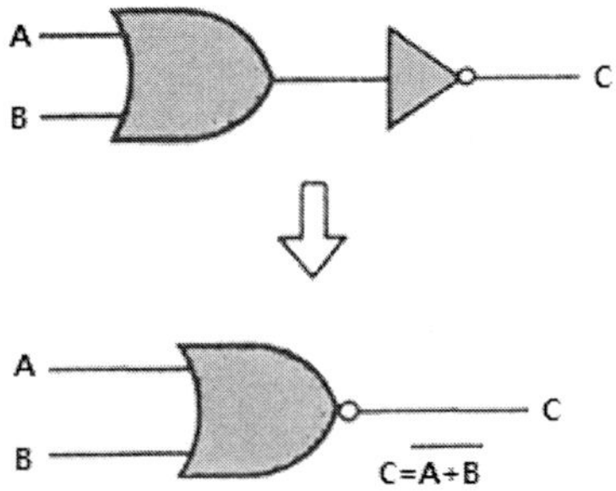

[그림 2.57] NOR 기호

A	B	C
0	0	1
0	1	0
1	0	0
1	1	0

[표 2.7] NOR 진리값표

2.23.6 논리 비교기 회로

논리 비교기는 [그림 2.58]과 같이 B에 기준전압 '1'을 가해주고 입력단자 A로부터 B보다 큰 '1'을 주면 동력입력 D에서 C로 '1' 신호가 출력되고 B전압보다 작은 입력이 오면 '0' 신호가 출력되는 회로이다.

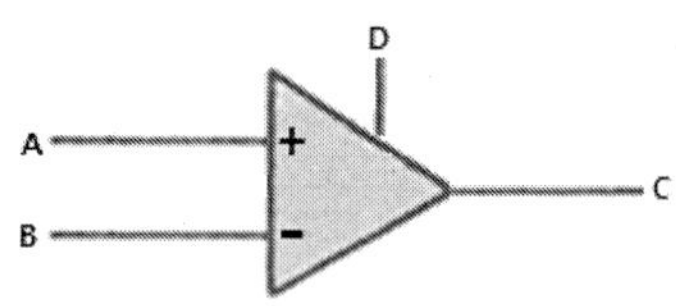

[그림 2.58] 논리 비교기의 기호

2.23.7 배타적 논리 회로

[그림 2.59]는 배타적 논리(exclusive OR) 회로의 기호이고 [표 2.8]은 배타적 논리 회로의 진리값표로서, 입력이 서로 다를 경우에 출력은 '1'로 되나, 입력이 같을 경우에는 출력이 '0'으로 되는 회로이다.

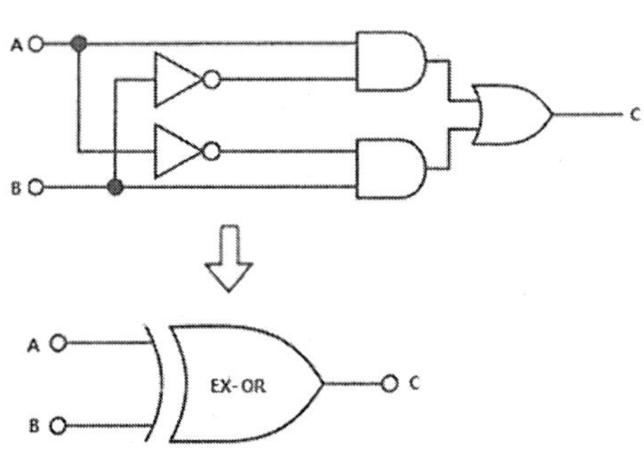

[그림 2.59] exclusive OR 기호

A	B	C
0	0	0
0	1	1
1	0	1
1	1	0

[표 2.8] exclusive OR 진리값표

예제 2-13 다음 그림의 논리회로에서 A = 1(High), B = 0(Low)일 때 출력 C는 얼마인가? ( )

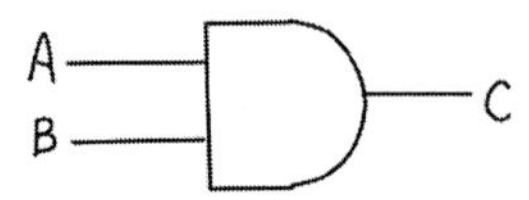

가. 1　　나. 2　　다. 3　　라. 0

예제 2-14 논리회로에 대한 설명으로 틀린 것은? ( )

가. AND 회로 : 모든 입력이 '1'일 때만 출력이 '1'이 되는 회로
나. OR 회로 : 입력 중 최소한 어느 한쪽의 입력이 '1'이면 출력이 '1'이 되는 회로
다. NAND 회로 : 모든 입력이 '0'일 경우만 출력이 '0'이 되는 회로
라. NOR 회로 : 입력 중 최소한 어느 한쪽의 입력이 '1'이면 출력이 '0'이 되는 회로

예제 2-15 다음 그림과 같은 논리게이트 회로에서 출력상태로 옳은 것은? ( )

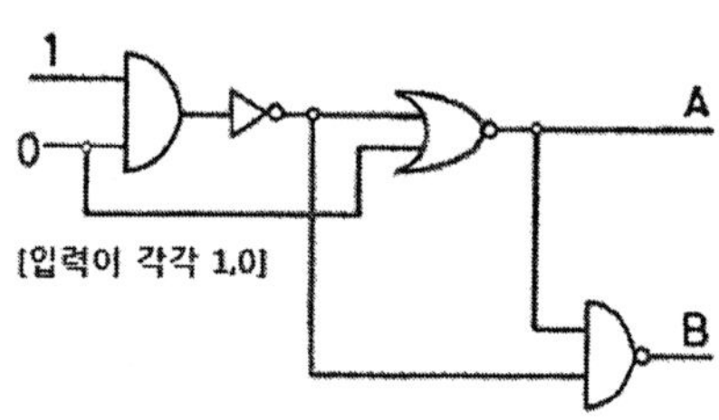

가. A = 0, B = 0　　나. A = 1, B = 1
다. A = 1, B = 0　　라. A = 0, B = 1

2.24 반도체의 성질 및 장 · 단점

2.24.1 반도체의 성질

① 서로 다른 두 금속(비스무스-안티몬)을 접속하여 여기에 전류를 흐르게 하면 줄열 외에 발열 또는 흡열이 일어나는 현상 : 펠티어(peltier) 효과
② 같은 종류의 도체이면서 부분적으로 온도가 다른 금속에 전류를 흐르게 하면 온도가 바뀌는 부분에서 발열과 흡열이 일어나는 현상 : 톰슨(thomson) 효과

③ 증폭작용 및 스위칭작용을 한다 : 트랜지스터
④ 빛을 받으면 고유저항이 감소한다 : 포토다이오드 및 포토트랜지스터, CdS(조도센서)
⑤ 온도가 상승하면(열을 받으면) 전기 저항 값이 변화하는 제벡 효과(seebeck) : 서미스터
⑥ 압력을 받으면 전기가 발생하는 피에조(piezo) 효과 : 압전소자
⑦ 자기를 받으면 통전성이 변화하는 홀(hall) 효과 : 홀 센서
⑧ 다른 금속이나 반도체와 접속하면 정류작용을 한다 : 다이오드

2.24.2 반도체의 장 · 단점

(1) 반도체의 장점

① 매우 소형이고 가볍다.
② 내부 전력 손실이 매우 적다.
③ 예열 시간을 필요로 하지 않고 곧 작동한다.
④ 기계적으로 강하고, 수명이 길다.

(2) 반도체의 단점

① 온도가 상승하면 그 특성이 매우 나빠진다. 저마늄은 85 [℃], 실리콘은 150 [℃] 이상이면 파괴된다.
② 역 내압(역으로 흐를 때 견딜 수 있는 전압)이 매우 낮다.
③ 정격 값 이상이 되면 파괴되기 쉽다.

예제 2-16 **반도체의 성질에서 전류가 흐르면 줄열 외에 발열 또는 흡열이 일어나는 효과는? ( )**

가. 펠티어 효과 나. 피에조 효과 다. 제벡 효과 라. 홀 효과

예제 2-17 **트랜지스터의 장점을 기술한 것 중 <u>틀린</u> 것은? ( )**

가. 극히 소형이고 경량이다.
나. 예열 시간을 요하지 않고 곧바로 작동한다.
다. 내부 전력손실이 매우 적다.
라. 고온에서도 안정적으로 동작한다.

2.25 자동차 마이크로컴퓨터(ECU)

ECU는 Electronic Control Unit의 약자로, ECM(Electronic Control Module)이라 부르기도 한다. ECU는 자동차에 설치된 각종의 센서 신호를 근거로 엔진 상태에 따른 연료 분사량을 결정하고 이 분사량에 따라 인젝터 분사시간을 제어한다([표 2.9] 참고). 엔진 내 흡입되는 공기량 신호와 엔진 회전수 신호에 의거하여 기본 분사량을 결정하고 여기에 각종 센서로부터 입력된 자동차의 상태 신호에 의거하여 연료 분사량을 보정하여 최종 연료 분사량을 결정한다.

$$\text{기본분사시간}(T) = f \times \frac{Q}{N}$$

f : 계수, Q : 흡입공기량, N : 엔진 회전수(rpm)

분사시간 계산식 = (기본 분사시간×보정계수)+무효분사시간

초기 ECU는 엔진의 연료 분사량만을 제어했지만, 최근에는 마이크로컴퓨터의 도입에 따른 ECU의 기능도 확대되면서 연료 분사 이외에 점화시기제어와 엔진의 공회전 속도제어 등 다양한 엔진제어를 실시하고 있다.

마이크로컴퓨터는 기존의 아날로그 제어에 비해 디지털 제어를 실시함으로써 단시간에 많은 정보의 처리가 가능하기 때문에 다기능의 정밀제어가 가능해졌다. ECU는 입력되는 센서에 따른 아날로그 신호와 디지털 신호가 동시에 입력된다. 입력되는 신호의 종류에 따라 ECU 내에서 처리하는 방법도 다르게 된다.

[표 2.9] 전자제어 가솔린 분사장치의 입·출력 다이어그램

입력	제어	Actuator(출력)
공기유량 센서(AFS)	ECU (마이크로 컴퓨터)	연료 분사량 제어 점화시기 제어
크랭크 각 센서(CKPS)		
캠 위치 센서(CMPS) (1번 실린더 압축상사점 센서)		연료 분사시기 제어
공회전 스위치		공회전 속도 제어(ISA)
에어컨 스위치		
동력조향장치 유압펌프 스위치		
전조등 릴레이		
인히비터 스위치		P 또는 N에서 엔진 시동 가능 제어, P와 N 이외는 크랭킹도 안 된다.
냉각수온도 센서(WTS)		연료펌프 제어 (key on 10초 후 펌프정지)
흡기공기온도 센서(ATS)		배출가스 제어
스로틀밸브 위치 센서(TPS)		웨이크 업 제어 (축전지 과방전 방지)
대기압 센서(BPS)		페일 세이프 모드 제어(백 업 제어)
노크 센서(knock sensor)		노킹 제어 (노킹 발생 시 점화시기 지각시킴)
산소 센서(O_2 sensor)		피드백 제어
축전지(battery) 전압		자기진단 및 경고등 출력 (CAN 통신, KWP-2000)

2.25.1 입 · 출력회로

자동차의 각 센서로부터의 신호는 일단 입력회로에 입력되면 노이즈 제거나 정현파 입력을 단형파로 변환하기도 하고 입력전압 크기를 바꾸기도 한다.

[1] 입력요소의 구성

(1) 아날로그 신호(analog signal)

배터리 본선, 공기유량센서(MAP 방식, 열선 또는 열막식), 스로틀 포지션 센서(TPS), 가속페달 스위치(APS), 노킹센서, 냉각수온도센서(WTS), 대기압센서(BPS), 산소센서, 전자유도식 크랭크각센서, 백업전원 등

(2) 디지털 신호(digital signal)

공기유량센서(칼만 와류식), 크랭크각센서(광학식), 홀 방식의 캠축센서, 에어컨 스위치, 파워스티어링 스위치, 스타트(ST) 스위치, 인히비터 스위치(P/N 신호), 차속센서(VSS) 등

[2] 출력요소의 구성

인젝터 연료분사시기와 량, 점화시기제어를 위한 파워TR 제어, 공회전속도제어(ISC, ISA), 배출가스제어, 노크제어, 피드백 제어, 연료펌프 제어, 백업제어, 듀티 제어 등

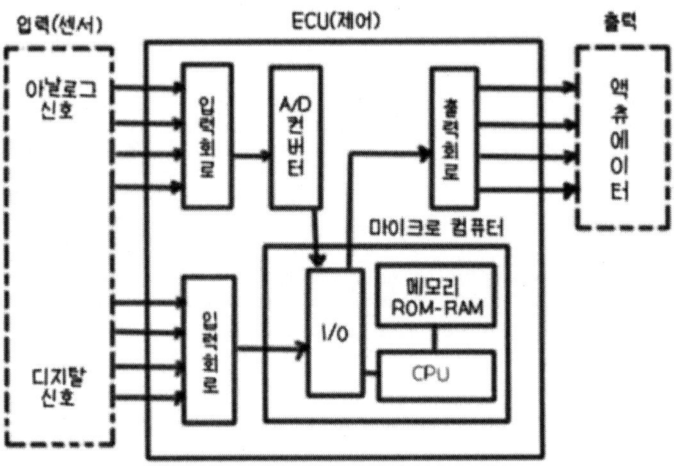

[그림 2.60] ECU 내부 회로도

2.25.2 A/D 컨버터

아날로그 신호란 시간에 의해 연속적으로 변화하는 신호([그림 2.61] 참고)이고, 디지털 신호란 시간에 대해 간헐적으로 변화하는 신호([그림 2.62] 참고)이다. 아날로그 신호는 마이크로컴퓨터에서 처리할 수 없기 때문에 A/D 컨버터(analog/digital convertor)에서 디지털 신호로 변환하여 처리한다.

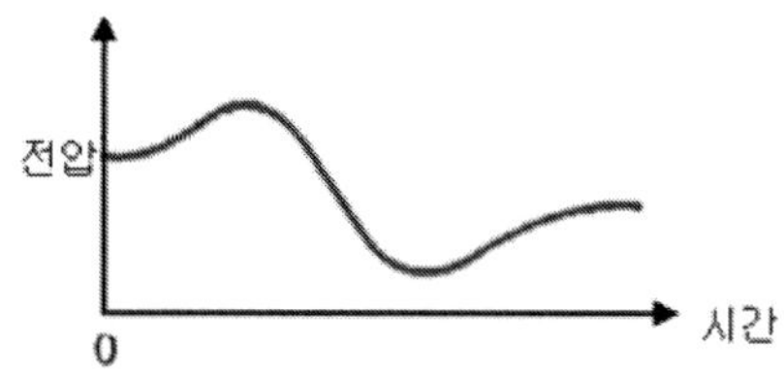

[그림 2.61] 아날로그 신호

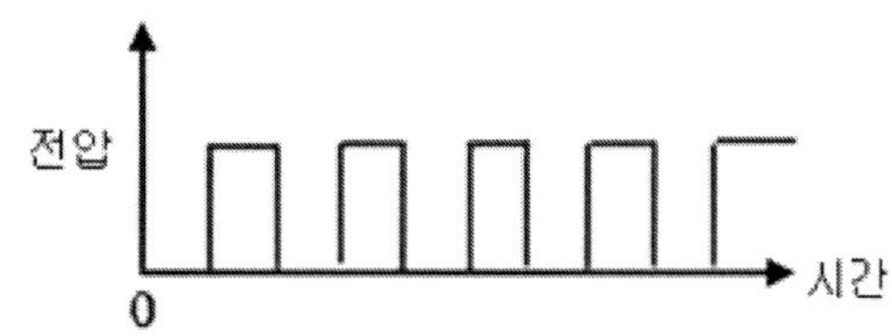

[그림 2.62] 디지털 신호

듀티율이란 규칙적인 on-off 하나의 구간을 주기화하고, 한 주기에는 on되는 구간의 비율을 말한다. 즉 듀티율 40 [%]란 전류 통전 시간 비율이 40 [%]이고, 비통전 시간은 60 [%]란 뜻이다.

$$\text{듀티율} = \frac{on\text{되는 구간}}{\text{한주기}} = \frac{on\text{되는 구간}}{on\text{되는 구간} + off\text{되는 구간}}$$

2.25.3 마이크로컴퓨터

마이크로컴퓨터(micro computer)는 각 센서에서의 신호를 필요에 따라 취하여 기억하고 있는 절차(program)나 데이터(data)를 이용하여 연산(演算)처리를 하면 그 결과를 출력회로에 보낸다. 마이크로컴퓨터의 내부구조는 [그림 2.60]과 같이 구성되며, 명령을 해석하여 데이터 처리를 실행하는 중앙처리장치(CPU), 프로그램이나 데이터를 유지하는 기억장치, 외부센서나 액추에이터와 데이터를 입출력하는 입출력장치(input/output)로 구성되어 있다.

CPU를 중심으로 하여 메모리(memory)나 I/O는 bus를 부르는 신호전달 선으로 접속되어 있다. 버스에도 데이터를 주고받는 데이터 버스, 메모리나 입출력의 어드레스(address)를 지정하는 어드레스 버스, 시스템의 동작을 제어하는 컨트롤 버스 등 3종류가 있다. 또 제어 타이밍을 제어하기 위해 수정 발진자를 이용한 기준신호(clock) 발생기를 가지고 있으며, 이것에 의해 마이크로컴퓨터 전체의 타이밍을 제어하고 있다.

2.25.4 중앙처리 장치

중앙처리 장치(CPU)는 Central Processing Unit의 약자로서 컴퓨터의 핵심이 되는 부분이며 데이터(data)의 산술이나 이론연산을 하는 연산부, 메모리 데이터를 일시 저장하는 레지스터

(register)부, 프로그램에 기초해서 각 장치 간의 명령 및 해독 등 전체를 제어하는 제어부로 구성된다.

2.25.5 기억장치

기억장치(memory)는 컴퓨터가 정보를 처리하는 프로그램이나 데이터를 기억하는 장치로서, ROM(Read Only Memory)과 RAM(Random Access Memory) 그리고 KAM(Keep Alive Memory)으로 구성되어 있다.

(1) ROM(Read Only Memory : 영구 기억장치)

ROM은 읽어내기 전문 기억 장치이다. 일반적으로 mask ROM이 사용되고 있으며, 한번 기억시키면 내용을 변경시킬 수 없다. 또 전원이 차단되어도 기억이 소멸되지 않으므로 프로그램 또는 정비지침서 등 고정 데이터의 저장에 사용된다. 최근에는 자외선을 닿게 하면 내용을 소거할 수 있고, 내용의 변환이 가능한 EPROM(Erasable Programmable ROM)도 사용되고 있다.

(2) RAM(Random Access Memory : 일시 기억장치 : register)

RAM은 임의의 기억 저장 장치에 기억되어 있는 데이터를 읽거나 기억시킬 수 있다. 그러므로 자동차가 주행 중 센서나 각종 ECU입력 신호를 마이크로컴퓨터 내에 임시적인 정보를 저장하는 공간으로 CPU가 정보를 연산하는 데 필요한 정보를 일시적으로 기억한다. RAM은 전원이 차단(key off)되면 기억된 데이터가 소멸되므로 처리 도중에 나타나는 일시적인 데이터의 보존에 사용된다.

(3) KAM(Keep Alive Memory)

KAM은 RAM에 저장되어 있는 정보 중 점화스위치를 off 시에도 지속적으로 필요로 하는 정보를 저장하는 공간이다. 그러나 KAM에 저장되어 있는 메모리의 저장을 위해서는 축전지로부터의 지속적인 전원 공급이 필요하다. 만약 축전지의 (-)단자가 접지되지 않아 ECU로 공급되는 축전지 전원이 차단될 경우 KAM은 RAM과 동일하게 내부에 기억되어 있는 모든 정보가 지워진다. KAM에 기록되는 정보는 고장코드, 센서의 작동 변수 등이 포함되며 이들은 축전지로부터 ECU로 전원이 공급되는 동안은 지속적으로 기억된다.

2.25.6 인터페이스

전자제어 장치에 사용되는 각종 입출력 장치와 CPU는 직접 연결하여 사용할 수 없다. 그 이유는 입출력 장치와 CPU 간의 동작 타이밍이 일치되지 않고, 또한 각각의 사용 전압의 레벨이 맞지 않아 이것을 서로 조정하는 장치가 필요하기 때문이다. 이와 같은 입출력 장치와

CPU 간의 조정 작용을 하는 것을 인터페이스(interface)라 한다.

예제 2-18 전자제어 연료 분사장치에서 기본 분사량은 무엇으로 결정하는가? ( )

가. 냉각수 온도 센서　　나. 공기흐름 센서와 크랭크 각 센서
다. 공기온도 센서와 대기압력 센서　　라. 대기압력 센서

예제 2-19 자기진단 출력이 10진법 2개 코드 방식에서 코드번호가 55일 때 해당하는 신호는? ( )

가. 　　나. 
다. 　　라. 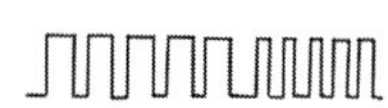

예제 2-20 자동차의 컴퓨터(ECU)에서 전원을 차단해도 지워지지 않아 자동차 정비 지침서 등이 저장되어 있는 기억 장치는? ( )

가. CPU　　나. RAM　　다. ROM　　라. A/D 변환기

2.26 자동차에 이용되는 통신종류

2.26.1 CAN 통신

CAN(Controller Area Network) 통신이란 컴퓨터와 컴퓨터 사이(파워 트레인)에서 병렬로 신호를 주고받는 자동차 전용 프로토콜(protocol)이다.

독일의 로버트 보쉬사가 국제특허를 취득한 컴퓨터 통신방식으로 전장 회로의 이상 상태를 컴퓨터를 통해 점검할 수 있음과 동시에 배선 수가 현저하게 줄어든다. 최근에는 CAN 통신을 통해 주로 다른 시스템의 요청(Request 신호)에 의해 ECU는 해당 시그널을 보내거나 별도의 연산처리를 하도록 한다.

2.26.2 LAN(다중 통신장치)의 특징

LAN(Local Area Network)은 사무 자동화, 공장 자동화 등을 위해 한정된 지역 내의 여러 정보 기기들을 효과적으로 연결시켜 모든 정보 기기들이 자유롭게 정보를 교환할 수 있게 해주는 통신 네트워크(network)의 일종이다. 그 특징은 다음과 같다.

① 다양한 통신장치와 연결이 가능하고 확장 및 재배치가 가능하다.

② 사용 커넥터 및 접속점을 감소시킬 수 있어 통신장치의 신뢰성을 확보한다.
③ 기능 업그레이드를 소프트웨어로 처리하므로 설계 변경의 대응이 쉽다.
④ LAN 통신을 함으로써 자동차용 배선이 가벼워진다.

2.26.3 MOST 통신

MOST(Media Oriented System Transport) 통신은 광케이블을 이용하여 오디오, 비디오 등에 제어 정보를 전송하는 신 시스템이다. MOST는 다양한 기능과 향상된 성능의 멀티미디어 기술로서 자동차 내에서 적용될 수 있는 다양한 분야의 멀티미디어 시스템(AV, 내비게이션)을 위한 통신 매체로 적용하는 추세이며, 통신방식 중 데이터 송수신이 가장 빠르다.

2.26.4 플렉스레이(flexray) 통신

데이터 전송은 2개의 채널에서 각각 2개의 배선(플러스와 마이너스)을 이용한다. CAN 통신보다 20배 정도 빠르고 신뢰성이 높지만 고가이다. 이 버스는 주로 데이터의 전송속도가 높으면서도 안전도를 필요로 하는 제동장치, 전동식 조향장치, 전자제어 현가장치 등에 사용된다.

2.26.5 LIN 통신

LIN(Local Interconnect Network)은 주로 모듈과 센서 및 액추에이터(선루프, 사이드 미러, 운전석 시트 자동 복귀 장치, 조향 휠 틸트 각도, 후방주차 보조 장치 등) 간의 데이터 전송에 사용된다.

LIN 통신의 특징은 다음과 같다.

① 데이터 전송 최대속도는 19.2kBd(bps)이다(가장 느리다).
② 데이터는 1개의 배선(단선)을 통해서 전송된다.
③ 주소를 기반(address based)으로 하는 데이터 전송이다.
④ 자동차 바디전장 통신에 주로 이용된다.

2.26.6 KWP2000(K-라인) 통신

운전석 패널 하단에 있는 자기진단 점검단자 DLC(Data Link Connector) 커넥터를 통해 진단기와 ECU 간에 통신하는 방식이다. 통신 프로토콜은 보통 ISO9141-2를 사용하거나 KWP(Key Word Protocol)-2000을 많이 사용한다. 최근 차량은 CAN 통신을 통한 진단을 실행하기도 한다.

예제 2-21 자동차 CAN 통신 시스템의 특징이 아닌 것은? ( )

가. 양방향 통신이다.
나. 모듈 간의 통신이 가능하다.
다. 싱글 마스터(single master) 방식이다.
라. 데이터를 2개의 배선(CAN-HIGH, CAN-LOW)을 이용하여 전송한다.

예제 2-22 CAN 시스템이 정상일 때는 고속 CAN high, CAN low 두 단자를 자기진단 커넥터(DLC)에서 측정 시 종단 저항 값은? ( )

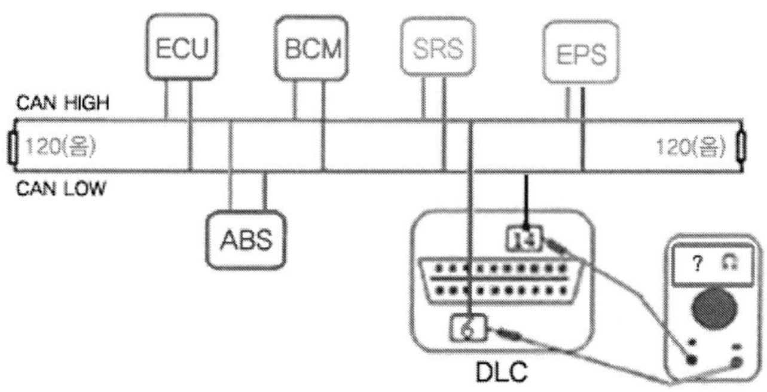

가. 60 [Ω] 나. 120 [Ω] 다. 100 [Ω] 라. 80 [Ω]

예제 2-23 일반적인 자동차 통신에서 고속 CAN 통신이 적용되는 부분은? ( )

가. 멀티미디어 장치 나. 펄스 폭 변조기
다. 차체 전장부품 라. 파워 트레인

예제 2-24 전동식 조향장치의 자기진단이 안 될 경우 점검사항으로 틀린 것은? ( )

가. CAN 통신 파형 점검
나. 컨트롤유닛 측 배터리 전원 측정
다. 컨트롤유닛 측 배터리 접지 여부 점검
라. KEY ON 상태에서 CAN 종단저항 측정

CHAPTER 03

축전지

축전지(battery)는 각 극판의 작용물질과 전해액이 지니는 화학적 에너지를 전기적 에너지로 꺼낼 수 있고(방전) 또는 전기적 에너지를 공급하면 화학적 에너지로 저장(충전)할 수 있다. 자동차에 사용하는 축전지는 충·방전이 반복되는 2차전지로서 이를 배터리라 부른다. 자동차 축전지의 역할은 다음과 같다.

① 시동할 때 스타팅 모터에 전기적 부하를 담당한다.
② 발전기가 고장일 때 주행을 확보하기 위한 전원을 담당한다.
③ 주행 상태에 따른 발전기의 출력과 부하와의 불균형을 조정한다.
④ 발전기에서 전기를 공급 받아 전기 에너지를 저장한다.

자동차에 사용되는 축전지는 납산 축전지를 많이 사용하고 있으며, 최근 하이브리드(hybrid) 자동차에서는 니켈-메탈(Ni-MH), 리튬-폴리머(Li-PB) 고전압 축전지를 사용하여 하이브리드 모터에 전원을 담당한다.

Handy hint ....

<table>
<tr><td>Ni–수소
배터리</td><td>셀당 전압 : 1 ~ 1.6V (1.2V)</td><td>리튬–폴리머 배터리보다 수명이 짧음
메모리 효과 발생</td></tr>
<tr><td>Li–이온
배터리</td><td rowspan="2">셀당 전압 : 2.5 ~ 4.3V(3.75V)</td><td>전해액이 액체이므로 누설 시 폭발위험
기계적인 강성이 요구됨
메모리 효과 없음</td></tr>
<tr><td>Li–폴리머
배터리</td><td>자기방전이 거의 없음
메모리 효과 없음
내부 수소가스 없음
전해액이 젤 또는 고체이므로
충돌 시 누설이 없어 안전함</td></tr>
</table>

※ 메모리 효과 : 완전히 방전되지 않은 상태에서 충전을 반복하면 최대 용량이 줄어듦

예제 3-1 **차량의 축전지 기능으로 틀린 것은? ( )**

가. 기관 시동 시에 필요한 전기에너지를 공급한다.
나. 발전기 고장 시에는 자동차 전기장치에 전기에너지를 공급한다.
다. 발전기의 출력과 부하 사이의 시간적 불균형을 조절한다.
라. 시동 후에도 자동차 전기장치에 전기에너지를 공급한다.

예제 3-2 **리튬-이온 축전지의 일반적인 특징에 대한 설명으로 틀린 것은? ( )**

가. 셀당 전압이 낮다.
나. 높은 출력 밀도를 가진다.
다. 과충전 및 과방전에 민감하다.
라. 열 관리 및 전압 관리가 필요하다.

예제 3-3 **리튬이온 배터리와 비교한 리튬폴리머 배터리의 장점이 아닌 것은? ( )**

가. 폭발 가능성이 적어 안전성이 좋다.
나. 패키지 설계에서 기계적 강성이 좋다.
다. 발열 특성이 우수하여 내구 수명이 좋다.
라. 대용량 설계가 유리하여 기술 확장성이 좋다.

3.1 납산 축전지의 화학작용

축전지의 (+), (-) 양 단자 기둥 사이에 부하를 접속하고 축전지로부터 전류를 흐르게 하는 것을 방전(discharge)이라 하고, 반대로 충전기나 발전기 등의 직류 전원을 접속하여 축전지에 전류를 공급하는 것을 충전(charge)이라고 한다. 방전 또는 충전을 하면 축전지 내부에서는 양극판과 음극판, 전해액 사이에는 다음과 같은 화학 반응이 일어난다.

$$\underset{\text{과산화납}}{\overset{\text{양극판}}{PbO_2}} + \underset{\text{묽은황산}}{\overset{\text{전해액}}{2H_2SO_4}} + \underset{\text{해면상납}}{\overset{\text{음극판}}{Pb}} \underset{\text{충전}}{\overset{\text{방전}}{\rightleftarrows}} \underset{\text{황산납}}{\overset{\text{양극판}}{PbSO_4}} + \underset{\text{증류수}}{\overset{\text{전해액}}{2H_2O}} + \underset{\text{황산납}}{\overset{\text{음극판}}{PbSO_4}}$$

3.1.1 축전지의 방전(放電) 중의 화학작용

황산(H_2SO_4)을 물과 혼합하면 수소이온(H^+ : 양이온)과 황산이온(SO_4^{2-} : 음이온)으로 이온화된다. (+)극과 (-)극을 서로 연결하면 납과 황산이온이 서로 반응하여 황산납으로 변하고, 전자를 남겨 그 전자가 과산화납 쪽으로 흐른다. 과산화납도 황산이온과 반응하여 황산납으로 변하면서 산소를 남기고 산소는 수소와 붙어 물(H_2O)로 변한다. 따라서 방전이 진행됨에 따라 전해액의 비중은 저하하고 축전지 내부 저항이 증가하여 전류는 점차 흐르기 어려워진다.

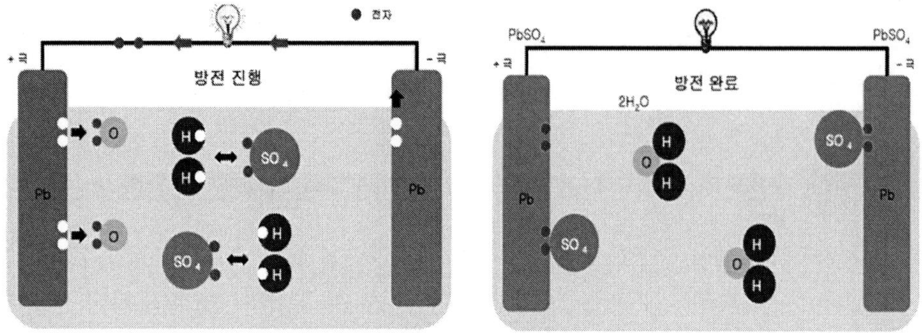

[그림 3.1] 방전 중의 화학변화

3.1.2 축전지의 충전 중의 화학작용

방전된 축전지에 전류를 공급하면 극판과 전해액이 화학변화를 일으켜 극판의 표면에 붙어 있던 황산납이 분해되어 전해액 중으로 방출된다. 이에 따라 양극판은 다시 과산화납으로, 음극판은 해면상납으로 환원된다. 또한 전해액은 극판에서 황산이 나오므로 그 비중은 점차 증가하고, 전압도 상승한다. 충전이 완료되면 그 이후의 충전 전류는 전해액 중의 물을 전기 분해하여 양극판에는 산소를, 음극판에는 수소를 발생시킨다.

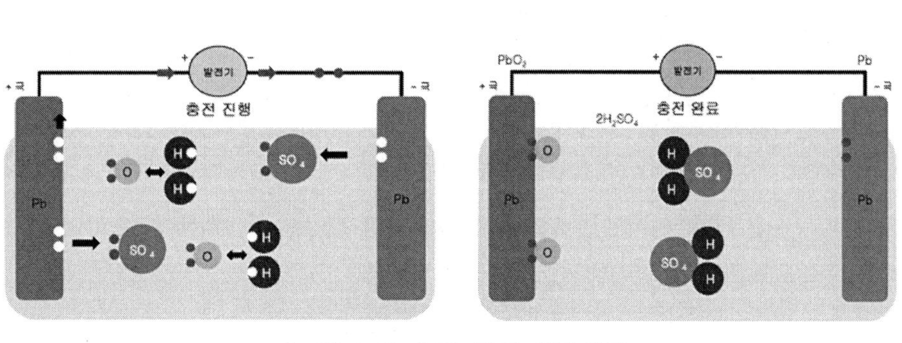

[그림 3.2] 충전 중의 화학변화

예제 3-4 **다음은 축전지 충·방전 화학식이다. (　) 속에 들어갈 말로 알맞은 것은?** **(　)**

$$PbO_2 + (\quad) + Pb \leftrightarrows PbSO_4 + 2H_2O + PbSO_4$$

가. H_2O　　나. $2H_2O$　　다. $2PbSO_4$　　라. $2H_2SO_4$

3.2 납산 축전지의 구조

3.2.1 납산 축전지의 극판

극판에는 양극판과 음극판이 있으며 양극판은 과산화 납(PbO_2), 음극판은 해면상의 납(Pb)으로 하였고, 양극판은 암갈색, 음극판은 연회색으로 되어 있다.

극판 군에는 양극판과 음극판은 병렬로 연결되었다. 또한 양극판이 음극판보다 더 활성적이므로 양극판과 화학적 평형을 고려하여 음극판을 1장 더 둔다. 양극판과 음극판은 구멍이 많으며 양극판 결정성 입자가 탈락하여 음극판의 구멍 수가 감소하면 축전지의 수명은 다한 것이다.

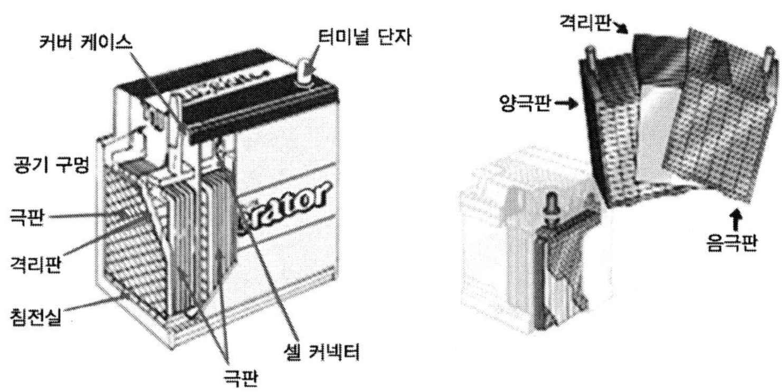

[그림 3.3] 납산 축전지의 구조

3.2.2 납산 축전지의 극판 군(단전지)

극판 군은 몇 장의 극판을 조립하여 접속 편에 용접하여 1개의 단자(terminal post)와 일체가 되도록 한 것이다([그림 3.4] 참고). 이와 같이 하여 만든 극판 군을 1셀(cell : 단전지)이라 하며, 1셀당 완전 충전되었을 때 약 2.1 [V]의 기전력을 발생한다. 따라서 12 [V] 축전지의 경우에는 6개 셀이 직렬로 연결되어 12.6 [V]의 축전지 전압이 발생된다. 그리고 극판 장수를 늘리면 축전지 용량이 증가하여 이용전류가 많아진다.

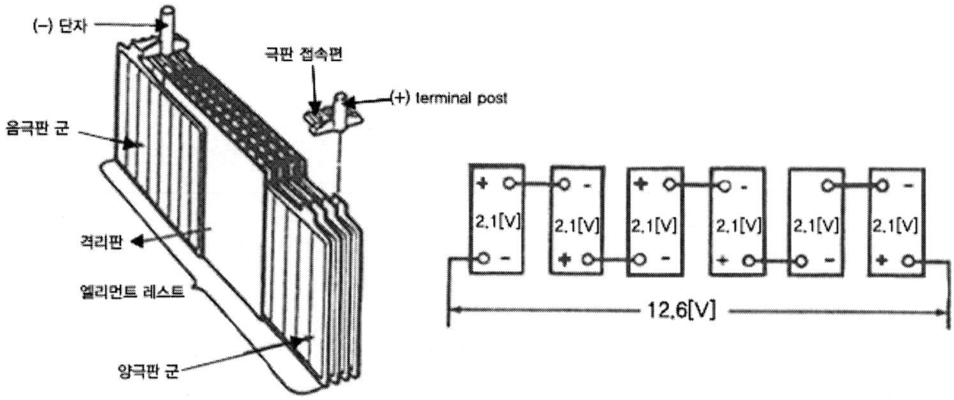

[그림 3.4] 극판 군의 구조

3.2.3 납산 축전지의 격리판

격리판(separator)은 양극판과 음극판 사이에 끼워져 양쪽 극판의 단락을 방지하는 역할을 하며, 재질로는 강화섬유 격리판, 고무 격리판, 합성수지 격리판 등이 사용되었다. 최근에는 EFB(Enhanced Flooded Battery : 폴리에스테르 직조표 사용), AGM(Absorbent Glass Mat battery : 흡수성 유리 섬유)를 사용하여 배터리 성능을 향상시켰다. 격리판의 구비조건은 다음과 같다.

① 비 전도성일 것
② 다공성일 것(전해액의 확산이 잘 되게 하기 위하여)
③ 기계적 강도가 있고, 전해액에 부식되지 않을 것
④ 극판에 좋지 못한 물질을 내뿜지 않을 것

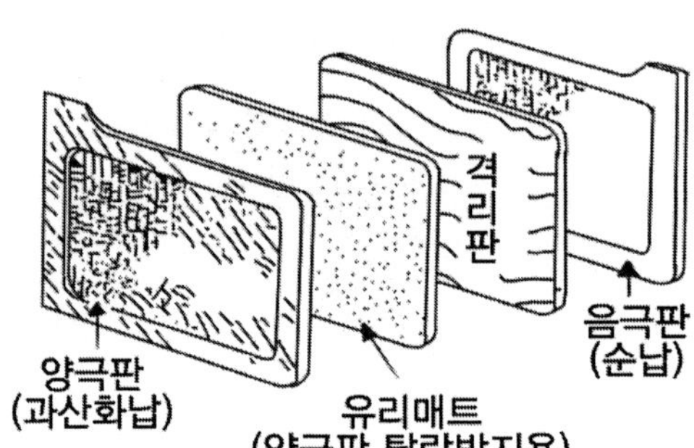

[그림 3.5] 격리판의 구조

예제 3-5 AGM 배터리에 대한 설명으로 거리가 먼 것은? (　)

가. 극판의 크기가 축소되어 출력 밀도가 높아졌다.
나. 유리섬유 격리판을 사용하여 충전 사이클 저항성이 향상되었다.
다. 높은 시동전류를 요구하는 기관의 시동성을 보장한다.
라. 셀-플러그는 밀폐되어 있기 때문에 열 수 없다.

3.2.4 축전지의 케이스

케이스(case)는 합성수지로 제작하며, 12 [V]의 축전지는 6칸으로 나누어져 있다. 각 셀의 밑 부분에는 극판의 작용물질의 탈락이나 침전물 축적에 의한 단락을 방지하기 위한 침전실(엘리먼트 레스트)이 마련되어 있다. 축전지 커버와 케이스는 탄산소다, 암모니아수로 청소한다.

3.2.5 납산 축전지의 단자 기둥

단자 기둥(terminal post)은 납 합금이며, 외부와 확실하게 접속되도록 하기 위하여 테이퍼(taper)되어 있다. 단자 기둥은 문자, 색깔, 크기 등으로 표시하여 잘못 접속되는 것을 방지하고 있으며, 단자 기둥 식별 방법은 다음과 같다.

(+) 식별법	+로 표시	직경이 크다(굵은 것)	적색	문자 : P(POS)	부식물이 많다.
(-) 식별법	−로 표시	직경이 작다(가는 것)	흑색	문자 : N(NEG)	

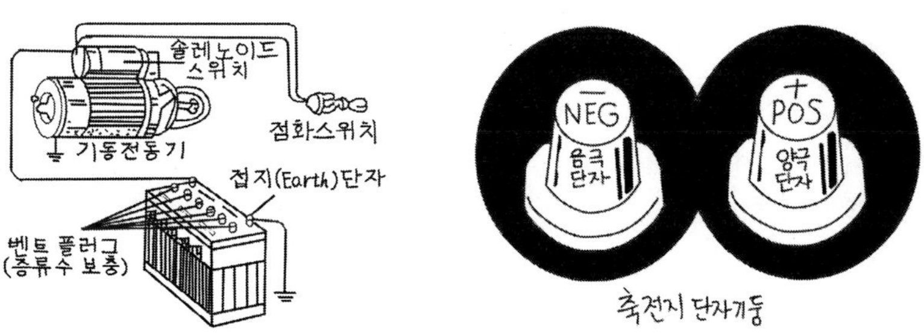

[그림 3.6] 단자 기둥과 접지단자

양극 단자 기둥은 과산화납과 연결되어 산화되기 쉬워 부식이 발생한다. 이 부식을 제거하지 않으면 충·방전 작용이 원활히 이루어지지 않아 축전지 수명 단축 및 엔진 시동이 어려워진다. 만약 부식이 발생되었을 경우 부식물을 깨끗이 제거한 다음 그리스(greese)를 얇게 발라주어야 한다. 축전지 교환 시에는 (-) 터미널을 먼저 탈거하고 (+) 터미널은 나중에 탈거하고, 조립

시에는 (+) 터미널을 먼저 조립하고 (-) 터미널은 나중에 조립한다.

3.3 전해액 비중과 온도와의 관계

전해액의 온도가 높아지면 축전지 비중은 분자 운동이 활발하여 낮아지고, 전해액 온도가 낮아지면 분자 운동이 둔화되어 축전지 비중은 높아진다. 그 변화량은 온도 1[℃]마다 0.0007이다. 따라서 측정한 비중에 의하여 축전지 충·방전 상태를 판단한 경우 표준온도(20[℃])일 때의 비중으로 환산하여야 한다. 완전충전 시 축전지 비중은 1.260~1.280이며, 환산식은 다음과 같다.

$$S_{20} = St + 0.0007(t - 20)$$

여기서, S_{20} : 표준 온도 20[℃]로 환산한 온도

St : t[℃]에서 실제 측정한 전해액의 비중

0.0007 : 온도 1[℃] 변화에 따른 전해액의 비중 변화량

t : 측정할 때의 전해액의 온도

전해액의 비중으로 충·방전량을 추정할 수 있는 근거는 패러데이 법칙에 의해 1[Ah]의 방전량에 대해 전해액 중 3.66[g]의 황산이 소비되고, 0.67[g]의 물이 생성된다. 또 같은 1[Ah]의 충전량에 대해서도 0.67[g]의 물이 소비되고, 3.66[g]의 황산이 생성된다.

Handy hint ....

☞ 비중이란?

비중이란 물은 4[℃]일 때 가장 무거우므로 따라서 물 4[℃]일 때 황산과 증류수의 무게 비를 비중이라 한다. 물의 비중은 1이다.

☞ 축전지 전해액을 제조 시 질그릇(절연체)에 물 60[%]를 먼저 붓고 황산 40[%]를 조금씩 부어 유리 막대 등으로 천천히 저어가면서 냉각시켜 비중계로 비중을 측정한다. 황산의 비율이 증가하면 비중은 높아진다.

☞ 설페이션(sulphation) 현상이란?

극판이 황산납으로 덮였다는 뜻, 즉 유화현상이다. 설페이션 현상의 주된 원인은

① 축전지 과 방전 후 오랫동안 방치했을 때

② 전해액이 부족하여 극판 노출 또는 극판 단락

③ 전해액 비중이 너무 높거나 낮을 경우

④ 불충분한 충전이 되었을 경우

☞ 브리지(bridge) 현상이란?

축전지에서 발생되는 이물질이 양극판과 음극판에 달라붙어서 방전시키는 현상으로 충전 및 방전 사이클링(충 · 방전 주기) 부적당이 원인이다.

예제 3-6 **비중 1.280(20℃)의 묽은 황산 1 [ℓ] 속에 황산이 35 [% : 중량] 포함되어 있으면 물 몇 [g]이 포함되어 있는가? ( )**

가. 416 [g] 나. 224 [g] 다. 448 [g] 라. 832 [g]

예제 3-7 **배터리의 비중이 1.273이며 이때 전해액의 온도는 30 [℃]이다. 표준상태(20℃)의 비중으로 환산하면 얼마인가? ( )**

가. 1.203 나. 1.266 다. 1.280 라. 1.283

예제 3-8 **축전지 셀의 전압이 0 [V]이므로 단락되었다고 판단되어 축전지를 분해하였더니 음극판과 양극판의 밑 부분이 작용물질로 브리지 현상을 일으켜 단락되었다. 이 원인으로 다음 중 가장 적당한 것은? ( )**

가. 과충전 나. 사이클링 쇠약
다. 황산납의 결함 라. 설페이션 현상

3.4 납산 축전지의 여러 가지 특성

3.4.1 축전지의 기전력

축전지의 기전력은 1셀당 2.1 [V]이며, 기전력은 전해액 온도 저하에 따라 낮아지는데, 이것은 전해액의 온도가 저하하면 축전지 내부의 화학반응이 늦어지고 또 전해액의 고유저항이 증가하기 때문이다.

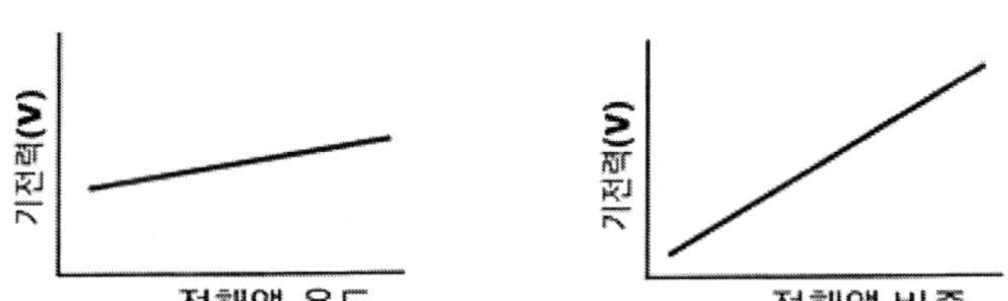

[그림 3.7] 기전력과 전해액 온도와 비중의 관계

3.4.2 방전 종지 전압

방전 종지 전압이란 축전지가 더 이상 방전되어서는 안 되는 전압을 말한다. 1셀당 방전 종지 전압은 약 1.75 [V]이고, 12 [V] 축전지는 10.5 [V]가 된다. 방전 종지 전압 이하로 방전을 하면 극판이 손상되어 축전지의 역할을 잃어버린다.

3.4.3 납산 축전지의 용량

축전지 용량이란 완전 충전된 축전지를 일정한 전류로 연속 방전하여 방전 중의 단자 전압이 방전 종지 전압이 될 때까지 방전시킬 수 있는 전기량을 말한다. 용량의 크기를 결정하는 요소에는 극판의 면적(크기), 극판의 수, 전해액의 양 등에 의해 용량이 결정된다. 축전지 용량의 단위는 암페어 시 용량(AH : Ampere Hour Rate)으로 표시하며 다음 식으로 구할 수 있다.

$$AH = A \times H$$

여기서, AH : 축전지의 용량(AH)

A : 일정 방전 전류(A)

H : 방전 종지 전압에 이를 때까지의 연속 방전 시간(H)

(1) 축전지 용량 표시 방법

① 20시간율 : 일정 방전 전류를 연속 방전하여 1셀당 방전 종지 전압이 1.75 [V]이 될 때까지 20 [시간] 방전시킬 수 있는 전류의 총량이며 일반적으로 사용하는 방전율이다.

② 25암페어율 : 26.6℃(80°F)에서 일정 방전 전류(25A)로 방전하여 셀당 전압이 1.75 [V]에 이를 때까지 방전하는 것을 측정하는 것으로, 발전기가 고장일 경우에 부하에 전류를 공급하기 위한 축전지 능력을 표시한다.

③ 냉간율 : -17.7℃(0°F)에서 300 [A]로 방전하여 셀당 전압이 1 [V] 강하하기까지 몇 분(分) 정도 소요되는가를 표시한다.

④ 10시간율 : 완전 충전된 상태에서 일정한 전류로 연속 방전하여 방전 종지 전압에 이를 때까지 10시간 방전할 수 있는 전류의 총량으로서, 2륜 자동차의 배터리에 해당된다.

Handy hint ....

☞ CCA(Cold Cranking Ampere) 660 [A]란?

완전 충전된 축전지가 −18 [℃]에서 30 [s] 동안 방전할 수 있는 최대 전류량이 660 [A]이다. 즉, 저온 시동 전류를 나타낸다.

☞ RC(Reserve Capacity : 보유용량) : 자동차 운행 중에 발전기 고장 시 자동차운행에 필요한

최소한의 전기소모량을 평균 25 [A]로 가정하고, 이 25 [A]로 방전하였을 때 단자전압이 10.5 [V]까지 도달할 때까지의 시간을 분단위로 나타낸 것이다.

(2) 축전지 연결에 따른 용량과 전압의 변화

직렬연결은 축전지 2개 이상의 (+)단자를 다른 축전지의 (-)단자에 서로 연결하는 방식이고, 병렬연결은 축전지 2개 이상의 (+)단자를 다른 축전지의 (+)단자에, (-)단자는 다른 축전지 (-)단자에 서로 접속하는 방식이다.

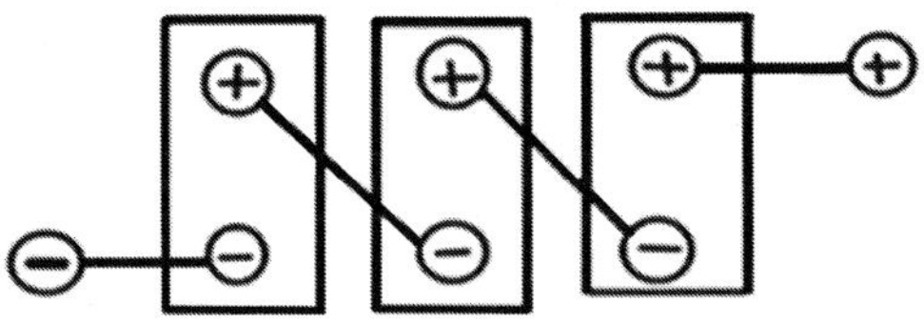

[그림 3.8] 직렬연결

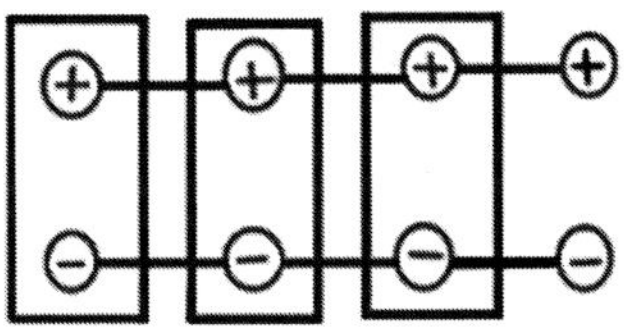

[그림 3.9] 병렬연결

축전지를 직렬연결하면 전압은 개수의 배가 되고 용량은 1개일 때와 같다. 또한 축전지를 병렬연결하면 전압은 1개일 때와 같고 용량이 개수의 배가 된다.

(3) 축전지 용량(AH)의 효율

$$\text{AH의 효율} = \frac{\text{방전시 용량}}{\text{충전시 용량}} \times 100(\%) = \frac{\text{방전시간} \times \text{방전전류}}{\text{충전시간} \times \text{충전전류}} \times 100(\%)$$

따라서 축전지 효율이 좋다는 말은 충전용량보다 방전용량이 크다는 것이다.

예제 3-9 **다음 중 납산 축전지에 대한 설명으로 옳은 것은? ( )**

가. 12 [V] 배터리는 12개의 셀이 직렬로 연결되어 있다.
나. 배터리 용량은 '방전전압 × 방전시간'으로 표시되어 있다.
다. 같은 전압, 같은 용량의 배터리를 직렬로 연결하면 용량이 배가 된다.
라. 극판의 개수가 많을수록 축전지 용량이 커진다.

예제 3-10 **20 [℃]에서 양호한 상태인 160 [AH] 축전지는 40 [A]의 전기를 얼마 동안 발생시킬 수 있는가? ( )**

가. 4분 나. 15분 다. 60분 라. 240분

예제 3-11 **배터리 규격 표시 기호에서 'CCA 660A'가 뜻하는 것은? ( )**

가. 저온시동전류　　나. 예비 용량율
다. 20시간 충전전류　　라. 25암페어율

예제 3-12 **완전 충전된 축전지를 방전 종지 전압까지 방전하는 데 20 [A]로 6시간이 걸렸다. 다음에 이를 충전하는 데 10 [A]로 15시간이 걸렸다면 이 축전지의 AH의 효율은? ( )**

가. 50%　　나. 70%　　다. 80%　　라. 90%

예제 3-13 **12 [V]-80 [AH]의 축전지를 직렬로 연결하면? ( )**

가. 전압이 24 [V]가 된다.　　나. 용량이 160 [AH]이다.
다. 전류가 160 [A] 흐른다.　　라. 전압과 용량이 변화가 없다.

3.5 MF 축전지

MF(Maintenance Free) 축전지는 납산 축전지의 자기방전이나 전해액의 감소를 방지하기 위한 축전지이다. 극판 격자는 납과 저 안티몬 합금 및 납과 칼슘 합금으로 되어 있고, 전해액 감소를 최소화하기 위해 수소 및 산소 가스를 물로 환원시키는 촉매 장치가 설치되어 있다.

MF 축전지의 특징은 다음과 같다.

① 무보수 무정비 축전지로서 촉매 장치에 의해 증류수를 보충할 필요가 없다.
② 자기방전이 적어 장기간 보관할 수 있다.
③ 국부전지(局部電池)가 형성되지 않으므로 정비가 필요 없다.
④ 격자는 벌집 형태의 철망을 펀칭(punching)하여 사용한다.

예제 3-14 **다음 중 무보수 축전지에 관련된 내용으로 틀린 것은? ( )**

가. 밀폐형으로 납-칼슘계의 합금 격자를 사용한다.
나. 충전 중 양극에서 발생하는 H_2를 음극에서 흡수한다.
다. 전해액 보충구가 없어 비중을 측정할 수 없다.
라. 자기방전이 적어 장기보관이 유리하다.

3.6 납산 축전지의 자기방전

충전된 축전지를 사용하지 않고 방치해두면 조금씩 자연 방전하여 용량이 감소되는 현상을 자기(자연)방전이라고 한다.

3.6.1 자기방전의 원인

① 구조상 부득이한 경우(가장 많음)
② 불순물이 유입되어 국부(일부분)전지가 형성되어 방전
③ 탈락한 극판의 작용물질에 의해 극판 단락(short)에 의한 방전
④ 축전지 케이스에 부착된 습기, 먼지 등에 의한 누전으로 방전

3.6.2 일일 자기방전량(%)

자기방전량은 축전지 용량에 대한 백분율(%)로 표시한다. 자기방전량은 온도가 높고, 비중 및 용량이 클수록 크다. 24시간 동안 자기방전량은 용량의 0.3~1.5 [%] 정도 된다. 축전지 비중이 1.200(20℃) 정도 되면 보충전을 실시해야 하며, 한 번 사용하였던 축전지를 사용하지 않고 보관 중일 경우에는 15일(MF 축전지의 경우는 약 1개월)에 1번씩 보충전을 해야 한다.

예제 3-15 축전지의 자기방전에 대한 설명 중 틀린 것은? ( )

가. 자기방전량은 전해액의 온도가 높을수록 커진다.
나. 자기방전량은 전해액의 비중이 낮을수록 커진다.
다. 자기방전량은 전해액 속의 불순물이 많을수록 커진다.
라. 자기방전량은 전해액 속의 불순물과 내부 단락에 의해 발생한다.

3.7 납산 축전지의 충전

3.7.1 보충전의 종류

① 정전류 충전 : 충전 시작에서 끝까지 전류를 일정하게 하고 충전을 실시하는 방법으로, 전류 선택은 표준 충전 전류는 축전지 용량의 10 [%], 최대 충전 전류는 축전지 용량의 20 [%], 최소 충전 전류 선택은 축전지 용량의 5 [%]를 선택한다. 축전지를 보존하기 위하여 미소 전류 충전기의 충전 전류는 다음 식으로 구할 수 있다.

$$\text{충전 전류} = \frac{\text{축전지 용량} \times 1\text{일 자기 방전율}}{24h}$$

② 정전압 충전 : 충전 전체 기간을 일정한 전압으로 충전하는 방법이다. 축전지를 2개 이상 연결하여 충전 시 정전압 충전법은 가장 안전한 충전법이다.

③ 단별 전류충전 : 충전 중 전류를 단계적으로 감소시키는 충전 방법이다.

④ 급속 충전 : 급속 충전기를 사용하여 시간적인 여유가 없을 때 하는 충전법으로, 충전 전류는 축전지 용량의 50 [%] 정도로 한다. 짧은 시간(30분 ~ 1시간) 내에 매우 큰 전류로 충전하므로 축전지 수명을 단축시키는 요인이 된다.

3.7.2 축전지 충전 시 주의 사항

① 충전 중 전해액 온도를 45[℃] 이상으로 상승시키지 않는다.

② 축전지를 2개 이상 동시에 충전 시 반드시 직렬로 접속해야 한다.

③ 축전지를 자동차에서 설치된 상태로 충전 시 축전지 케이블을 분리한다(AC 발전기 다이오드를 보호하기 위함이다).

④ 충전하는 장소는 환기장치를 해야 하고, 방전된 상태로 두지 말고 즉시 충전한다. 또한 축전지 충전 시 벤트 플러그를 모두 개방한다.

예제 3-16 **축전지의 보충전에서 충전전류의 크기와 충전 방법에 따른 분류에 속하지 않는 것은? ( )**

가. 급속충전　　나. 단별전압충전
다. 정전류충전　　라. 정전압충전

예제 3-17 **12 [V]-45 [AH]의 배터리를 정전류충전(표준)으로 충전하고자 한다. 이때 전류 선택은 몇 [A]인가? ( )**

가. 4.5 [A]　　나. 3.5 [A]　　다. 5.5 [A]　　라. 6.5 [A]

예제 3-18 **전압 12 [V], 용량 60 [AH]인 배터리 2개를 직렬로 연결하여 동시에 충전시키는 방법으로 가장 알맞은 것은? ( )**

가. 24 [V], 6 [A] 정도로 충전하는 것이 좋다.
나. 12 [V], 6 [A] 정도로 충전하는 것이 좋다.
다. 24 [V], 12 [A] 정도로 충전하는 것이 좋다.
라. 12 [V], 12 [A] 정도로 충전하는 것이 좋다.

예제 3-19 급속충전 시 주의할 사항으로 틀린 것은? (   )

가. 자동차에 있는 축전지 (+), (-) 양 케이블을 떼어놓을 것
나. 충전 전류는 용량 값을 1/10 정도의 전류로 할 것
다. 가능한 짧은 시간에 실시할 것
라. 충전용 전해액의 온도가 45 [℃] 이상 되지 않도록 주의할 것

3.8 납산 축전지의 성능 점검

3.8.1 부하시험

(1) 전압계에 의한 점검

고압 케이블을 분리하고 전조등을 점등한 후 축전지 단자에 전압계를 병렬로 접속하고 엔진을 크랭킹시키면서 전압을 측정한다. 이때 전압이 9.6 [V] 이상이면 정상이다,

(2) 부하에 의한 시험

축전지의 능력을 정확히 알아내는 것은 무엇보다도 축전지에 일정 부하를 걸어 확인하는 방법이라 할 수 있다. 축전지 부하시험을 하기 위해서는 먼저 축전지가 완충된 상태에서 행해야 한다. 부하시험 방법은 축전지 용량의 3배의 부하를 15초 동안 흘렸을 때 축전지의 단자전압이 9.6 [V] 이상, 전류는 축전지 용량의 3배 이하가 되면 양호하다.

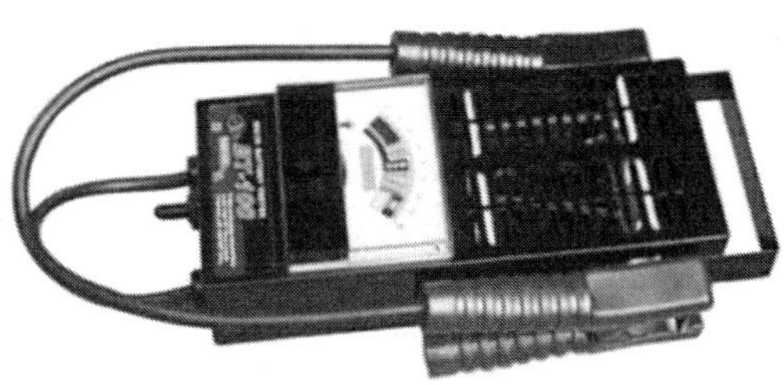

[그림 3.10] 축전지 용량 시험기

3.8.2 IBS(지능형 축전지 센서)

IBS(Intelligent Battery Sensor)는 축전지 (-)단자에 배터리 온도, 충전량을 감지하여 ECU는 발전기 출력을 제어하여 연비를 향상하고 발전기의 수명을 연장하기 위한 센서이다. 이 센서를 적용한 차량은 충전용 축전지와 점핑 시 차체에 (-)를 연결한다. 또 이 센서 교환 시 3~4시간 후 초기화하여 운전하여야 한다.

[그림 3.11] IBS 장착 위치

초기화가 필요할 때는 ① 축전지 방전으로 점프했을 때 ② 축전지 신품으로 교환했을 때 ③ 정비 시 축전지를 탈거했을 때 등이다.

3.8.3 확산 링에 의한 확인

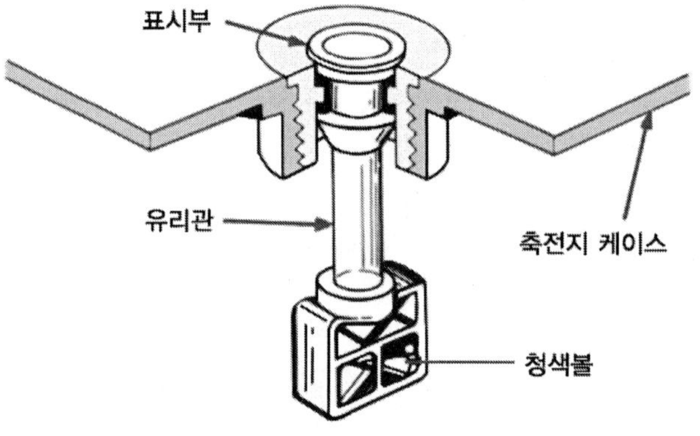

축전지 지시계의 구조

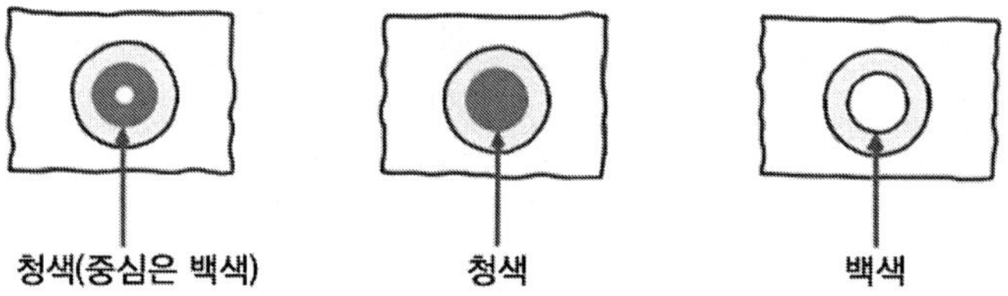

완충전 상태 보충전 상태 방전 상태

축전지의 색깔 상태

[그림 3.12] 확산 링에 의한 확인

예제 3-20 **축전지 크랭킹 시 전압과 전류는 얼마가 되어야 되는가? ( )**
(단, 12 [V] 80 [AH]의 축전지일 경우)

가. 9.6 [V] 이상 240 [A] 이하
나. 8 [V] 이상 240 [A] 이하
다. 9.6 [V] 이상 80 [A] 이하
라. 12 [V] 이상 80 [A] 이하

3.9 수소 연료전지

수소 연료전지는 신재생 에너지로서 화학적 에너지를 전기적 에너지로 전환시키는 장치이다 ($2H_2 + O_2 \rightarrow 2H_2O$ + 에너지).

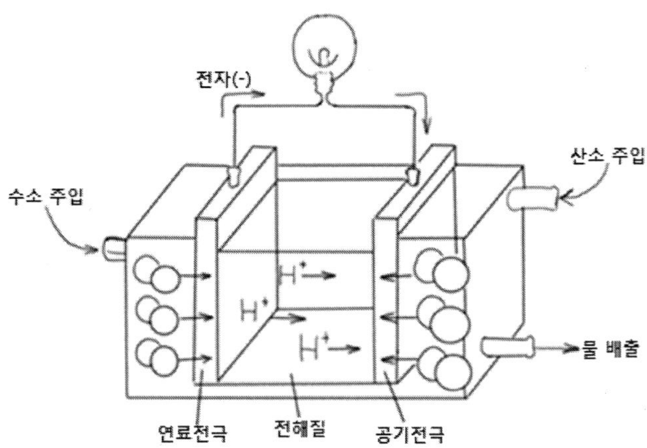

[그림 3.13] 연료전지의 전기발생 원리

3.9.1 전기발생 원리

① 수소의 산화($H_2 \rightarrow 2H^+ + 2e^-$) → ② H^+이 전해질을 통해 공기전극으로 이동 → ③ 전자가 이동하여 전류 발생 → ④ 산소가 환원되어 물 생성 ($4H^+ + 4e^- + O_2 \rightarrow 2H_2O$)

3.9.2 수소연료전지 자동차의 구조

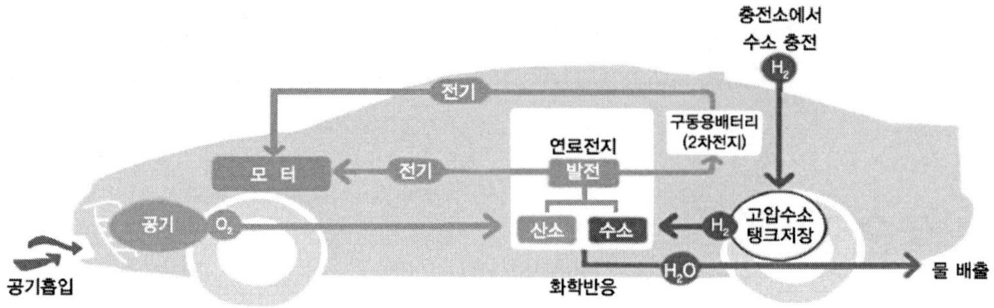

[그림 3.14] 연료전지 자동차의 구조

CHAPTER 04

시동장치

자동차에 사용되는 엔진은 스스로 작동이 불가능하므로 최초의 흡입과 압축행정에 필요한 에너지를 외부에서 공급받아 엔진을 회전시키는 장치를 시동장치(starting system)라 한다. 시동 방법으로는 크랭크축 핸들에 의한 수동식과 이륜자동차에 이용되는 페달식 및 축전지(battery)를 전원으로 하는 직류 직권 전동기식 starting motor가 있다.

시동장치의 구성은 [그림 4.1]과 같이 축전지, 이그니션 스위치, 기동 모터로 구성되어 있다. 기동 모터는 엔진의 흡입 및 압축압력이나 각부의 마찰을 이기고 엔진을 기동가능 회전속도로 구동시켜야 하므로 기동 회전력이 크고 소형 경량인 것이 요구된다. 여기에 가장 적당한 것이 직류 직권 전동기이다.

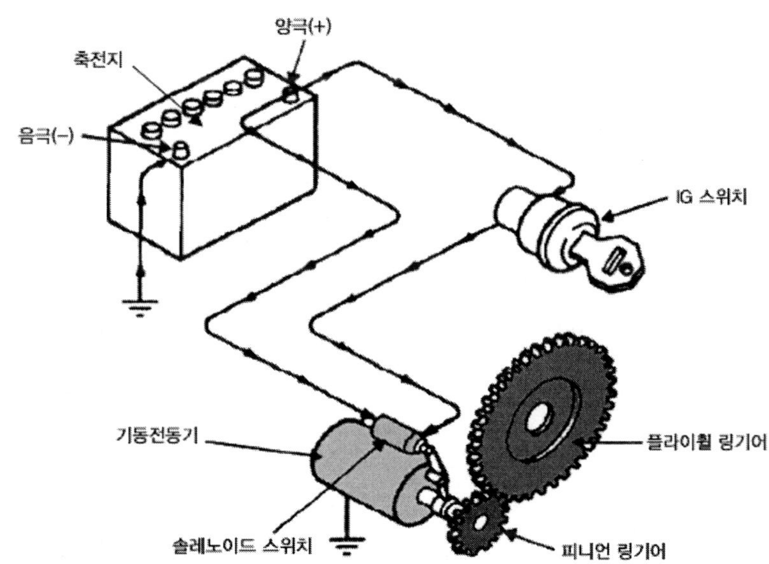

[그림 4.1] 시동장치의 구성요소

Handy hint ....

☞ 점화스위치(Ignition switch : 키 스위치) 전원단자

전원 단자	명칭	전원 내용	해당 장치
B+	battery plus	IG/key 전원공급 없는 상시전원	비상등, 제동등, 실내등, 혼, 안개등 등
ACC	accessory	IG/key 1단 전원 공급	약한 전기부하(오디오, 시계, 미등)
IG1	ignition 1 (ON 단자)	IG/key 2단 전원 공급(ACC 포함)	클러스터, 엔진센서, 에어백, 방향지시등, 후진등 등(엔진 시동 중 전원 ON)
IG2	ignition 2 (ON 단자)	IG/key start 시 전원공급 OFF 시동 모터를 작동시키기 위하여	전조등, 와이퍼, 히터, 파워 윈도우 등 각종 전기장치
ST	start	IG/key st에 흐르는 전원	기동전동기

※ Start 시 한순간 라디오가 작동하지 않는 이유는 시동 모터를 작동시키기 위하여 라디오 전원을 차단했기 때문이다. 이 기능을 IG2가 한다.

전동기(motor)의 원리를 알기 전에 먼저 자석의 성질 및 작용과 자력선의 앙페르의 오른나사 법칙, 오른손 엄지손가락의 법칙, 전자기력 등을 알아야 전동기의 원리를 이해할 수 있으므로 다음에서 설명한다.

4.1 자석의 성질과 작용

(1) 자석의 성질

자기란 자철광(Fe_3O_4)이라는 광석을 철(Fe)이나 니켈(Ni) 등을 끌어당기는 성질을 가지고 있다. 이 성질을 자성(磁性)이라 하며 이 작용을 자기(磁氣)라 한다. 그리고 자성을 가진 물체를 자석이라 한다. 자석에는 자철광과 같은 천연 자석 외에 인공적으로 만든 영구 자석이 있다.

자석을 철분 속에 넣었다 꺼내면 자석의 양끝 부분에만 철분이 달라붙는다. 이 양끝 부분을 자극(磁極)이라 한다. 자극은 N극과 S극이 있으며, 단독으로는 존재하지 않는다. 이 2개의 자극 사이에는 전기의 (+), (-)와 같이 다음 성질이 있다.

① 같은 자극끼리는 서로 반발한다. 이를 척력(斥力)이라 한다.

② 다른 자극끼리는 서로 흡인한다. 이를 인력(引力)이라 한다.

흡인과 반발하는 힘을 자력(磁力)이라 한다.

(2) 자석의 작용

자석 위에 철분을 뿌리면 철분은 [그림 4.2]와 같은 곡선을 그린다. 이것은 눈에 보이지 않으나 자석의 N극에서 S극으로 자기의 힘을 가진 선이 나오기 때문이다. 이 자기의 선을

자력선(磁力線)이라 하고, 자기의 힘이 미치는 범위를 자계라 한다. 또 자력선은 자극의 근처에는 밀집하고, 자극으로부터 멀어짐에 따라 적어진다. 자력선은 N극에서 나와 S극으로 향하고, 자력선의 방향으로 자계의 방향을 알 수 있다. 이 자력선은 서로 교차하지도 않고 없어지지도 않는다.

자속은 자력선의 수(다발)를 나타내고 단위는 Wb를 쓴다. 또 자속의 밀도 = Wb/m^2 [T : 테슬라]로 나타내고 자극 근처에서 자속의 밀도가 가장 높다. 이 자속의 밀도(자력선의 밀도)로 자석의 세기를 나타낸다.

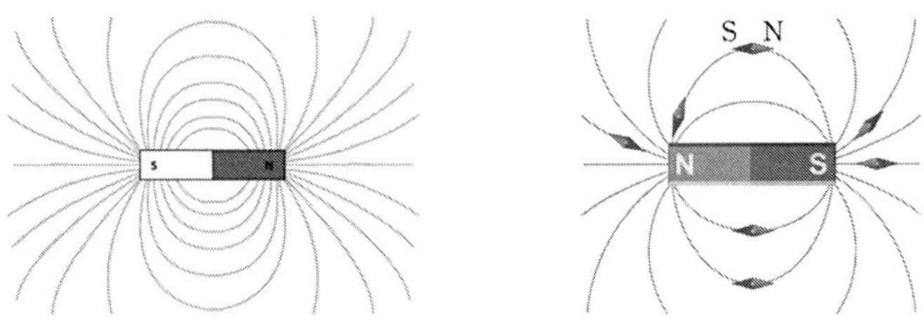

[그림 4.2] 자석의 자력선과 방향

4.2 전류에 의한 자계형성과 자력선의 방향

(1) 전류에 의한 자계형성

[그림 4.3] (a)와 같이 두꺼운 종이 위에 도선을 통과시킨 후 종이 위에 철분을 뿌리면 철분은 그림과 같이 도선의 중심으로 여러 갈래의 원 모양으로 배열된다. 도선에 전류가 흐르면 자계가 생기고, 그 자계는 도선을 중심으로 많은 원 모양의 맴돌이 자력선이 생긴다. 이 자력선을 이용하여 전동기와 릴레이 등에 응용한다.

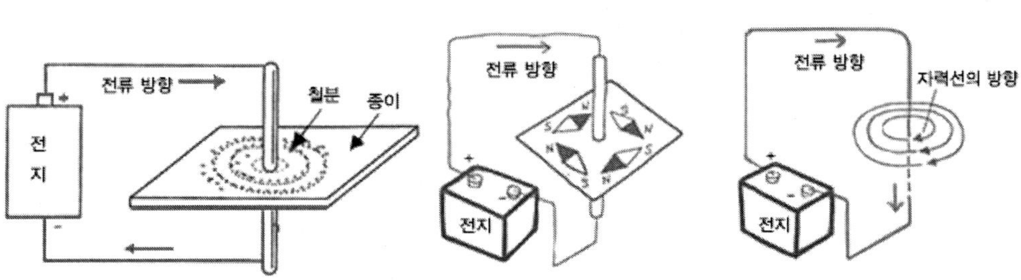

[그림 4.3] 자계형성과 자력선의 방향

자력선의 방향은 [그림 4.3] (b)와 같이 자침(磁針)을 놓음으로써 잘 알 수 있다. [그림 4.3] (c)와 같이 오른손 엄지손가락을 전류가 흐르는 방향에 놓고 가볍게 주먹을 쥐면 네

손가락 방향이 자력선의 방향이 된다. 이 실험 결과에서 오른 나사 법칙이 성립한다.

오른 나사 진행 방향으로 전류가 흐르면, [그림 4.4]와 같이 오른 나사가 회전하는 방향으로 자력선이 생긴다. 이것을 앙페르의 오른 나사 법칙이라 한다.

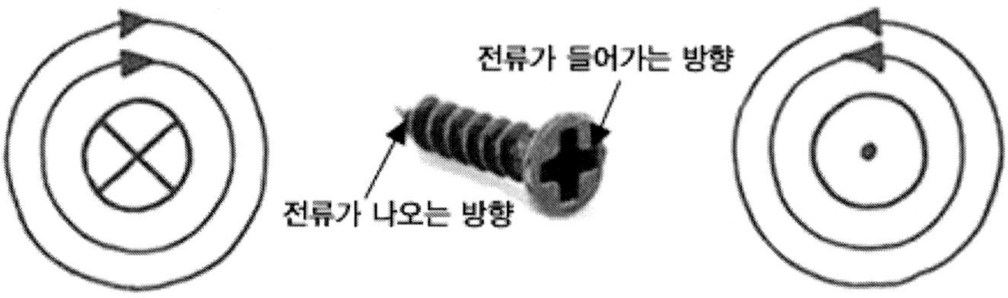

(a) 전류가 들어가는 방향 (b) 전류가 나오는 방향

[그림 4.4] 오른 나사 법칙

(2) 오른손 엄지손가락의 법칙

코일(coil)에 발생하는 자력선은 [그림 4.2]의 막대자석의 자력선과 비슷하다. 코일 자력선의 방향에 대해서는 오른손 엄지손가락의 법칙이 성립된다. 코일의 경우 앙페르의 법칙으로 오른손 엄지손가락의 법칙을 사용하면 쉽게 알 수 있다. 즉, 엄지손가락 이외의 네 손가락 방향을 코일 감은 방향 또는 전류 방향으로 할 때 엄지손가락 방향이 자계의 방향이 되고 N극의 방향이 된다. 코일 감은 방향과 전류 흐름 방향이 바뀌면 자극도 바뀐다.

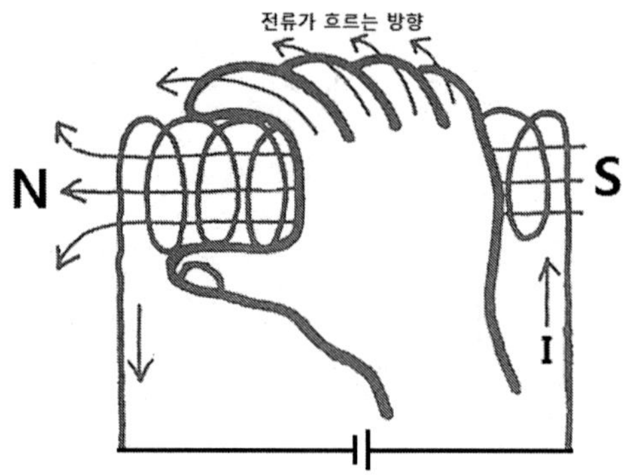

[그림 4.5] 오른손 엄지손가락의 법칙

4.3 기동전동기의 원리

자계(자력이 작용하는 공간 : 자장 또는 자기장) 내에서 자유롭게 회전할 수 있는 도체를 설치하고 전류를 공급하기 위하여 정류자를 두고 정류자와 항상 접촉하여 도체에 전류를 공급하는 브러시(brush)를 부착한 다음 전류를 공급하면 플레밍의 왼손 법칙에 따르는 방향의 전자기력을 받는다.

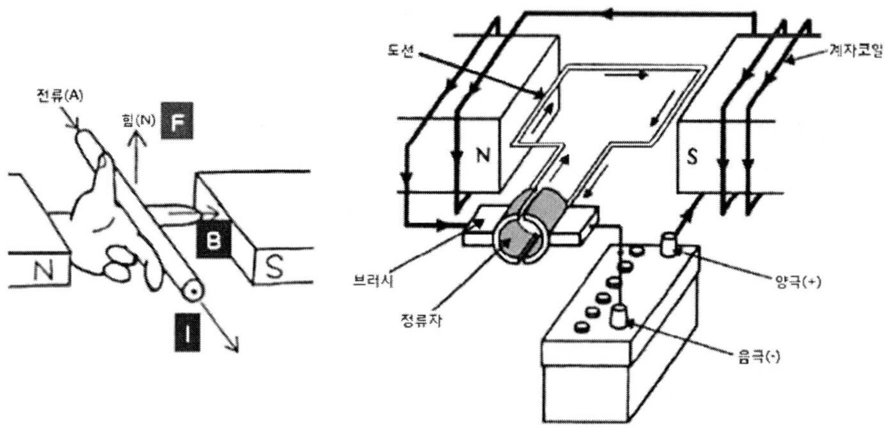

[그림 4.6] 기동전동기의 원리

Handy hint ....

☞ 전자기력이란?

자기장 속에서 도선이 받는 힘이라고 정의하고, 원인은 자석에 의한 자기장과 전류에 의한 자기장이 상호작용에 의해 발생된다. 전자기력(F)의 세기는 자기장의 세기(B), 전류의 크기(I), 도선의 길이(ℓ)에 비례한다. 즉 $F = BI\ell$가 된다.

4.4 기동전동기의 종류와 특성

직류 전동기에는 전기자 코일과 계자코일의 연결방법에 따라 직권 전동기, 분권전동기, 복권전동기 등의 3가지 형식으로 분류된다.

4.4.1 직권 전동기

직권 전동기는 [그림 4.7]과 같이 전기자 코일과 계자코일이 직렬로 접속된 것이다. 특징은 기동 회전력이 크고, 부하가 증가하면 회전속도가 낮아지고, 흐르는 전류가 커지는 장점이 있으나 회전속도 변화가 크다는 단점이 있다.

$$I_a = I_s = I \qquad E = \frac{PZ\phi N}{60a} = K\phi N \qquad N = K\frac{V}{I}$$

$$V = E + I_aR_a + I_aR_s = E + I_a(R_a + R_s)$$

$$\therefore \text{ 역기전력}(E) = V - I_a(R_a + R_s)$$

가 된다.

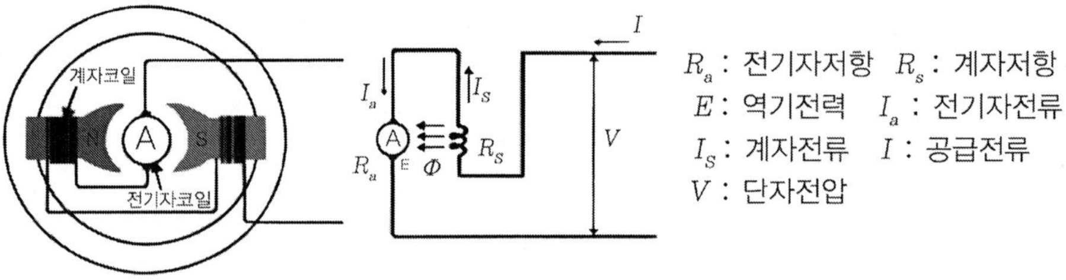

[그림 4.7] 직권 전동기의 결선방법

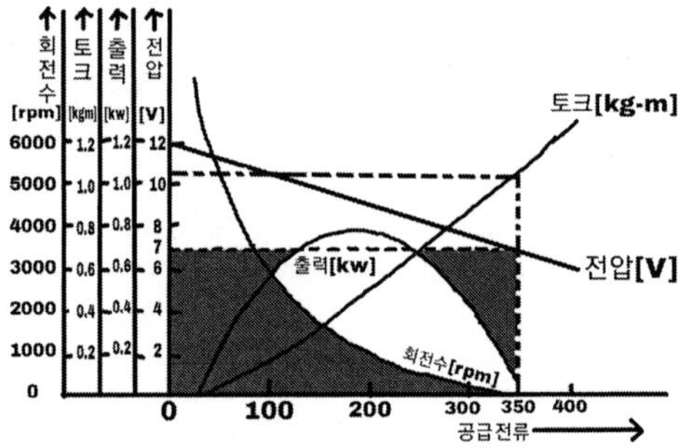

[그림 4.8] 직권 전동기의 특성곡선

4.4.2 분권전동기

분권전동기는 [그림 4.9]과 같이 전기자 코일과 계자코일이 병렬로 접속된 것이다. 특징은 회전속도가 일정하다는 장점이 있으나 회전력이 작다는 단점이 있다. 자동차 라디에이터 팬 모터에 사용된다.

$$V = E + I_aR_a$$

$$\text{역기전력}(E) = V - I_aR_a = \kappa\phi N$$

$$\text{회전수}(N) = \frac{E}{\kappa\phi} = \frac{V - I_aR_a}{\kappa\phi} = K\frac{V - I_aR_a}{\phi}$$

가 된다.

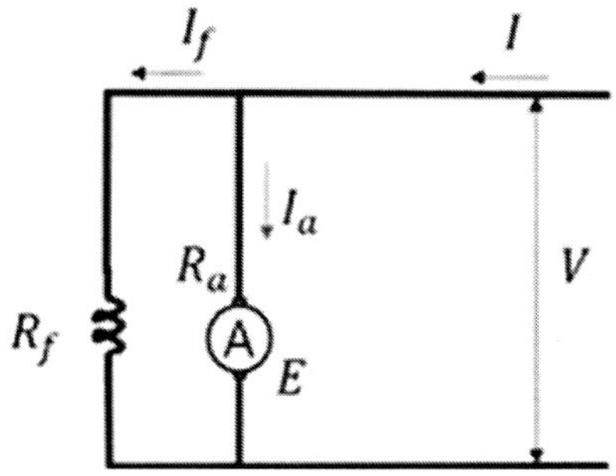

[그림 4.9] 분권전동기의 결선방법

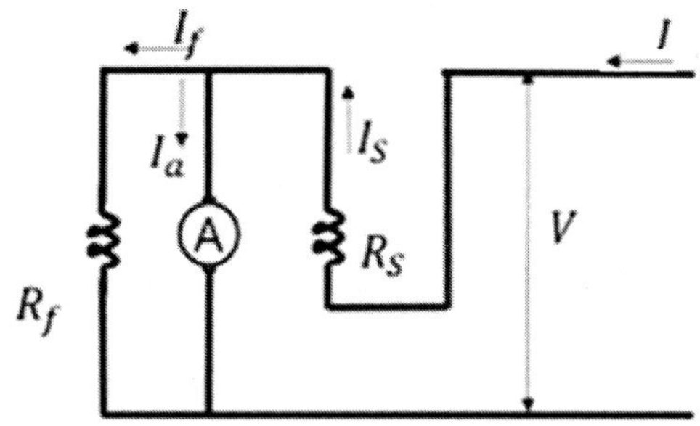

[그림 4.10] 복권전동기의 결선방법

4.4.3 복권전동기

복권전동기는 [그림 4.10]과 같이 전기자 코일과 계자코일이 직 · 병렬로 연결된 것이다. 특징은 시동 시 큰 토크를 내고 시동 후에는 일정한 속도를 내는 특성이 있으나 구조가 복잡하다. 자동차 윈도우 와이퍼 모터에 사용된다.

Handy hint ....

☞ 기동전동기의 소요 회전력이란?

엔진을 시동하려고 할 때 회전저항(실린더 체적, 압축비, 점화방식, 윤활유 온도, 외부 온도, 배터리 상태, 실린더와 피스톤 링 및 베어링, 기어의 마찰력 등)을 이겨내고 기동전동기로 크랭크축을 회전시키는 데 필요한 회전력을 시동 소요 회전력이라고 한다.

$$\therefore \text{소요 회전력} = \text{엔진의 회전저항} \times \frac{\text{기동전동기 피니언 기어 잇수}}{\text{플라이 휠 링기어 잇수}}$$

예제 4-1 **자동차에 사용하는 전압계, 전류계, 전동기는 어떤 원리로 동작하는가?** ( )

가. 플레밍의 오른손 법칙　　나. 플레밍의 왼손 법칙
다. 렌츠의 법칙　　라. 패러데이 법칙

예제 4-2 **직권식 기동전동기의 전기자 코일과 계자코일의 연결 방식은?** ( )

가. 직렬로 연결되었다.　　나. 병렬로 연결되었다.
다. 직 · 병렬로 연결되었다.　　라. 델타 방식으로 연결되었다.

예제 4-3 **직류 직권전동기의 계자코일과 전기자 코일에 흐르는 전류에 대한 설명으로 옳은 것은? ( )**

가. 계자코일 전류와 전기자 코일 전류가 같다.
나. 계자코일 전류가 전기자 코일보다 크다.
다. 전기자 코일 전류가 계자코일보다 크다.
라. 계자코일 전류와 전기자 코일 전류가 같을 때도 있고, 다를 때도 있다.

예제 4-4 **기동전동기에 흐르는 전류가 160 [A]이고, 전압이 12 [V]일 때 기동전동기의 출력은 약 몇 [PS]인가? ( )**

가. 1.3 나. 2.6 다. 3.9 라. 5.2

예제 4-5 **모터(기동전동기)의 형식을 맞게 나열한 것은? ( )**

가. 직렬형, 병렬형, 복합형
나. 직렬형, 복렬형, 병렬형
다. 직권형, 복권형, 복합형
라. 직권형, 분권형, 복권형

예제 4-6 **엔진의 회전저항이 16 [m·kgf]이고, 링 기어 잇수가 114개 기동전동기 피니언의 잇수가 9개라면 엔진을 기동시키기 위해 얼마 이상의 시동 소요 회전력이 요구되는가? ( )**

가. 약 16 [m·kgf]
나. 약 9 [m·kgf]
다. 약 5 [m·kgf]
라. 약 1 [m·kgf]

예제 4-7 **현재 자동차에서 주로 사용되고 있는 직권식 전동기의 특징이 <u>아닌</u> 것은? ( )**

가. 기동 회전력이 크고, 역기전력은 회전속도에 비례한다.
나. 부하를 크게 하면 회전속도가 낮아지고 흐르는 전류는 커진다.
다. 회전속도 변화가 작다.
라. 계자코일과 전기자 코일이 직렬로 연결되어 있다.

4.5 기동전동기의 구조와 기능

기동전동기는 자장을 발생시키는 계자 철심과 계자코일, 계자 철심을 지지하는 계철, 회전력을 발생시키는 전기자 코일 및 전기자 철심, 전기자 코일에 전류를 흐르게 하는 정류자 및 브러시, 축전지 전류를 단속하는 마그네틱 스위치, 기동전동기의 회전을 엔진에 전달하고 엔진 시동 후 기동전동기의 과회전을 방지하여 전기자 축 소손을 방지하는 오버러닝 클러치 등으로 구성되어 있다.

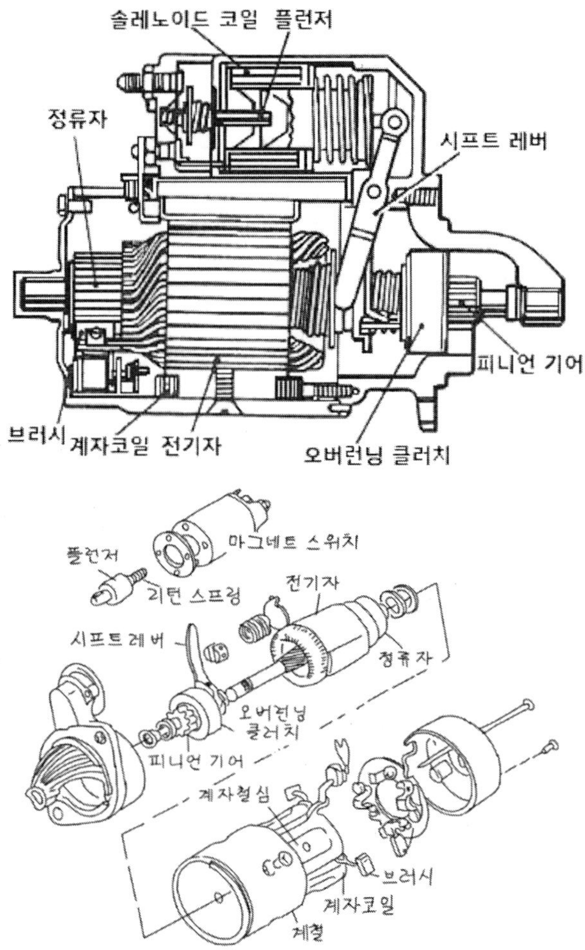

[그림 4.11] 기동전동기의 구성요소

4.5.1 자장을 발생시키는 장치

(1) 계철과 계자 철심(yoke & pole core)

계철은 자력선의 통로와 기동전동기의 틀이 되는 부분이며, 안쪽 면에는 계자코일을 지지하여 자극이 되는 계자 철심이 스크루로 고정되어 있다. 계자 철심은 계자코일이 감겨져 있어 전류가 흐르면 전자석이 된다. 계자 철심에 따라 전자석 수가 결정되며 4개면 4극이다. 요즘 기동전동기는 계자코일과 계자 철심 없이 영구 자석을 사용한다.

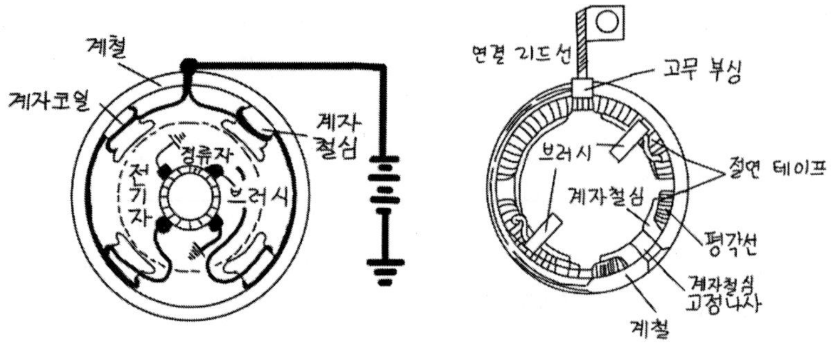

[그림 4.12] 계철과 계자 철심 및 계자코일

(2) 계자코일

계자코일(field coil)은 계자철심에 감겨져 자력을 발생시키는 것으로, 큰 전류가 흐르므로 평각 구리선을 사용한다. 코일의 바깥쪽은 면 테이퍼를 감거나 합성수지 등에 담가 막을 만든다. 최근에는 면 테이퍼 대신 염화 비닐이나 에폭시 수지 코팅을 한 절연 재료를 사용하고 있다.

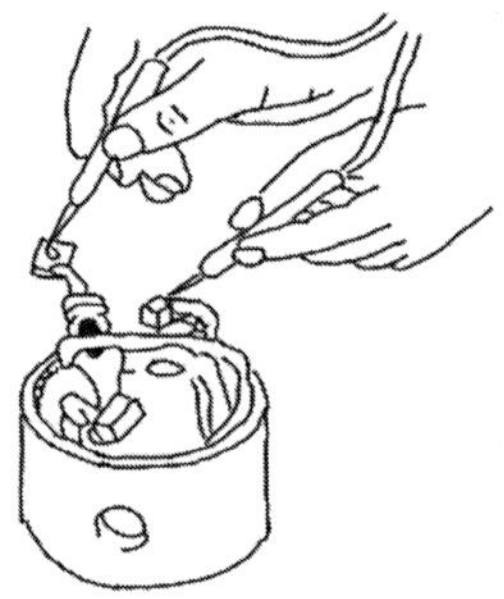

[그림 4.13] 계자코일 단선시험

[그림 4.14] 계자코일 접지(절연)시험

4.5.2 회전력을 발생시키는 장치

(1) 전기자 철심과 코일(armature core & coil)

전기자 철심은 계자 철심에서 발생된 자력선을 통과시키는 자기 회로의 역할과 전기자 코일을 기계적으로 유지하는 역할을 한다. 이 철심도 도체이므로 회전하면 내부에서 전압이 발생하여 맴돌이 전류가 흘러서 열이 발생하게 된다. 또 열 손실로 인해 전동기의 효율을 저하시키기 때문에 얇은 규소 강판을 절연하여 성층 철심으로 하여 맴돌이 전류를 감소시켰다.

전기자 코일은 전기자 철심 홈에 설치되고 이 코일에 전류가 흐르면 플레밍의 왼손 법칙에 따라 전기자 코일이 회전하려는 전자력이 전기자 철심에 전해져 회전력이 발생된다. 이 전기자 철심과 코일이 서로 단락되어서는 안 되므로 운모 등 절연체를 사용하여 층간 단락이나 접지를 방지하고 있다.

전기자 코일의 결선 방식에는 파권(wave winding)과 중권(lap winding)이 있는데, 파권을 많이 사용하고 있다. 또 전기자 코일에 항상 일정한 방향으로 전류가 흐르도록 하기 위하여 정류자와 브러시를 사용하고 있다.

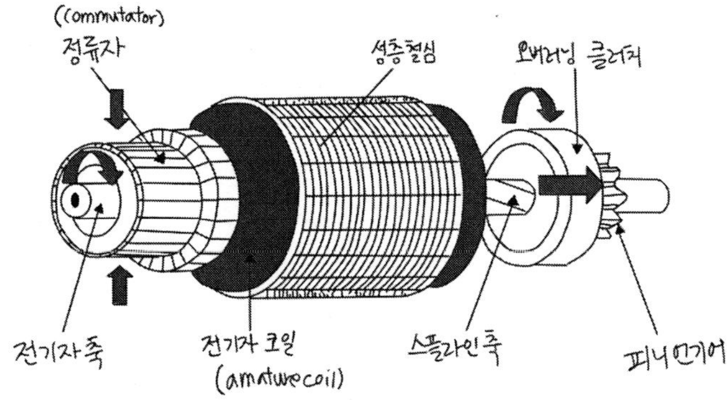

[그림 4.15] 전기자의 구조

(2) 전기자 점검

전기자(armature) 점검은 그로울러 테스트기로 단선, 단락, 접지 시험으로 점검을 많이 하지만, 간단한 방법으로는 회로 시험기로 단선과 접지시험을 한다.

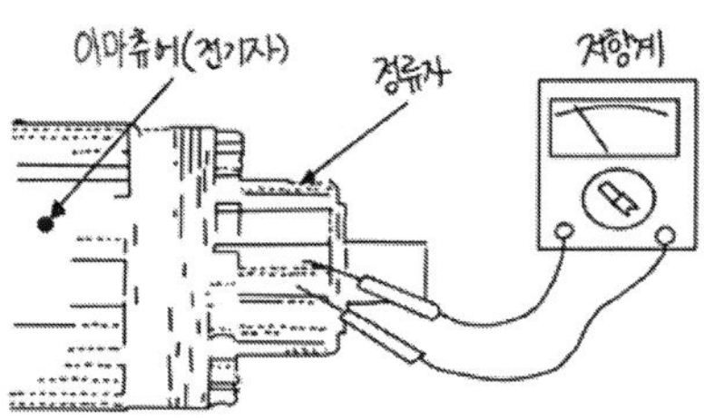

[그림 4.16] 전기자코일 단선시험

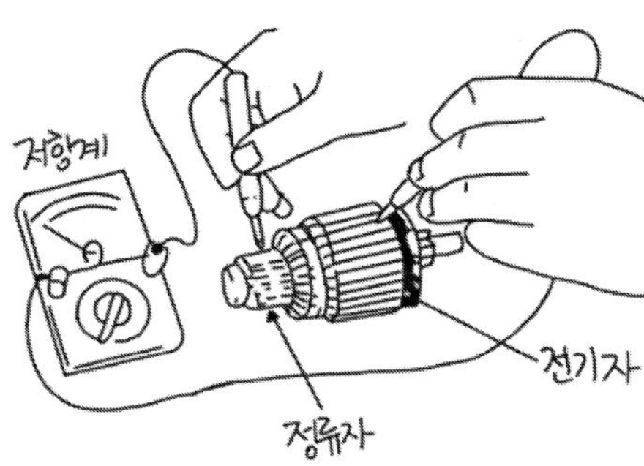

[그림 4.17] 전기자코일 접지(절연)시험

(3) 정류자

정류자(commutator)는 브러시에서 전기자 코일로 전류를 일정한 방향으로만 흐르도록 하는 것으로, 단단한 경동판을 절연체로 싸서 원형으로 제작한 것이다. 정류자편과 정류자편 사이에는 1 [mm] 정도 두께의 운모로 절연되어 있고 [그림 4.18]과 같이 정류자편보다 0.5 ~ 0.8 [mm] 낮게 파져 있다. 이것을 언더컷(under cut)이라 한다.

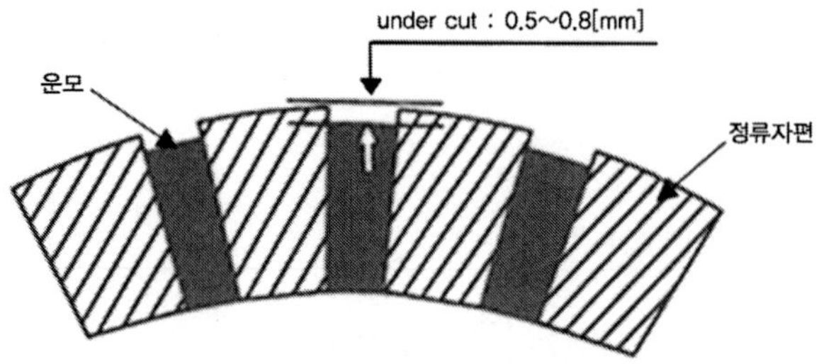

[그림 4.18] 언더컷

(4) 브러시와 브러시 홀더(brush & brush holder)

브러시는 정류자를 통하여 전기자 코일에 전류를 출입시킨다. 일반적으로 3개가 설치되는데 2개는 (+)이고, 1개는 (-)이며, 스프링 장력에 의해 정류자와 접속되어 홀더 내에서 미끄럼 운동을 한다. 스프링 장력은 스프링 저울로 측정하며 0.5 ~ 1.0 [kgf/cm^2]이다. 또한 브러시가 표준 길이에서 1/3 정도 마멸되면 교환하여야 한다. 브러시 재질은 금속 흑연 계열이다.

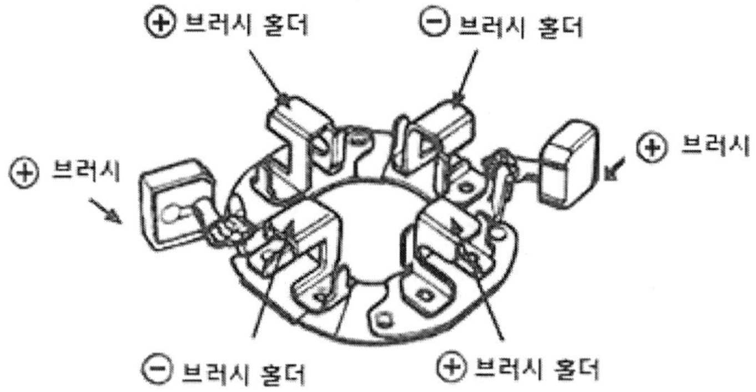

[그림 4.19] 브러시와 브러시 홀더

4.5.3 동력 전달 장치

동력 전달 장치란 기동전동기에서 발생한 회전력을 엔진 플라이휠 링 기어로 전달하여 크랭킹시키는 부분이다. 종류로는 피니언 섭동식, 벤딕스식, 전기자 섭동식, 셀 다이나모식, 체인 드라이브식 등이 있으나 현재 전자석 피니언 섭동식을 가장 많이 사용하고 있다. 따라서 여기에서는 전자석 피니언 섭동식에 대해서만 작동 원리를 설명한다.

(1) 솔레노이드 스위치

솔레노이드 스위치는 마그넷 스위치 또는 전자석 스위치라고도 하며, 시프트 레버를 잡아당기는 풀인 코일(pull-in coil)과 잡아당긴 상태를 유지해주는 홀드인 코일(hold-in coil)로 구성되어 있다. 풀인 코일은 솔레노이드 스위치 ST단자에서 감기 시작하여 M단자에 접속되어 있고,

홀드인 코일은 ST단자에서 감기 시작하여 솔레노이드 스위치 몸체에 접지되어 있다. 즉, 풀인 코일은 축전지와 직렬로 접속되어 있으며, 홀드 인 코일은 병렬로 접속되어 있다.

(2) 전자석 피니언 섭동식 기동전동기의 전류흐름 과정

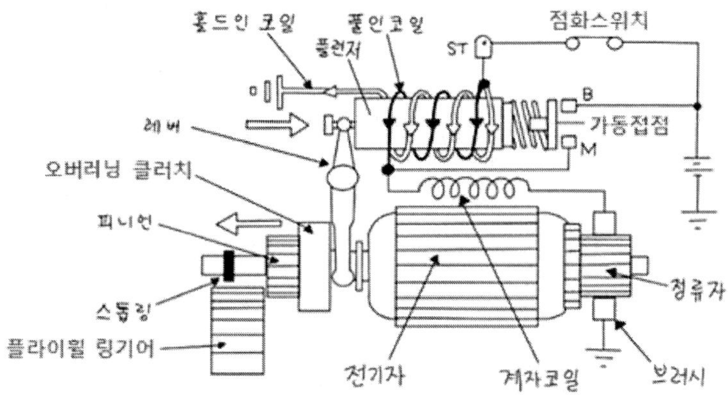

[그림 4.20] 기동전동기의 전류흐름 과정

점화 스위치를 start 위치로 하면 풀인 코일과 홀드인 코일이 축전지에서 공급되는 전류로 전자석이 되어 플런저를 잡아당긴다. 플런저는 시프트 레버를 당겨 피니언을 플라이휠 링 기어에 물리게 한다. 이 순간 솔레노이드 스위치 B단자와 M단자가 붙어 기동전동기에 축전지 전류가 흘러 전기자가 회전하기 시작한다. 이때 ST단자와 연결되어 있는 풀인 코일이 M단자와 접속되는 순간 전위차가 없어져 전류가 흐르지 못하게 되므로 플런저가 원래의 위치로 되돌아 가려고 한다. 따라서 홀드인 코일이 플런저를 당긴 상태를 유지하여 엔진을 기동하게 된다.

(3) 오버러닝 클러치(일방향 클러치)

오버러닝 클러치(overrunning clutch)는 엔진이 기동되면 기동전동기 피니언과 엔진 플라이휠 링 기어가 물린 상태이므로 반대로 엔진에 의해 기동전동기가 고속으로 구동되어 전기자축이 손상된다. 이를 방지하기 위해 엔진이 기동된 후 피니언이 공전하여 기동전동기가 구동되지 않도록 하는 기구이며 종류로는 롤러 형식, 스프래그 형식, 다판 클러치 형식 등이 있다.

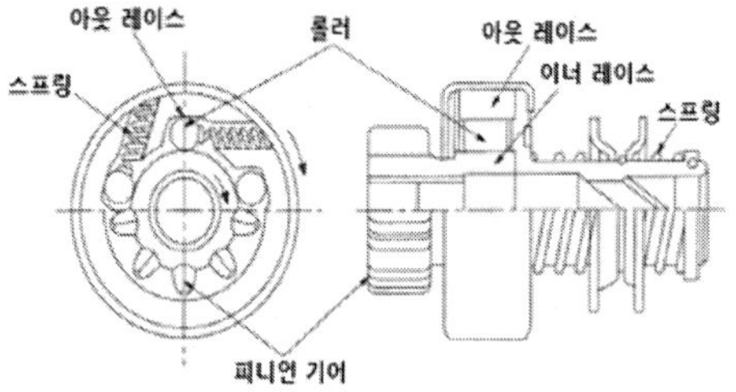

[그림 4.21] 롤러 형식

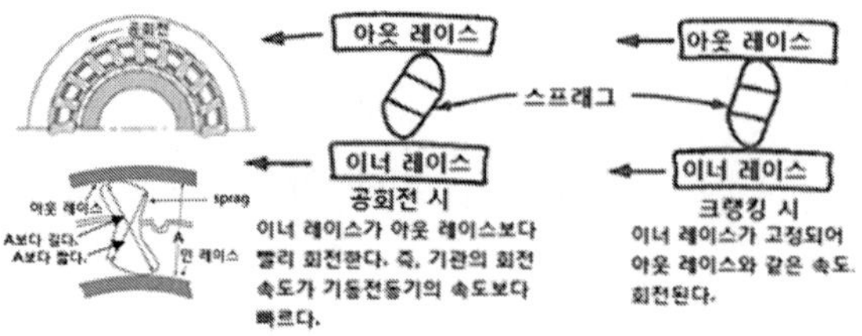

[그림 4.22] 스프래그 형식

예제 4-8 기동전동기 구성부품에서 고정되어 있지 않은 것은? (   )

가. 계자코일　　나. 브러시　　다. 계자 철심　　라. 정류자

예제 4-9 기동전동기의 전기자 코일에 항상 일정한 방향으로 전류가 흐르도록 하는 것은? (   )

가. 슬립링　　나. 정류자　　다. 변압기　　라. 로터

예제 4-10 기동전동기의 마그네틱 스위치의 구성 부품이 아닌 것은? (   )

가. 풀인 코일　　나. 유지력 코일
다. 전기자　　라. 리턴 스프링

예제 4-11 시동 전동기 스위치의 풀인 코일에 대한 설명으로 옳은 것은? (   )

가. 풀인 코일은 전기자에 전원을 공급한다.
나. 풀인 코일은 시동 시 플런저를 잡아당긴다.
다. 풀인 코일은 ST단자에서 감기 시작해서 차체에 접지된다.
라. 풀인 코일은 시동 시 플런저의 위치를 유지시킨다.

예제 4-12 엔진이 시동된 후 엔진의 회전으로 인해 기동전동기 전기자 축 파손을 방지하는 장치는? (   )

가. 오버러닝 클러치　　나. 정류자
다. 솔레노이드 스위치　　라. 점화스위치

예제 4-13 기동전동기의 풀인(pull-in)시험을 시행할 때 필요한 단자의 연결로 옳은 것은? ( )

가. 배터리(+)는 ST단자에, 배터리(-)는 M단자에 연결한다.
나. 배터리(+)는 ST단자에, 배터리(-)는 B단자에 연결한다.
다. 배터리(+)는 B단자에, 배터리(-)는 M단자에 연결한다.
라. 배터리(+)는 B단자에, 배터리(-)는 ST단자에 연결한다.

4.6 기동전동기의 성능시험

4.6.1 기동전동기의 취급

① 기동전동기 연속 사용 시간은 10 ~ 15초 정도로 한다(최대 연속사용 시간은 30초 이내).
② 엔진이 기동된 후에는 점화 스위치를 start로 하면 안 된다.
③ 기동전동기 회전속도가 규정 이하이면 연속 운전시켜도 엔진이 기동되지 않으므로 회전속도에 유의한다.
④ 시동회로에는 많은 전류가 흘러 퓨즈가 없으므로 배선 굵기가 규정 이하의 것은 사용하지 않는다.

4.6.2 기동전동기의 배선 전압강하 시험

크랭킹 후 5초 이내에 10 [V] 이상으로 회복되어야 배터리는 정상이다. 또한 전압강하 시험은 엔진을 크랭킹하면서 축전지 (+) 단자와 기동전동기 B단자와의 전압이 0.3 [V] 이하가 되어야 하고([그림 4.23] 참고), 축전지 (-) 단자와 기동전동기 몸체와의 전압은 0.3 [V] 이하가 되어야 한다([그림 4.24] 참고).

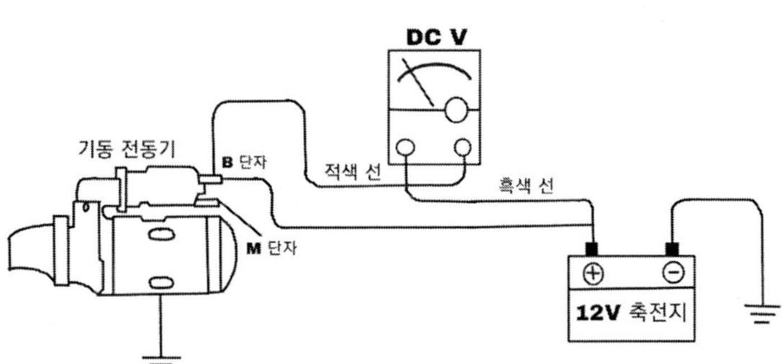

[그림 4.23] 기동전동기 (+)케이블 접속 상태 점검

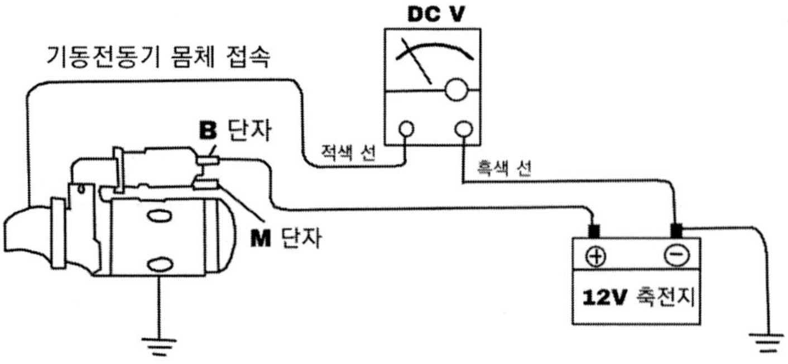

[그림 4.24] 기동전동기 접지선 상태 점검

4.6.3 무 부하 시험

무 부하 시험(no-load test)은 자동차에서 탈착하여 분해 점검 후 조립하여 시험하는 방법으로서, [그림 4.24]와 같이 필요한 장치는 축전지를 비롯하여 전류계, 전압계, 가변 저항, 회전계 등이 필요하다.

[표 4.1] 무 부하 시험 시의 출력 값

구분	정격동력	무 부하 전류	전압강하	규정회전수
표준형	0.6 ~ 0.8 [kW]	55 [A] 이하	±10 [%] 이내	2,800 [rpm] 이상
감속기어형 모터	1.0 ~ 1.4 [kW]	90 [A] 이하		
	2.0 [kW]	120 [A] 이하		
	2.5 [kW]	180 [A] 이하		

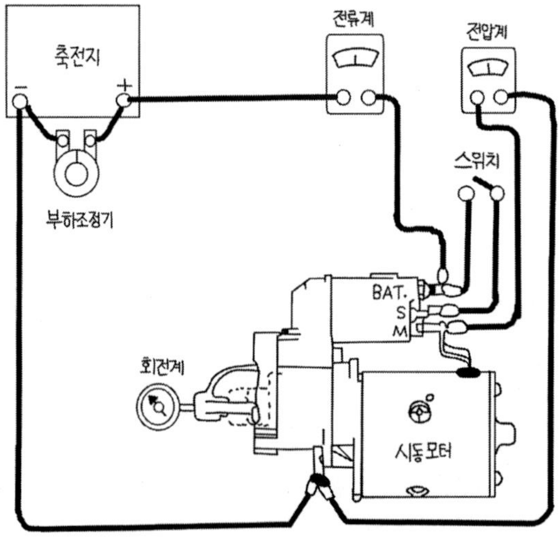

[그림 4.25] 무 부하 시험

4.6.4 부하시험(cranking 시험 : 용량시험 : 고율방전시험)

부하시험은 엔진을 크랭킹시키면서 출력 전압과 전류를 측정한다.

[표 4.2] 부하시험 시의 출력 값

<table>
<tr><th>배기량</th><th>크랭킹 전압</th><th>크랭킹 전류</th><th>측정요령</th><th>비고</th></tr>
<tr><td>1,000 [cc] 이하</td><td>9.6 [V] 이상</td><td>70 ~ 90 [A]</td><td rowspan="4">10초 이내</td><td rowspan="2">모터 내부 단선 단락</td></tr>
<tr><td>1,000 ~ 1500 [cc]</td><td>↑</td><td>90 ~ 120 [A]</td></tr>
<tr><td>1,600 ~ 2,500 [cc]</td><td>↑</td><td>120 ~ 150 [A]</td><td rowspan="2">TEST</td></tr>
<tr><td>2,500 [cc] 이상</td><td>↑</td><td>150 ~ 220 [A]</td></tr>
</table>

4.6.5 기동전동기가 작동하지 않거나 회전이 느린 원인

① 축전지 전압이 낮을 때
② 축전지 터미널 접촉 불량
③ 배선 저항 과다로 선간전압이 높을 때
④ 브러시 접촉 불량
⑤ 정류자 상태 불량
⑥ 전기자 코일과 계자코일 접지(절연)상태 불량
⑦ 계자코일과 브러시 리드선 납땜 부분 불량
⑧ 엔진의 기계적인 고장이 있을 때

예제 4-14 **축전지로부터 기동전동기로 흐르는 회로의 전압강하에 대한 설명 중 틀린 것은? ( )**

가. 터미널의 접촉이 나쁘면 전압강하가 발생한다.
나. 전류가 많이 흐르는 것이므로 접촉이 조금만 나빠도 전압강하는 크다.
다. 전동기의 B 단자까지의 회로는 저항이 크므로 전압강하가 큰 배선을 사용한다.
라. 회로의 전압강하 총합은 공급전압과 같다.

예제 4-15 **크랭킹 시험을 위해 연료나 점화 계통을 차단하고 10초간 크랭킹 하였다. 다음 설명 중 틀린 것은? ( )**

가. 크랭킹 시 배터리 (+)단자와 시동모터 (+)단자와의 전압이 0.7 [V] 이상이면 배선 불량이다.
나. 크랭킹 시 배터리 (-)단자와 시동모터 접지 사이의 전압이 0.3 [V] 이상이면 접지선 불량이다.
다. 크랭킹 시 배터리 전압이 9.6 [V] 이하로 떨어지면 배터리나 시동모터 불량 또는 엔진의 과부하이다.
라. 크랭킹 후 5초 이내에 10 [V] 이상으로 회복되어야 배터리는 정상이다.

예제 4-16 **기동전동기 무 부하 시험을 하려고 한다. A와 B에 필요한 것은? ( )**

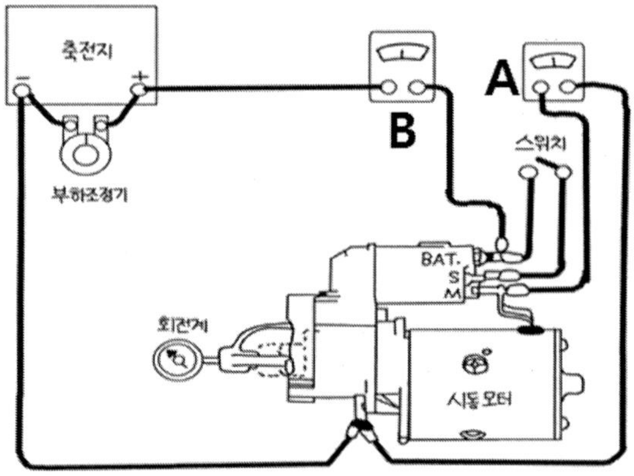

가. A는 전류계, B는 전압계
나. A는 전압계, B는 전류계
다. A는 전류계, B는 저항계
라. A는 저항계, B는 전압계

예제 4-17 **기동전동기를 자동차에서 떼어내거나 조립이 끝나면 기동전동기 성능을 알아보기 위한 시험이 있다. 이에 속하지 <u>않는</u> 것은? ( )**

가. 고 부하 시험
나. 저항시험
다. 무 부하 시험
라. 토크시험

예제 4-18 **엔진 기동 시 기동모터에 흐르는 전류는 측정하려면 전류계는 어떻게 연결하는가? ( )**

가. 직렬 나. 병렬 다. 직·병렬 라. 답 없음

예제 4-19 기동전동기에 흐르는 전류 값과 회전수를 측정하여 기동전동기의 고장 유무를 판단하는 시험은? ( )

가. 단선시험 나. 단락시험 다. 접지시험 라. 부하시험

예제 4-20 가솔린 자동차에서 12 [V]-50 [AH]인 축전지를 설치하여 기동전동기의 전류 소모를 시험하였더니 125 [A]이었다. 다음 중 바르게 판정한 것은? ( )

가. 기동전동기 상태가 불량하다. 나. 기동전동기 상태가 양호하다.
다. 전류 소모가 크다. 라. 기동회로 저항이 크다.

예제 4-21 다음은 기동전동기의 토크(회전력)가 약할 때 진단 결과를 내린 것이다. 잘못된 것은? ( )

가. 정류자 소손 나. 브러시 스프링 훼손
다. 솔레노이드 스위치 고장 라. 브러시 마멸

예제 4-22 기동전동기에 많은 전류가 흐르는 원인으로 옳은 것은? ( )

가. 높은 내부저항 나. 내부접지
다. 전기자 코일의 단선 라. 계자코일의 단선

CHAPTER 05

점화장치

디젤엔진은 흡입된 공기를 압축하여 고온, 고압으로 된 곳에 분사노즐로 연료를 분사하여 자연 착화 연소시키는 방식이지만, 가솔린 엔진은 흡입된 혼합기를 압축하여 점화장치로 전기적으로 점화 연소시키는 방식이다. 점화장치는 엔진 성능과 밀접한 관계가 있으므로 오늘날에는 전자식으로 점화시기를 제어하는 컴퓨터 제어 점화장치가 개발되어 현재 사용되고 있다.

5.1. 점화시기 제어

컴퓨터 제어 점화장치는 크랭크각 센서의 신호에 의해 측정된 엔진 회전수 신호와 공기유량 센서에 의한 흡입공기량에 의해 공기량[A]과 엔진회전수[N]의 비율, 즉 엔진 부하[A/N]를 연산한 후 그 결과를 이용하여 최적의 점화시기를 결정한 후 점화시기를 제어한다.

최적의 점화시기를 의미하는 MBT(Minimum park advance for Best Torque)는 상사점 후(ATDC) 약 10 ~ 15° 부근에서 최대폭발압력이 발생되는 점화시기를 말하는데, 이때 모든 엔진의 회전속도에서 엔진의 효율이 가장 높게 되는 최고 폭발 압력이다. 점화 진각 기구는 엔진의 회전속도나 부하에 따라서 점화 플러그의 불꽃 발생 시기를 자동적으로 ECU가 진각 제어한다.

5.1.1 고정 진각 특성

엔진 시동 시, 축전지의 전압 저하 시, 엔진 회전수 변동에 의해 적절한 점화시기를 연산하지 않기 때문에 점화시기를 고정한다.

5.1.2 아이들(idle) 진각 특성

공회전 시의 점화시기 특성은 다음과 같다.

점화시기 = 아이들 진각 + 수온 진각 + 피드백 진각

(1) 아이들 진각

ECU에서는 엔진 회전수에 의한 최적의 진각치가 기억되고 있고, 크랭크각 센서에서의 엔진 회전 신호에 의해 진각치를 결정한다.

(2) 수온 진각

엔진 냉간 시 운전성을 향상하기 위하여 수온 센서 신호에 의해 냉각수온이 낮게 될 때 진각을 시킨다.

(3) 피드백(feed back) 진각

아이들 안정성을 확보하기 위해 현재 엔진의 회전수보다 목표 회전수가 높은 경우는 지각시키고, 낮은 경우에는 진각을 시켜 진각치 피드백 제어를 실시한다.

5.1.3 통상 진각 특성

통상 주행 시 점화 시기는 다음과 같이 연산되어 제어한다.

점화시기 = 기본 진각 + 수온 진각 - 노킹 진각 - 가속 진각 제어

대기압이 낮을 시 점화시기를 진각시킨다.

(1) 기본 진각

ECU에는 기본 분사시간과 엔진 회전수에 반응된 최적의 진각치가 기억되고 있고 공기유량 센서 및 엔진 회전수 신호에 의해 진각치를 결정한다. 즉 엔진 rpm이 빠를수록 진각시킨다.

(2) 수온 진각

엔진 냉간 시 운전성을 향상시키기 위하여 수온 센서 신호에 의해 냉각수온이 낮을 경우 진각된다.

(3) 노킹 진각

엔진의 신뢰성을 확보하기 위하여 엔진 회전수의 기본 분사시간에 의해 결정되는 진각제어 영역에서 노킹의 유무를 검출하여 최적인 점화시기가 될 수 있도록 피드백 제어를 한다.

(4) 가속 진각

가속 시의 운전성을 향상시키기 위하여 스로틀 포지션 센서(TPS)의 신호에 의해 가속 상태를 검출할 때 일정량의 지각을 행한다. 또한 엔진 토크를 감소시킬 필요가 있을 때 점화시기를 지각시킨다.

예제 5-1 **다음 중 기본 점화시기와 연료 분사시기 제어에 대한 기준 신호를 제공하는 센서는? ( )**

가. 크랭크 각 센서(CAS) 나. 산소센서
다. 스로틀 포지션 센서(TPS) 라. 에어플로 센서(AFS)

예제 5-2 **가솔린엔진에서 크랭크축의 회전수와 점화시기의 관계에 대한 설명으로 옳은 것은? ( )**

가. 회전수와 점화시기는 무관하다.
나. 회전수의 증가와 더불어 점화시기는 진각된다.
다. 회전수의 감소와 더불어 점화시기는 진각 후 지각된다.
라. 회전수의 증가와 더불어 점화시기는 지각 후 진각된다.

예제 5-3 **전자제어식 가솔린엔진의 점화시기 제어에 대한 설명으로 옳은 것은? ( )**

가. 점화시기와 노킹 발생은 무관하다.
나. 연소에 의한 최대 연소압력 발생점은 하사점과 일치하도록 제어한다.
다. 연소에 의한 최대 연소압력 발생점이 상사점 직후에 있도록 제어한다.
라. 연소에 의한 최대 연소압력 발생점이 상사점 직전에 있도록 제어한다.

예제 5-4 **착화지연기간이 1/1,000 [초], 착화 후 최고압력에 달할 때까지의 시간이 1/1,000 [초]일 때 2,000 [rpm]으로 운전되는 기관의 착화 시기는? (단, 최고 폭발압력은 상사점 후 12°이다.) ( )**

가. 상사점 전 32° 나. 상사점 전 36°
다. 상사점 전 12° 라. 상사점 전 24°

5.2 전자제어 점화방식의 종류

5.2.1 HEI(High Energy Ignition) 점화장치

컴퓨터 제어 점화장치는 [그림 5.1]과 같이 축전지 전압, 엔진의 회전속도(rpm), 크랭크 신호, 엔진의 부하정도(TPS), 엔진의 온도(WTS), 대기압(BPS), 흡입공기량(AFS), 노크센서 등을 검출하여 ECU에 입력시키면 ECU는 점화시기를 연산하여 1차 전류를 차단하는 신호를 파워 트랜지스터(power TR)로 보내어 점화코일에서 2차 전압을 발생시키는 방식이다. 다음과 같은 장점이 있다.

① 트랜지스터를 사용함으로써 저 · 고속에서 매우 안정된 불꽃을 얻을 수 있다.
② 노크가 발생하면 점화시기를 지각시켜 노킹 발생을 억제한다.
③ 엔진 상태를 감지하여 최적의 점화시기를 자동으로 제어한다.
④ 고출력 점화코일(HEI)을 사용하므로 완벽한 연소가 가능하다.

점화시기 제어는 각종센서 → 컴퓨터(ECU) → 파워 트랜지스터 → 점화코일 → 배전기 → 점화 플러그 순으로 이루어진다.

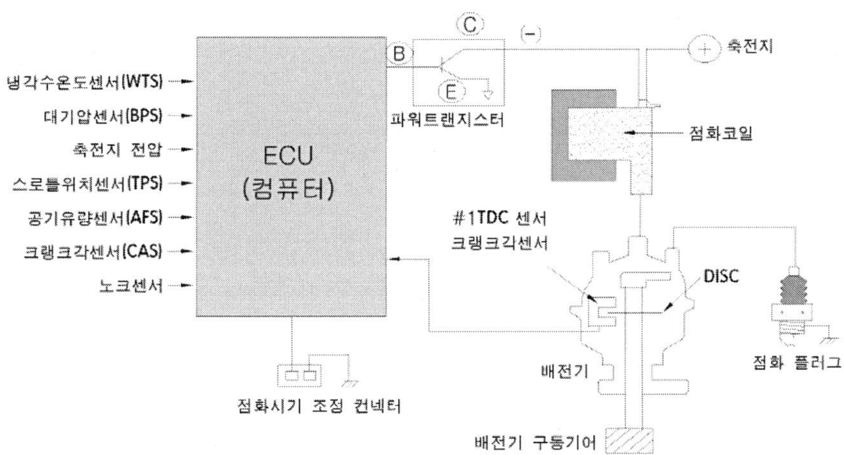

[그림 5.1] HEI 점화장치의 구성요소

예제 5-5 HEI 점화장치의 장점이 아닌 것은? ( )

가. 접점이 없어 저속, 고속에서 탁월하게 안정된 불꽃을 얻을 수 있다.
나. 노킹 발생 시 점화시기를 자동적으로 빠르게 하여 노킹 발생을 억제한다.
다. 엔진 상태를 감지하여 최적의 점화시기를 자동적으로 제어한다.
라. 고출력 점화코일의 사용으로 완벽한 연소가 가능하다.

예제 5-6 전자제어 점화장치 시스템에서 점화시기를 제어하는 순서는? ( )

가. 각종센서 → 컴퓨터(ECU) → 파워 트랜지스터 → 점화코일
나. 각종센서 → 컴퓨터(ECU) → 점화코일 → 파워 트랜지스터
다. 파워 트랜지스터 → 점화코일 → 컴퓨터(ECU) → 각종센서
라. 파워 트랜지스터 → 컴퓨터(ECU) → 각종센서 → 점화코일

[1] 점화코일

점화코일(Ignition Coil)은 자기유도 작용과 상호유도 작용의 원리에 의해 2차 고압이 형성되고, 자기유도 때는 축전지 12 [V]가 점화 1차 코일에 약 300 ~ 400 [V]가 형성되고, 그로 인해 상호유도 때는 2차 코일에 약 25,000 ~ 30,000 [V]의 전류를 발생시키는 승압 변압기이다.

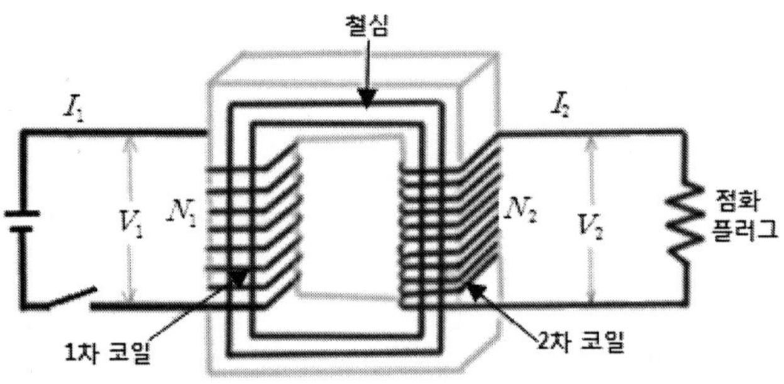

[그림 5.2] 승압변압기

1차 코일 쪽에 발생한 전압 E_1은 1차 코일의 권수(卷數), 전류의 크기, 전류의 변화(ON, OFF)의 속도 및 철심의 재질에 따라 달라진다. 또 2차 코일에는 상호유도작용으로 거의 권수비 (N_2/N_1)에 비례하는 전압 E_2가 발생한다.

$$E_2 = \frac{N_2}{N_1} \times E_1 \qquad \text{점화코일의 시정수} = \frac{\text{1차 코일의 인덕턴스}}{\text{1차 코일의 권선저항}}$$

여기서, E_2 : 2차 코일 유도전압, N_1 : 1차 코일 감은 횟수
N_2 : 2차 코일 감은 횟수, E_1 : 1차 코일에 유도된 전압

Handy hint ....

☞ 자기유도 작용 : 1차 코일에 흐르는 전류를 단속(ON, OFF)하면 그 코일, 즉 1차 코일에 다시 유도 기전력이 발생하는 작용을 자기유도(自己誘導) 작용이라 한다.

☞ 상호유도 작용 : 1차 코일에 흐르는 전류를 단속(ON, OFF)하면 다른 코일, 즉 2차 코일에 유도 기전력이 발생되는 현상을 상호유도(相互誘導) 작용이라 한다.

☞ 인덕턴스(inductance) : 회로를 흐르는 전류의 변화에 의해 전자기유도로 생기는 역기전력의 비율을 나타내는 양, 즉 코일의 자체 유도 능력 정도를 나타내는 양으로서 기호는 L, 단위는 헨리 [H]이다.

점화코일은 폐자로형(몰드형)이며 철심을 ㅁ자형 철심을 사용하였고, 개자로형(케이스형) 점화코일보다 1차 코일 저항을 감소시키기 위해 1차 코일을 굵게 하여 2차 유도전압을 향상시킨 점화코일이다. 즉 점화 1차 코일 저항을 줄여 전류 흐름을 증가시키기 위한 방법으로는 점화 1차 코일의 길이를 짧게 하고, 단면적을 크게 해야 한다. 따라서 1차 코일 저항은 약 1 [Ω]이고, 2차 코일 저항은 약 12 [kΩ]이 된다.

$R=\rho\times\frac{\ell}{A}$ (R : 도체의 저항, ρ : 도체의 고유저항, ℓ: 도체의 길이, A : 도체의 단면적)

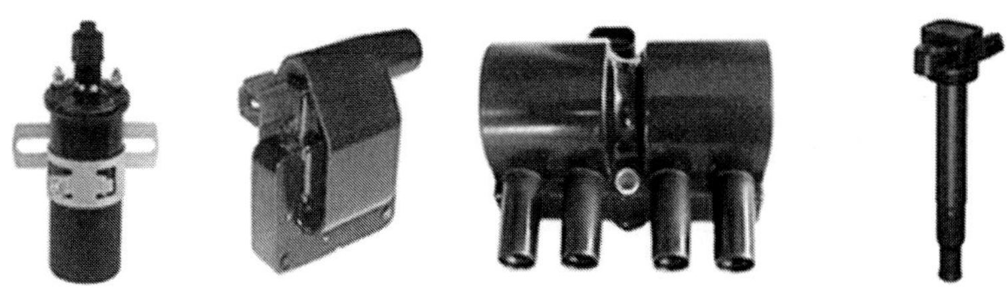

(a) 개자로형 (b) 폐자로형 (c) DLI (d) 시거(막대)형

[그림 5.3] 점화코일의 종류

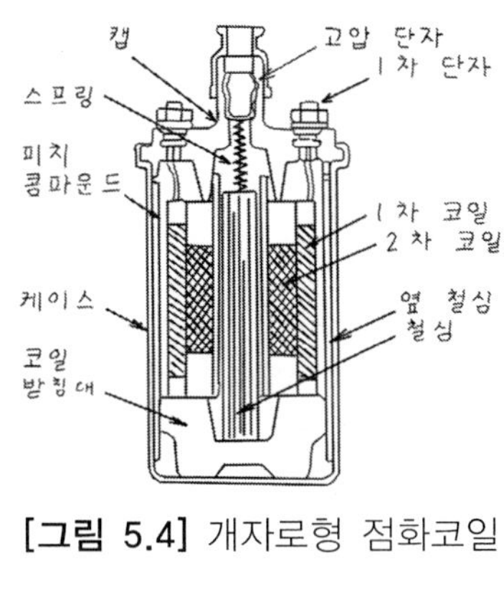

[그림 5.4] 개자로형 점화코일 구조

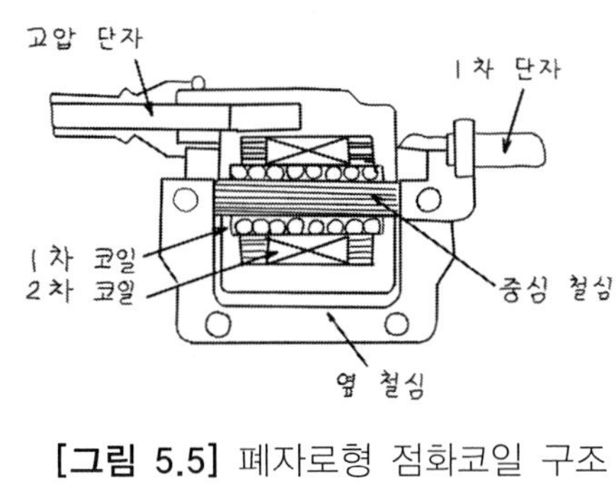

[그림 5.5] 폐자로형 점화코일 구조

(1) 점화전압을 높일 수 있는 방법

코일에 같은 양의 전류변화(ON, OFF)를 주더라도 감은 횟수가 많을수록, 또 듬성듬성 감은 것보다는 바짝 붙여 감아야 자력손실이 없으며, 좋은 질(質)의 철심을 사용하고 막대형 철심보다는 미음자형(ㅁ) 철심이 자력 손실이 없고 발생전압이 높다. 따라서 써지전압(유도전압) 크기는 전류 변화량에 정비례하고 끊는 시간에 반비례한다.

$$e = -L \times \frac{di}{dt}$$

(2) 점화코일의 성능에 미치는 특성

① 속도 특성 : 점화코일 불꽃 시험에서 배전기 축을 1,800 [rpm]으로 회전시켰을 때 방전간극은 6 [mm] 이상이 되어야 한다.

② 온도 특성 : 엔진 작동 중 전류로 인해 열이 발생하여 온도가 상승하게 되어 엔진 작동에 치명적인 영향을 준다. 그래서 80 [℃]에서 성능을 유지하도록 규정하고 있다.

③ 절연 특성 : 절연 저항과 내압은 온도 상승에 따라서 저하되나 80 [℃]에서 10 [M Ω] 이상 20 [℃]에서 50 [M Ω] 이상이어야 한다. 절연 재질은 Bobin이고, 148 [℃] 이상이면 절연 재질이 파괴된다.

예제 5-7 **하나의 전기회로에 자력선의 변화가 생겼을 때 그 변화를 방해하려고 다른 전기회로에 기전력이 발생되는 현상을 무엇이라고 하는가?** ( )

가. 히스테리시스 현상　　나. 자기유도 작용
다. 상호유도 작용　　라. 전자유도 작용

예제 5-8 **코일의 권수비가 그림과 같았을 때 1차 코일의 전류 단속에 의해 350 [V]의 유도전압을 얻었다면 2차 코일에서 발생하는 전압은?** ( )

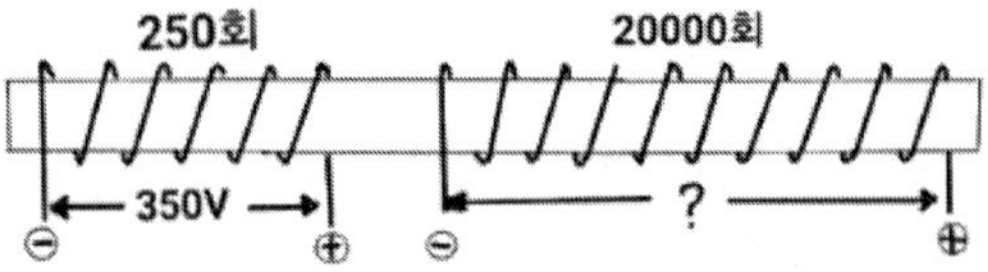

가. 0 [V]　　나. 2,800 [V]
다. 28,000 [V]　　라. 35,000 [V]

예제 5-9 **고강력 점화장치 HEI에 쓰이는 폐자로형(몰드형) 점화코일에 대한 설명으로 틀린 것은?** ( )

가. 4각 철심에 폐자로 형성된다.
나. 1차 코일 두께가 굵고 길이가 짧다.
다. 자속 손실이 적으며 구조가 간단하다.
라. 2차 코일은 안쪽에 감는다.

예제 5-10 2개의 코일 사이에 상호인덕턴스가 0.3 [H]일 때 한쪽 코일의 전류가 0.2 [초] 사이에 6 [A]에서 2 [A]로 변화하면 다른 코일에는 몇 [V]의 기전력이 유도되는가? ( )

가. 2 [V] 나. 4 [V] 다. 6 [V] 라. 8 [V]

[2] 파워 트랜지스터

(1) 파워 트랜지스터의 기능

파워 트랜지스터(power TR)는 ECU로부터 제어 신호를 받아 점화코일에 흐르는 1차 전류를 단속(ON, OFF)하는 역할을 하며, ECU에 의해 제어되는 베이스, 점화코일 1차 코일의 (-) 단자와 연결되는 컬렉터, 그리고 접지되는 이미터로 구성된 NPN형 트랜지스터이다. 또한, TR의 3대 작용(증폭, 발진, 스위칭) 중 자동차에서는 스위칭 작용으로 1차 전류를 단속하여 점화시기를 제어한다.

(2) 파워 트랜지스터의 구조

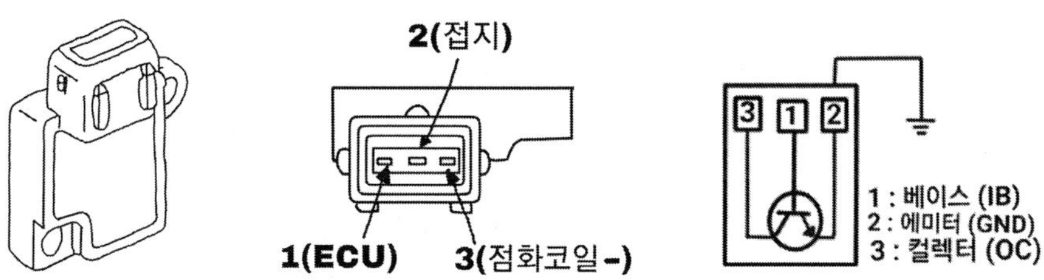

[그림 5.6] 파워 TR의 구조

(3) 파워 트랜지스터의 내부회로

[그림 5.7]에서 파워 트랜지스터 내부회로도를 보면 다링톤 접속인 Tr2의 이미터는 바로 어스되는 것이 아니고 약 0.1 [Ω]의 저항을 거친다. 만약 점화코일의 전류가 상승되어 6.5 [A] 정도에 이르면 0.1 [Ω]의 저항 양단에는 약 0.65 [V]의 전압이 걸리고 이로 인해 Tr3의 베이스가 이미터로 흐르게 되어 Tr1의 이미터는 Tr3의 콜렉터에서 이미터로 흐르게 되고 이로 인해 Tr2가 OFF 즉시 0.1 [Ω]의 양단에 전압이 없어지고 Tr3가 다시 OFF되는 과정을 무척 빠르게 반복한다. 이를 정전류 제어방식이라고 한다. 저항(R)은 온도보상용으로 점화코일 발열을 방지한다.

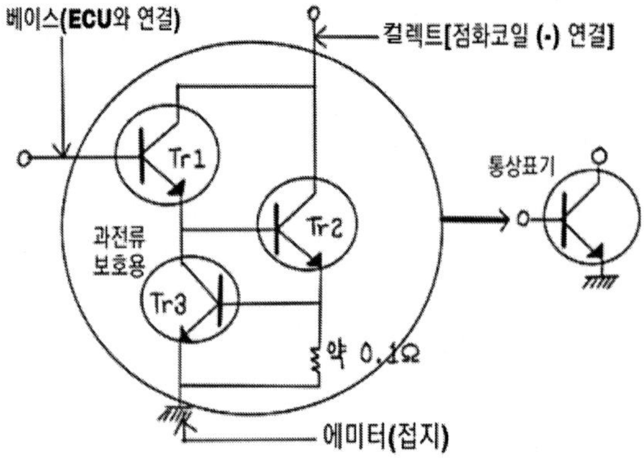

[그림 5.7] 파워TR 내부회로도

예제 5-11 **트랜지스터 점화장치는 트랜지스터의 무슨 작용을 이용하여 2차 전압을 유기시키는가? ( )**

가. 스위칭 작용 나. 자기유도 작용 다. 증폭작용 라. 상호유도 작용

예제 5-12 **파워 트랜지스터에 대한 내용 중 틀린 것은? ( )**

가. 파워 TR 베이스는 ECU와 연결되어 있다.
나. 파워 TR 에미터는 접지되어 있다.
다. 파워 TR 콜렉터는 점화코일(-)와 연결되어 있다.
라. 파워 TR은 PNP형이다.

예제 5-13 **파워 트랜지스터 방식의 점화장치에서 점화코일에 고압의 2차 전압이 발생되는 시기는? ( )**

가. 파워 트랜지스터가 'on' 되어 있을 때
나. 파워 트랜지스터가 'off' 되어 있을 때
다. 파워 트랜지스터가 'off' 상태에서 'on' 되는 순간
라. 파워 트랜지스터가 'on' 상태에서 'off' 되는 순간

예제 5-14 **파워 트랜지스터에 대한 설명으로 틀린 것은? ( )**

가. 입력신호는 ECU에서 받는다.
나. 점화코일 1차 전류를 ON, OFF시킨다.
다. 점화시기 제어 역할을 한다.
라. 도통시험은 12 [V] 축전지로 베이스와 에미터 사이에 측정한다.

[3] 배전기

배전기(distributor) 어셈블리는 점화코일에서 유도된 고압의 전류를 점화 순서(1-3-4-2)에 따라 점화 플러그에 분배하는 기구이다. 캡과 시그널 로터 등으로 구성되어 있다. SOHC 엔진에서는 크랭크 각 센서와 1번 실린더 압축 상사점 센서가 내장되어 있다.

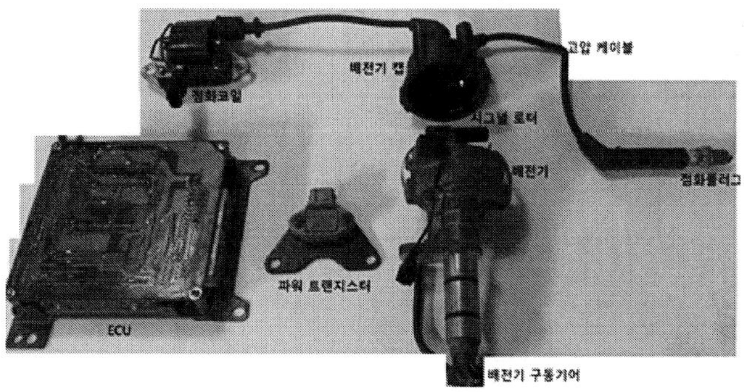

[그림 5.8] HEI 점화장치 구성요소

(1) 크랭크 각 센서(CAS) 및 1번 실린더 압축 상사점 센서(NO.1 TDC 센서)

① 광학 방식(optical type)

광학 방식을 옵티컬 방식이라고도 하며 [그림 5.9]는 그 구조를 나타낸다. 캠축에 의해 디스크가 회전할 때 발광 다이오드에서 발생된 빛이 슬릿을 통하여 포토다이오드에 전달된다. 이 신호는 디지털 신호로 바꾸어 ECU에 입력되면 ECU는 1번 실린더 압축 상사점과 4기통은 1번 실린더를, 6기통은 1번 · 3번 · 5번 실린더를 기준으로 하여 연료의 점화 순서와 연료분사 순서를 결정한다.

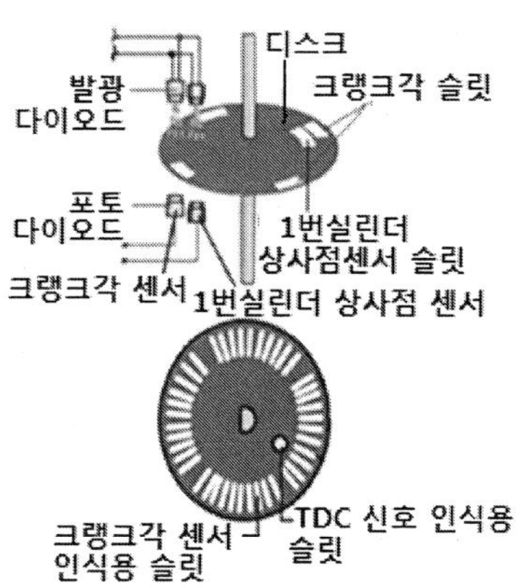

발광 다이오드 ( )	순방향 전류가 흐르면 빛을 발생시키는 반도체
포토 다이오드 ( )	빛을 받으면 역방향 전류가 흐르는 반도체

[그림 5.9] 광학 방식의 크랭크 각 센서 및 NO.1 TDC 센서

크랭크 각 센서(Crank Angle Sensor : CAS)는 크랭크 포지션 센서(Crank Position Sensor : CKPS)라고도 하며 연료분사 시기와 점화시기를 결정하기 위해 크랭크축의 회전 각도를 검출하여 ECU에 입력시키고 ECU는 엔진의 회전수와 회전속도를 연산하여 점화시기와 연료분사시기, 공전속도를 보정한다.

1번 실린더 TDC(number 1 top dead center)센서는 NO.1 TDC 센서라고도 한다. 이 센서는 1번 실린더의 압축행정 상사점과 엔진 회전수를 감지하여 ECU에 입력하여 각 실린더별로 연료분사 및 점화순서를 결정하는 데 사용된다.

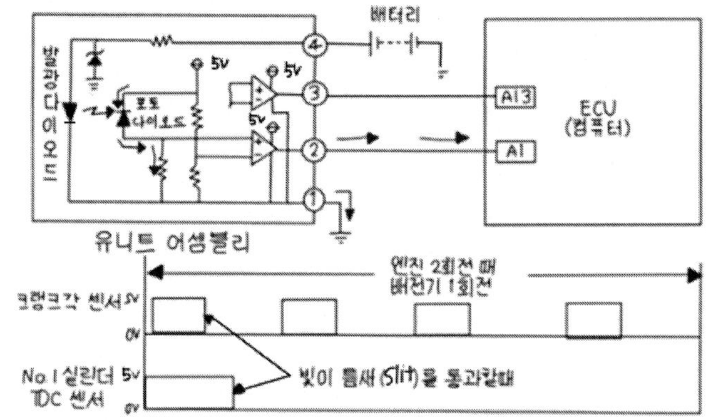

[그림 5.10] 크랭크 각 센서와 1번 실린더 상사점센서의 회로

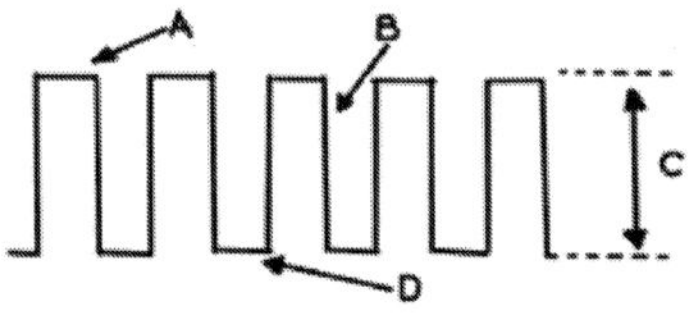

[그림 5.11] 크랭크 각 센서의 출력파형

광학식 회로의 작동은 [그림 5.10]과 같이 크랭크 각 신호는 디스크의 슬릿을 지날 때 발광다이오드로부터 빛이 나오면 포토다이오드는 작동되고 ②번 단자를 통하여 디지털 신호로 변환된 ECU의 ①번 단자를 통하여 입력된다. NO.1 TDC 역시 ④번 단자를 통하여 디지털 신호로 ECU에 입력된다.

[그림 5.11]은 광학식 센서의 디지털 펄스 형태의 출력파형을 나타낸 것이다. 여기서 A부분은 기준선전압을 표시하고 일정 수평선으로 나타내고, B부분은 출력신호가 OFF되는 순간으로

직각의 수직선을 보인다. C부분은 피크-피크(peak to peak) 전압으로 기준전압과 같고 D부분은 접지전압 상태를 표시하며 수평선 상태이다. 엔진의 회전수가 증가할수록 광학식 출력파형의 주파수는 증가한다.

② 전자유도 방식의 크랭크 각 센서

전자유도 방식을 인덕션 방식 또는 마그네틱 방식이라고도 하며, 입력(전원)이 필요 없는 센서이다. 이 방식은 크랭크축의 타이밍 벨트 스프로킷 쪽이나 플라이휠 또는 링 기어 쪽에 기어 모양의 로터와 신호발생 센서가 부착되어 전자석의 자력선의 변화에 따라 파형이 변화하는 방식이다([그림 5.12] 참고). 그림은 로터에 작은 돌기가 돌출되는 방식이고 일정하게 돌출된 로터의 이(tooth)가 중간에 생략되어 감지하는 방식도 있다.

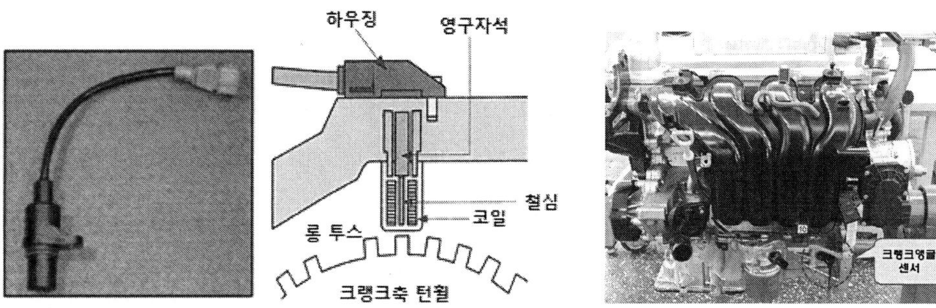

[그림 5.12] 전자유도 방식의 구조

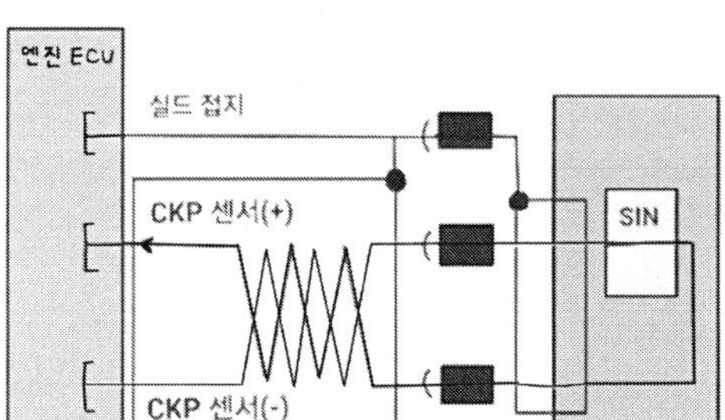

[그림 5.13] 전자유도 방식의 회로

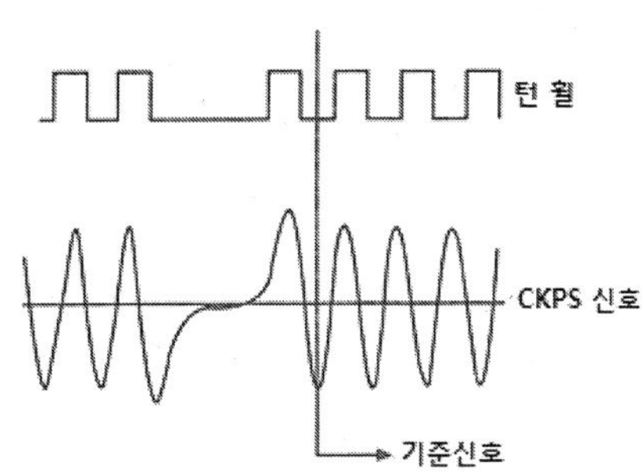

[그림 5.14] 출력파형

전자유도 방식은 [그림 5.14]와 같이 센서 파형은 AC 출력파형이다. A부분은 최대전압, B부분은 최소전압, C부분은 돌기 중 하나를 없애서 기준점인 NO.1 TDC 신호를 나타내는 상태이다. 만약 턴 휠과 돌기 사이에 에어 갭이 넓어진다면 출력파형 상하부분이 낮아지고 출력 전압도 낮다.

③ 홀 센서 방식

홀 센서(hall sensor)는 캠각 센서, 캠축 위치센서, 캠 앵글 센서(cam angle sensor : CMPS), 또는 페이즈 센서(phase sensor)라고도 부른다. 1번 실린더 압축 상사점 위치를 감지하는 데 주로 쓰인다.

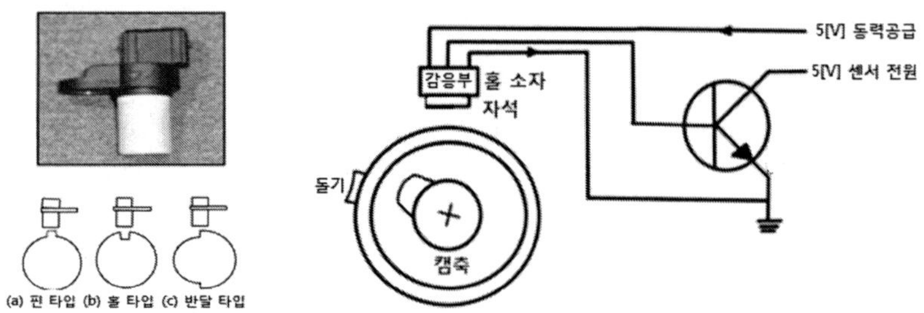

[그림 5.15] 캠 위치센서의 구조와 회로

홀 센서는 캠축에 설치된 돌기가 캠축과 같이 회전하면서 홀 센서의 감지부와 간격이 변화하여 기전력을 발생하는 원리를 이용하는 것이다. 홀 센서의 작동 원리를 보면 두 개의 자석을 사이에 두고 자장이 변화하면서 일정한 전압신호가 발생되는데 이 현상을 홀 효과(hall effect)라 한다.

이와 같이 홀 효과([그림 5.16])를 이용하여 출력 신호를 디지털로 ECU에 입력하는 방식을 홀 센서 방식이라고 한다. 이 방식을 캠각 센서뿐 아니라 크랭크 각 센서 및 차속센서에 사용하는 자동차도 있다.

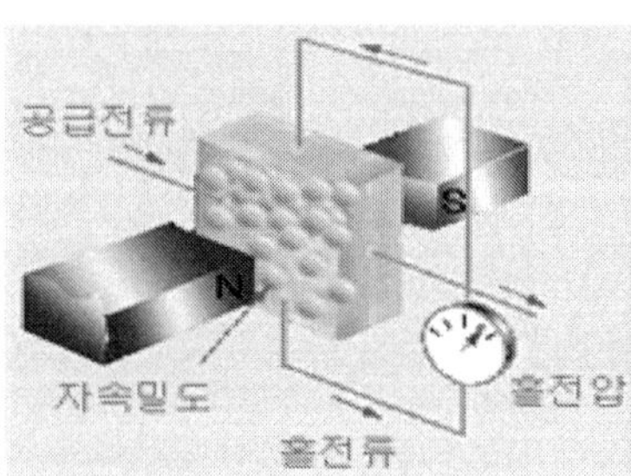

[그림 5.16] 홀 효과

[그림 5.17] 캠 위치센서 장착위치

(2) 크랭크 각 센서 고장 시 예상되는 증상

① 차종에 따라 크랭킹은 되지만 엔진 공회전이 어렵다.

② 차종에 따라 연료펌프 구동이 되지 않는다.

③ 점화시기의 기준이 없어 차종에 따라 점화 플러그에서 점화되지 않는다.

④ 차종에 따라 주행 중 엔진이 정지되고 재시동이 불량하다.

(3) 홀 센서 고장 시 예상되는 증상

① 차종에 따라 엔진 시동이 어렵다.
② 시동은 가능하나 연료소모가 증가한다.
③ 냉간 시 배기가스가 과다하게 배출된다.

예제 5-15 **컴퓨터 제어 점화시기 조정장치에서 점화 시기는 다음과 같은 센서에서의 신호에 의해서 제어된다. <u>관계없는</u> 것은? ( )**

가. 크랭크 각 센서	나. 대기압 센서
다. 산소센서	라. 냉각수 온도센서

예제 5-16 **전자제어 가솔린 차량에서 입력신호 없이 출력이 발생되는 센서는? ( )**

가. 전자유도방식의 센서	나. 칼만 와류 형식의 흡기공기량 센서
다. 스로틀 밸브 위치 센서	라. 부특성의 수온 센서

예제 5-17 **크랭크 각 센서에 활용되고 있지 <u>않는</u> 검출방식은? ( )**

가. 홀(hall) 방식	나. 전자유도(induction) 방식
다. 광전(optical) 방식	라. 압전(piezo) 방식

예제 5-18 **다음은 크랭크 각 센서이다. 디지털 신호가 출력되는 센서는? ( )**

가. 인덕션(induction) 방식	나. 전자유도 방식
다. 광전(optical) 방식	라. 마그네틱 방식

예제 5-19 **두 개의 영구자석 사이에 도체를 직각으로 설치하고 도체에 전류를 흘리면 도체의 한 면에는 전자가 과잉되고 다른 면에는 전자가 부족해 도체 양면을 가로질러 전압이 발생되는 현상을 무엇이라고 하는가? ( )**

가. 홀 효과	나. 렌츠의 현상
다. 칼만 볼텍스	라. 자기유도

5.2.2 DLI(전자배전 점화장치) 방식

(1) DLI 출현 배경

가솔린 엔진은 기관 흡입효율을 높여 rpm을 올려야 큰 발생 동력을 얻을 수 있기 때문에 [그림 5.18]과 같이 DOHC 엔진을 개발하였다. 이로 인한 완전연소와 완전연소로 인한 연비 향상과 출력 증대, 배기가스 유해물질 감소의 목적으로 급연소, 플러그 간극을 크게 하여 점화 에너지를 증가시키고 점화 플러그를 연소실 중앙에 설치하였다. 따라서 드웰 각(dwell angle : 캠각)을 이용하여 점화 에너지를 증가시킬 목적으로 DLI(Distributor Less Ignition system)를 출현시켰다.

드웰 각이란 점화 1차 코일에 전류가 흐르는 시간을 말하며 점화 1차 코일에 전류를 증가시키면 2차 유도전압이 높아 완전연소와 엔진 출력이 증대된다. 또 점화 1차 코일 길이를 짧게 하고 단면적을 증가시켰다.

점화 2차 코일 유도전압의 크기는 변화되는 전류에 비례하고 점화 1차 전류를 끊는 시간에 반비례하므로 다음 식으로 표시된다.

$$e = -L \times \frac{di}{dt}$$

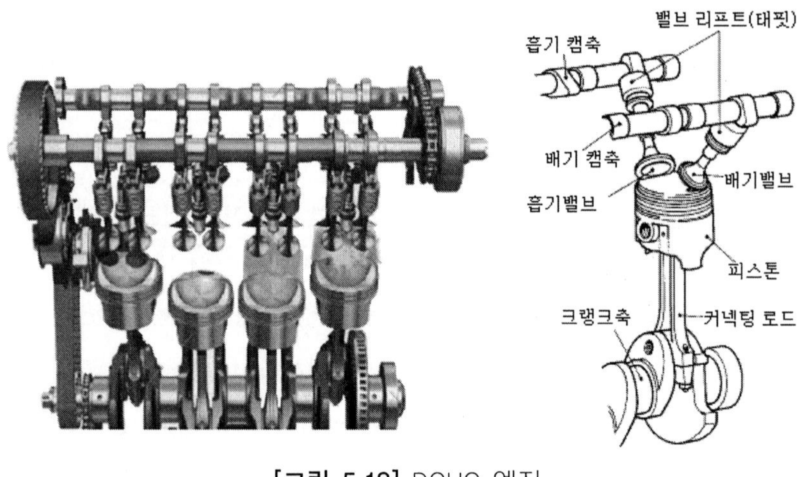

[그림 5.18] DOHC 엔진

(2) DLI의 분류

HEI 점화방식에서는 1개의 점화코일에 의해 고전압을 발생시켜 배전기와 고압 케이블을 거쳐 점화 플러그로 점화 에너지를 공급한다. 이 과정에서 기계적으로 고전압을 분배하므로 전압강하가 발생한다.

또한 배전기 내의 로터와 배전기 캡 전극 사이의 에어 갭을 뛰어넘어야 하므로 에너지의 손실이 발생하고 전파 잡음의 원인이 되기도 한다. 이와 같은 HEI 점화 방식의 고전압 배전 중에 일어나는 단점을 보완한 점화 방식이 배전기 없는 점화 방식(DLI)이다.

배전기 없는 방식은 [그림 5.19]와 같은 동시점화 방식과 [그림 5.22]와 같은 독립점화 방식(Direct Ignition System : DIS), [그림 5.23]과 같은 다이오드 분배 방식이 있다. 최근에는 독립점화 방식을 많이 채택하고 있다. 그 이유는 드웰 각을 동시점화 방식보다 두 배, SOHC보다 네 배로 증가시킬 수 있으니 더욱 인덕턴스가 작으면서 더 작은 코일로 더 강력한 점화 성능을 구비하여 더 높은 연소효율과 더 높은 회전수에 더 나은 출력이 나올 수 있기 때문이다.

Handy hint ....

☞ DLI의 장점

① 배전기에서 누전이 없다.
② 배전기의 로터와 캡 사이의 고전압 에너지 손실이 없다.
③ 배전기 캡에서 발생하는 전파 잡음이 없다.
④ 점화진각 폭에 제한이 없다.
⑤ 고전압의 출력이 감소해도 방전 유효에너지 감소가 없다.
⑥ 내구성이 크다.
⑦ 전파 방해가 없어 다른 전자 제어장치에도 유리하다.

☞ DLI의 단점

① 시스템 비용이 증가한다.
② 실린더 판별 센서가 필요하다.
③ 점화 플러그가 조기 마모된다.

동시점화 방식은 [그림 5.19] (a)의 회로도와 같이 하나의 코일에서 2차 전압이 발생 시 동시에 2개의 점화 플러그에서 방전이 일어나는 방식이다. 동시점화 방식은 일반적으로 기통수의 반수만큼의 파워 트랜지스터와 점화코일로 구성된다. 점화순서가 1-3-4-2인 4기통 동시점화 방식 엔진을 예로 들면 작동은 다음과 같다.

크랭크각 \ 기통	1번 실린더	2번 실린더	3번 실린더	4번 실린더
0° ~180°	흡입행정	배기행정	폭발행정	압축행정
180° ~360°	압축행정	흡입행정	배기행정	폭발행정
360° ~540°	폭발행정	압축행정	흡입행정	배기행정
540° ~720°	배기행정	폭발행정	압축행정	흡입행정

[그림 5.19]의 파워 트랜지스터 (a)는 1번과 4번 점화 플러그를 제어하며 파워 트랜지스터 (b)는 2번과 3번 점화 플러그를 제어한다. 파워 트랜지스터 (a)와 (b)는 동시에 작동하지 않는다. 1번 실린더가 압축행정인 경우 파워 트랜지스터 (a)의 베이스 단자로 ECU에서 전류가 흐르면 파워 트랜지스터의 컬렉터의 전류는 에미터로 흐르게 되어 1, 4번 점화코일에는 1차 전압이 형성된다.

ECU에서 파워 트랜지스터 베이스 단자로 흐르는 전류가 차단이 되면 파워 트랜지스터 컬렉터에서 에미터로 흐르는 전류가 차단되어 1, 4번 점화코일 내 1차 전압은 없어지고 이때 점화코일 내의 2차에 코일 권선 수에 비례하여 높은 2차 전압이 형성된다. 이 전압은 1번과 4번 점화 플러그에 동시에 방전이 일어난다.

점화 플러그에서 방전이 일어나기 위해서는 점화 플러그 내에서 전류의 흐름이 이루어져야 한다. 점화 플러그의 간극에 의해 전류가 흐를 때 점화 플러그 간극에서 불꽃이 발생한다.

점화 플러그 내의 간극 주변 환경에 따라 전류의 흐름에 차이가 발생한다. 점화 플러그 내의 전류 흐름은 연소실 내의 압력, 혼합기의 농도, 온도에 따라 차이가 발생한다. 일반적으로 전류 흐름을 방해하는 성질을 저항이라고 한다. 그러므로 연소실 내의 점화 플러그는 연소실 내의 상태에 따라 전류의 흐름이 변화하므로 가변저항으로 생각하면 [그림 5.19] (b)와 같이 나타낼 수도 있다. [그림 5.19] (b)에서 2차 전압이 발생하면 1번과 4번 저항이 동일하다고 가정하면 ①지점과 ②지점의 전압은 동일하게 인가된다. 그러나 1번과 4번 저항은 연소실 내의 상태에 따라 저항값이 변하므로 동일한 저항이라고 판단할 수 없다.

1번이 압축 상사점일 때 4번은 배기 상사점이 되므로 1번 실린더 내의 압축압력이 4번 실린더 내의 압축압력보다 높다. 연소실 내의 압축압력이 높을수록 전류의 흐름은 어려워지므로 ①지점에서의 전압은 높게 그리고 ②지점의 전압은 낮게 인가된다. 그러므로 1번 실린더는 높은 전압으로 인한 방전으로 정상적으로 연소가 이루어지는 유효방전이 이루어지고 4번은 실린더 내에서는 낮은 전압에 희박한 혼합기로 인해 순간적인 무효방전이 이루어진다. 그러므로 동시에 두 개의 점화 플러그에서 방전이 이루어진다 하더라도 엔진의 점화에는 큰 영향을 주지 않는다.

이와 같은 파워 트랜지스터에 의해 1번과 4번 점화 플러그에서 방전된 후 크랭크축이 1회전하면 3번 실린더는 압축, 2번 실린더는 배기행정이 되고 이때 ECU는 파워 트랜지스터 (b)를 제어하여 2번과 3번 점화 플러그에서 방전을 일으킨다. 이와 같은 방법으로 엔진이 모든 점화 플러그에 점화가 실시된다.

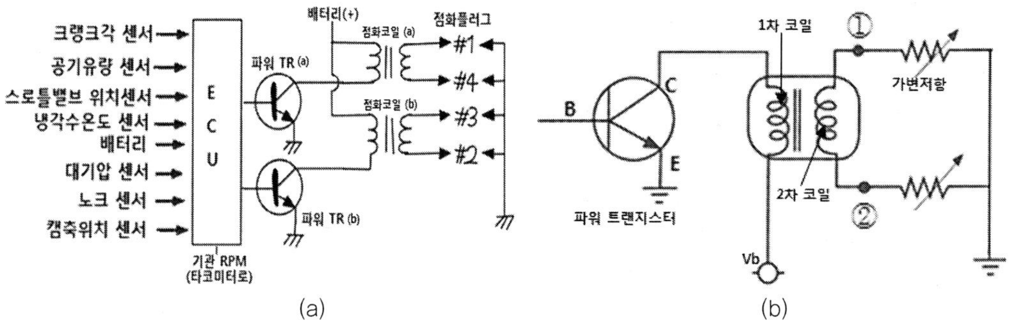

[그림 5.19] 동시점화 방식의 회로

[그림 5.21]은 동시점화 방식의 점화파형은 점화 2차 파형을 측정하기 위해 1번 또는 4번 고압 케이블에 스코프 프로브를 연결한 그림이다. 이 그림의 의미는 1번은 압축 상사점이고 4번은 배기행정, 즉 4번은 무효방전이기에 차이가 난 것이다. 따라서 정상적인 점화 2차 파형이다.

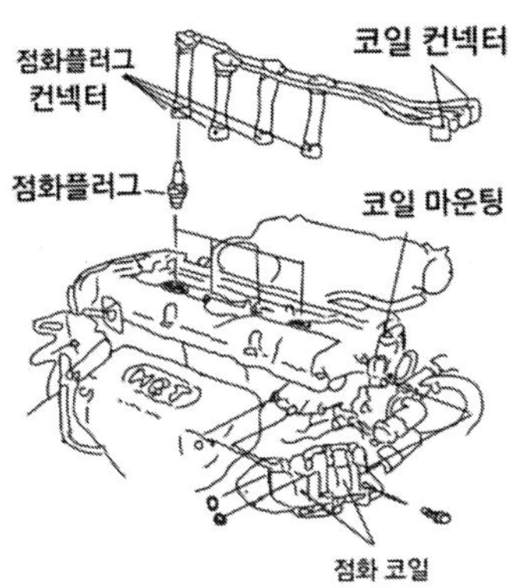

[그림 5.20] 동시점화 방식의 점화코일 장착위치

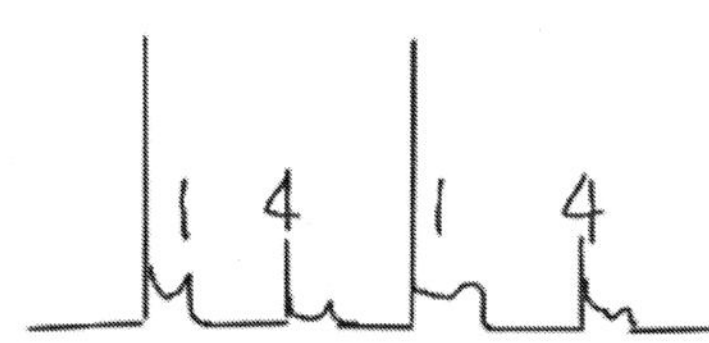

[그림 5.21] 동시점화 방식의 점화파형

독립점화 방식(Direct Ignition System : DIS)은 [그림 5.22]와 같이 각각의 실린더마다 파워 트랜지스터 1개, 점화코일 1개를 장착하여 동시점화 방식보다 점화 에너지를 2배로 증대시켜 엔진 출력을 향상시킨 점화 방식이다.

이 독립점화 방식은 [그림 5.22]와 같이 각 실린더의 점화 플러그에 독립된 점화코일과 파워 트랜지스터를 설치하여 ECU의 제어에 의해 순차적으로 점화를 실시한다. 점화순서가 1-3-4-2인 4기통 독립점화 방식 엔진을 예로 들면 작동은 다음과 같다.

독립점화 방식 점화장치에서는 실린더 수만큼 점화코일, 파워 트랜지스터, 점화 플러그 등이 필요하다. 1번 실린더가 압축 상사점일 경우 ECU는 1번 파워 트랜지스터의 베이스 단자로 흐르는 전류를 차단하여 2차 전압을 발생시키고 이 전류가 점화 플러그에 전달되어 연소가 이루어진다. 연소가 끝나면 ECU는 3번 파워 트랜지스터의 베이스 전원을 차단하여 2차 전압을 발생시켜 연소를 행하며 다음은 4번 다음은 2번의 순서로 연소를 행한다.

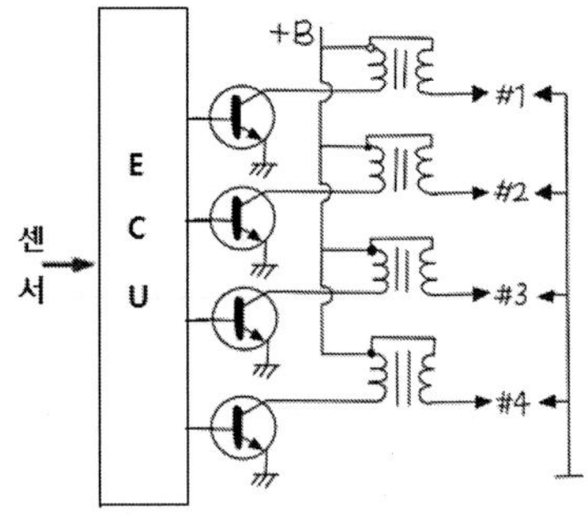

[그림 5.22] DIS 점화방식의 회로

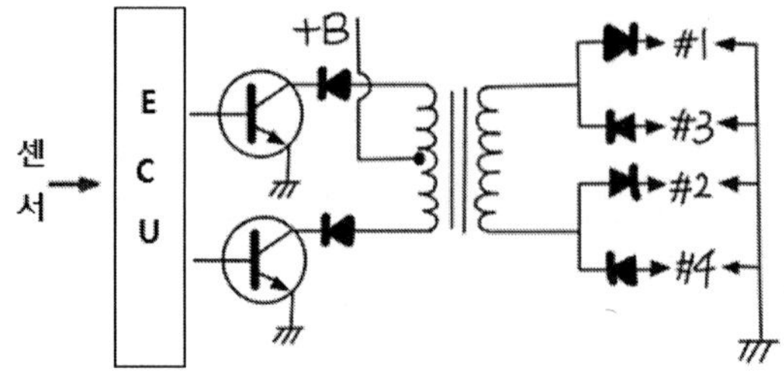

[그림 5.23] 다이오드 분배방식의 회로

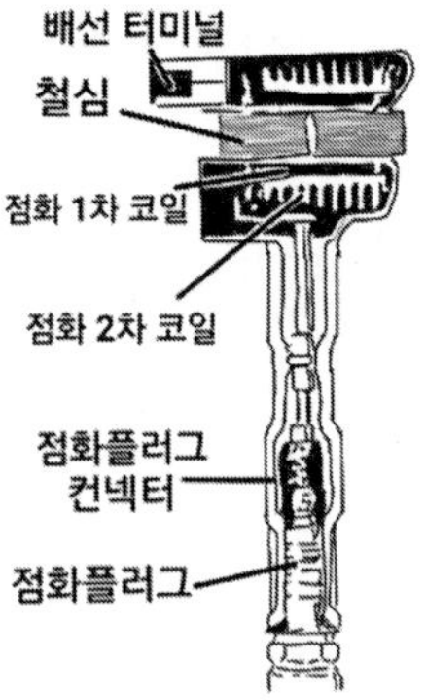

[그림 5.24] DIS 점화코일 구조

[그림 5.25] DIS 장착위치

예제 5-20 **다음 중 전자배전 점화장치의 구성요소에 해당되지 않는 것은? (　)**

가. ECU(Electric Control Unit)　　나. 시그널 로터
다. 이그니션 코일(ignition Coil)　　라. 센서(sensor)

예제 5-21 **전자배전 점화장치(DLI, DIS)의 배전방식에 속하지 않는 것은? (　)**

가. 이그나이터 분배식　　나. 동시점화코일분배방식
다. 다이오드 분배식　　라. 독립점화 방식

예제 5-22 **점화장치에서 DLI(distributer less ignition : 배전기가 없는 점화장치)의 특징을 설명한 것 중 틀린 것은? (　)**

가. 고압 에너지 손실이 적다.　　나. 전파 장애가 적다.
다. 진각 폭의 제한을 받는다.　　라. 배전 누전이 적다.

예제 5-23 **점화장치에서 무효방전에 대한 내용으로 맞는 것은? ( )**

가. 동시점화 방식에서 배기과정에 있는 점화 플러그의 방전을 말한다.
나. 독립점화 방식에서 케이블을 통해 손실되는 점화에너지의 방전을 말한다.
다. 동시점화 방식에서 압축과정에 있는 점화 플러그의 방전을 말한다.
라. 배전기 방식에서 나타나는 점화에너지의 방전을 말한다.

예제 5-24 **4기통 가솔린 기관에서 동시(그룹)점화 방식의 DLI장치에 대한 설명으로 틀린 것은? ( )**

가. 두 실린더에 병렬로 연결되어 동시 점화되므로 연소실 내에서의 불꽃 세기는 같다.
나. 배기행정을 하는 실린더에 점화되는 불꽃은 압축하는 실린더에 비해 약하다.
다. 압축행정을 하는 실린더와 배기행정을 하는 실린더에 동시에 점화한다.
라. 점화코일이 2개이므로 제어하는 파워 트랜지스터도 2개로 구성되어 있다.

예제 5-25 **무배전기식 점화장치의 드웰 시간(dwell time)에 관련된 설명으로 옳은 것은? ( )**

가. 구간이 길면 점화시기가 빨라진다.
나. 점화시기 조정은 드웰 시간을 조정하여야 한다.
다. 이 구간은 ECU가 파워 TR의 베이스 단자에 전원을 공급하는 시간이다.
라. 이 구간은 파워 트랜지스터의 C 단자에서 E 단자로 흐르는 전류가 차단되고, 점화 플러그에서 불꽃이 튄다.

예제 5-26 **DLI 점화방식 중 2번 실린더 점화 플러그 불꽃 방전이 일어났다면 2번과 동시에 방전이 일어나는 점화 플러그를 다음 중 고른다면? ( ) (단, 점화순서는 1-3-4-2이다).**

가. 1번 실린더 점화 플러그 나. 5번 실린더 점화 플러그
다. 3번 실린더 점화 플러그 라. 4번 실린더 점화 플러그

예제 5-27 **점화순서가 1-5-3-6-2-4인 직렬 6기통 가솔린 엔진에서 점화장치가 1코일 2실린더(DLI)일 경우 1번 실린더와 동시에 불꽃이 발생되는 실린더는? ( )**

가. 3번 나. 4번 다. 5번 라. 6번

예제 5-28 **점화장치에서 드웰 시간에 대한 설명으로 옳은 것은? ( )**

가. 점화 1차 코일에 전류가 흐르는 시간
나. 점화 2차 코일에 전류가 흐르는 시간
다. 점화 1차 코일에 아크가 방전되는 시간
라. 점화 2차 코일에 아크가 방전되는 시간

5.2.3 고압 케이블

고압 케이블(High Tension Cord)은 점화코일 중심단자와 배전기 캡 중심 단자, 배전기 캡의 점화 플러그 단자와 점화 플러그를 연결하는 절연 전선이며, 보통 고압 케이블을 사용하면 운전 중 고압회로에서 약 30 ~ 40 [MHz]의 고주파가 발생된다. 이 고주파는 라디오나 무전기에 전파 장해를 일으켜 잡음의 원인이 되므로 현재는 점화 회로에서 발생하는 고주파를 방지하기 위하여 [그림 5.26] (b)와 같이 1 [m]당 10[k Ω] 정도의 균일한 저항이 들어 있는 TVRS(Television Radio Suppression) 케이블 또는 저항 케이블을 사용한다.

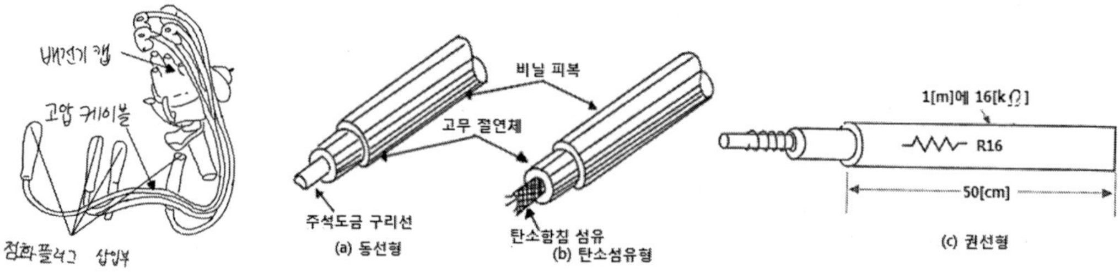

[그림 5.26] 고압 케이블의 구조

예제 5-29 **자동차에서 저항 플러그 및 고압 케이블에 10 [kΩ]의 저항을 사용하는 가장 적합한 이유는? ( )**

가. 배기가스 저감　　　　나. 잡음 발생 방지
다. 연소 효율 증대　　　　라. 강력한 불꽃 발생

5.2.4 점화 플러그

[1] 점화 플러그의 역할과 구조

실린더 헤드 연소실에 장착되어 점화코일 2차 코일에서 발생한 고전압에 의해 중심전극과 접지전극 사이에서 전기 불꽃을 방전시켜 실린더 내의 혼합가스에 점화하는 일을 한다. 점화 플러그(spark plug)는 그 구조가 간단하고 작은 부품이지만 가혹한 조건에서 사용되기 때문에 그 기능의 양부는 엔진의 성능에 직접적인 영향을 미치는 중요한 부품이다. 점화 플러그의 구조로서 [그림 5.27]과 같이 절연체(insulator), 셀(shell), 전극 부분(electrode)의 3주요부로 구성되어 있다.

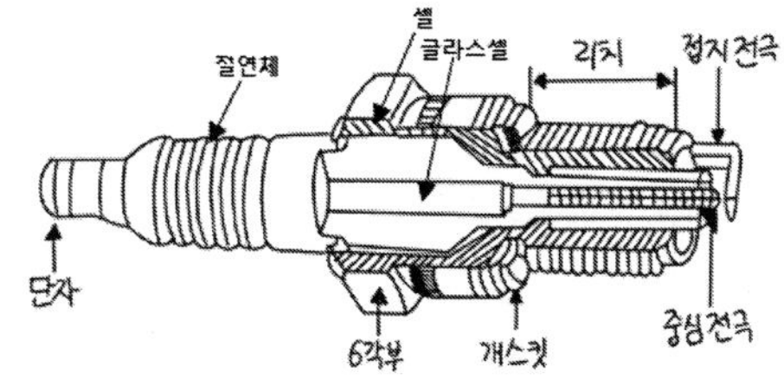

[그림 5.27] 점화 플러그의 구조

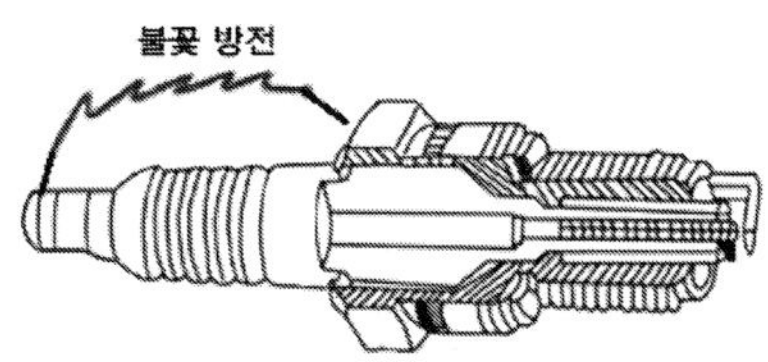

[그림 5.28] 플래시오버 현상

(1) 절연체

절연체(insulator)는 점화 플러그 수명을 결정하는 것으로, 고온에서도 절연성과 기계적 강도를 유지하고 전극부에서 받은 열을 발산시키기 위하여 내열성, 열전도성, 절연성, 기계적 강도가 큰 자기(ceramic)를 사용한다. 절연체의 위쪽 부분인 단자(커넥터)에는 고압 전류에 의한 플래시 오버(flash over : 섬락)를 방지하기 위한 콜게이션(corrugation) 또는 리브(rib)가 있다. 플래시 오버 현상이란 [그림 5.28]과 같이 점화 플러그의 단자에서 몸체로 이물질 등의 영향으로 콜게이션을 건너뛰어 방전되는 현상을 말한다.

(2) 셀

셀(shell)은 전극과 절연체를 조합하여 점화 플러그를 구성하는 금속 부분이다. 아래쪽은 실린더 헤드의 플러그 구멍에 끼우는 나사로 되어 있고 위쪽에는 렌치(wrench)가 끼워지는 6각형으로 되어 있으며 기계 구조용 탄소강을 쓴다. 방청 때문에 표면에는 아연 도금 등으로 처리한다.

(3) 가스켓

가스켓(gasket)은 실린더 헤드와 점화 플러그와의 접속부로부터 가스 누설을 방지하는 것으로 금속판 속에 석면을 감은 것과 금속판을 구부려 압축성을 갖게 한 것, 금속판을 그대로 쓰는 것 등의 3종류가 있다. 테이퍼 시트로 된 점화 플러그에는 가스켓을 끼우지 않는다.

(4) 전극

점화 플러그의 전극(electrode)은 중심 전극과 하우징의 끝 부분에 용접된 음극 전극이 있다. 전극은 불꽃 간극을 형성하는 가장 중요한 부분으로 절연된 중심 전극(center electrode)과 접지된 접지 전극(ground electrode)으로 되어 있으며 높은 열에 견딜 수 있는 니켈(Ni)-크롬(Cr) 합금이나 니켈(Ni)-망간(Mn) 합금, 백금(Pt) 등이 사용된다. 또한 불꽃 방전을 이용하기 위하여 전극 사이에는 0.6 ~ 1.1 [mm] 정도의 간극이 있다.

[2] 점화 플러그의 구비조건

(1) 전기적 절연 성능이 양호할 것

점화 플러그 절연성이 저하되면 점화코일에서 발생한 전압은 누설 전류로 되어 소비되기 때문에 방전에 필요한 전기량이 점화 플러그에 공급되지 못하여 불꽃 성능은 저하된다. 또 절연 저항이 10 [MΩ] 이하로 되면 급격히 발생 전압이 저하되고 0.1 [MΩ] 이하에서는 거의 전압이 발생되지 않는다. 따라서 운전 중에는 절연 저항이 적어도 10 [MΩ] 이상일 것이 요구된다. 특히 점화 플러그에서는 온도 상승 및 오존에 의한 절연 저하를 고려하여 절연재료는 고온에서 절연성이 저하하는 경향이 있으므로 사용되는 최고 온도에서도 충분한 절연 저항을 유지하는 것이 필요하다. 운전 중에서 카본 등의 전도물이 절연체 표면에 부착되면 절연성을 저하시켜 심한 경우에는 실화(miss-fire)하기 쉽다.

(2) 내열 성능이 클 것

점화 플러그는 발화부의 온도가 400 ~ 600 [℃] 정도가 되고 또 2,000 [℃], 5 [MPa]에 달하는 고온 고압의 가스 속에서 작동하기 때문에 충분한 내열 강도를 가져야 한다. 따라서 고온, 저온에 관계없이 방열성이 좋고 또 과열 파괴되는 부분 없이 급냉, 급열의 온도 변화에 견딜 것이 필요하다.

(3) 기계적 강도가 클 것

점화 플러그는 운전 중 엔진의 진동에 의한 충격, 연소실내 가스의 폭발력 등에 의한 충격, 연소실내 가스의 폭발력 등에 견디는 충분한 강도를 가질 것과 고압의 연소가스에 대해서 기밀성이 양호하지 않으면 안 된다.

(4) 내구성이 좋을 것

점화 플러그는 장시간 사용해도 전극 소모가 적고 내부식성이 좋아야 하므로 전극의 재료는 니켈(Ni)-크롬(Cr) 합금, 백금(Pt) 등이 사용된다. 특히 백금 플러그는 100,000 [km]까지 내구성이 유지된다.

(5) 기밀 유지 성능이 양호할 것

압축 행정과 폭발 행정 시에 받는 압력에 견딜 수 있도록 기밀이 유지되어야 하고, 특히 고온 상태에서도 가스의 누출이 없어야 한다.

(6) 열 전도성이 클 것

연소가스로부터 받는 많은 열을 빨리 방열시키지 않으면 전극이 녹아버리거나 급격한 산화로 인하여 전극의 소모가 많아진다. 그러므로 전극의 온도가 600 [℃]를 넘지 않도록 열전도성이 좋아야 하고, 특히 온도가 높을수록 열전도율이 커야 한다.

(7) 자기 청정 온도를 유지할 것

연소 가스 중 카본이 전극부위에 누적되면 누전으로 인한 실화가 발생되기 쉽다. 그러나 카본은 400 ~ 600 [℃] 정도에서 연소되어 버리기 때문에 운전 중에 이 온도를 유지하면 자기 청정 작용으로 카본이 연소되어 없어진다.

(8) 강력한 불꽃이 발생할 것

전극의 끝 부분이 예리할수록 불꽃은 잘 생기지만, 너무 예리하면 전극의 소모가 심하므로 끝 부분을 적절한 모양으로 불꽃이 발생되도록 하여야 한다.

(9) 점화 성능(착화성)이 좋을 것

전극에 불꽃이 생겨도 에너지가 불충분하면 착화되기 어렵다. 불꽃은 혼합기의 점화에 극히 중요한 관계가 있으며 현재 각종 엔진에 사용되고 있는 점화장치에서는 불꽃을 정상값으로 튀게 하면 점화 능력은 충분하다. 따라서 희박한 혼합기일지라도 충분한 착화 에너지가 발생하도록 전극의 형상이 고려되어야 한다.

(10) 화학적으로 안정될 것

점화 플러그는 여러 가지 물질에 접촉하므로 화학적으로 안정되어야 한다. 구성 재료는 특히 전극 재료 및 절연체가 연료, 윤활유 및 그들의 연소 생성물 등에 침식되지 않아야 한다.

[3] 점화 플러그의 자기 청정 온도

자기 청정 온도(self cleaning temperature)는 450 ~ 600 [℃]이다. 이보다 낮으면 카본 생성으로 절연 능력이 저하되어 불꽃 방전이 약해져 실화(失火)를 일으키고, 높으면 조기점화(pre-Ignition)를 일으켜 엔진 출력을 저하시킨다. 또한 엔진 공회전 상태로 10분 이상 두면 자기 청정 온도 이하로 되어 카본 누적으로 배기관 삼원촉매 장치가 손상되므로 주의를 요한다.

[4] 점화 플러그의 열가

점화 플러그의 열방산 정도를 수치로 나타낸 것을 열가(heat value)라고 하며 일반적으로 [그림 5.29]와 같이 절연체 아랫부분의 끝에서부터 아래 실까지의 길이에 따라 정해진다.

점화 플러그는 항상 자기 청정 온도 범위 내에서 사용되어야 한다. 그런데 점화 플러그가 혼합기의 연소에 의해서 받는 열량은 엔진의 종류, 운전 상태, 속도, 부하 및 연료의 종류에 따라 다르게 된다. 따라서 한 가지 종류의 점화 플러그로 모든 엔진에 사용할 수 없으므로 열 방산이 잘 되는 점화 플러그와 열 방산이 잘 안 되는 점화 플러그가 있어 엔진 운전 조건에 맞는 점화 플러그를 선택하여 사용하도록 되어 있다.

일반적으로 열 방산이 좋은 점화 플러그를 냉형(cold type), 열 방산이 나쁜 것을 열형(hot type)이라 부르고 있다. 따라서 점화 플러그를 선정하는 경우에는 고속 회전에서 전극 소모가 심한 엔진에서는 냉형 플러그를, 반대로 동일 엔진에서의 사용 조건에서 전극이 오손되기 쉬운 경우에는 열형 플러그를 사용하는 것이 좋다.

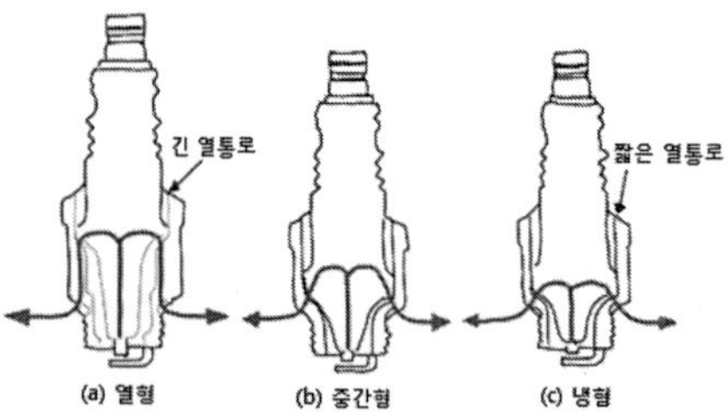

[그림 5.29] 점화 플러그의 열가

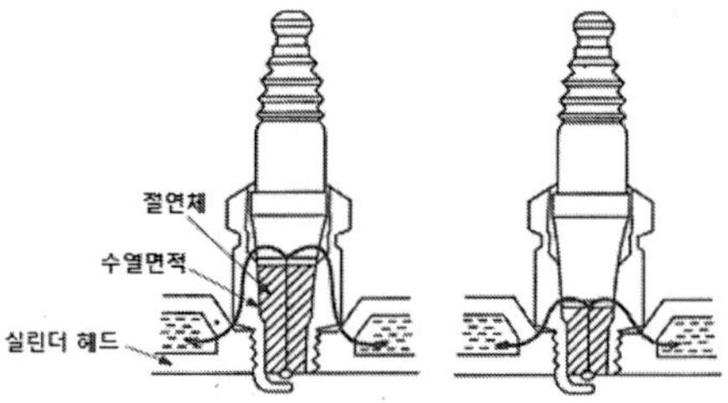

[그림 5.30] 방열 경로

즉, 열형 플러그는 저속 저부하 기관에 사용되고, 냉형 플러그는 고속 고부하 기관에 사용된다. 점화 플러그를 탈착하여 보니 심하게 오염(카본)되어 있다면 열형 플러그로 교체하는 것이 바람직하다.

[5] 점화 플러그의 리치

점화 플러그의 리치(reach)는 [그림 5.27]과 같이 점화 플러그 나사 부분의 길이를 말하며 그 길고 짧음에 따라 롱 리치, 쇼트 리치로 나눈다. 따라서 실린더 헤드의 플러그 나사부의 깊이에 적합한 리치의 플러그가 필요하다. 적합한 리치의 플러그를 사용하지 않으면 다음과 같은 좋지 않은 영향을 미친다.

(1) 리치가 규정보다 길 때

① 나사부에 카본이 부착되어 플러그를 떼어낼 때 헤드의 나사산을 해친다.
② 플러그 앞 끝이 높은 온도로 가열되어 조기 점화를 일으킨다.

(2) 리치가 규정보다 짧을 때

① 실린더 헤드부의 나사산에 카본이 퇴적되어 규정의 플러그를 끼웠을 때 헤드의 나사산을 상하게 한다.

② 플러그가 안으로 들어갔기 때문에 그 부분에 배기가스가 남게 되므로 출력 감소, 과열 등으로 엔진 작동이 고르지 못한 원인이 된다.

[6] 점화 플러그의 종류

(1) 홈 붙이형 점화 플러그

접지전극 또는 중심전극에 U자 또는 V자 형의 홈을 두거나 중심전극을 가늘게 함으로써 소염작용을 완화하여 화염 핵이 퍼지기 쉽도록 하여 점화 성능을 향상시킨 것이다.

(2) 자기 돌출형 점화 플러그

자기 돌출형 점화 플러그를 P형 플러그(projected core nose plug)라고도 한다. 이 점화 플러그는 절연체와 전극이 셀의 끝 부분보다 더 노출되어 있다[그림 5.32] 참고. 따라서 엔진의 저속 회전에서는 열이 쉽게 축적되고, 고속 회전에서는 새 혼합가스에 의해 냉각이 촉진되므로 저속이나 고속의 어느 회전에서든지 자기 청정온도를 유지한다.

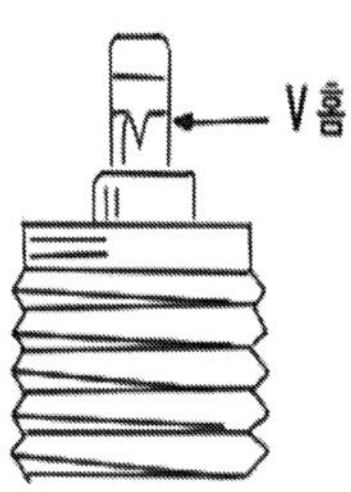

[그림 5.31] 홈붙이형 점화 플러그

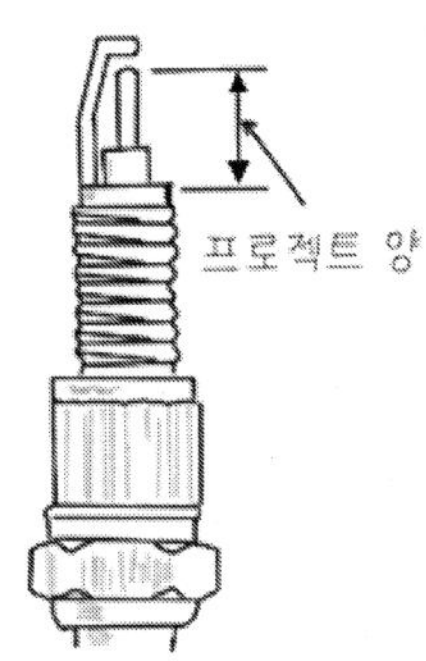

[그림 5.32] 자기돌출형 점화 플러그

(3) 백금 전극 점화 플러그

보통의 점화 플러그의 전극은 니켈 합금을 사용하고 있는데 고온에서 부식성, 전자에 의한 전극 마멸 등 내구성이 불충분하므로 중심전극 및 접지 전극에 백금 팁을 용접하여 내구성을 크게 향상시킨 것이다([그림 5.33] 참고).

(4) 저항들이 점화 플러그

저항들이 점화 플러그(resistor spark plug)는 점화 플러그에서 발생되는 고주파 잡음으로 인해 무전기, 라디오 전파 간섭을 억제하기 위한 것으로서, 중심전극에 1 [m]당 10 [kΩ] 정도의 저항이 들어 있는 점화 플러그이다([그림 5.34] 참고).

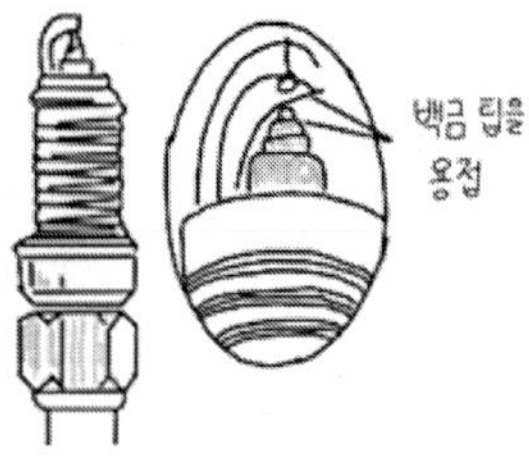

[그림 5.33] 백금 전극 점화 플러그

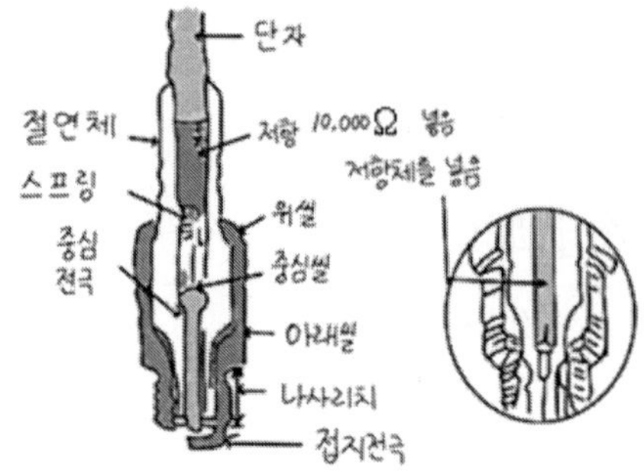

[그림 5.34] 저항들이 점화 플러그

[7] 점화 플러그 치수

점화 플러그 치수는 [그림 5.35]와 같이 표기되어 있으며 그 형식은 BP6ES-11, PFR6A-11, BRE627Y-11 등으로 표시하며 형식에 따른 세부 내용은 [표 5.1], [표 5.2], [표 5.3]과 같다.

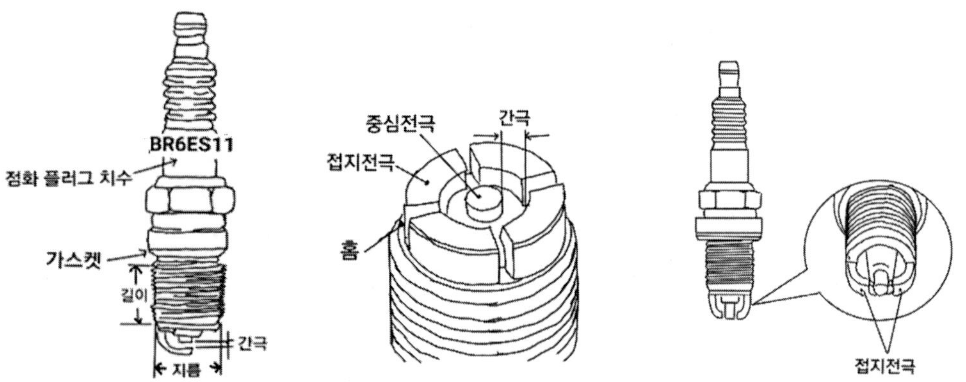

[그림 5.35] 점화 플러그 치수

(1) BP6ES-11 형식의 치수

[표 5.1] BP6ES-11 형식의 치수

B	P 또는 R	6	E	S 또는 R	11
나사부분 지름	P : 자기돌출형 R : 저항삽입형	열값	나사부분의 길이	구조	점화 플러그 전극부분 간극
A : 18mm B : 14mm C : 10mm D : 12mm		크면 : 냉형 적으면 : 열형	E : 19mm H : 12.7mm 무기호 : 표준형	S : 구리심이 든 중심전극 R : 실드형 저항 삽입형	11 : 1.1mm 13 : 1.3mm

(2) PFR6A-11 형식의 치수

[표 5.2] PFR6A-11 형식의 치수

P	F	R	6	A	11
플러그 종류	나사부 지름	저항 형식 R : 저항타입	열가	추가 기호	점화 플러그 전극부분 간극

(3) BRE627Y-11 형식의 치수

[표 5.3] BRE627Y-11 형식의 치수

B	R	E	6	2	7	Y	11
나사부 지름	저항형식	나사부 길이	열가	절연체 돌출지수	발화 위치	중심전극 (선단 V홈)	점화 플러그 전극부분 간극

[8] 점화 플러그의 이상현상

점화 플러그의 이상현상의 종류로는 카본의 퇴적이 90 [%] 이상, 전극마모가 2.5 [%] 정도, 지나치게 타는 현상이 전체의 2.5 [%] 정도이다([그림 5.36] 참고).

(1) 카본 퇴적의 원인

① 혼합비가 농후됨(공기청정기 막힘)
② 점화 플러그의 과냉
③ 점화시기가 늦을 때
④ 피스톤 링 마모로 연소실에 오일이 올라옴
⑤ 장시간 저속운전

(2) 전극마모 원인

① 점화 플러그의 소손
② 혼합기 희박
③ 점화 플러그 가스켓 밀착불량
④ 장시간 고속 주행
⑤ 점화시기 지연

(3) 지나치게 타는 원인

① 혼합기 희박

② 점화시기가 빠를 때(조기점화)

③ 연소실 퇴적물 과다

④ 저 옥탄가 휘발유 사용

⑤ 점화 플러그 조임력 부족 및 가스켓이 없는 경우

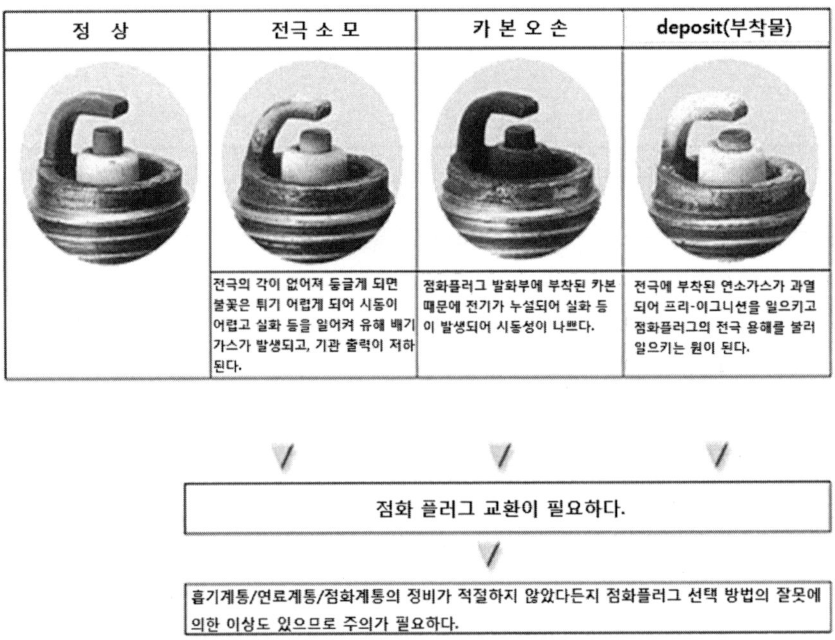

[그림 5.36] 점화 플러그의 이상현상

[9] 점화 플러그 불꽃 방전 전압에 미치는 요인

(1) 중심 전극 모양에 따른 점화전압 관계

스파크 시 '짜작'하는 소리는 전자가 가속되어 금속에 닿는 순간 충격으로 인해 금속 표면의 원소가 분해되어 이탈되는 소리이다. 또한 전자가 충돌되는 비명도 섞여 있는데, 뾰족한 전극을 가질수록 낮은 전압에서 점화가 이루어진다. 그 이유는 뾰족한 끝에는 전자가 많이 몰리고 쉽게 외부 에너지로 이탈할 수 있기 때문에 점화전압이 낮아지기 때문이다. 중심 전극이 둥글하면 점화 플러그가 마모되었다는 증명이다. 따라서 플러그 간극도 커지게 되므로 더 높은 점화전압이 필요하게 된다.

(2) 연소실 내의 압축압력과 점화전압의 관계

전극 양단에 높은 전압을 가하여 전위차가 크면 클수록 전자는 가속될 것이고 그러면 압축압력이 높더라도 뚫고 지날 수 있다. 결국 압축압력이 높으면 점화전압도 따라서 높아져야 성능이 유지된다.

(3) 연소실의 온도와 점화전압의 관계

높은 온도의 물질은 열전자가 튀어나오기 쉽기 때문에 절연저항이 낮아진다. 따라서 연소실 내의 혼합 가스라고 예외는 아니다. 공기 온도가 높아질수록 분자들이 질서정연하게 있지 못하고 중구난방으로 움직이므로 점화 에너지를 가할 때 자유전자로 되어 활성화가 쉬우므로 이온화가 되기 쉽다. 공기 분자를 구성하고 있는 전자가 쉽게 자유전자로 되어 이온화하면 전기를 그만큼 잘 통하게 한다. 따라서 연소실 온도가 높으면 쉽게 방전이 일어난다.

(4) 스파크 플러그의 온도와 점화전압의 관계

전극이 가열되면 전극을 구성하고 있는 분자의 이동이 활발해지고 이들의 진동에 의해 전극 표면으로부터 원자핵 주변의 전자가 외곽으로 이동되면서 자유전자화 되기 쉬운 조건이 된다. 봄날에 가출자가 많아지는 이유가 무엇인지 모르지만, 엔진 회전이 상승되어 스파크 플러그 온도가 상승되면 점화 2차 전압이 상당히 낮아도 쉽게 방전한다.

(5) 혼합비와 점화전압의 관계

혼합비가 농후하면 절연도가 떨어져서 점화 2차 전압이 낮추도록 요구되지만 반면 과도한 습기로 인해 전극의 온도가 낮아지면 전자의 이동에 방해가 되고 소염작용(消炎作用)이 가세하여 더 높은 점화전압을 요구하므로 이 둘의 요소가 상충되어 기대만큼의 변화를 확인하기는 쉽지 않다.

(6) 공기 중의 습도와 점화불꽃의 관계

비 오는 날로 비유한다면 공기 중의 수분이 증가할 때 비열의 증가와 산소 농도가 감소되어 연소될 때의 온도가 낮아진다. 이 때문에 불안전 연소로 인해 NOX의 양은 줄어드나, 스파크 플러그의 전극 온도가 낮아지므로 전자방출 활성화에는 도움이 안 되므로 점화 2차 전압을 조금 높게 해야 한다.

예제 5-30 다음 사항 중 기관의 점화시기와 관계되는 사항이 아닌 것은? ( )

가. 기관의 회전속도　　나. 기관의 흡입부하
다. 사용연료의 옥탄가　　라. 기관의 사용 윤활유

예제 5-31 다음 그림과 같이 콜게이션을 건너뛰는 비정상적인 방전현상은? ( )

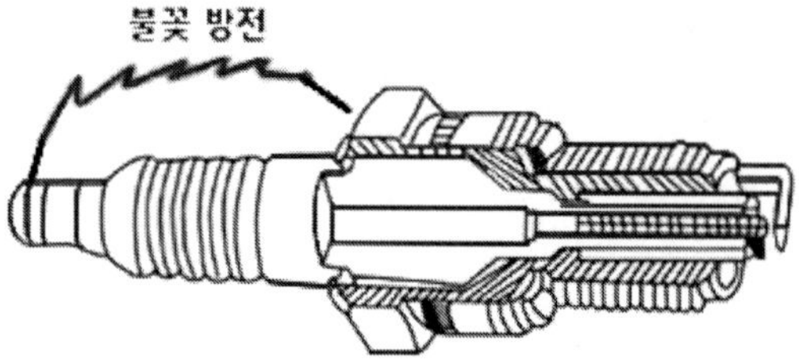

가. 코로나 방전 현상
나. 오로라 방전 현상
다. 플래시 오버 현상
라. 타코미터 현상

예제 5-32 점화 플러그의 BP5ES-11이라는 표시가 있다. 다음 중 열가를 나타낸 것은? ( )

가. B
나. P
다. 5
라. E

예제 5-33 점화 플러그 열가를 좌우하는 요인으로 거리가 <u>먼</u> 것은? ( )

가. 절연체 및 전극의 열전도율
나. 연소실의 형상과 체적
다. 화염이 접촉되는 부분의 표면적
라. 엔진 냉각수 온도

예제 5-34 점화 플러그에 대한 설명으로 틀린 것은? ( )

가. 열형플러그는 열방산이 나쁘며 온도가 상승하기 쉽다.
나. 열가는 점화 플러그의 열방산 정도를 수치로 나타내는 것이다.
다. 고부하 및 고속회전의 엔진은 열형플러그를 사용하는 것이 좋다.
라. 전극 부분의 작동온도가 자기청정온도보다 낮을 때 실화가 발생할 수 있다.

예제 5-35 점화 플러그의 종류 중 저항 플러그(10kΩ)가 보통 점화 플러그와 다른 점은? ( )

가. 불꽃이 강하다.
나. 플러그의 열 방출이 우수하다.
다. 라디오 잡음을 방지한다.
라. 고속엔진에 적합하다.

예제 5-36 다음 중 점화 플러그에 대한 설명으로 틀린 것은? ( )

가. 고속 회전에서 전극의 소모가 심한 기관에서는 열형 점화 플러그를 사용한다.
나. 열 발산이 좋은 점화 플러그를 냉형, 열 발산이 나쁜 것을 열형이라 한다.
다. 점화 플러그의 열 발산 정도를 수치로 나타낸 것을 열가라고 한다.
라. 열형 점화 플러그는 저속에서도 쉽게 자기청정 온도에 도달한다.

예제 5-37 다음 중 점화(스파크) 플러그의 그을림 오손 원인과 거리가 먼 것은? ( )

가. 점화시기 진각
나. 장시간 저속 운전
다. 플러그 열가 부적당
라. 에어 클리너 막힘(혼합비 농후)

예제 5-38 다음 중 점화 플러그의 방전전압에 직접적으로 영향을 미치는 요인이 아닌 것은? ( )

가. 전극의 틈새 모양과 극성
나. 혼합가스의 온도와 압력
다. 흡입공기의 습도와 온도
라. 파워 트랜지스터의 위치

5.3 점화 파형분석

최근 전자제어 엔진진단이 과거의 방법으로 통하지 않았던 이유는 연소과정에서 많은 센서가 필요하고 기계적 운동부분의 외란적 요소가 시간마다 큰 영향을 주며 특히 피드백(feed back)제어에서 엔진상태가 매우 빠르게 최적상태로 적응되어야 한다는 부담을 매순간 해결해야 하기 때문이다. 이는 무척 복잡한 제어장치로 되어 있음을 부인할 수 없으며, 이러한 메카트로닉스(mechatronics)[1]의 고장진단에서 특히 엔진 튠업은 매우 중요한 위치를 가진다. 흔히 생각하는 고정 사고방식 중의 하나인 점화장치를 보는 것이 엔진 튠업이 아니고, 엔진 튠업을 봄으로써 점화장치뿐만 아니라 다른 여러 가지를 추론 분석할 수 있기에 튠업이 필요한 것이라고 생각하기 바란다.

1) 기계적인(mechanism) + 전자(electronics)의 합성어

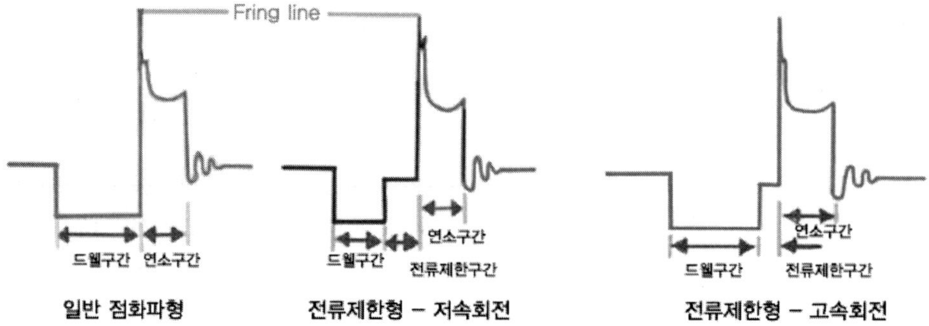

[그림 5.37] 점화 파형의 종류

5.3.1 드웰(캠각) 분석

드웰각 분석은 점화 1차회로 배선, 점화 1차 코일, 파워 TR 분석일 뿐 엔진 쪽은 아니다. 최고 전압은 300 ~ 400 [V]이고 드웰 시간은 ECU가 제어하기 때문에 크게 의미가 없으나 기울기가 없이 0 [V]를 가리키면 정상으로 본다. 드웰 시간은 약 3 ~ 4 [ms] 정도다. 전류가 통하는 초기 짧은 순간에 역기전력이 발생하여 생기는 파형으로 약 -2.0 [kV] 정도 발생된다.

5.3.2 최고전압 분석

2차 고전압이 높은 경우는 배전기 로우터 간극이 클 경우, 점화 플러그의 열가가 냉형인 경우, 엔진 온도가 차가운 경우, 점화 플러그 간극이 클 경우(점화시간은 짧아짐), 압축압력이 높을 경우, 혼합비가 희박할 경우(급가속 시), 점화 2차 라인에 저항이 많을 시 등이 그 원인이다. 각 실린더 간의 최고전압 차이가 4 [kV] 이하여야 하고, 또한 최고전압(firing line)이 낮은 원인은 높은 원인의 역으로 생각하면 해결된다.

5.3.3 연소구간 분석

연소구간(spark line)의 전압은 2 ~ 3 [kV]이고, 시간은 0.8 ~ 2 [ms] 이하여야 한다. 2 [ms] 이상은 피스톤이 하향하고, 폭발이 일고 있기 때문에 아무 의미가 없다. 연소구간 말미(감쇄진동 구간)에 발생되는 코일 진동수가 거의 없다면 점화코일 결함이다. 이때의 방전전압 1.2 ~ 2.0 [kV]가 된다.

[예] 3,000 [rpm] = 3,000/60 = 50 [rps] = 50 x 360° = 18,000° [s]/1,000 = 18° [1ms]이므로 따라서 연소 시기는 BTDC 10°에서 점화하기 시작하여 ATDC 10°에서 연소가 종료되므로 이 기간이 총 20°이므로 1 [ms]가 조금 넘는다. 따라서 연소구간은 2 [ms] 이상은 아무 의미 없다. 연소선 전압 또는 시간이 규정보다 높으면 점화 2차라인 저항이 많고 공연비가 희박할 때 발생되는 현상이다.

Handy hint ....

☞ 가솔린 엔진에서 점화장치 점검방법

① 점화코일의 1차, 2차 코일 저항을 확인한다.

② 점화코일 절연저항(20 [℃]에서 50 [MΩ], 80 [℃]에서 10 [MΩ] 이상)을 측정한다.

③ 오실로스코프를 이용하여 점화파형을 확인한다.

④ 고압 케이블을 탈거하고 크랭킹 시 점화 플러그 불꽃 방전 시험으로 확인한다.

☞ 연소의 3대 지연

① 기계적 지연 ② 전기적 지연 ③ 연소적 지연

☞ 지연 크랭크의 회전각도$(\theta) = \dfrac{\text{엔진 회전수}(R)}{60} \times 360° \times \text{지연시간}(T) = 6RT$

예제 5-39 **오실로스코프를 이용한 자석식 크랭크 앵글 센서의 전압파형 분석에 대한 설명 중 틀린 것은? ( )**

가. 오실로스코프의 전압은 교류(AC)로 선택하여 점검한다.
나. 기관 회전이 빨라질수록 발생전압은 높아진다.
다. 에어 갭이 작을수록 발생전압은 높아진다.
라. 전압파형은 디지털 방식으로 표출된다.

예제 5-40 **기관시험 장비를 사용하여 점화코일의 1차 코일 파형을 점검한 결과 다음 그림과 같다면 파워 TR의 ON 구간은 어느 구간인가? ( )**

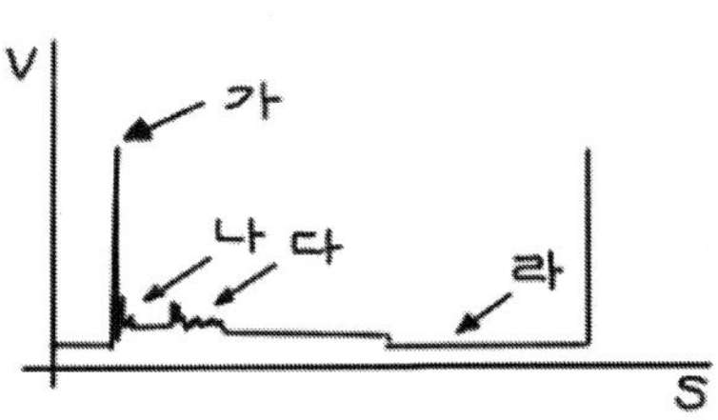

가. 가 나. 나 다. 다 라. 라

예제 5-41 다음 중 자동차 점화 1차 파형에 대한 설명으로 틀린 것은? ( )

가. 점화코일의 (-)측에 흐르는 전압의 변화 또는 파워 TR 컬렉터의 전압 변화가 점화 1차 파형이다.
나. 서지전압이 높으면 화염전파시간이 줄어들고, 서지전압이 낮으면 화염전파시간이 늘어난다.
다. 파워릴레이를 통과한 전압은 점화코일을 거쳐 파워 TR 베이스에 대기한다.
라. ECU에서 파워 TR 베이스에 공급되는 전류를 차단하면 점화코일에는 서지전압이 발생된다.

예제 5-42 다음 중 점화 플러그의 점화 요구 전압에 대한 설명으로 옳은 것은? ( )

가. 급가속 시 높아진다.
나. 전극의 온도가 높으면 높아진다.
다. 기관의 온도가 상승하면 높아진다.
라. 흡입 혼합기의 온도가 높아지면 높아진다.

예제 5-43 다음 중 점화장치에서 2차 고전압이 높은 이유에 해당되지 않는 것은? ( )

가. 점화 플러그 간극이 클 때
나. 점화 2차 라인의 저항이 적을 때
다. 압축압력이 높을 때
라. 혼합기가 희박할 때

예제 5-44 다음 중 점화 2차 파형 회로 점검에서 감쇠 진동 구간이 없을 경우 고장 원인으로 가장 적합한 것은? ( )

가. 점화코일 극성이 바뀜
나. 점화 플러그의 오일 및 카본 퇴적
다. 점화케이블의 절연 상태 불량
라. 점화코일 불량

예제 5-45 다음 중 점화 2차 파형에서 그림 '② 비정상'과 같이 나타나는 원인으로 옳은 것은? ( )

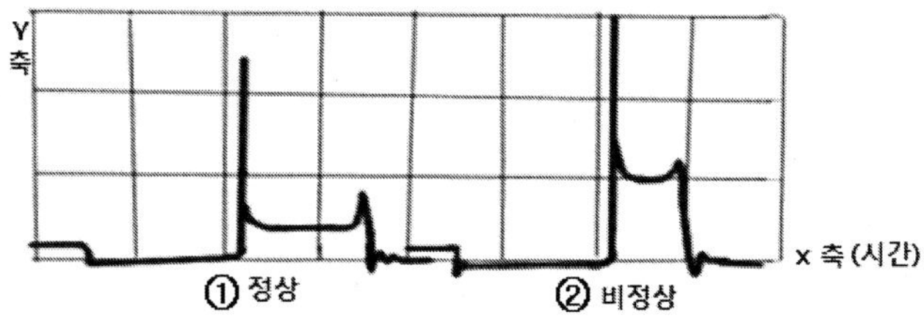

가. 점화 플러그 간극이 과다할 때
나. 점화 플러그가 오염되었을 때
다. 실린더 압축압력이 낮을 때
라. 혼합비가 농후할 때

예제 5-46 다음 중 점화지연의 원인이 아닌 것은? ( )

가. 전기적 지연
나. 연소적 지연
다. 내부적 지연
라. 기계적 지연

예제 5-47 디젤기관의 회전속도가 1,800 [rpm]일 때 20°의 착화지연 시간은 약 얼마인가? ( )

가. 2.00 [ms]
나. 0.10 [ms]
다. 66.66 [ms]
라. 1.85 [ms]

예제 5-48 점화장치에서 점화 1차 코일의 끝부분 (-)단자에 시험기를 접속하여 측정할 수 없는 것은? ( )

가. 노킹의 유무
나. 드웰 시간
다. 엔진의 회전속도
라. TR의 베이스 단자 전원공급 시간

CHAPTER 06

충전장치

자동차 전기장치에 전력을 공급하는 장치로는 축전지와 발전기가 있다. 자동차용 축전지는 충전하지 않고 사용하면 그 능력이 저하되어 사용 불능이 된다. 따라서 축전지를 사용할 때마다 가능한 빨리 충전할 필요가 있다. 즉, 충전장치는 자동차가 운전 중 각종 전기장치에 전기를 공급함과 동시에 축전지에도 전류를 공급하는 장치를 가리킨다.

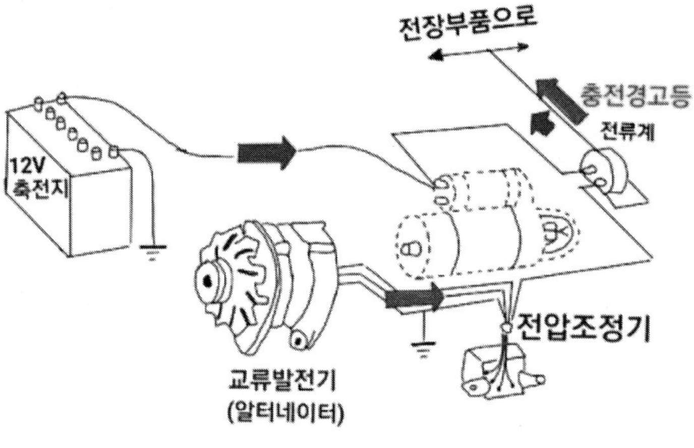

[그림 6.1] 자동차 충전장치

충전장치는 축전지, 발전기, 전압조정기, 점화스위치, 전류계, 충전경고등 등으로 구성되어 있으며, 발전기에는 직류 발전기와 교류 발전기가 있다. 교류 발전기는 3상 교류 발전기의 교류를 실리콘(Si) 다이오드에 의하여 정류되어 직류로 출력되도록 한 것으로, 일반적으로 알터네이터(Alternator)라 부른다.

6.1 발전기 원리의 이해

6.1.1 전기와 자기와의 관계

전기와 자기는 매우 밀접한 관계를 유지하고 있다. 즉, 전선이나 코일에 전류가 흐르면 그 주위의 공간에는 자기현상이 일어나며, 자계 내에 자력선과 직각이 되도록 도체를 넣고 이 도체를 자력선과 직각 방향으로 움직이면 전기가 발생한다.

6.1.2 자석의 성질

자석에는 천연자석과 인공자석이 있으며, 자석을 절단하면 2개의 자석이 된다. 또 자석에는 N극과 S극이 있으며, 같은 극의 자극은 서로 밀고 다른 극의 자극은 서로 잡아당기는 성질이 있다.

쿨롬의 법칙(coulomb's law)에 따르면 자석의 인력 또는 척력은 거리의 2승에 반비례하고, 두 자극의 세기를 곱한 것에 비례한다. 이것을 식으로 나타내면

$$F = K \cdot \frac{q_1 \times q_2}{r^2}\ [\text{N}] = 9 \times 10^9 \times \frac{q_1 \times q_2}{r^2}\ [\text{N}]$$

(F : 자석의 힘, q_1, q_2 : 2개의 자극 세기, r : 거리)

여기서, $K = \frac{1}{4\pi\epsilon_0} = 9 \times 10^9$ (ϵ_0 : 공기 속의 유전율 = 8.85×10^{-12} [F/m]

6.1.3 자계와 자력선

자력선이 존재하는 영역을 자계 또는 자장이라 한다. 그리고 N극과 S극 사이에는 자기의 힘, 즉 자력이 어떤 길을 거쳐서 작용하고 있는가를 보이는 선을 자력선이라 한다.

6.1.4 자속과 자계강도

자력선의 방향과 직각이 되는 단면적을 통과하는 전체 자력선의 수(다발)를 자속[ϕ]이라 하고 단위는 Wb(웨버)을 사용한다. 자계강도는 단위 자기량을 가지는 물체에 작용하는 자기력의 크기를 나타내면

$$\text{자속의 밀도(B)} = \frac{\phi}{A}[Wb/m^2 : T]$$

가 된다.

6.1.5 자기유도

자기유도(磁氣誘導)는 자석이 아닌 물체가 자계 내에서 자기력의 영향을 받아 자석을 띠는 현상을 말한다.

6.1.6 전자유도

전자유도를 발생시키는 방법에는 도체와 자력선의 상대운동에 의한 방법과 도체에 영향하는 자력선을 변화시키는 방법이 있다.

(1) 도체와 자력선의 상대운동에 의한 방법

자계 내에 자력선과 직각이 되도록 도체를 넣고, 그 양 끝에 전류계를 설치한 후 도체를 자력선과 직각 방향으로 움직이면 도체에는 전류가 발생되어 전류계의 바늘이 움직인다. 이때 도체나 자석 중에서 어느 것을 움직여도 전류계 바늘이 움직이게 된다.

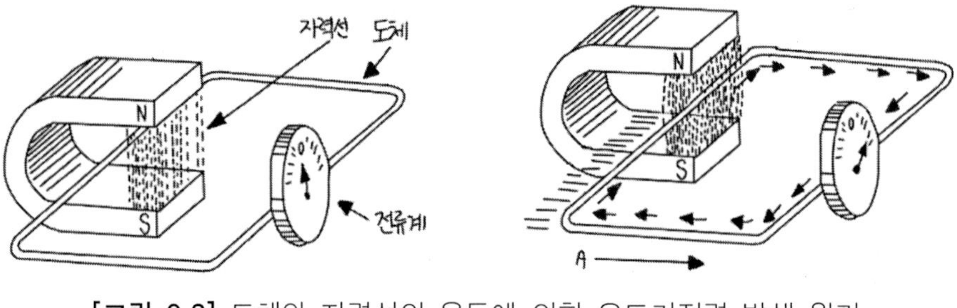

[그림 6.2] 도체와 자력선의 운동에 의한 유도기전력 발생 원리

직류 발전기는 자계 내에서 도체를 움직여서 전류를 발생시키는 방식이고, 교류 발전기는 도체를 고정하고 자석을 움직여 전류를 발생시키는 방식이다. 그리고 움직이는 방향을 반대로 하면 전류계의 움직임도 반대가 되며, 움직이는 속도를 빠르게 하면 전류계의 바늘의 움직임도 커진다.

(2) 도체에 영향을 주는 자력선을 변화시키는 방법

코일에 자석을 가까이하였다가 멀리하거나 코일과 마주 보도록 한 다음, 코일의 전류를 증가시키거나 또는 코일 자신의 전류를 증가시켜 그 자속수를 증감하면 코일에 기전력이 유도된다. 이것은 코일 내를 통과하는 자속수가 변화되면 변화된 양에 상당하는 자력선과 코일이 교차하여 이 변화가 계속되는 동안 그 코일에 기전력이 발생한다.

6.1.7 유도 기전력의 크기

패러데이 전자유도법칙은 도체 주위에 자석이 움직이거나 자석은 가만히 있고 도체가 움직이면 도체가 자속을 끊게 되어 전압을 발생한다. 즉 도체 주위에 자석의 힘이 변하면 전압이 발생하는데 이 전압을 기전력[e]이라고 한다. 이로 인해 발생하는 전류의 크기는 자석을 움직이는 속도가 빠를수록 크고, 전류의 방향은 가까이 할 때와 멀리 할 때 반대가 된다. 이처럼 자계의 변화에 의해 도체에 기전력이 발생하는 현상을 전자유도라 하며 이때 발생하는 기전력을 유도 기전력, 흐르는 전류를 유도전류라고 한다.

유도 기전력의 크기에 관해 패러데이는 유도 기전력은 코일을 관통하는 자력선이 변화하는 속도에 비례한다. 이를 수식으로 나타내면

$e = N \cdot \frac{d\phi}{dt}[v]$ e : 유도 기전력, N : 코일 감은 횟수, ϕ : 자속변화, t : 시간변화

가 된다.

6.1.8 유도 기전력의 방향

[그림 6.3]과 같이 렌츠의 법칙(lenz's law)은 자석을 가까이할 때는 자석에서 가까운 쪽에 같은 종류의 극이 생기도록 코일에 기전력이 발생되어 자석의 접근을 방해하고, 자석을 코일에서 멀리하면 자석에서 가까운 쪽에 다른 종류의 극이 생기도록 기전력이 발생되어 자석이 멀리 가는 것을 방해한다.

즉, 렌츠의 법칙이란 '유도 기전력은 코일 내의 자속의 변화를 방해하는 방향으로 발생한다.'는 법칙이다.

$e = -N \cdot \frac{d\phi}{dt}[v]$ e : 유도 기전력, N : 코일 감은 횟수, ϕ : 자속변화, t : 시간변화

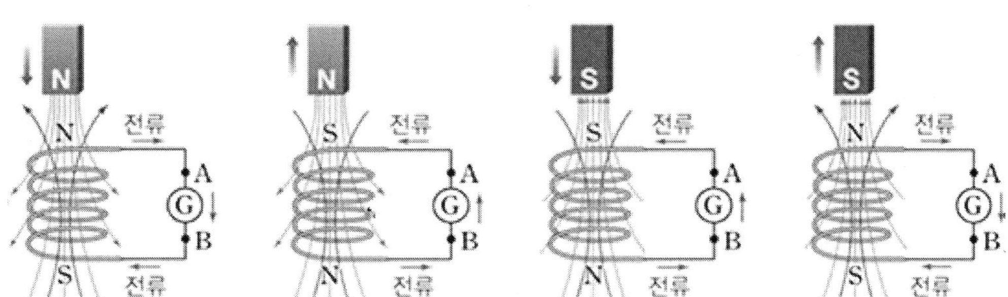

[그림 6.3] 렌츠의 법칙

6.1.9 플레밍의 오른손 법칙

전류와 자기장의 관계를 설명하는 데 유용한 법칙이다. 도체 운동에 의한 유도 기전력의 방향을 결정하는 법칙이며 자기장 내에서 도선이 움직일 때 유기되는 유도 기전력의 방향(발전기의 전류방향)을 결정할 수 있다. 여기서 유도 기전력[e]의 크기는 폐회로를 관통하는 자력선의 변화속도에 비례하며 자기장속에서 도선의 운동 에너지가 전기 에너지로 변환되는 것으로서 발전기의 원리가 된다. 관계식은 다음과 같다.

$$e = B\ell v sin\theta [v]$$

B : 자속의 밀도, v : 도체의 운동속도, ℓ : 자계중의 도체 길이, $\sin\theta$: 자계와 도선 간의 각도

플레밍의 오른손 법칙은 [그림 6.4]와 같이 오른손 엄지, 인지 및 중지를 서로 직각으로 되도록 펴고, 인지를 자력선의 방향에, 엄지를 도체의 운동 방향에 일치시키면 중지에는 유도 기전력의 방향이 표시된다.

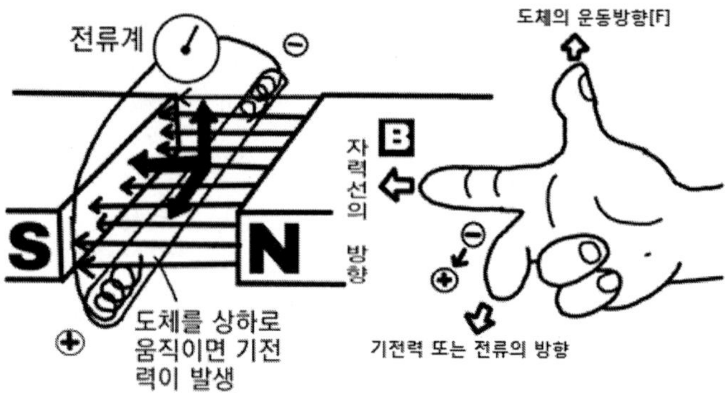

[그림 6.4] 플레밍의 오른손 법칙

예제 6-1 자계와 자력선에 대한 설명으로 틀린 것은? ( )

가. 자계란 자력선이 존재하는 영역이다.
나. 자속은 자력선의 다발을 의미하며 단위로는 [Wb/m^2]을 사용한다.
다. 자계강도는 단위 자계량을 가지는 물체에 작용하는 자기력의 크기를 나타낸다.
라. 자기유도는 자석이 아닌 물체가 자계 내에서 자기력의 영향을 받아 자석을 띠는 현상을 말한다.

예제 6-2 유도 기전력은 코일 내의 자속변화를 방해하는 방향으로 생긴다는 법칙을 무슨 법칙이라고 하는가? ( )

가. 앙페르 법칙　　나. 줄의 법칙
다. 플레밍의 왼손 법칙　　라. 렌츠의 법칙

예제 6-3 자장 내에 있는 도체에 전류를 흘리면 전자력(힘)이 작용하는데 이 힘의 방향은 어떤 법칙으로 정하는가? ( )

가. 플레밍의 오른손 법칙　　나. 플레밍의 왼손 법칙
다. 렌츠의 법칙　　라. 앙페르의 오른나사 법칙

예제 6-4 도체가 운동하는 경우 유도 기전력의 방향을 알고자 할 때 유용한 법칙은? ( )

가. 렌츠의 법칙　　나. 플레밍의 오른손 법칙
다. 플레밍의 왼손 법칙　　라. 앙페르의 엄지손가락의 법칙

예제 6-5 패러데이의 전자 유도 법칙에서 유도 기전력의 크기는 코일을 지나는 (㉠)의 매초 변화량과 코일의 (㉡)에 비례한다. ( ) 안에 맞는 말은? ( )

가. ㉠ 자속, ㉡ 굵기　　나. ㉠ 자속, ㉡ 권수
다. ㉠ 전류, ㉡ 권수　　라. ㉠ 전류, ㉡ 굵기

예제 6-6 자동차에 사용하는 교류 발전기는 무슨 원리로 구동되는가? ( )

가. 플레밍의 왼손 법칙　　나. 뉴턴의 운동의 법칙
다. 플레밍의 오른손 법칙　　라. 베르누이 정리

6.2 교류(AC) 발전기

점화스위치 ON 시 축전지 전류가 브러시를 통해 로터코일을 타여자시키면 로터코일이 자화된다. 엔진을 시동하면 로터코일이 회전하여 스테이터 코일에서 삼상 교류가 유도된다. 유도된 교류는 다이오드를 통해 직류로 정류되어 외부로 끌어내어 각종 전장품에 이용하고, 축전지 충전 전류로도 이용된다.

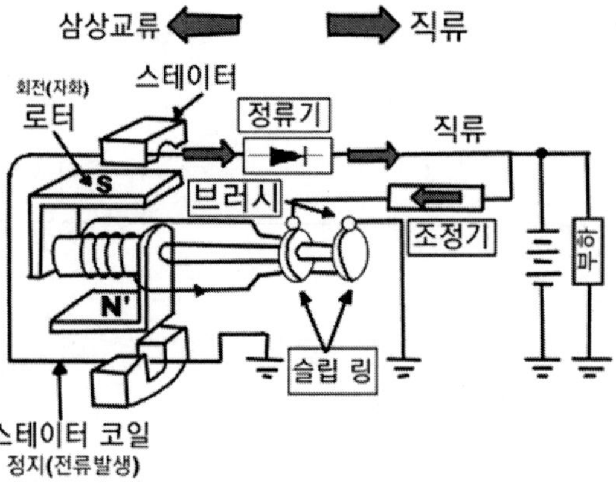

[그림 6.5] 교류 발전기

6.2.1 교류 발전기의 구성 부품

교류 발전기는 [그림 6.6]과 같이 고정부인 스테이터(고정자), 회전하는 부분인 로터(회전자), 로터 양 끝을 지지하는 엔드 프레임(end frame) 그리고 스테이터 코일에서 만들어진 교류를 직류로 정류하는 실리콘(Si) 다이오드(정류용), IC 전압조정기 등으로 구성되어 있다.

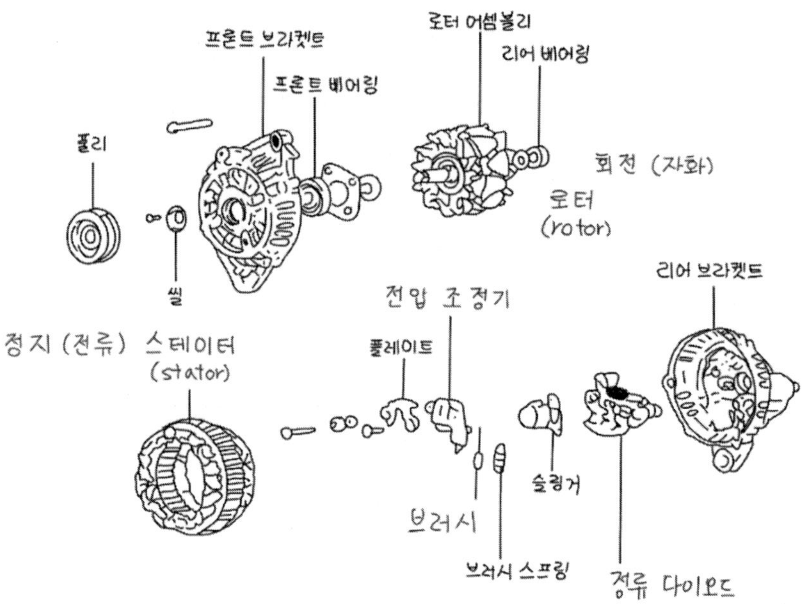

[그림 6.6] 교류 발전기의 구성부품

6.2.2 교류 발전기의 특성

① 발전기 자체에는 극성을 주지 않아도 되고, 타여자 발전기이다.
② 저속에서도 충전이 가능하다.
③ 회전 부분에 정류자가 없어 허용 회전속도 한계가 높다.
④ 실리콘 다이오드로 정류하므로 전기적 용량이 크다.
⑤ 소형, 경량이며 브러시 수명이 길고, 슬립링에 불꽃이 발생되지 않는다.
⑥ 전압 조정기만 필요하다.

6.3 교류 발전기의 구성 요소의 기능

6.3.1 로터

로터(rotor)는 직류 발전기의 계자코일과 철심에 해당하며, 자극을 형성한다. 로터의 자극편은 코일에 여자 전류가 흐르면 N극과 S극이 형성되어 자화되며, 로터가 엔진에 의해 회전함에 따라 자력선을 차단하므로 스테이터 코일에 전압이 유도된다. 슬립 링(slip ring)은 축과 절연되어 있으며, 각각 로터 코일의 양끝과 연결되어 있다. 이 슬립 링 위를 브러시가 미끄럼 운동하면서 로터 코일에 여자 전류를 공급한다.

발전기에서 발생되는 기전력의 크기는 ① 로터코일을 통해 흐르는 여자전류가 크면 기전력은 커진다. ② 로터코일의 회전이 빠르면 빠를수록 기전력은 커진다. ③ 코일의 권수가 많고 도선의 길이가 길면 기전력은 커진다. ④ 자극수가 많아지면 여자되는 시간이 짧아져 기전력은 커진다.

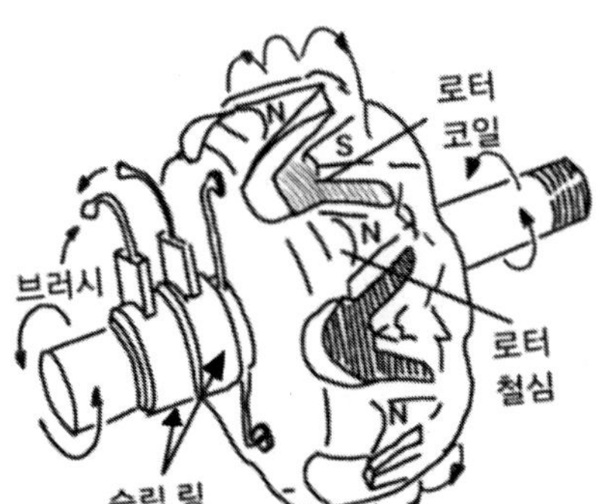

[그림 6.7] 로터의 구조

(1) 로터코일 단선 시험

로터코일 단선 시험은 [그림 6.8]과 같이 시험기 렌지를 R(저항)에 놓고 슬립링에 프로브를 연결하여 2 ~ 4 [Ω]이면 정상이고, ∞ [Ω]이면 불량이다.

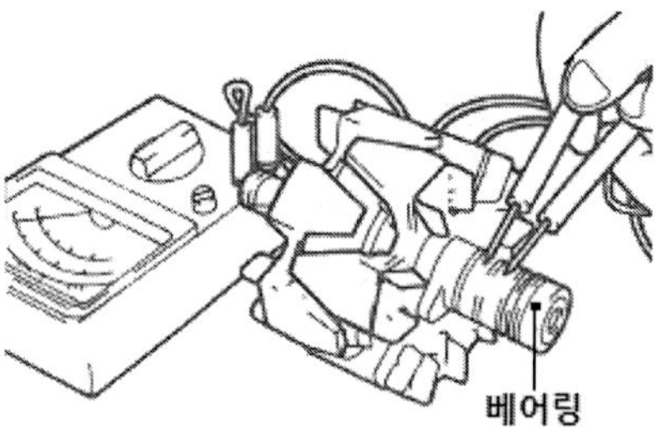

[그림 6.8] 단선 시험

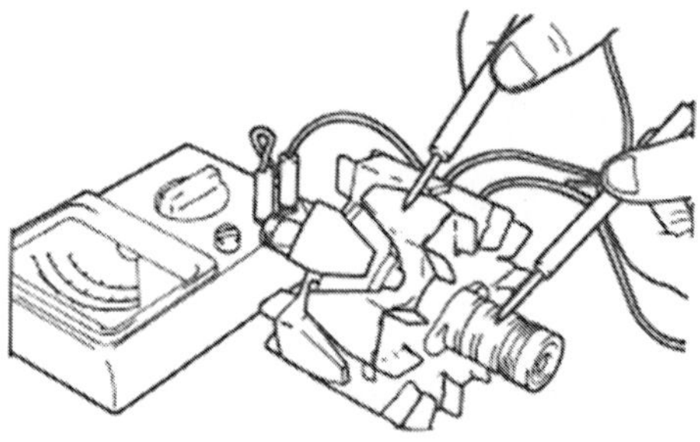

[그림 6.9] 접지(절연) 시험

(2) 로터코일 접지 시험

접지(절연) 시험은 슬립링과 철심에 프로브를 연결하여 통전되면 절연 불량이고 ∞ [Ω]이면 정상이다.

6.3.2 스테이터

스테이터(stator)는 직류 발전기 전기자에 해당되며, 독립된 3개의 코일이 120°의 위상으로 감겨져 있고 여기에서 3상 교류가 유도된다.

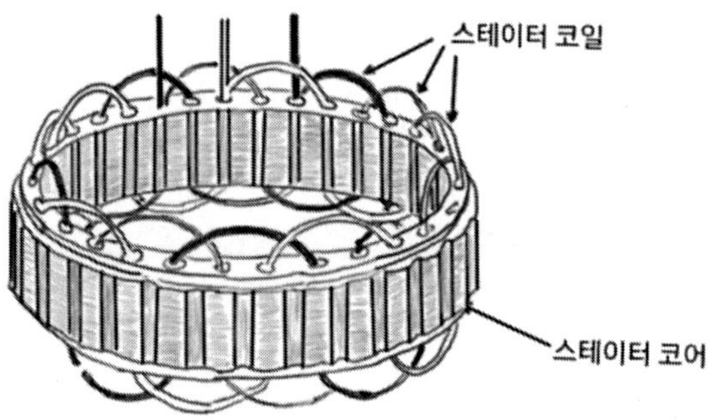

[그림 6.10] 스테이터의 구조

스테이터 코일의 접속 방법에는 Y 결선(star connection)과 삼각 결선(delta connection)이 있다.

Y 결선은 [그림 6.12] (a)와 같이 3개의 코일 한쪽을 공통점으로 접속하고 다른 쪽을 출력선으로 끌어낸다. 그리고 중성점 N(neutral point)은 3개의 스테이터 코일이 함께 연결된다.

Y 결선은 저속회전에서도 높은 전압이 발생되며, 중성점의 전압은 선간전압의 약 1/2을 활용한다. 또 삼각 결선에 비하여 선간전압이 각 상 전압의 $\sqrt{3}$가 높아 엔진이 공전할 때도 충전 가능한 전압이 유도된다.

델타 결선은 [그림 6.12] (b)와 같이 3개의 코일을 2개씩 차례로 접속하고 각각의 접속점을 출력 선으로 이용하고, 선간전류는 각 상 전류의 $\sqrt{3}$배로 큰 출력을 요구하는 경우에 사용한다. 델타 결선 시에는 선간전압과 상 전압이 같다.

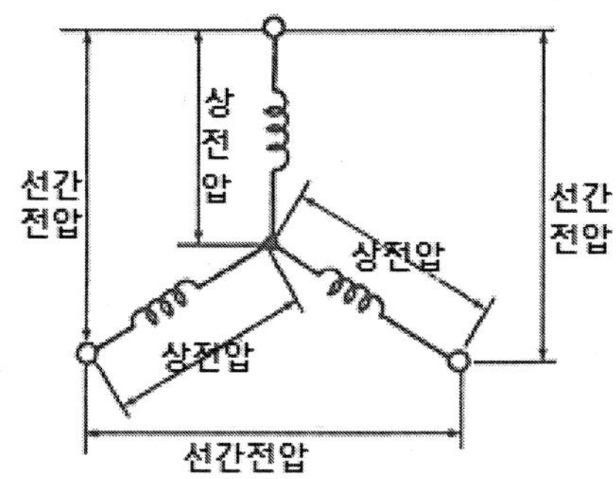

[그림 6.11] 상전압과 선간전압

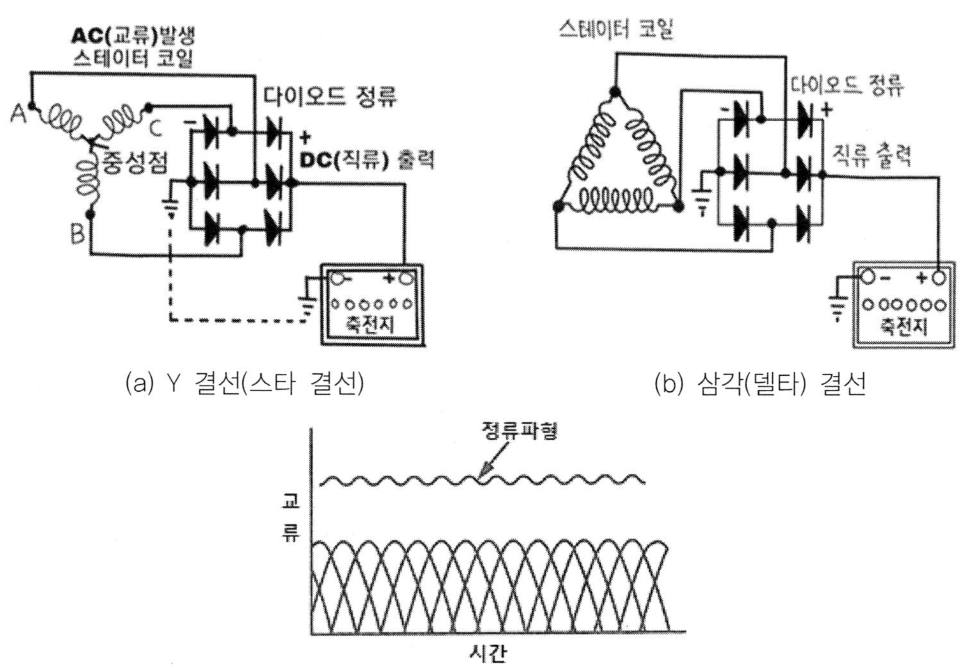

[그림 6.12] 결선방법 종류 및 출력특성

(1) 스테이터 코일 단선 시험 및 접지(절연)시험

스테이터 코일 단선 시험은 [그림 6.13]과 같이 시험기 렌지를 R(저항)에 놓고 각 상에 프로브를 연결하였을 때 0 [Ω]에 가까우면 정상이고 ∞ [Ω]이면 불량이다.

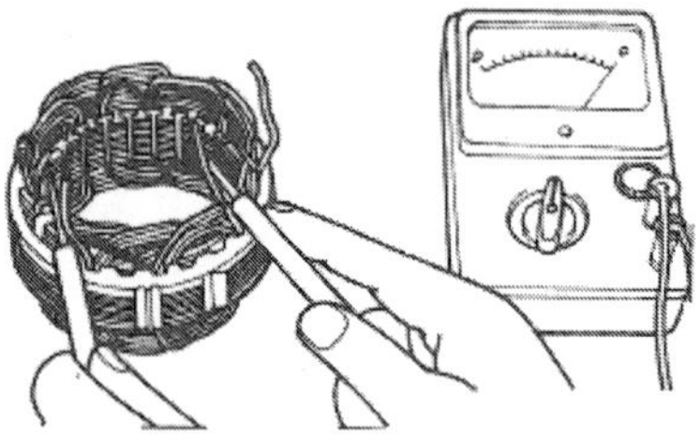

[그림 6.13] 단선 시험

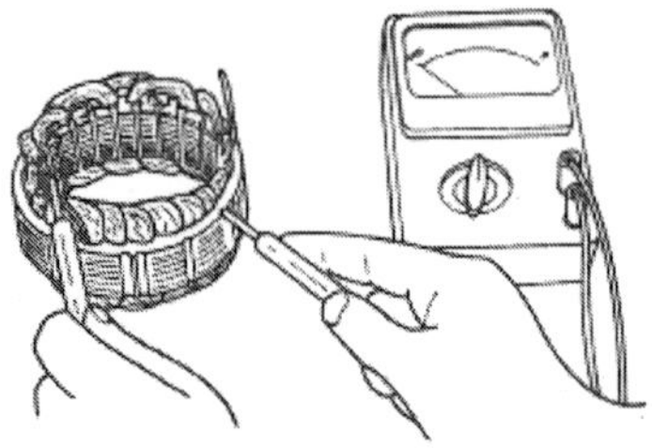

[그림 6.14] 접지(절연) 시험

(2) 스테이터 코일 접지(절연) 시험

접지(절연) 시험은 [그림 6.14]와 같이 프로브를 각 상과 스테이터 코어에 연결하여 통전되면 불량, ∞ [Ω]이면 정상이다.

6.3.3 정류기

교류 발전기에는 실리콘 다이오드를 정류기(rectifier)로 사용한다. 교류 발전기에서 다이오드의 기능은 스테이터 코일에서 발생한 교류를 직류로 정류하여 외부로 공급하고, 또 축전지에서 발전기로 전류가 역류하는 것을 방지한다.

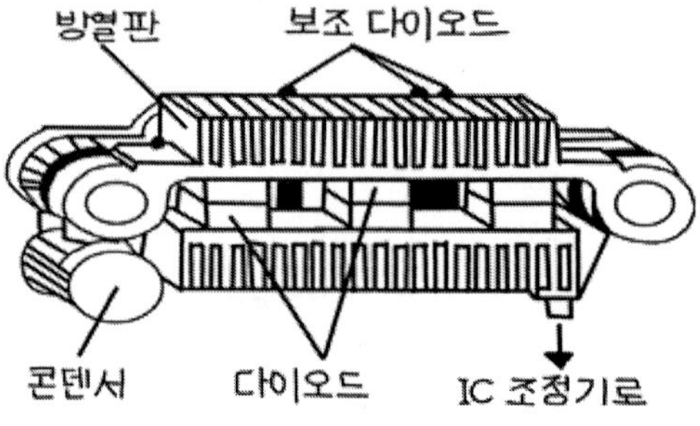

(a) 정방형 구조

[그림 6.15] 다이오드의 구성

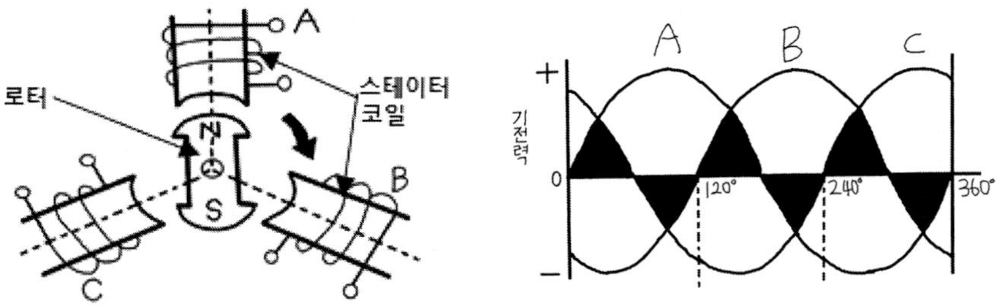

[그림 6.16] 정류작용

다이오드 수는 [그림 6.12]와 같이 (+)쪽에 3개, (-)쪽에 3개씩 6개를 두며, 최근에는 여자 다이오드를 3개 더 두고 있다. (+) 다이오드가 파손되어 엔진 정지 후 점화스위치를 ON하면 축전지 전류가 역류하여 축전지 방전의 원인이 된다. 그리고 다이오드 과열을 방지하기 위해 엔드 프레임에 히트 싱크(방열판)를 두고 있다.

예제 6-7 **다음 중 자동차에서 직류 발전기보다 교류 발전기를 많이 사용하는 이유로 틀린 것은? ( )**

가. 크기가 작고 가볍다.
나. 정류자에서 불꽃 발생이 크다.
다. 내구성이 뛰어나고 공회전이나 저속에도 충전이 가능하다.
라. 출력 전류의 제어작용을 하고 조정기 구조가 간단하다.

예제 6-8 **자동차용 DC발전기의 계자코일과 계자철심에 상당하며 자속을 만드는 것을 AC발전기에서는 무엇이라 하는가? ( )**

가. 정류기 나. 전기자 다. 로터 라. 스테이터

예제 6-9 **다음 중 발전기 구조에서 기전력 발생 요소에 대한 설명으로 틀린 것은? ( )**

가. 자극의 수가 많을 경우 자력은 크다.
나. 코일의 권수가 적을수록 자력은 커진다.
다. 로터코일의 회전이 빠를수록 기전력은 많이 발생한다.
라. 로터코일에 흐르는 전류가 클수록 기전력이 커진다.

예제 6-10 교류 발전기에서 유도 전압이 발생되는 구성품은? ( )

가. 로터　　나. 회전자　　다. 계자코일　　라. 스테이터

예제 6-11 발전기 스테이터 코일의 시험 중 그림은 어떤 시험인가? ( )

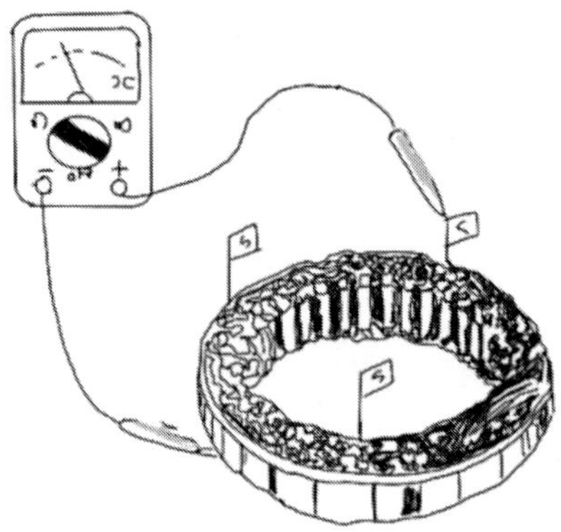

가. 코일과 철심의 절연시험　　나. 코일 단선시험
다. 코일과 브러시의 단락시험　　라. 코일과 철심의 전압시험

예제 6-12 교류 발전기의 스테이터에서 발생한 교류는? ( )

가. 실리콘 다이오드에 의해 교류로 정류시킨 뒤 내부로 들어간다.
나. 실리콘에 의해 교류로 정류되어 내부로 들어간다.
다. 실리콘에 의해 직류로 정류되어 내부로 들어간다.
라. 실리콘 다이오드에 의해 직류로 정류시킨 뒤에 외부로 끌어낸다.

예제 6-13 다음 중 발전기의 3상 교류에 대한 설명으로 틀린 것은? ( )

가. 3조의 코일에서 생기는 교류 파형이다.
나. Y결선을 스타 결선, △결선을 델타 결선이라 한다.
다. 각 코일에 발생하는 전압을 선간전압이라고 하며, 스테이터에서 발생전류는 직류 전류가 발생된다.
라. △결선은 코일의 각 끝과 시작점을 서로 묶어서 각각의 접속점을 외부 단자로 한 결선 방식이다.

예제 6-14 **다음 중 Y결선과 △결선에 대한 설명으로 틀린 것은? ( )**

가. Y결선의 선간전압은 상전압의 $\sqrt{3}$배이다.
나. △결선의 선간전류는 상전류의 $\sqrt{3}$배이다.
다. 자동차용 교류 발전기는 중성점의 전압을 이용할 수 있는 Y결선방식을 많이 사용한다.
라. 발전기의 코일 권선수가 같으면 △결선방식이 Y결선방식보다 높은 기전력을 얻을 수 있다.

예제 6-15 **AC, DC발전기 조정기에서 전류의 역류를 방지하는 역할을 하는 것은? ( )**

가. AC발전기는 다이오드, DC발전기는 컷 아웃 릴레이에서 한다.
나. AC발전기는 계자코일, DC발전기는 전압조정기에서 한다.
다. AC발전기는 전류조정기, DC발전기는 전압조정기에서 한다.
라. AC발전기는 전류조정기, DC발전기는 정류자에서 한다.

예제 6-16 **엔진정지 상태에서 기동스위치를 ON시켰을 때 축전지에서 발전기로 전류가 흘렀다면 그 원인은? ( )**

가. + 다이오드가 단락되었다. 나. + 다이오드가 절연되었다.
다. - 다이오드가 단락되었다. 라. - 다이오드가 절연되었다.

6.3.4 교류 발전기의 IC 조정기

교류 발전기 조정기는 전압 조정기만 필요하며, 전압 조정기는 발전기의 발생 전압이 12 [V] 축전지인 경우 13.5 ~ 14.5 [V]를 일정하게 유지하기 위한 장치이다.

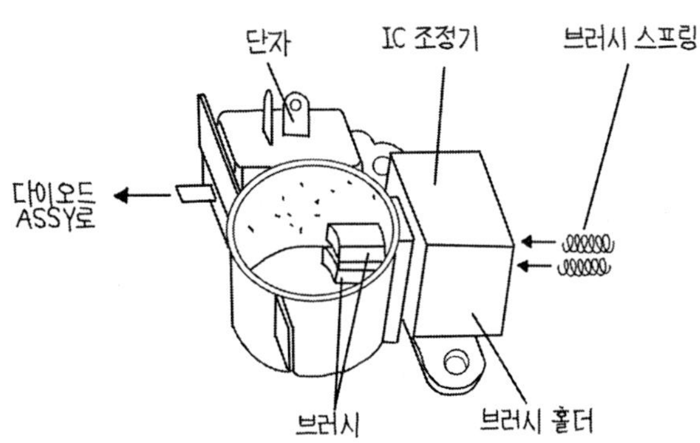

[그림 6.17] IC 전압조정기와 브러시

작동은 발생 전압이 규정보다 증가하면 로터 코일에 저항을 넣어 여자 전류를 감소시켜 발생 전압을 감소시키고, 발생 전압이 낮으면 저항을 빼내어 규정 전압으로 회복시킨다. 현재는 IC 조정기를 사용하므로 IC 조정기의 특징은 다음과 같다.

① 배선을 간소화할 수 있다.

② 진동에 의한 전압 변동이 없고, 내구성이 크다.

③ 조정 전압의 정밀도 향상이 크다.

④ 내열성이 크며, 출력을 증대시킬 수 있다.

⑤ 초소형화할 수 있어 발전기 내에 설치할 수 있다.

⑥ 축전지 충전 성능이 향상되고, 각 전기 부하에 적절한 전력 공급이 가능하다.

[1] IC 전압조정기 작동

(1) BLR 단자의 내부 전압조정기(IG 스위치 ON 상태)

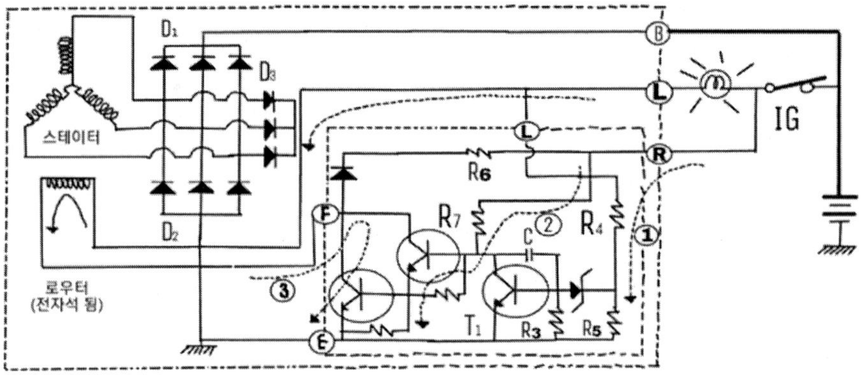

[그림 6.18] 점화스위치 ON 시 전압조정

① 점화스위치를 넣지 않아도 배터리 (+)전류는 발전기 B단자까지 와서 대기하고 있다.

② 점화스위치를 ON에 넣는다. 이때 점화스위치를 통한 배터리 전류는 충전 경고등을 통하는 쪽과 'R' 단자 쪽으로 흐르는 전류로 구분된다.

③ 먼저 충전 경고등 쪽부터 본다면 이 램프를 지나는 바람에 전류는 많이 작아진 상태가 된다. 그리고 발전기 내부의 트리오 다이오드(로터 여자다이오드)에까지 다다르지만 다이오드 때문에 역방향으로 흐를 수는 없으므로 거기까지 정지하고 대신에 또 다른 갈래로 빠져나와서 발전기 내부의 로터코일을 통한 후 전압 조정기 내부의 다링톤 TR 컬렉터까지 대기한다.

④ 전압 조정기 'L'이라고 써진 단자를 통해서 저항 R_4와 R_5를 지나 어스로 전류가 미약하게 흐른다.

⑤ 저항 R5 양단에 걸리는 전압은 제너 다이오드의 역방향으로 걸리므로 더 이상 흐르지 못한다.

⑥ 엔진 키로 공급된 배터리 전압은 다시 'R' 단자를 통해서 발전기 내부의 전압 조정기에 들어온다. 이때 흐르는 전류는 R_6에 의해 약화되고 'L' 단자와 같이 연결되며 'R' 단자 입구에서 들어오자마자 본선은 저항 R_7을 거쳐 다링톤 TR 베이스를 통하여 2단계를 거쳐서 어스된다. 이 영향으로 다링톤 TR이 ON 상태가 된다.

⑦ TR이 작동되면 TR 콜렉터까지 대기하고 있던 로터를 통한 전류는 TR을 통해서 이미터로 어스가 된다. 결국 로터에 미약한 전류가 흘러서 로터는 자석 덩어리가 되고 충전 경고등이 점등된다.

⑧ 비록 로터로 흐르는 여자 전류(흐르는 전류)는 발전기 'L' 단자이긴 하지만 'R' 단자가 연결되어 있지 못한다면 결국 로터가 자석이 되지 못하여 아무리 엔진에 시동이 걸려도 충전이 되지 못한다.

(2) 엔진 공회전 시(BLR 단자)

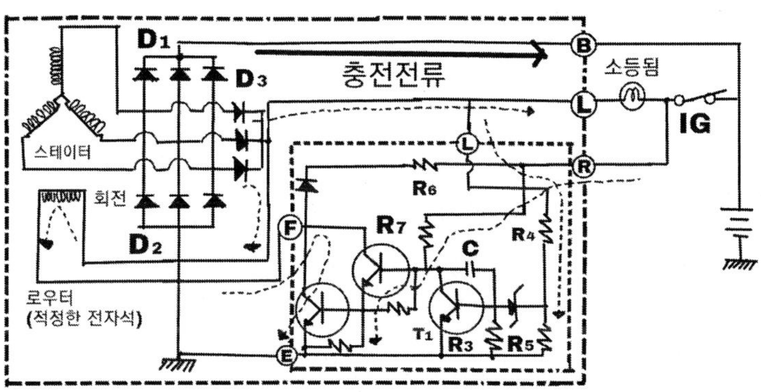

[그림 6.19] 공회전 시 전압조정

① 위의 회로는 시동이 걸리고 난 후 아직 발전기의 전압이 과대 상승되지 않은 상태(엔진 공회전이기 때문에)에서의 전류의 흐름을 보여 주고 있다.

② 자석이 된 로터가 벨트에 의해 회전됨으로써 스테이터 코일에는 교류 전기가 발생한다. 'Y' 결선으로 되어 세 갈래로 나오는 발전기의 출력은 각각 120°의 위상을 가진 3상 교류의 형태로 출력된다.

③ 3상 교류는 다이오드가 최소한 6개가 있어야 직류로 바꿀 수 있다.

④ 다이오드 D_1과 D_2는 전파정류를 통하여 직류로 만들려는 목적에서 사용하는 것이고, D_3는 트리오 다이오드라고 하는데 이 다이오드는 전압 조정기 작동용으로 쓰기 위해 별도로 빼놓은 것이다.

⑤ 트리오 다이오드를 통해서 나온 발전기 전압은 한 가닥은 충전 경고등으로 흐르게 된다. 이 때문에 충전 경고등은 한쪽에는 배터리 전압 12V가 인가되고 다른 한쪽에는 발전기 12V가 인가되어 등전위가 되므로 결국 충전 경고등은 소등된다.

⑥ 트리오 다이오드를 통해서 또 다른 한 가닥은 로터에 가해지기 때문에 최초의 램프를 통해서 가해지던 초기 여자전류보다 더욱 센 전류가 흐르므로 발전기의 출력은 증가된다.

⑦ 트리오 다이오드를 통해서 나온 전류는 전압 조정기 내부 'F'단자에 가해져 저항 R_6과 R_7을 지나 다링톤 TR의 베이스에 가해지므로 컬렉터에 대기하고 있던 전류는 TR 이미터로 접지되어 로터가 시동 후에도 계속 자석 덩어리로 되어있다.

⑧ 이 때문에 'R'단자를 제거해도 자체적인 전압이 연속적으로 발생한다. 하지만 이 순간은 극히 잠시 동안으로 끝난다. 이유는 발전기에서 만들어진 전압이 로터에 전부 가해지고 로터는 더욱 강력한 전자석이 되면 출력전압이 더욱 상승되는 일이 순식간에 생기기 때문이다.

(3) 발전기 출력이 과대해지면

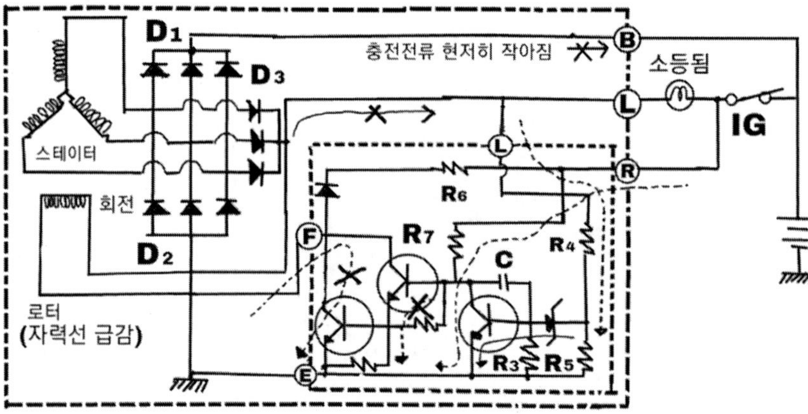

[그림 6.20] 출력 과대 시

① 위의 회로는 발전기 출력이 과대해졌을 때 흐르는 전류의 상태를 표시한 것이다.

② 트리오 다이오드에서 나온 전압은 계속하여 저항 R6과 R7을 통해서 다링톤 TR의 베이스에 가해지는 것은 한결같지만 또 다른 회로로는 저항 R4와 R5를 통해서 어스가 되기 때문에 이때 저항 R5의 양단에 걸리는 전압이 미리 설정된 전압(제너 다이오드의 역방향 통과 전압)보다 조금이라도 높으면 역방향으로 도통된다(이때 전압을 브레이크 다운전압 : 항복 전압). 이 때문에 제너다이오드를 통과한 전류는 R3를 거쳐서 어스된다. 그렇게 되면 TR1이 작동하고 그 즉시 다링톤 TR 베이스로 흐르던 전류는 졸지에 TR1으로 인해 콜렉터와 이미터로 연결되어 접지로 흐르기 때문에 다링톤 TR은 일순간 접지 쪽으로 전류가 흐를 수 없게 된다.

③ 그것은 로터에 흐르는 전류가 차단되는 효과와 같다. 순식간에 로터의 자력선이 소멸되어 버리므로 스테이터 코일에서 나오는 전압은 급격히 떨어진다. 물론 트리오 다이오드에서 나오는 전압도 마찬가지다.

④ 그렇게 되면 저항 R_5에 걸렸던 전압 자체도 약화된다. 때문에 다시 다링톤 TR의 베이스로 전류가 흐르게 되어 로터 자력선이 점점 더 심해지기 시작한다. 이와 같은 과정을 무수히 빠르게 반복함으로써 발전기의 출력이 일정한 값으로 유지된다.

⑤ 결국 제너 다이오드를 몇 V로 정하느냐에 따라서 출력전압(일정한 전압)이 제어된다.

⑥ 위 회로에서 콘덴서는 발전기에서 나오는 출력전압의 리플(탁탁 튀는 일종의 전기적 잡음)을 제거하기 위해 연결된다.

(4) 잠시 머리를 식히기 위해서

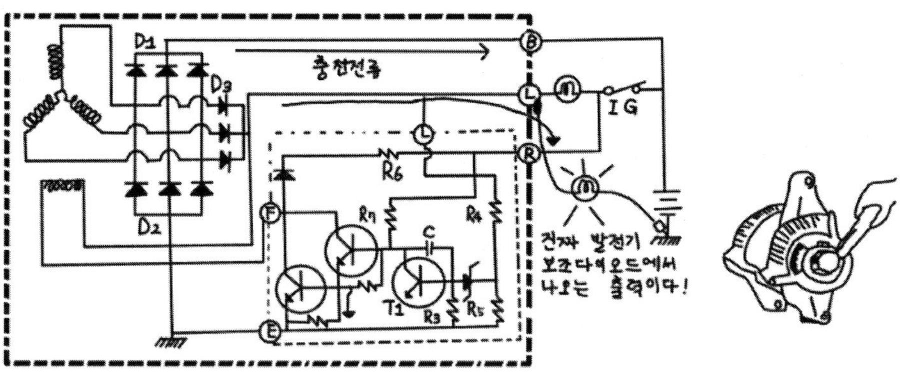

[그림 6.21] 교류 발전기 출력점검

어떻게 해야 발전기 검사를 간편히 할 수 있을까? 두 가지 방법이 있는데, 하나는 위의 회로와 같이 테스트 램프를 시동중인 발전기 'L' 단자에 대어 점등이 잘 되면 충전전압이 잘 나오고 있다는 증거로 쓰면 된다. 또 다른 방법은 위의 그림처럼 회전중인 발전기 축에 얇은 철판을 대어서 달라붙는 힘이 느껴지면 발전기 출력이 이상 없이 나오는 것을 증명하는 것으로 간주하면 된다.

(5) BLS 단자의 내부 전압 조정기

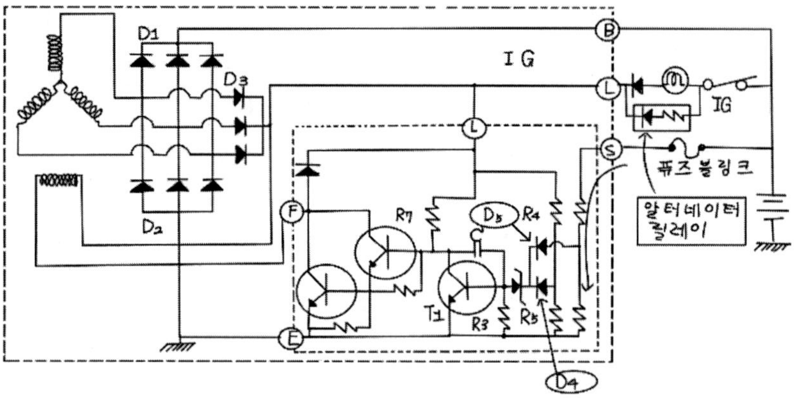

[그림 6.22] BLS 전압 조정기

① 앞에서 논한 BLR단자의 발전기는 배터리 상태가 어떠하더라도 스스로 제너다이오드의 전압 이상이 되지 않는 범위 안에서 일정 출력이 나오도록 설계된 발전기이다. 제어 상 틀린 건 아니지만 어떤 면에서는 비효율적이다. 왜냐하면 배터리가 너무 멀쩡해도 스스로 계속 여분의 전류를 충분히 공급해주기 때문에 효율적 가동과 연비의 측면에서 보면 부정적인 면이 있기 때문이다. 그래서 전자제어 엔진으로 바뀌면서 발전기도 바뀌었다.

② 바뀐 내용은 전압 조정기 내부에 제너다이오드가 작동되기 위한 회로가 한 개 더 늘었고 회로가 작동되기 위한 회로가 조금 변경되었다는 점이다.

③ 즉, 다이오드 한 개는 발전기 전압을 감지하는 D_4와 배터리 전압을 감지하는 다이오드 D_5가 추가되었다고 보면 된다.

[2] BLR단자와 BLS단자의 차이점

① 여자전류가 공급되는 방식에서 'R'단자가 없는 대신 충전 경고등을 통한 'L'단자로 로터에 가해지는 여자전류가 흐른다는 점이다.

② 때문에 충전 경고등이 이상이 없으면 상관없지만, 만약 끊어진다면 여자전류가 공급이 안 되기 때문에 충전이 불가능하게 된다. 이를 방지하기 위해 본네트 대신 판넬 가운데에 위치한 알터네이터 릴레이를 사용하였다. 이 릴레이는 충전 경고등의 단선에 대비한 것이다.

③ 'S'단자는 배터리 전압을 감시하는 구조를 갖고 있다. 만약 배터리 전압이 한계치 이상 충전이 되었다면 제너다이오드가 작동하여 로터 자력선을 약하게 만든다.

④ 배터리가 과충전(17V 이상)되면 자동차 전장품에 막대한 지장을 초래하므로 이런 안전장치가 필요하다.

예제 6-17 다음 중 발전기 내부 구조에서 제너다이오드에 대한 설명으로 틀린 것은? ( )

가. 특정 전압 이상에서는 역방향으로 전류가 흐른다.
나. 정전압 다이오드라고도 한다.
다. 순방향으로 가한 일정 전압을 제너 전압이라고 한다.
라. 발전기의 전압조정기에 사용된다.

예제 6-18 교류 발전기에서 B단자(출력단자)를 연결하지 않는 상태로 엔진을 고속 회전시키면 어떤 현상이 발생되는가? ( )

가. 다이오드가 손상된다. 나. 충전되지 않지만 이상이 없다.
다. 과충전이 일어난다. 라. 로터코일이 끊어진다.

예제 6-19 충전회로에서 발전기 L 단자에 대한 설명이다. 거리가 먼 것은? ( )

가. L 단자는 충전경고등 작동선이다.
나. ECS 장착차량에서는 L 단자 신호를 사용한다.
다. 엔진 시동 후 L 단자에서는 13.8 [V] ~ 14.8 [V]로 출력된다.
라. L 단자회로가 단선되면 충전경고등이 점등된다.

예제 6-20 주행 중 계기판의 충전 경고등이 점등되는 직접적인 원인으로 틀린 것은? ( )

가. 발전기 출력 전압이 배터리 전압보다 낮았다.
나. 발전기 로터코일이 단선되었다.
다. 발전기 구동벨트가 느슨하거나 퓨즈블 링크가 단선되었다.
라. 배터리의 수명이 다 되었거나 배터리 전해액이 부족하다.

6.4 암 전류 측정방법과 발생되는 예

암 전류(parasitic current)란 차량에 사용되는 전장 부품에서 소모되는 미량의 소모 전류로 자동차의 시동키를 제거해도 ECU 내부의 기억소자에 정보를 보호하기 위해 공급되는 백업 전원 및 시계 등에 공급되는 미량의 전류의 소모량을 말한다. 이 값이 너무 큰 경우에는 배터리를 완충해도 일정시간 경과 후 재시동할 때 암 전류에 의한 배터리 방전으로 시동이 걸리지 않는 경우가 있다. 이는 대개 시중에서 별도로 편의 장치나 액세서리 등을 설치하는 경우에 많이 나타나는 현상이므로 암 전류를 측정하여 원인을 제거하지 않으면 안 된다.

6.4.1 암 전류 규정값

승용차의 경우 35 [mA] 이하로 정하고 있지만 최근에는 전장품의 증가로 이보다 큰 경우도 있다.

6.4.2 암 전류 측정 방법

암 전류는 특별한 이유 없이 배터리가 방전될 때, 전기 장치의 개조 작업 이후, 배선 교환 작업 이후 등의 이유로 발생할 수 있다. 암 전류 측정요령은 다음과 같다.

① 모든 도어는 닫고

② 점화 스위치 OFF상태에서

③ 전류계를 위 회로와 같이 직렬로 연결하고 퓨즈 박스에 있는 퓨즈를 하나씩 제거하여 보면 어느 순간인가 전류계의 지침이 급격히 떨어지는 것을 확인할 수 있다. 이때 제거한 퓨즈로부터 연결된 부하 측에 규정치를 초과하는 암 전류가 발생하고 있는 것으로 본다.

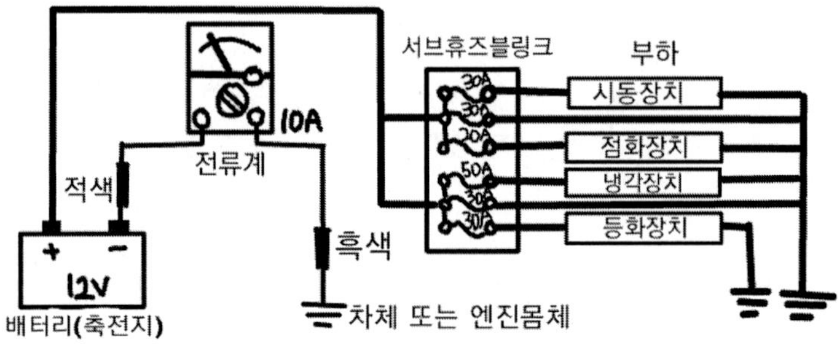

[그림 6.23] 암 전류 점검 방법

6.4.3 암 전류가 발생되는 예

디젤엔진의 경우 예열 플러그에 전원 공급용 릴레이의 접점이 지속적으로 접촉되어 배터리 방전으로 이어지는 경우가 있고, 가솔린차량의 경우에는 엔진 메인컨트롤 릴레이 접점이 지속 접촉하여 나타나는 경우도 있다. 또한 발전기 B단자를 제거하여 보면 쉽게 발견할 수 있는데 이때 B단자 케이블을 제거하면 암 전류의 측정치가 급격히 하락하는 경우 발전기 내부의 정류 다이오드의 쇼트를 의심해 볼 수 있다.

예제 6-21 **다음 중 암 전류에 대한 설명으로 틀린 것은? ( )**

가. 전자제어장치 차량에서는 차종마다 정해진 규정치 내에서 암 전류가 있는 것이 정상이다.
나. 일반적으로 암 전류의 측정은 모든 전기장치를 off하고, 전체 도어를 닫은 상태에서 실시한다.
다. 배터리 자체에서 저절로 소모되는 전류이다.
라. 암 전류가 큰 경우 배터리 방전의 요인이다.

예제 6-22 **다음 중 암 전류의 측정 필요시기로 거리가 <u>먼</u> 것은? ( )**

가. 특별한 이유 없이 배터리가 방전될 때
나. 주행 중 시동 꺼짐 발생
다. 전기 장치의 개조 작업 이후
라. 배선 교환 작업 이후

예제 6-23 **다음 중 배터리 측에서 암 전류를 측정하는 방법으로 옳은 것은? ( )**

가. 배터리 (+)측과 (-)측의 전류가 서로 다르기 때문에 반드시 배터리 (+)측에서만 측정해야 한다.
나. 디지털 멀티미터를 사용하여 암 전류를 점검할 경우 탐침을 배터리 (+)측에서 병렬로 연결한다.
다. 클램프 타입 전류계를 이용할 경우 배터리 (+)측과 (-)측 배선 모두 클램프 안에 넣어야 한다.
라. 배터리 (+)측과 (-)측 무관하게 한 단자를 탈거하고 멀티미터를 직렬로 연결한다.

6.5 교류 발전기 점검

6.5.1 출력전압 점검

교류 발전기 출력전압(조정전압)은 [그림 6.24]와 같이 전압계를 연결하여 그림과 같은 조건에서 측정한다.

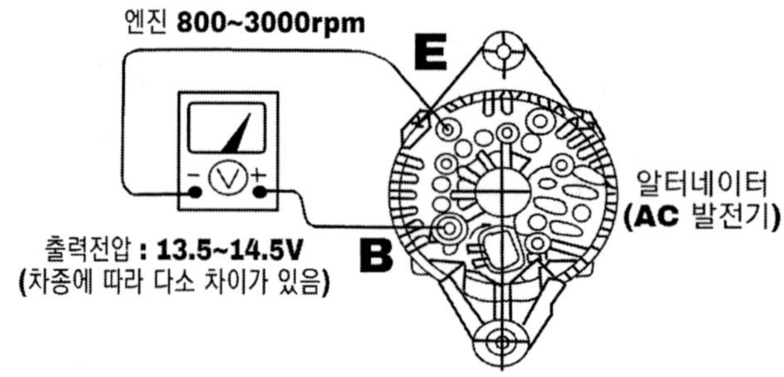

[그림 6.24] 발전기 출력전압 점검 방법

6.5.2 충전 케이블 노화 상태점검

발전기의 충전 전압이 조정전압 범위(13.5 [V] ~ 14.5 [V])에 있다 하더라도 충전 부족 현상이 일어나는 것은 배터리의 단품 상에 기인한 것도 있지만, 발전기로부터 공급되는 전선의 노화에 의한 저항 증가나 발전기 B단자 간 접촉 불량에 따른 것일 수 있다.

(1) 발전기 B단자와 배터리 (+)단자와 전압 강하 측정

발전기 B단자와 배터리 (+) 사이 선간전압이 0.3 [V] 이상 측정되면 전기 배선이 침수, 물세차 등으로 배선에 습기가 발생되어 배선이 검정색으로 열화된다. 이에 따라 저항이 많아져 전류가 제대로 흐르지 못하는 경우가 있다. 이때 자동변속기 변속 충격이 발생되고, ABS 등 자동차 전장부품에 문제를 발생시킬 수 있다. 또 배터리 (+)와 엔진 정션박스 (+) 간 선간전압도 확인해야 한다.

(2) 발전기 몸체와 배터리 (−)와 접촉상태 측정

예를 들어 발전기 출력전압이 13.5 [V]이고 발전기 B단자와 배터리 (+)단자 간의 선간전압 강하가 0.7 [V]이라면 배터리에 공급되는 전압은 13.5 [V] - 0.7 [V] = 12.8 [V]가 되므로 이 상태에서 높은 부하의 사용은 12.8 [V] 이하의 전압이 배터리의 공급전압으로 공급되어 배터리는 충전 부족 현상이 일어나는 조건이 된다.

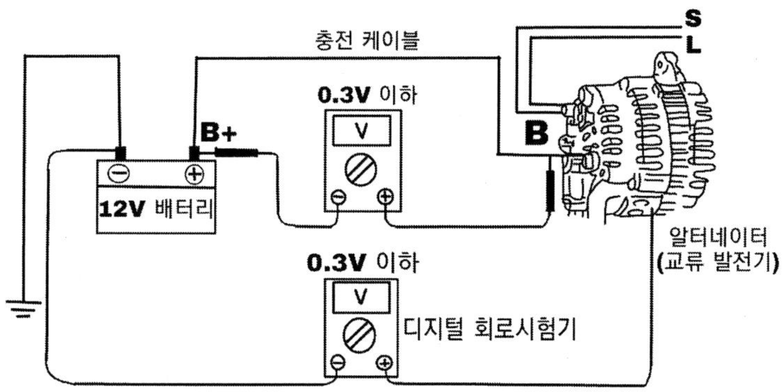

[그림 6.25] 충전케이블 노화점검 방법

6.5.3 발전기 출력전류 점검

(1) 무 부하 출력전류 테스트

이 실험은 엔진 공회전 상태(750±50 [rpm])에서부터 서서히 엔진 회전수를 3,000 [rpm]까지 상승하여 출력되는 전류가 10 [A] 이하에 있으면 정상이다.

(2) 최대(부하) 출력전류 테스트

이 실험은 엔진 회전수를 2,500 ~ 3,000 [rpm] 범주에서 유지한 채로 부하를 최대한 걸어 가능한 짧은 시간(5초 이내)에 실험하여야 한다.

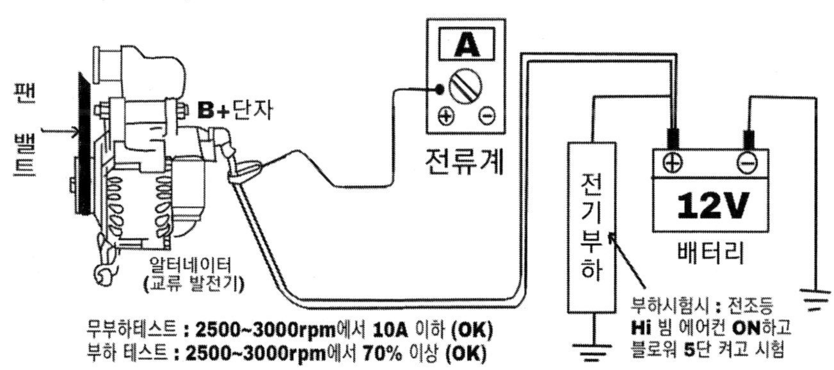

[그림 6.26] 발전기 출력전류 점검 방법

예제 6-24 **교류 발전기의 충전전압을 표시한 것이다. 맞는 것은? ( )**
(12 [V] battery의 경우)

가. 10 ~ 12 [V]　　　나. 13.8 ~ 14.8 [V]
다. 23.8 ~ 24.8 [V]　　　라. 33.8 ~ 34.8 [V]

예제 6-25 **충전장치 점검 및 정비 방법으로 틀린 것은? ( )**

가. 배터리 터미널 극성에 주의한다.
나. 엔진 구동 중에는 벨트 장력을 점검하지 않는다.
다. 발전기 B단자를 분리한 후 엔진을 고속회전시키지 않는다.
라. 발전기 출력전압이 전류를 점검할 때는 절연저항 테스터를 활용한다.

예제 6-26 **충전장치의 고장 진단방법으로 틀린 것은? ( )**

가. 발전기 B단자의 저항을 점검한다.
나. 배터리 (+)단자의 접촉 상태를 점검한다.
다. 배터리 (-)단자의 접촉 상태를 점검한다.
라. 발전기 몸체와 차체의 접촉 상태를 점검한다.

예제 6-27 **발전기 B단자의 접촉 불량 및 배선 저항과다로 발생할 수 있는 현상은? ( )**

가. 엔진 과열
나. 충전 시 소음 발생
다. B단자 배선 발열
라. 과충전으로 인한 배터리 손상

예제 6-28 **주행 중 배터리 충전 불량의 원인으로 틀린 것은? ( )**

가. 발전기 B단자 접촉이 불량하다.
나. 발전기 구동 벨트의 장력이 강하다.
다. 발전기 내부 브러시가 마모되어 슬립 링에 접촉이 불량하다.
라. 발전기 내부 불량으로 충전 전압이 배터리 전압보다 낮게 나온다.

6.5.4 발전기 소음 점검

회전 중에 나는 소음은 전문가가 아니면 정확한 발생 위치를 판단하는 것은 쉽지 않지만, 엔진 벨트부에서 나는 음인지 발전기 구동축의 베어링부에서 나는 소음인지 구분하는 것은 그다지 어렵지 않다. 엔진의 회전 중에 벨트의 내측에 물을 분무하여 소음이 사라지면 벨트의 마모 또는 소손에 의한 음으로 판단하고, 변화가 없는 경우는 구동축의 베어링부의 소음으로 판단할 수 있다.

6.5.5 정류용 다이오드 점검

점화스위치 ON 시 발전기 L단자의 전압을 측정하는 것은 로터코일에 전류가 정상적으로 흐르고 있는 것을 확인하기 위한 실험이다. 아래 왼쪽 그림과 같이 연결하여 3 [V] 이하이면 전압 조정기는 정상적으로 작동하고 있다는 것을 의미한다. 또한 다이오드 실험은 아래 우측 그림과 같이 연결하여 0.6 [V] 이하(단, 엔진 공회전 시)이면 정상적인 다이오드라 판단할 수 있다.

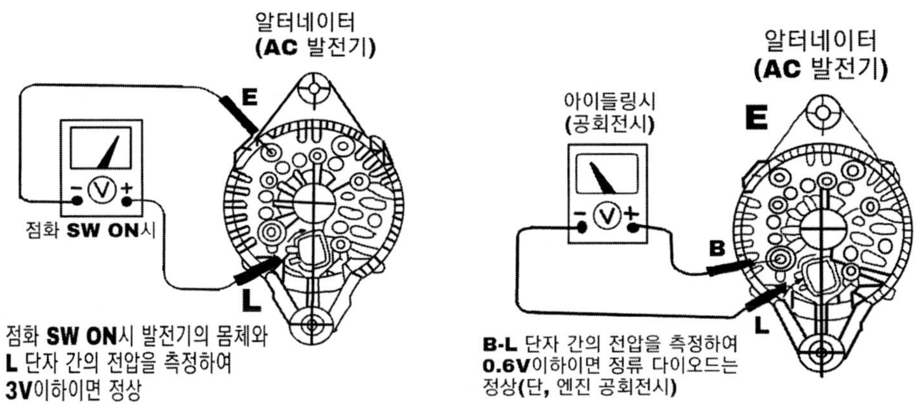

[그림 6.27] 발전기 다이오드 점검 방법

6.6 오실로스코프에 의한 점검

6.6.1 정상 파형의 리플

리플(ripple)율은 $\frac{\text{교류 성분의 실효값}}{\text{직류 성분의 평균치의 전압값}} \times 100(\%)$로 나타낸 것으로, 이 값이 작을수록 정류 회로의 효율은 높은 것을 나타낸다.

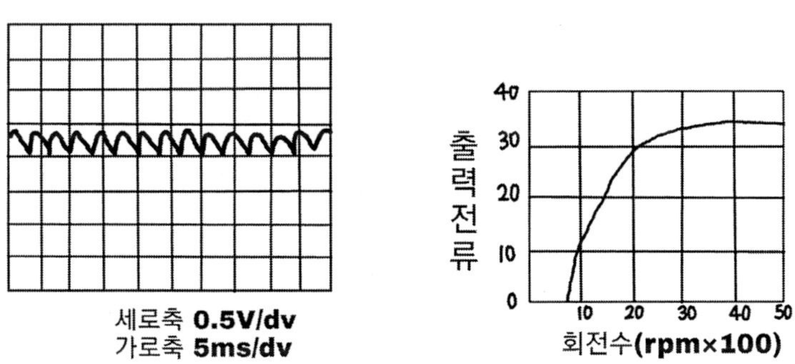

[그림 6.28] 교류 발전기 정상파형

① 출력전압 : 시간의 변화(가로축)에 따라 전압의 변화(세로축)는 0.5 [V] 이하에서 정상 사이클의 변화로 출력된다.

② 출력전류 : 엔진 회전수가 800 [rpm]부터 증가하면서 전류값이 급격히 상승하고, 3,000 [rpm] 이상에서는 일정 전류를 유지하고 있다.

6.6.2 비정상 파형의 리플

(1) 다이오드 1개 단선인 경우

[그림 6.29]를 보면 출력 전압이 주기적으로 떨어지고, 출력 전류의 최고값이 정상 파형보다 20 [%] 정도 떨어진다.

(2) 다이오드 2개 단선인 경우

[그림 6.30]을 보면 출력 전압의 불균형 변화가 주기적으로 발생하고, 출력 전류의 최댓값이 더욱 떨어진다.

(3) 다이오드 1개 단락인 경우

[그림 6.31]을 보면 출력 전압의 불균형 변화가 찌그러져 있고, 출력 전류는 급격하게 떨어진다.

(4) 스테이터 코일 1상 단선인 경우

[그림 6.32]를 보면 출력 전압의 변화 폭과 주기가 정상 파형보다 매우 증가하고, 출력 전류는 많이 감소한다.

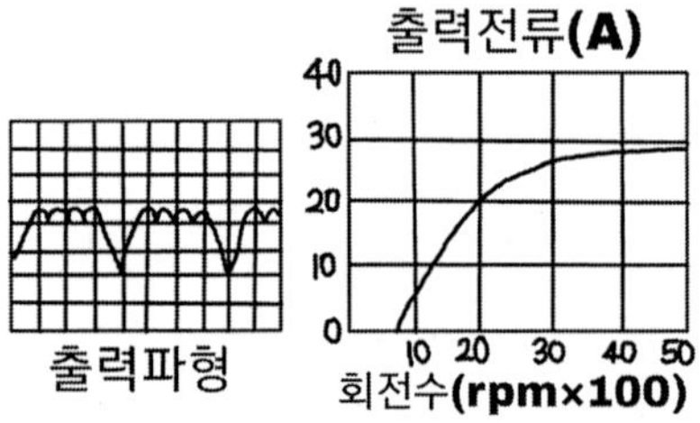

[그림 6.29] 다이오드 1개 단선인 경우

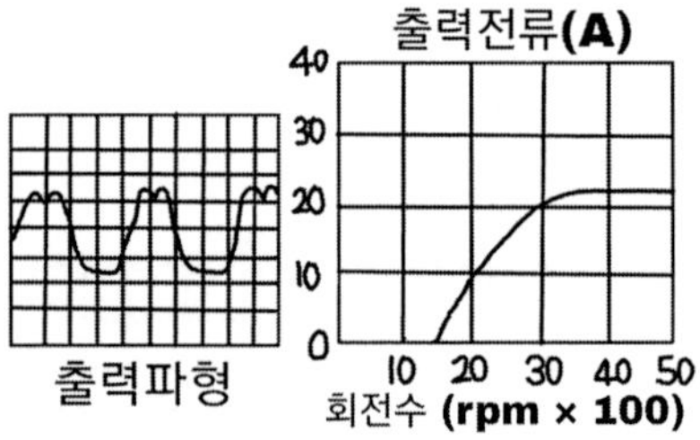

[그림 6.30] 다이오드 2개 단선인 경우

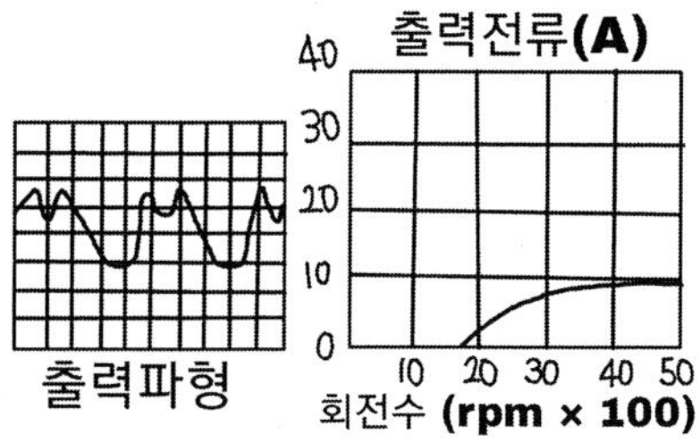

[그림 6.31] 다이오드 1개 단락인 경우

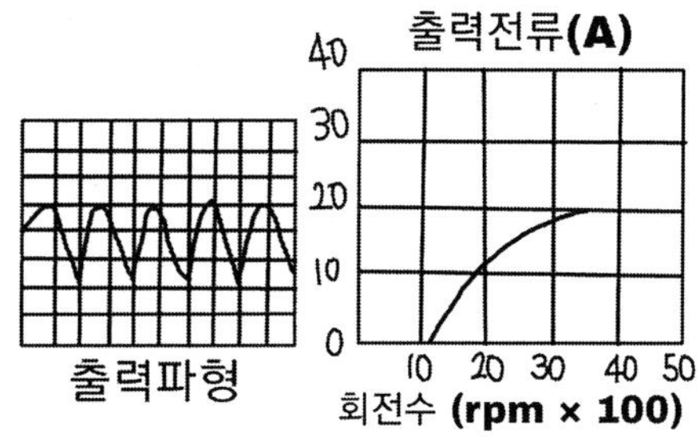

[그림 6.32] 스테이터 코일 1상 단선인 경우

6.7 충전계통 고장진단 방법

6.7.1 기관 정지 상태로 점화스위치를 ON했을 때 충전경고등이 점등되지 않는 경우

① 퓨즈가 끊어짐

② 충전경고등 전구가 단선

③ 전압조정기 고장

④ 배선 커넥터의 결함

6.7.2 엔진의 시동을 한 후에도 충전경고등이 소등되지 않을 경우

① 구동벨트의 이완 또는 절단

② 퓨즈 블링크 단선

③ 퓨즈 단선

④ 전압조정기 또는 발전기의 결함

⑤ 축전지 케이블의 부식, 배터리 단자의 마모

⑥ 배선 및 커넥터의 결함

6.7.3 축전지의 과충전 원인

① 전압감지 배선 불량

② 전압조정기의 결함

6.7.4 축전지의 과방전 원인

① 구동벨트 이완 또는 절단

② 축전지 수명이 다 됨

③ 접지 불량
④ 배선 접속부분 또는 회로의 단락
⑤ 퓨즈 블링크 단선
⑥ 전압조정기 결함

예제 6-29 다음 그림은 엔진 스코프에 나타난 교류 발전기의 파형이다. 이 파형이 뜻하는 것은? ( )

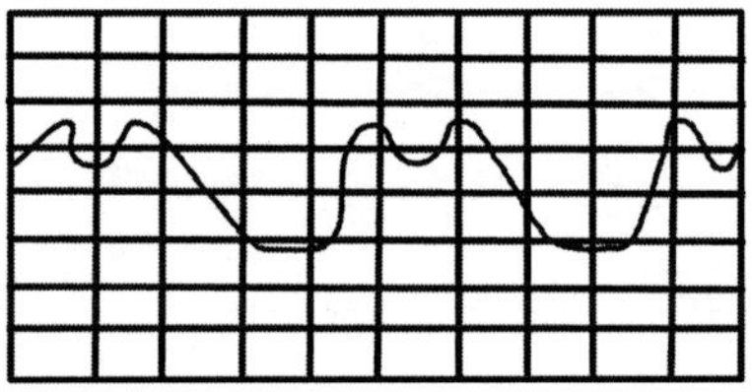

가. 다이오드가 개회로된 상태이다. 나. 다이오드가 단락된 상태이다.
다. 스테이터가 개회로된 상태이다. 라. 스테이터가 단락된 상태이다.

예제 6-30 배터리의 과충전 현상이 발생되는 주된 원인은? ( )

가. 배터리 단자 부식
나. 전압 조정기의 작동 불량
다. 발전기 구동 벨트 장력의 느슨함
라. 발전기 커넥터의 단선 및 접촉 불량

예제 6-31 충전 불량으로 입고된 차량의 점검항목으로 틀린 것은? ( )

가. 벨트 장력
나. 충전 전류
다. 메인 퓨즈블 링크
라. 엔진 구동 시 배터리 비중

예제 6-32 다음 중 크랭킹(크랭크축은 회전)은 가능하나 기관이 시동되지 않는 원인으로 틀린 것은? ( )

가. 점화장치 불량 나. 알터네이터 불량
다. 메인릴레이 불량 라. 연료펌프 작동 불량

CHAPTER 07

공조장치

한 장소의 공기 상태를 사람에게 가장 쾌적한 상태로 하여 자동차 안전운행을 확보하기 위해 설치한 장치를 냉·난방장치, 즉 공기조화(air conditioning : 공조)라 한다. 공조장치는 온도, 습도, 풍속, 청정도 등을 제어하는 것이다.

쾌적 감각의 3요소는 온도·습도·풍속이며, 차량의 열적부하에는 복사부하(직사광선), 승원부하(인적부하), 관류부하(차실 벽, 바닥 또는 창면으로부터의 열 이동), 환기부하(자연 또는 강제의 환기) 등이 있다.

자동차용 난방장치는 어떤 열원을 사용하느냐에 따라 온수식과 연소식이 있는데 주로 온수식이 많이 사용된다. 또 공기의 흡입방식에 따라 내기 순환식 및 내·외기 겸용식이 있다.

자동차용 냉방장치는 액체가 증발할 때 주위의 열을 흡수하는 현상을 이용하여 냉방하며, 또한 제습과 공기 여과기를 두어 실내 공기 속의 먼지도 제거한다.

7.1 난방장치의 분류

지연이 있으면 오래 기다려야 하고 엔진은 지연시간만큼 더 동력을 손실하게 된다. 따라서 난방효과를 즉시 얻을 수 있는 것이 가장 좋은 난방장치이다. 난방장치의 종류로는 온수식, 연소식, PTC 등이 있다.

7.1.1 온수식 난방장치

온수식 히터는 엔진의 데워진 냉각수를 순환시켜 온풍을 얻는 방식이다. 블로워 모터, 블로워, 히터유닛, 디프로스터, 파이프 및 덕트 등으로 구성되어 있고, 온도를 조절하는 방식은 다음과 같다.

① 온도조절 액추에이터를 이용하여 열 교환기를 통과하는 공기량을 조절한다.

② 송풍기 모터의 회전수를 제어하여 온도를 조절한다.

③ 열 교환기에 흐르는 냉각수 양을 가감하여 온도를 조절한다.

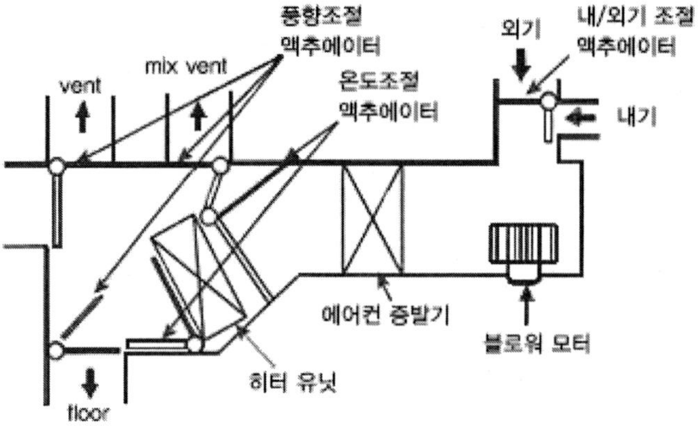

[그림 7.1] 히터유닛 내부구조

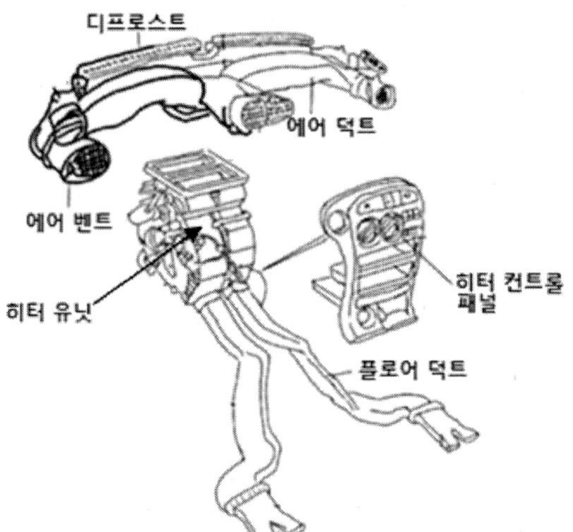

[그림 7.2] 덕트유닛 내부구조

7.1.2 연소식 난방장치

연소식 난방장치는 엔진의 열을 이용하지 않고 독립된 외부 연소기를 이용하여 자동차 실내를 난방하는 것이다. 그 종류에는 열교환기로 공기를 직접 데워주는 직접 연소식 히터와 공기 대신에 엔진의 냉각수를 데워 이 온수를 열원으로 공기를 데워주는 간접 연소식 히터가 있다.

자동차에는 주로 간접형이 많이 사용되고 있으며 엔진이 가열되고 엔진의 냉각수가 일정온도 도달 시까지 작동하는 보조적인 역할을 한다. 열효율이 좋은 커먼레일 디젤 차량에 적용되며, 영상 3[℃] 이하부터 작동한다. 블로워 모터, 블로워, 열교환기, 버너, 워터펌프 등으로 구성되어 있으며 연료를 연소실에서 연소시켜 온풍을 얻는 방식이다.

7.1.3 PTC 난방장치

PTC(Positive Temperature Coefficient) 난방장치는 커먼레일 디젤엔진 차량에 장착되는 공기 가열식 히터이다. 이 장치를 장착하는 이유는 열효율이 좋은 커먼레일 디젤 차량의 연소실 특성상 엔진 냉각수온의 상승이 아주 어렵고 시간이 많이 지연되므로 히터의 정상작동 온도 도달까지는 많은 시간이 소요되어서 탑승자가 원하는 히터의 온도를 보다 빠르게 가능하게 하는 난방의 보조 시스템이기 때문이다. 이 PTC는 엔진 700 [rpm] 이상, 엔진 수온이 70 [℃] 이하, 외기온도 5 [℃] 이하, 축전지 전압 12.5 [V] 이상, 블로워 모터 ON 시에서 최대 60분 동안 작동하고, 배터리 전압이 8.9 [V] 이하이면 OFF된다.

작동원리는 [그림 7.3]에서 입력신호 만족 시 엔진 ECU에서 릴레이1 구동 후 공조 컨트롤(FATC : Full Automatic Temperature Control) 유닛이 15초 간격으로 2, 3번 릴레이를 구동한다. 엔진 정상작동 온도 후 작동 조건 외일 때 엔진 ECU는 릴레이1 OFF 후 FATC는 15초 간격으로 릴레이2, 릴레이3를 OFF한다.

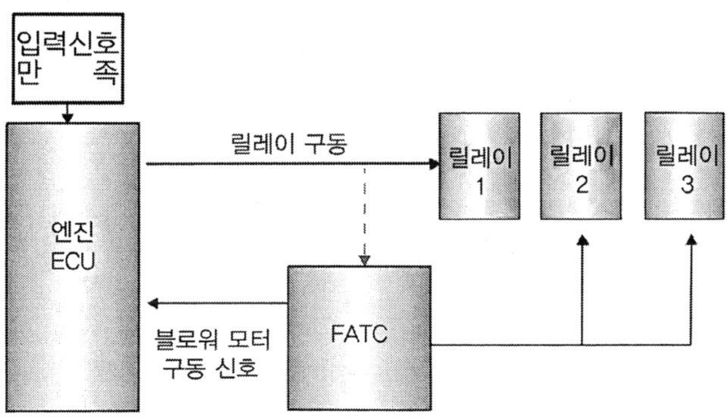

[그림 7.3] PTC 히터의 작동순서 회로

예제 7-1 **냉방장치의 능력은 차실 내외 조건에 따른 다음의 열부하에 따라 결정되는데, 다음 중 <u>관계없는</u> 것은? ( )**

가. 복사부하 나. 승원부하 다. 면적부하 라. 관류부하

예제 7-2 **작업장 또는 정밀측정 공간에서 인간이 느낄 수 있는 최적의 환경 조건이 <u>아닌</u> 것은? ( )**

가. 온도 : 20 [℃] 나. 습도 : 60 [%]
다. 대기압 : 101.325 [kPa] 라. 풍속 : 10 [m/s]

예제 7-3 **온수식 히터 장치의 실내온도 조절방법으로 틀린 것은? ( )**

가. 온도조절 액추에이터를 이용하여 열 교환기를 통과하는 공기량을 조절한다.
나. 송풍기 모터의 회전수를 제어하여 온도를 조절한다.
다. 열 교환기에 흐르는 냉각수의 양을 가감하여 온도를 조절한다.
라. 라디에이터 팬의 회전수를 제어하여 열 교환기의 온도를 조절한다.

예제 7-4 **난방장치의 열교환기 중 물을 사용하지 않는 방식의 히터는? ( )**

가. 온수식 히터　　나. 가열 플러그 히터
다. 간접형 연료 연소식　　라. PTC 히터

예제 7-5 **다음 중 전자제어 디젤 차량의 PTC 히터에 대한 설명으로 틀린 것은? ( )**

가. 공기 가열식 히터이다.
나. 작동시간에 제한이 없는 장점이 있다.
다. 배터리 전압이 규정치보다 낮아지면 OFF된다.
라. 공전속도 약 700 [rpm] 이상에서 작동된다.

7.2 냉방장치의 구성

자동차 실내의 공기조절은 냉매가 증발하는 잠열(潛熱)을 이용한다. 물체는 고체-액체-기체의 3가지 상태로 변화할 때 대량의 열량을 필요로 하는데, 이 상태의 변화에 필요한 열을 잠열이라고 한다. 압력이 일정하면 이 상태의 변화 중 물체의 온도는 변화하지 않는다.

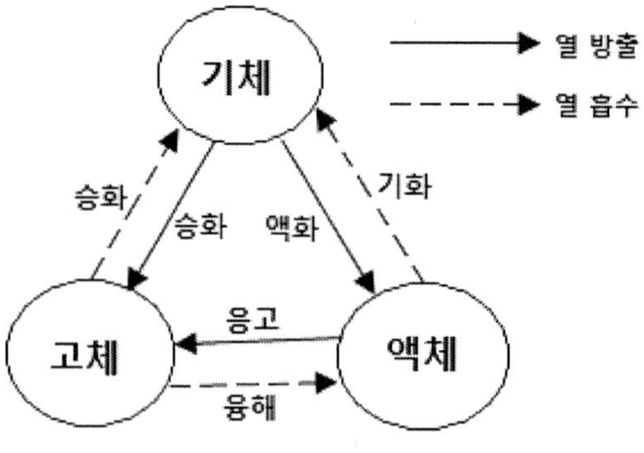

[그림 7.4] 물질의 상태 변화와 잠열

냉매는 잠열의 교환을 실행하고 냉각작용의 매체를 담당하는 물질로 R-12(CFC : 프레온 가스), R-22가 대표적이며, 자동차 에어컨으로 사용되는 냉매는 성층권(25 ~ 30 [km] 사이) 오존(O_3)층을 보호하기 위하여 최근에는 R-134a(HFC)를 사용한다.

[그림 7.5]는 자동차에 사용되고 있는 에어컨 사이클이다. 냉매는 가스 상태에서 압축기(compressor)로 흡입 · 압축되고, 고온 · 고압가스(약 80 [℃], 15 [kgf/cm^2])가 되어 응축기(condenser)로 송출된다. 응축기를 통과하는 가스는 냉각 팬에 의하여 자동차 외부의 공기를 받아들임으로써 냉각되어 응축된 잠열을 빼앗아 액화(液化)된다. 이때 온도는 약 60 [℃], 압력은 15 [kgf/cm^2] 정도 된다. 액화된 냉매는 리시버 드라이어(receiver drier)로 유입되어 기체와 액체가 분리된다.

액체 냉매만이 팽창 밸브로 공급되고 여기에서 고압의 액체 냉매는 급격히 팽창하여 저온 · 저압의 안개 모양으로 된 후 냉매는 증발기(evaporator)로 유입된다. 증발기에 들어온 냉매는 자동차 실내 공기로부터 증발하는 데 필요한 잠열을 흡수하므로 실내의 공기를 냉각시킴과 동시에 기화(氣化)하여 압축기로 흡입된다. 이와 같이 냉매는 냉동 사이클 내를 반복하여 순환한다. 자동차 실내의 공기는 냉매가 기화할 때 잠열을 빼앗겨 공기 중에 포함된 수분은 물로 방출되기 때문에 냉방공기는 제습(除濕)된 건조 공기가 된다.

즉, 자동차 에어컨의 기본 사이클은 압축 → 응축 → 팽창 → 증발의 기본 사이클로 이루어져 있고 구성품은 냉매, 압축기, 응축기, 리시버 드라이어, 팽창 밸브, 증발기, 어큐뮬레이터 등으로 구성되어 있다.

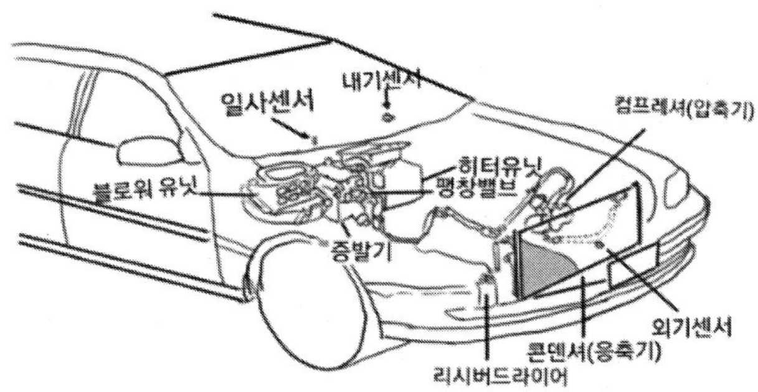

[그림 7.5] 자동차 에어컨의 사이클

Handy hint ....

☞ 물질의 온도를 낮게 유지하는(냉각작용) 방법

① 증발열을 이용하는 방법
② 용해열을 이용하는 방법
③ 승화열을 이용하는 방법
④ 펠티에 효과(peltier effect)를 이용하는 방법
⑤ 톰슨 효과(thomson effect)를 이용하는 방법

7.2.1 냉매

냉매(refrigerant)란 냉동 사이클 속을 순환하여 열을 이동시키는 매체가 되는 물질이다. 즉 저온부분의 열을 고온부분으로 이동시키는 역할을 하는 것이며, 저온부분에서는 액체로부터 기체로, 고온부분에서는 기체로부터 액체로 상태변화를 하는 것이다. 냉매의 가장 중요한 특성은 그다지 높지 않은 압력에서 쉽게 응축, 즉 액체로 되어야 한다.

[1] 냉매의 구비조건

(1) 무색, 무취, 무미, 인체에 무해할 것

사람에게 불쾌감을 주지 않아야 한다.

(2) 비등점이 적당할 것

일반적으로 비등점이 너무 높은 냉매를 저온용으로 사용하면 압축기의 흡입압력이 극도의 진공으로 되어 효율이 불량해진다. 그리고 주위와의 압축 차이가 너무 크게 되어 응축되지 않는 가스가 유입되거나 냉매가 누출되기 쉽다.

(3) 냉매의 증발잠열이 크고 비체적이 적을 것

냉매의 증발잠열이 크면 적은 양의 냉매를 증발시켜도 냉동작용이 커진다. 비체적이란 단위 체적당 중량이며 비체적이 적으면 압축기를 소형화할 수 있다.

(4) 임계온도가 충분히 높고 응고점이 낮을 것

임계온도는 액체와 기체의 상평형이 정의될 수 있는 한계 온도, 즉 액화가 가능한 최고의 온도를 말한다. 임계온도가 낮으면 증발현상이 잘 일어나지 않고 열 흡수작용이 어렵다. 또 응고점이 높으면 상온에서도 고체 상태로 되어 증발현상이 일어나지 않는다.

(5) 응축압력이 적당히 낮을 것

자연계의 물이나 공기로 냉각할 때 대기압력 이상의 적당한 압력에 응축되는 것이 바람직하다. 압력이 너무 낮으면 장치 내로 응축되지 않는 가스가 유입되고, 압력이 너무 높으면 장치의 파손이 일어날 수 있다.

(6) 화학적으로 안정되고 금속에 대하여 부식성이 없을 것

사이클 장치 내부의 화학 반응이 일어나면 부식에 의해서 장치가 막힘이 생기며 또한 녹아버린다. 따라서 그 자신의 성질이 변화하지 말아야 한다.

(7) 압축기 토출가스의 온도가 낮을 것

압축기 토출가스 온도가 높으면 체적효율이 저하될 뿐만 아니라 압축기 내의 윤활유(냉동오일)의 탄화나 열화 또는 분해가 일어나기 쉽고 윤활작용의 저하도 발생할 수 있기 때문에 온도가 낮을수록 유리하다.

(8) 전기 절연성이 좋을 것

전기 절연재료를 침식하지 않고 도전율이 적으며 전기 저항값이 커야 한다.

[2] 신 냉매의 사용 목적

예전에 사용하던 R-12는 안정되고 무독성, 무해성 등 많은 장점이 있으나 오존층 파괴, 지구온난화 측면에서 매우 좋지 못한 영향을 주었다. 그래서 국제연합 환경계획(UNEP)에서 2000년부터는 전면 규제하기로 결정되었다. 따라서 R-12(지구온난화 지수 : 8,100)에 대응하는 대체 냉매가 요구되었으며, 이것이 신 냉매인 R-134a(지구온난화 지수 : 1,300)이다. 최근에는 냉방능력이 R-134a보다 다소 떨어지나 온난화 지수가 4이고, 내부 열교환기가 필요한 R-1234yf를 사용한다. R-12와 비교한 R-134a의 장점은 아래와 같다.

① 오존층을 파괴하는 염소(Ci)가 없다.
② 다른 물질과 쉽게 반응하지 않은 분자 구조로 되어 있다.
③ R-12와 비슷한 열역학적 성질을 지니고 있다.
④ 불연성이고, 독성이 없다.

[3] 냉매 취급 시 주의사항

냉매가 직접적으로 피부에 닿으면 동상에 걸릴 위험이 있다. 또한 눈에 들어갈 경우에는 실명할 위험이 있으므로 취급 시에는 항목에 따라 충분히 주의하기 바란다.

① 반드시 보호안경, 보호 장갑을 착용할 것
② 얼굴 근처에서는 작업하지 말 것
③ 냉매 저장용기를 직접 가열하거나 40[℃] 이상의 더운 물에 넣으면 용기가 파열하여 인명사고로 연결되므로 절대로 가열하지 말 것
④ 냉매 저장용기 보관은 직사광선을 피하고 화기 근처 주위 온도가 40[℃] 이상이 되는 장소에는 보관하지 말 것
⑤ 냉매 저장용기는 습기가 적고 그늘진 장소에 반드시 보관할 것
⑥ 냉매 저장용기를 절대로 던지거나 차거나 하지 말 것
⑦ 냉매 저장용기에 흠 등의 변형이 있으면 사용하지 말 것

[4] 냉매 작업 시 주의사항

R-134a 에어컨을 장착한 차량은 종래의 R-12 에어컨을 장착한 차량과 구별하기 위해 에어컨 사이클 부품(압축기, 리시버 드라이어, 고저압 배관)에 식별라벨이 붙어 있다.

① 차량에 손상이 가지 않도록 차체 및 차실 내에는 보호커버를 사용하여 작업한다.
② 축전지의 (-)단자는 반드시 탈거 후 작업을 시작한다.
③ 차량부품(라디에이터, 에어클리너 등)에는 먼지 등이 들어가지 않도록 보호한다.
④ 에어컨 부품과 차량 부품과의 간격은 원칙적으로 25 [mm] 이상으로 한다.
⑤ 압축기를 장착하기 전에 마그네틱 클러치를 2 ~ 3회 돌려준다(액체 압축 방지).
⑥ 호스와 파이프 접속 시에는 O링이 안착부에 밀착해 있는지 확인한다.
⑦ 배관 접속부 및 O링에 지정된 R-134a용 압축기 오일을 도포한다.
⑧ 너트, 유니온은 양측의 끝까지 확실하게 조인다. 먼저 손으로 너트가 돌아가지 않을 때까지 조이고 그 다음 규정토크로 조인다.
⑨ 호스, 파이프의 접속은 반드시 두 개의 오픈엔드 렌치(조임측에는 토크렌치를 사용)를 사용하여 한쪽을 확실하게 고정하고, 토크렌치 측에서 조인다.
⑩ 에어컨 구성부품은 부딪치거나 떨어뜨리지 않도록 취급에 주의하고, 주위의 차량부품에 손상이 가지 않도록 주의한다.

예제 7-6 다음 중 자동차 에어컨의 순환 과정으로 맞는 것은? (　)

가. 압축기 → 건조기 → 응축기 → 팽창 밸브 → 증발기
나. 압축기 → 팽창 밸브 → 건조기 → 응축기 → 증발기
다. 압축기 → 응축기 → 건조기 → 팽창 → 밸브 → 증발기
라. 압축기 → 건조기 → 팽창 밸브 → 응축기 → 증발기

예제 7-7 다음 중 신 냉매(R-134a)의 특징을 잘못 설명한 것은? (　)

가. 액화 및 증발되지 않아 오존층이 보호된다.
나. 무색, 무취, 무미하다.
다. 화학적으로 안정되고, 내열성이 좋다.
라. 오존 파괴 계수가 0이고 온난화 계수가 구 냉매(R-12)보다 낮다.

예제 7-8 다음 중 냉동기의 냉매 구비조건으로 틀린 것은? (　)

가. 증발잠열이 높고, 비체적이 작을 것
나. 임계온도가 낮고, 빙점이 높을 것
다. 불활성이며, 안정하고, 비가연성일 것
라. 금속의 부식이 없을 것

7.2.2 냉방 사이클의 종류

[1] TXV 방식

TXV(Thermal expansion valve) 방식은 압축기(compressor) → 응축기(condenser) → 리시버 드라이어(receiver drier) → 팽창밸브(expansion valve) → 증발기(evaporator) → 압축기(compressor)를 기본 사이클로 이루어졌다.

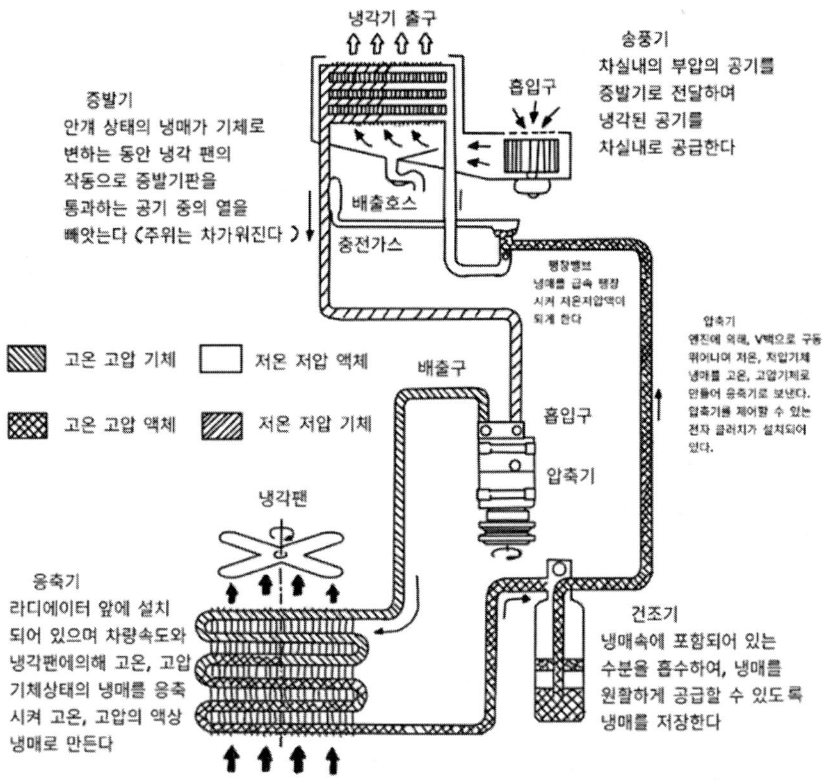

[그림 7.6] TXV 방식의 냉동 사이클

TXV 방식의 특징은 리시버 드라이어가 고압 라인에 장착되어 냉매의 수분 및 불순물을 걸러주고 냉매의 맥동을 흡수하고 또한 듀얼 압력 및 트리플 스위치가 장착되어 냉매의 압력에 따라 압축기의 작동을 제어하도록 되어 있다는 것이다.

최근에는 압축기 작동을 증발기 핀 센서에 의해 제어하고 있지만 과거에는 감열통으로 냉매 흐름량 제어와 압축기 작동을 제어하기도 하였다. 팽창밸브에서 교축작용이 이루어지며 팽창밸브를 지나면서 냉매는 급격히 저온 · 저압이 되고 차가워지기 시작한다.

[2] CCOT 방식

CCOT(Clutch Cycling Orifice Tube) 방식은 압축기(compressor) → 응축기(condenser) → 오리피스(orifice)튜브 → 증발기(evaporator) → 어큐뮬레이터(accumulator) → 압축기(compressor)를 기본 사이클로 이루어졌다.

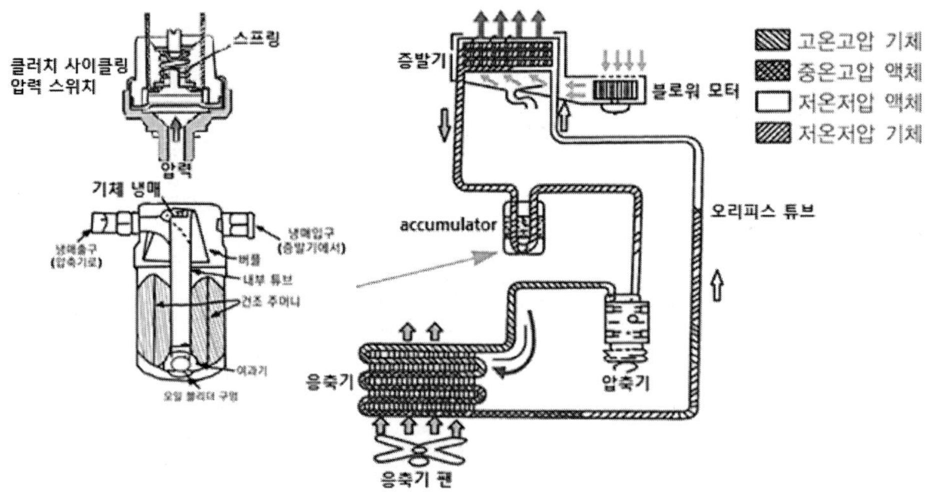

[그림 7.7] CCOT 방식의 냉방 사이클

특징은 오리피스 튜브에서 교축 작용이 이루어지며 오리피스 튜브를 지나면서 냉매는 급격히 온도와 압력이 저하되어 차가워지기 시작한다. 그리고 어큐뮬레이터는 저압 라인에 장착되어 냉매의 수분 및 불순물을 걸러주고 냉매의 맥동을 흡수하고 또한 저압 스위치가 장착되어 압축기의 작동시간을 제어하도록 되어 있다. 즉 저압스위치 가운데 나사를 좌우로 돌려가며 조정하면 압축기의 작동시간을 제어하여 냉방의 정도를 조정할 수 있다.

예제 7-9 **다음 중 에어컨 시스템이 정상 작동 중일 때 냉매의 온도가 가장 높은 곳은? ( )**

가. 압축기와 응축기 사이　　나. 응축기와 팽창밸브 사이
다. 팽창밸브와 증발기 사이　　라. 증발기와 압축기 사이

예제 7-10 **자동차 냉방 시스템에서 CCOT 형식의 오리피스 튜브와 동일한 역할을 수행하는 TXV 형식의 구성부품은? ( )**

가. 컨덴서　　나. 팽창밸브　　다. 핀센서　　라. 리시버 드라이버

7.2.3 자동차 에어컨 장치의 구조와 기능

[1] 압축기

압축기(compressor)의 기능은 증발기에서 열을 흡수하여 가스 상태로 된 냉매를 압축하여 고온 고압의 기체로 만들어 응축기로 배출하는 역할을 한다. 압축기의 3대 작용인 흡입 · 압축 · 펌핑 작용으로 냉매를 연속적으로 순환시킨다.

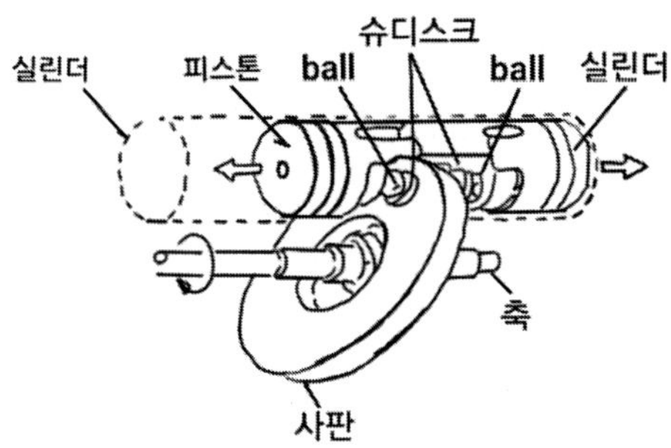

[그림 7.8] 사판식 컴프레서

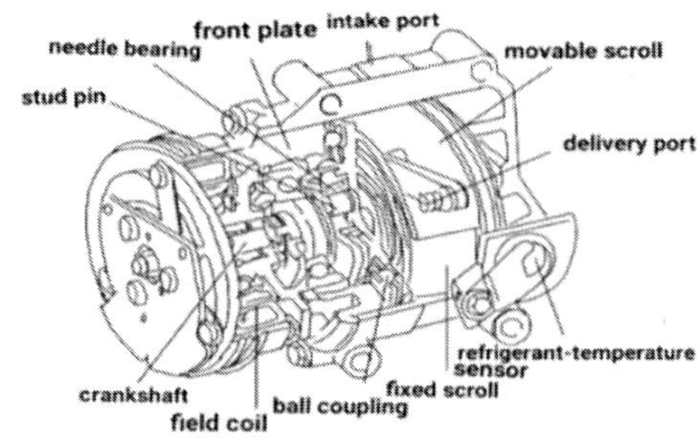

[그림 7.9] 스크롤식 컴프레서

압축기의 종류에는 압축작용을 하는 피스톤의 구동방식에 따라 사판식, 베인로터리식, 스크롤식 등이 있다. 사판식은 축에 경사지게 부착되어 있는 원판을 회전시켜 이 사판을 사이에 두고 설치한 피스톤을 좌우로 움직여 실린더 안에 흡입된 냉매를 압축하는 방식이다. 스크롤식은 편심된 소용돌이형 회전판이 비슷한 형상의 실린더 케이싱 내면과 맞물려 밀착되어 회전해서 냉매를 압축하는 방식으로, 소음과 진동이 적은 편이다.

압축기에는 냉방 사이클의 내부 막힘, 냉매의 과충전으로 인한 냉매 과다, 응축기 팬 작동 불량으로 시스템 내압이 상승하여 냉방 사이클이 손상되는 것을 방지하기 위하여 압축기 내부 이상고압(35.5 ~ 42.2 [kgf/cm^2])이 발생하였을 경우에 고압 안전밸브를 통하여 냉매와 냉동 오일을 방출시켜 사이클을 안정화하는 역할을 한다.

[2] 마그네틱 클러치

에어컨 스위치를 ON하면 마그넷 코일에 전류가 흐르면 자력에 의한 흡인력이 발생하여 클러치판을 강하게 끌어 당겨 흡착하게 된다. 즉, 엔진 → V풀리 → 클러치판 → 회전프레임 → 키 → 컴프레서 축으로 전달되어 압축기는 작동한다. 반대로 에어컨 스위치를 OFF하면 마그넷 코일에 전류가 차단되어 클러치판이 회전 프레임에서 떨어져 풀리만 회전하고 압축기는 회전하지 않는다.

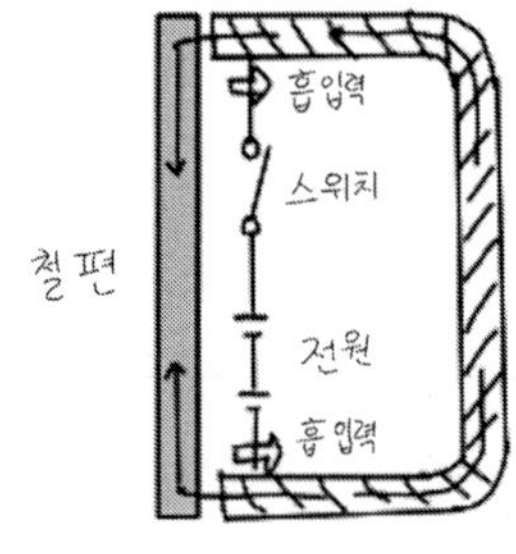

[그림 7.10] 마그네틱 원리

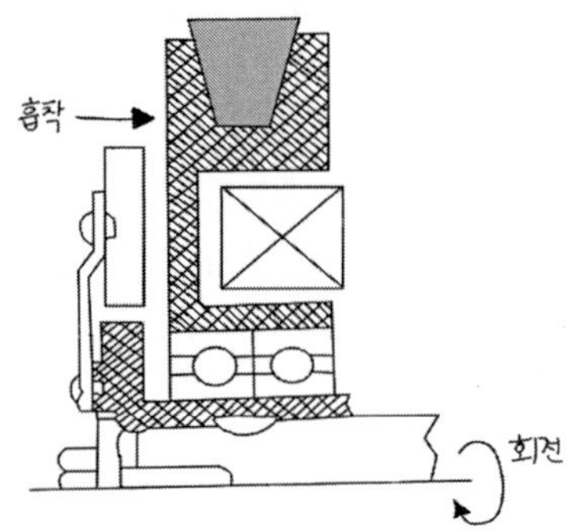

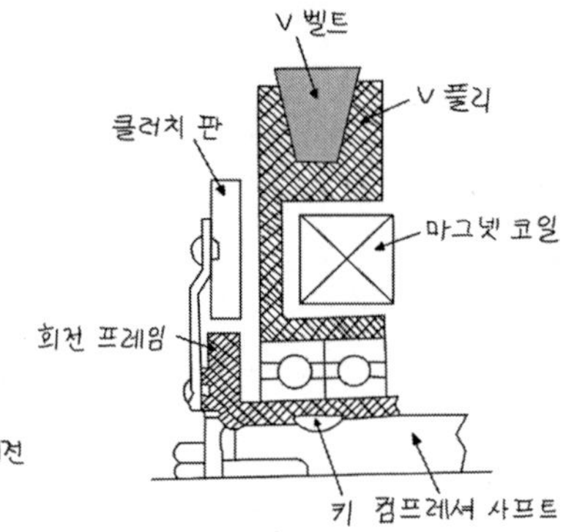

[그림 7.11] 에어컨 스위치 ON 시　　[그림 7.12] 에어컨 스위치 OFF 시

자동차 주행 중 에어컨의 냉방이 아예 필요 없거나 또는 냉방 중 차의 실내가 다소 추워서 에어컨을 정지시켜야 할 경우가 있다. 이때 엔진 회전력이 압축기 축에 전달되지 않도록 하는 것이 마그네틱 클러치(magnetic clutch : 전자 클러치)다.

[3] 응축기

응축기(condenser)는 라디에이터 앞쪽에 설치되며 압축기로부터 공급된 고온 · 고압의 기체 상태의 냉매의 열을 대기 중으로 방출시켜 액체 상태의 냉매로 변화시킨다. 형상 및 제작 방법에 따라 핀튜브식, 서펜틴식, 패러렐 플로 방식이 있다.

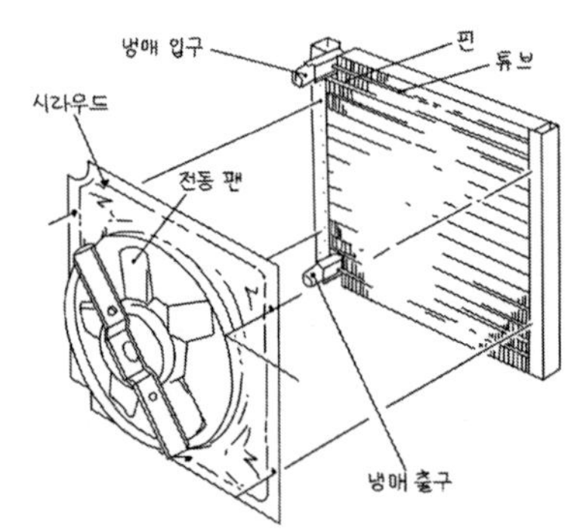

[그림 7.13] 응축기의 구조

[4] 건조기

건조기(receiver dryer)는 용기, 여과기, 건조제, 튜브 등으로 구성되어 있고, 기능은 냉매 저장기능, 기포분리 기능, 수분제거 기능 등을 수행하고, [그림 7.16]과 같이 건조기 상부에는 듀얼 압력 스위치를 장착하여 냉매 유무에 따라 압축기를 ON/OFF하면서 압축기 과열을 방지하는 방식을 택하고 있다.

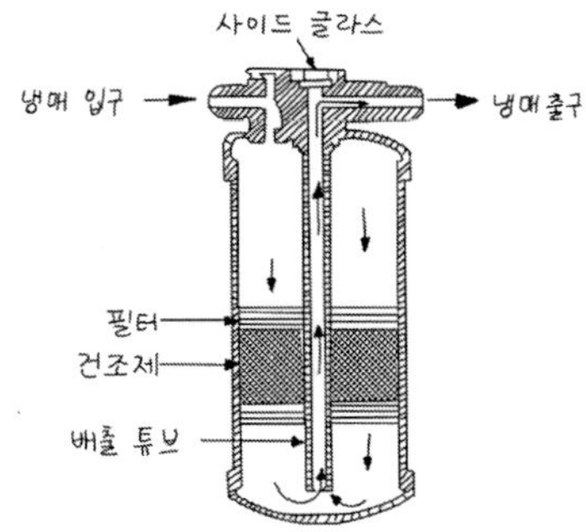

[그림 7.14] 저장기능

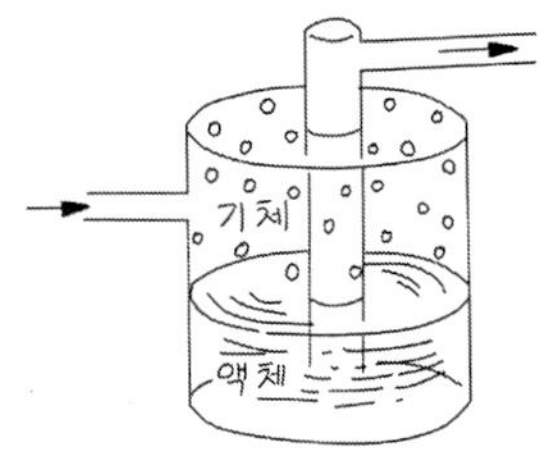

[그림 7.15] 수분제거 기능

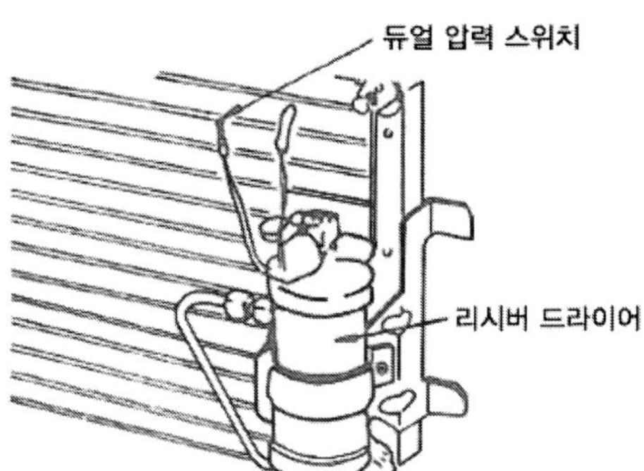

[그림 7.16] 듀얼 압력 스위치

[5] 팽창밸브

팽창밸브(expansion valve)는 증발기 입구에 설치되어 리시버 드라이어에서 보내온 액상의 냉매를 작은 구멍으로 분사하여 급속히 팽창시키므로 기화 작용에 의한 저온 저압의 무화상태를 만들며, 냉매 부하의 변동에 따라 적정한 냉매량을 증발기에 공급하는 작용을 한다. 팽창밸브는 작동 방식에 따라 외부 균압방식, 블록방식, 오리피스 방식 등이 있으나 최근에 많이 사용하는 [그림 7.17]과 같은 오리피스 튜브(orifice tube)만 소개한다.

오리피스 튜브는 응축기 측의 고온 고압 상태의 냉매를 증발기 측으로 공급하며, 저온 저압의 습증기 냉매의 흐름을 제어한다. 필터 스크린은 순환하는 냉매의 이물질을 제거하며, 튜브 보디의 O링은 고압의 액체 냉매가 바이패스하지 못하도록 한다.

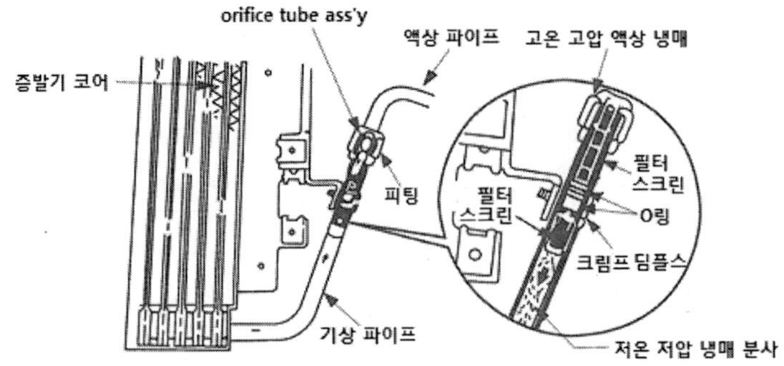

[그림 7.17] 오리피스 튜브 구조

[6] 증발기

증발기(evaporator)는 팽창 밸브를 통과한 냉매가 증발하기 쉬운 저압으로 되어 습증기 상태의 냉매가 증발기 튜브를 통과할 때 송풍기에 의해 불어지는 공기에 의해 증발하여 기체로 된다. 이때 기화열에 의해 튜브 핀을 냉각시키므로 차 실내의 공기가 시원해진다. 또 공기 중에 포함되어 있는 수분은 냉각되어 물이 되고, 먼지 등과 함께 드레인 파이프를 통해 밖으로 배출된다. 이 물을 응축수라고 한다.

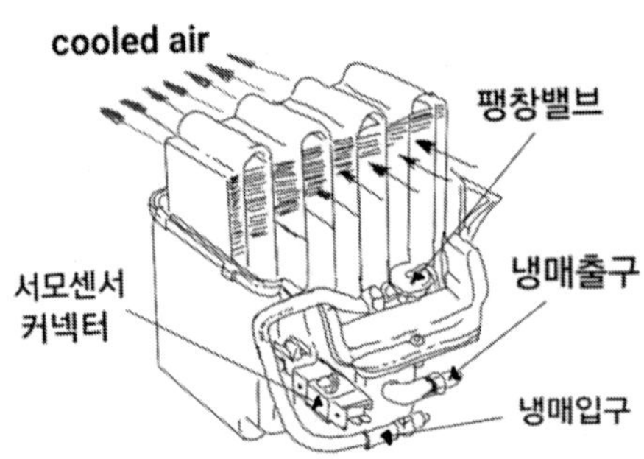

[그림 7.18] 증발기의 구조

[7] 증발기 자동온도 조절장치

증발기의 결빙 및 서리 현상은 이 핀 부분에서 발생한다. 따뜻한 공기가 핀에 닿으면 노점 온도 이하로 냉각되면서 핀에 물방울이 부착된다. 이때 핀의 온도가 0[℃] 이하로 냉각되어 있으면 부착된 물방울이 결빙되거나 공기 중의 수증기가 서리로 부착하여 냉방 성능을 저하시킨다. 따라서 증발기의 동결을 방지하기 위해 가스식 자동온도 조절장치 또는 핀 서모 센서를 사용하여 조절하고 있다.

(1) 가스식 자동온도 조절장치

가스식 자동온도 조절장치는 [그림 7.19]와 같이 자동차 실내 온도 또는 증발기의 온도에 따라 자동적으로 압축기의 전자 클러치를 ON, OFF시키는 것이다. 작동은 감온 파이프를 이용하여 벨로즈의 수축 · 팽창에 따라 전기 접점을 조작함으로써 압축기의 전자 클러치 전원을 공급하거나 차단한다.

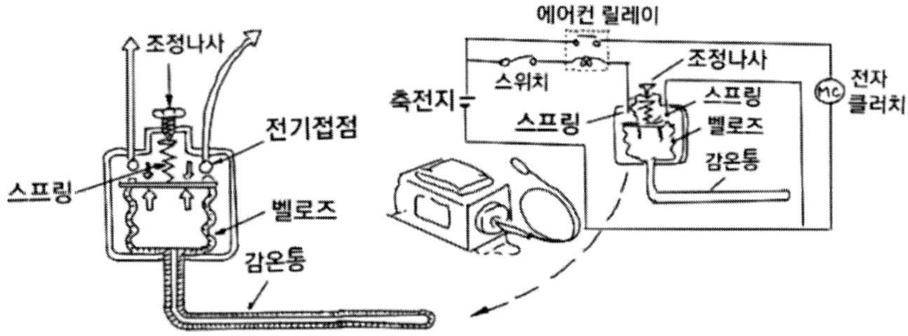

[그림 7.19] 가스식 온도 조절장치의 구성

(2) 핀 서모 방식의 자동온도 조절장치

핀 서모 스위치는 NTC(부특성 서미스터) 방식의 온도 조절 센서이며, 증발기 커버에 설치되어 있으며, 에어컨 스위치를 ON하면 블로워 릴레이로부터 공급받은 전원을 에어컨 릴레이 쪽으로 전달한다.

증발기 온도에 따라 ON, OFF되며 증발기 온도가 너무 낮아지면 증발기가 빙결되어 블로워 모터에서 생산된 바람은 증발기를 통과할 수 없어 냉각효과가 저하되므로 그 이전에 압축기 작동을 차단시키기 위해 핀 서모 센서는 OFF되고, 실내의 공기가 너무 더워지기 전에 적당한 온도로 되면 다시 ON시켜 에어컨 릴레이 쪽으로 전원을 공급한다.

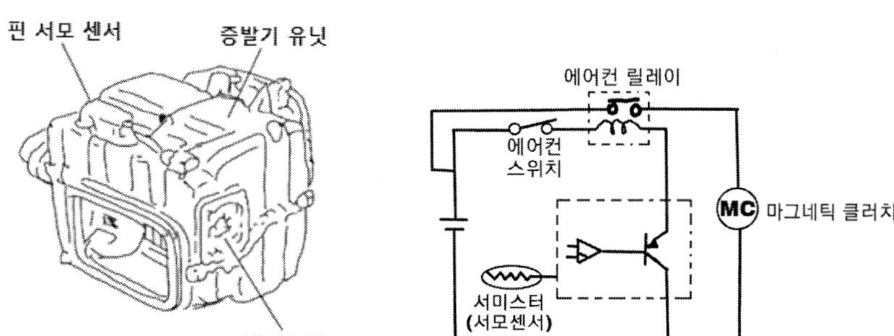

[그림 7.20] 서미스터식 온도 조절장치의 구성

[8] 어큐뮬레이터

어큐뮬레이터(accumulator)는 CCOT 냉방 사이클 방식에 사용되며, 증발기 유출 라인과 압축기 입구 라인 사이에 설치되어 있다. 증발기에서 유출된 저압의 액체 상태와 기체 상태가 혼합된 냉매 및 오일을 받아 기체 상태의 냉매는 압축기로 보내고, 액체 상태의 냉매는 저장하였다가 주위 열에 의해 기화시켜 압축기로 보낸다. 또 오일은 블리더 구멍(oil bleed hole)을 통하여 압축기로 복귀한다. 어큐뮬레이터 아래쪽에는 건조제가 들어 있는데 이것은 시스템 내의 들어 있는 습기 및 각종 불순물을 제거하는 일을 한다.

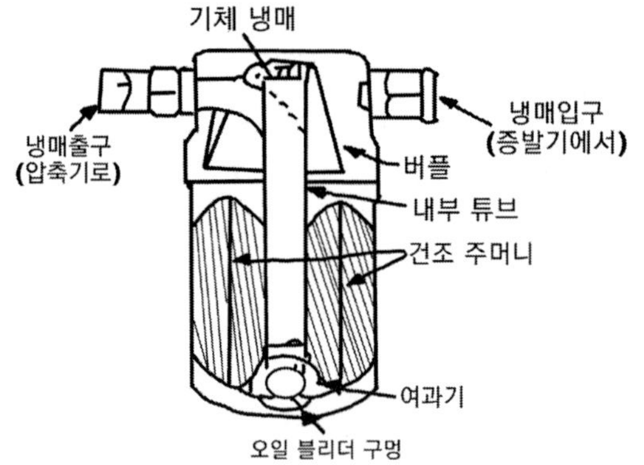

[그림 7.21] 어큐뮬레이터 구조

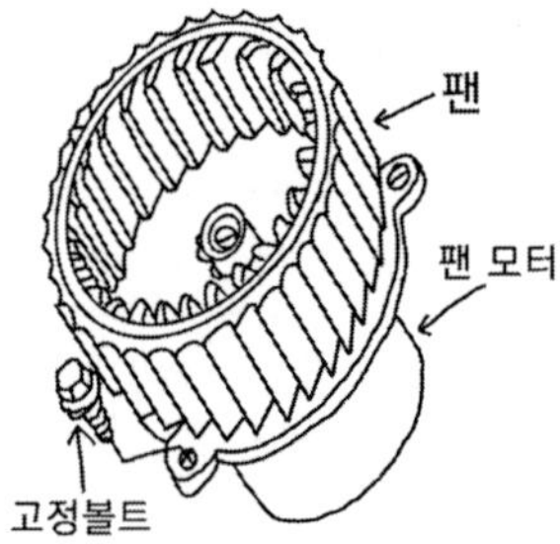

[그림 7.22] 송풍기 구조

[9] 송풍기

송풍기(blower)는 차 실내의 공기를 증발기에 보내서 열 교환을 하고 차 실내에 찬바람을 보내는 일을 하며 보통 6 ~ 150 [W] 정도의 직류 직권 전동기로 구동한다. [그림 7.23]과 같이 스위치에 의해 3 ~ 6단으로 변속된다. 또한 [그림 7.24]와 같이 전자동 에어컨에서는 파워트랜지스터의 베이스 전류를 가변하여 송풍량을 제어한다.

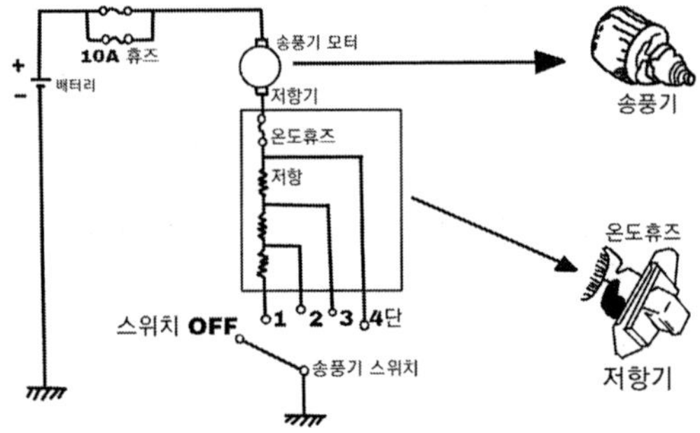

[그림 7.23] 저항을 이용한 송풍기 제어회로

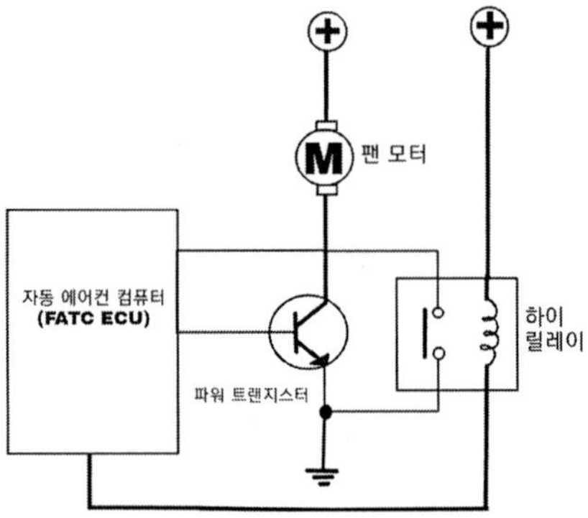

[그림 7.24] 파워 TR을 이용한 송풍기 제어회로

예제 7-11 라디에이터 앞쪽 정면에 설치되고 고온과 고압의 냉매가 응축점에서 냉각되어 고압의 액체 상태가 되게 하는 냉방 장치의 부품은? (   )

가. 팽창밸브　　나. 콘덴서(응축기)
다. 에바포레이터(증발기)　　라. 압축기(컴프레서)

예제 7-12 자동차의 냉방장치에서 리시버 드라이어의 기능으로 틀린 것은? (   )

가. 냉매 저장 기능　　나. 수분 제거 기능
다. 기포 분리 기능　　라. 냉매 팽창 기능

예제 7-13 공기조화장치에서 저압과 고압 스위치로 구성되어 있고, 리시버 드라이어에 주로 장착되어 있으며 컴프레셔의 과열을 방지하는 역할을 하는 스위치는? (   )

가. 듀얼 압력 스위치　　나. 콘덴서 압력 스위치
다. 어큐뮬레이터　　라. 리시버 드라이어 스위치

예제 7-14 자동차 에어컨 부품 중에서 액화된 고온 고압의 냉매를 저온 저압의 냉매로 만드는 역할을 하는 것은? (   )

가. 컴프레서　　나. 콘덴서
다. 팽창밸브　　라. 증발기

예제 7-15 냉방장치의 구조 중 다음의 설명에 해당되는 것은? (   )

팽창밸브에서 분사된 액체 냉매가 주변의 공기에서 열을 흡수하여 기체 냉매로 변환시키는 역할을 하고 공기를 이용하여 실내를 쾌적한 온도를 유지시킨다.

가. 응축기　　나. 압축기　　다. 증발기　　라. 송풍기

예제 7-16 **전자동 에어컨(FATC) 시스템에서 블로워 모터가 4단까지는 작동이 되나 5단만 작동이 되지 않는다. 다음 중 점검해야 할 부품은? ( )**

가. 블로워 릴레이　　　　나. 블로워 하이 릴레이
다. 파워 TR　　　　라. 에어믹스 도어 모터

7.2.4 전자동 공조장치

전자동 공조장치(FATC : Full Automatic Temperature Control system)는 자동차 내 · 외부에 설치된 각종의 온도 센서와 컨트롤 스위치에서의 신호에 따라 컴퓨터가 자동차 실내 온도를 체감으로 최적치 유지하도록 하는 장치이다. 입 · 출력 관계는 [표 7.1]와 같다.

[1] 전자동 공조장치의 입·출력 관계

[표 7.1] 전자동 에어컨 입·출력 관계

입 력	제 어	출 력
실내온도 센서	FATC ECU	토출온도 제어
외기온도 센서		내 · 외기 도어 액추에이터 제어
핀 서모 센서 (증발기 온도 검출)		에어믹스 도어 액추에이터 제어
냉각수 온도 센서 (히터 유닛 온도 검출)		에어컨 압축기 ON/OFF 제어
습도 센서		토출 모드 제어
AQS 센서		최대냉방 제어 [송풍기(블로워) 모터 속도]
일사량 센서(CdS)		자동 제습 제어
온도조절 위치 센서 (희망 온도)		AQS (Air Quality System : 악취 실내 유입방지) 제어
차속 센서 (냉방기동 제어용)		최대난방 제어
모드 스위치 (컨트롤러 버튼)		일사량 보정제어
		리어 쿨러 제어

[2] 주요 입력 요소들의 역할 및 특성

(1) 실내온도 센서(in car sensor)

차량의 실내온도를 감지하여 컴퓨터(FATC-ECU)에 입력시키는 역할을 하며, AUTO 모드 시 블로워모터 속도, 온도조절 액추에이터, 내외기 전환 액추에이터 위치 보정 및 냉·난방 자동제어를 위한 주 입력 신호이다(부특성 서미스터 : NTC).

(2) 외기온도 센서(ambient sensor)

외부 공기의 온도를 감지하여 컴퓨터에 입력시켜 자동제어를 위한 주 입력 신호이다. 컴퓨터는 토출온도와 풍량이 운전자가 선택한 온도에 근접하도록 보정한다(부특성 서미스터 : NTC).

(3) 일사량 센서(photo sensor)

차량의 실내로 내리 쬐는 빛의 양을 감지하여 컴퓨터에 입력시키는 역할을 하며, 일사량(기전력)에 따른 냉방 보정제어를 위한 주 입력 신호이다(광전도 센서 : CdS).

(4) 핀 서모 센서(pin thermo sensor)

증발기 코어 핀의 온도를 감지하여 컴퓨터에 입력시키는 역할을 하며 컴퓨터는 이 신호를 기준으로 증발기의 빙결을 방지하기 위한 주 입력 신호이다(부특성 서미스터 : NTC).

(5) 냉각수 온도 센서

실내의 히터 코어로 공급되는 엔진의 냉각수 온도를 감지하여 컴퓨터에 입력시키는 역할을 하며, 컴퓨터는 난방기동 제어를 하기 위한 주 입력 신호이다(부특성 서미스터 : NTC).

(6) AQS(air quality system sensor)

AQS 센서는 유해가스 감지용 반도체를 이용하여 배기가스를 비롯한 대기 중에 함유되어 있는 유해가스를 감지하여 이 가스의 실내유입을 자동으로 차단하고, 승차공간의 밀폐로 인한 산소 결핍 등의 현상 시 청정공기만을 유입시킴으로써 승차 공간 내의 공기 청정도와 환기 상태를 최적으로 유지하는 외부공기 유입 제어장치이다. 이 센서 장착 위치는 외기 온도센서 장착 위치에 같이 장착되어 있다. 감지 대상 가스는 디젤엔진 NO_X, SO_2이고, 가솔린 및 LPG 자동차의 배기가스 C_XH_Y, CO이다.

(7) 습도센서(humidity sensor)

자동차 실내의 상대습도를 측정하여 FATC는 자동차 내부의 온도에 따른 습도를 최적으로 유지하며, 저온에서 발생되는 유리 습기로 인한 운전 장애를 방지한다.

운전자의 공조 설정온도가 높으면 히터가 작동하나 실내의 습도가 높을 경우이거나 센서의 고장 시 에어컨이 강제로 켜지는 경우도 있다. 센서의 위치는 주로 뒷 선반 부근에 위치하지만 최근에는 실내 온도센서와 동시에 내장되는 차량이 늘어나고 있다.

(8) 온도 조절 액추에이터 위치 센서

이 센서는 온도 조절 액추에이터의 위치를 감지하여 컴퓨터에 입력시키는 역할을 하며 컴퓨터는 온도 조절 액추에이터 위치 센서 값을 피드백 받아 온도 조절 액추에이터를 목표 위치로 작동시킨다. 컴퓨터는 온도 조절 액추에이터를 작동시켜 히터 유닛 내부에서 히터 코어를 통과하는 온풍과 히터 코어를 통과하지 않는 냉풍을 적절히 혼합하여 실내로 토출시키는 공기 온도를 제어한다.

[3] 자동차 성능 유지를 위한 제어

압축기는 엔진의 동력을 이용하여 작동시킨다. 그만큼 엔진에는 부하가 걸리기 때문에 자동차 엔진의 성능에 미치는 영향을 최소화하는 제어를 하도록 되어 있다.

(1) 가속 차단(cut) 스위치 제어

자동차 가속 시 엔진의 흡기 부압을 이용하여 압축기를 ON/OFF시켜 급가속 시의 엔진 부하가 적도록 한다. 이것을 인테이크(intake) 제어라 한다.

가속 초기 특히 등판 시 등 저가속 시에는 자동차를 가속하기 위해 많은 엔진 출력을 필요로 한다. 이 엔진 출력을 보다 효율이 좋게 가속으로 연결하면서 냉방 성능을 유지할 목적으로 저 차속에서 스로틀밸브 개도가 클 때는 수 초간 엔진 ECU는 마그네틱 클러치를 OFF하여 압축기 가동을 중단한다.

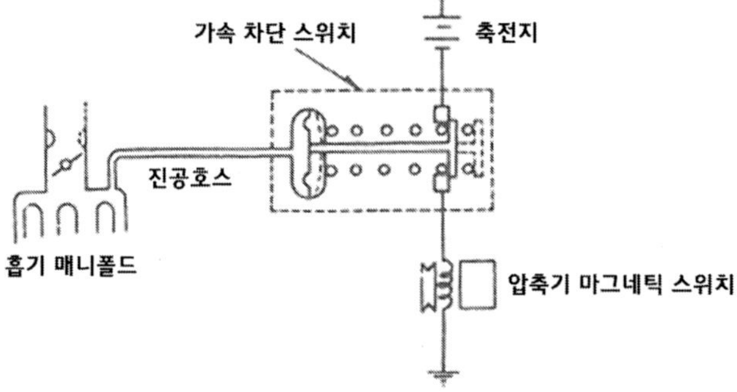

[그림 7.25] 가속 차단 스위치

(2) 저속회전 시 차단(cut) 제어

공회전 시 엔진 회전수가 목표 회전수보다 너무 낮아 엔진 스톨(engine stall)에 이르기 직전에 도달하였을 때 엔진 ECU는 마그네틱 클러치를 순간적으로 OFF하여 압축기 구동을 차단한다.

(3) 압축기 벨트 로크 컨트롤러

최근에는 에어컨 압축기 구동 전용벨트를 생략하여 그만큼의 중량과 원가를 절감시킬 목적으로 팬벨트, 동력조향장치의 벨트와 겸용하여 압축기를 구동시키고 있다. 이 벨트가 어떤 이유로 압축기가 로크(lock)되면 벨트가 미끄러져 소음이나 연기가 발생되기도 하며 최악의 경우에 벨트가 끊어지면 발전기 등 다른 중요 부분의 구동도 정지되고 엔진고장을 일으킨다.

작동원리는 엔진 회전수와 압축기의 회전부에 설치되어 있는 마그네틱 펄스식 픽업을 이용하여 압축기의 회전수를 검출하여 그 회전차를 에어컨 ECU에서 연산하여 로킹 여부를 판정한다. 압축기의 로크 판단은 엔진 회전수와 압축기 회전수로부터 슬립율(slip ratio)을 계산하여 판정한다.

$$\text{슬립율} = \frac{\text{엔진 회전수} - \text{압축기 회전수}}{\text{엔진 회전수}} \times 100(\%)$$

여기서 슬립율 40 [%] 미만이면 로크가 일어나지 않는다고 판단하고, 그 이상이면 마그네틱 클러치로의 전류를 차단하여 벨트의 파단을 방지한다.

예제 7-17 다음 중 자동공조장치와 관련된 구성품이 아닌 것은? ( )

가. 컴프레서, 습도센서　　나. 콘덴서, 일사량 센서
다. 에바포레이터, 실내온도 센서　　라. 차고센서, 냉각수온센서

예제 7-18 전자 제어 에어컨에서 자동차의 실내온도와 외부온도 그리고 증발기의 온도를 감지하기 위하여 쓰이는 센서의 종류는 무엇인가? ( )

가. 서미스터　　나. 포텐쇼미터　　다. 다이오드　　라. 솔레노이드

예제 7-19 전자제어 에어컨 장치에서 컨트롤 유닛에 입력되는 요소가 아닌 것은? ( )

가. 외기온도 센서　　나. 일사량 센서
다. 습도 센서　　라. 블로워 센서

예제 7-20 자동 에어컨 시스템에서 컴퓨터가 감지하는 온도 센서가 아닌 것은? ( )

가. 외기 온도 센서 나. 콘덴서(응축기)온도 센서
다. 일사 센서 라. 냉각수 온도 센서

예제 7-21 자동차 에어컨 시스템은 차실 내 외부에 설치된 각종의 온도 센서와 컨트롤 스위치에서의 신호에 의해 자동차 실내 온도를 최적치(체감으로 체적치)로 유지하도록 하는 장치이다. 자동차 에어컨 시스템에서 컴퓨터에 의해 제어되지 않는 것은? ( )

가. 히터 밸브 나. 송풍기 속도
다. 컴프레서 릴레이 라. 리시버 드라이어

예제 7-22 전자제어 에어컨 장치의 제어기능으로 볼 수 없는 것은? ( )

가. 인히비터 제어 나. 인테이크 제어
다. 풍량 제어 라. 실내온도 제어

예제 7-23 AQS의 기능에 대한 설명 중 틀린 것은? ( )

가. 차실 내에 유해가스의 유입을 차단한다.
나. 차실 내로 청정 공기만을 유입시킨다.
다. 승차 공간 내의 공기 청정도와 환기 상태를 최적으로 유지시킨다.
라. 차실 내의 온도와 습도를 조절한다.

예제 7-24 전자동 에어컨의 실내온도 센서(NTC) 점검 방법에 관한 설명으로 옳지 않은 것은? ( )

가. 센서 전원 5V 공급 여부
나. 실내온도 변화에 따른 센서 출력값 일치 여부
다. 에어 튜브 이탈 여부
라. 센서에 더운 바람을 인가했을 때 출력값이 상승되는지 여부

예제 7-25 전자동 에어컨 시스템에서 제어모듈의 출력요소로 틀린 것은? ( )

가. 블로워 모터 나. 냉각수 온도
다. 내외기 도어 액추에이터 라. 에어믹스 도어 액추에이터

예제 7-26 **전자동 공조장치에 대한 설명으로 틀린 것은? ( )**

가. 파워 트랜지스터의 베이스 전류를 가변하여 송풍량을 제어한다.
나. 온도 설정에 따라 믹스액추에이터 도어의 개방 정도를 조절한다.
다. 실내/실외기 센서의 신호에 따라 에어컨 시스템의 제어를 최적화한다.
라. 핀 서모 센서는 에어컨 라인의 빙결을 막기 위해 콘덴서에 장착되어 있다.

예제 7-27 **자동에어컨(FATC) 작동 시 바람은 배출되지만 차갑지 않다. 점검해보니 컴프레서 스위치의 작동음이 들리지 않는다. 다음 중 고장 원인으로 거리가 가장 먼 것은? ( )**

가. 컴프레서 릴레이 불량
나. 트리플 스위치 불량
다. 블로우 모터 불량
라. 서모 스위치 불량

7.2.5 에어컨의 고장 진단

에어컨(air-con)은 팽창밸브(expansion valve)를 기준으로 고압 측과 저압 측으로 구분할 수 있는데 이들 순환 장치의 압력은 냉매의 충전량과 구성부품의 능력에 따라 크게 변화하기 때문에 에어컨의 압력은 순환 장치의 이상 유무를 점검하는 데 유용하다([표 7.2] 참고). 또한 냉매 충전 시에는 엔진을 시동하고, 고압 측 밸브를 닫고 저압 측 밸브를 열어 냉매를 충전하는 것이 바람직하다. 단, 에어컨시스템 진공 후 약 5분 이상 진공 누설이 없는지 계기로 확인한 후 충전하여야 한다. 진공작업은 저압/고압 밸브를 모두 열고 실시한다.

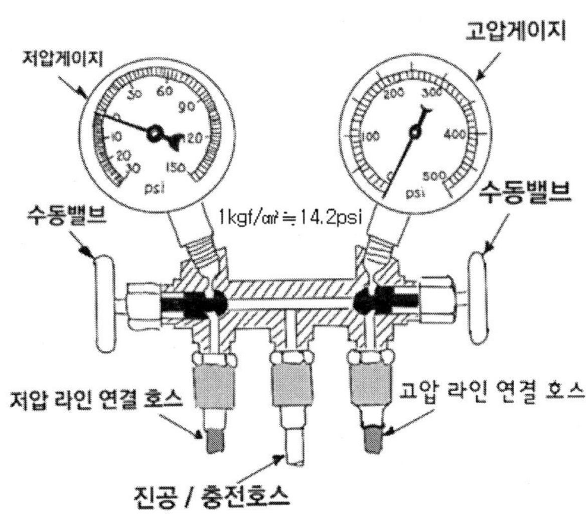

[그림 7.26] 매니폴드 게이지의 구조

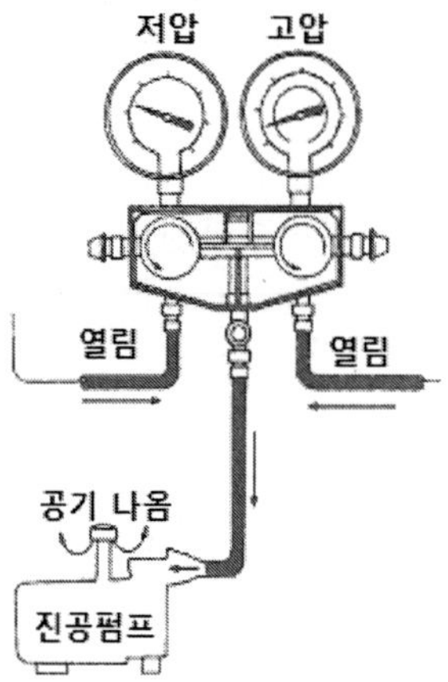

[그림 7.27] 진공작업

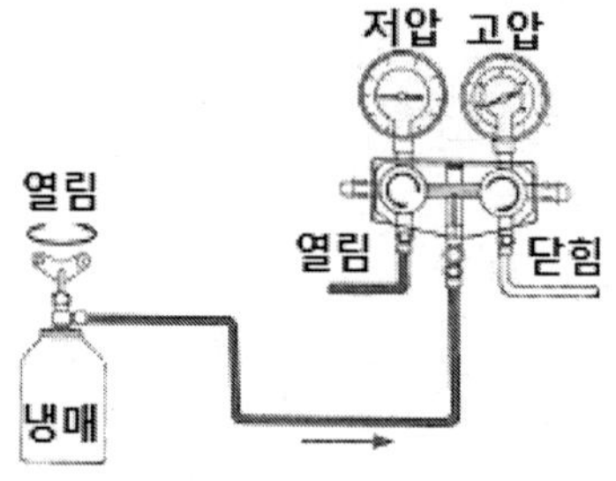

[그림 7.28] 충전작업

저압은 공회전 시 1.5 ~ 2.5 [kgf/cm^2], 고압은 공회전 시 14 ~ 18 [kgf/cm^2]이다.

[표 7.2] 에어컨 고장진단

고압측 / 저압측이 모두 낮을 경우	냉매량 부족 / 리시버 드라이어 후단 막힘 / 냉매 누설
고압측이 조금 낮고 / 저압측이 높을 경우	증발기 기화 능력 부족, 감온부 접촉 불량으로 팽창밸브 조정 불량
고압측이 높고 / 저압측이 낮을 경우	리시버 드라이어 전단부 막힘, 손으로 파이프를 만져보면 쉽게 발견 가능
고압측이 높고 / 저압측이 조금 낮을 경우	냉매량 과충전
고압측이 낮고 / 저압측이 높을 경우	압축기의 압축 능력 부족
고압측과 저압측이 모두 높을 경우	응축기가 오염되어 대기 중으로 열을 방출하지 못함

[표 7.2] 외에도 팽창 밸브가 막히면 저압측 압력이 낮다. 또한 공기 혼입 시에는 저압 및 고압라인의 압력이 모두 높아진다.

예제 7-28 다음 중 자동차 에어컨에서 냉방효과가 저하되는 원인이 아닌 것은? ( )

가. 냉매량이 규정보다 부족할 때
나. 압축기 작동시간이 짧을 때
다. 실내 공기순환이 내기로 되어 있을 때
라. 냉매주입 시 공기가 유입되었을 때

예제 7-29 **다음 그림과 같은 매니폴드 게이지 세트를 사용한 에어컨시스템 진공 및 냉매 충전에 대한 설명으로 틀린 것은? ( )**

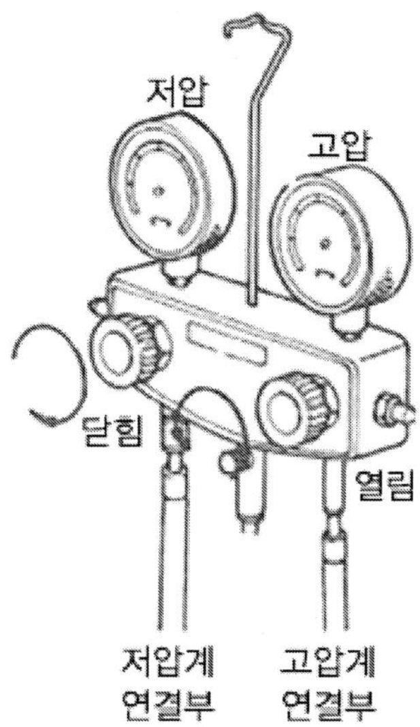

가. 에어컨시스템 진공 시 가운데 호스는 진공 펌프에 연결하여 사용한다.
나. 에어컨시스템 진공 후 약 5분 이상 진공 누설이 없는지 계기로 확인한 후 충전해야 한다.
다. 냉매 충전 시 엔진을 시동하고 컴프레서를 끈 후 저압 측 밸브는 닫고 고압 측 밸브를 열어 둔다.
라. 냉매 충전 시 엔진을 시동하고 컴프레서를 작동한 후 저압 측 밸브를 열어두고 고압 측 밸브를 닫는다.

예제 7-30 **다음 중 에어컨라인 압력점검에 대한 설명으로 틀린 것은? ( )**

가. 시험기 게이지에는 저압, 고압, 충전 및 배출의 3개 호스가 있다.
나. 에어컨라인 압력은 저압 및 고압이 있다.
다. 에어컨라인 압력 측정 시 시험기 게이지 저압과 고압 핸들 밸브를 완전히 연다.
라. 엔진시동을 걸고, 컴프레서(압축기)를 켠 후 에어컨압력을 점검한다.

예제 7-31 자동차 에어컨 시스템에서 응축기가 오염되어 대기 중으로 열을 방출하지 못하게 되었을 경우 저압과 고압의 압력은? ( )

가. 저압과 고압 모두 낮다. 나. 저압과 고압 모두 높다.
다. 저압은 높고, 고압은 낮다. 라. 저압은 낮고, 고압은 높다.

예제 7-32 에어컨시스템에서 저압측 냉매 압력이 규정보다 낮은 경우의 원인으로 가장 적절한 것은? ( )

가. 팽창밸브가 막힘 나. 콘덴서 냉각이 약함
다. 냉매량이 너무 많음 라. 에어컨시스템 내에 공기 혼입

예제 7-33 다음 중 에어컨 냉매회로의 점검 시에 저압측이 높고 고압측은 현저히 낮았을 때의 결함으로 적합한 것은? ( )

가. 냉매회로 내 수분혼입 나. 팽창밸브가 닫힌 채 고장
다. 냉매회로 내 공기혼입 라. 압축기 내부 결함

예제 7-34 다음 중 유해가스 감지센서(AQS)가 차단하는 가스가 아닌 것은? ( )

가. SO_2 나. NO_2 다. CO_2 라. CO

CHAPTER 08

등화 및 계기장치

자동차가 주행을 안전하게 하려면 조명 이외에도 신호 또는 표시할 수 있는 기능이 필요하며 각 용도별로 다음과 같다. 조명용으로는 전조등, 안개등, 후진등, 실내등, 계기등이 있으며, 표시용으로는 차고등, 차폭등, 주차등, 번호판등, 후미등이 있다. 신호용으로는 방향지시등, 브레이크등 등이 있으며, 경고용으로는 유압경고등, 충전경고등, 연료잔량경고등, 예열경고등, 연료수분감지 경고등, DPF 경고등, 요소수 경고등, 엔진체크경고등 등이 있다.

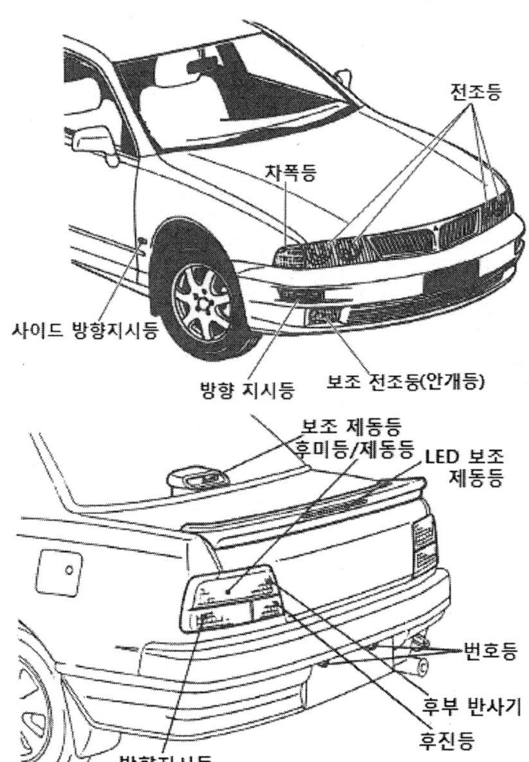

[그림 8.1] 조명등과 표시등

[표 8.1] 자동차용 전등의 종류 및 용량

전구	용량[W]	전구	용량[W]
전조등	55	후진등	16
방향지시등	28	룸 램프	10
제동등	27	실내 맵 램프	10×2
안개등	27	화장 거울등	5
보조 제동등	16	보조 방향지시등	5
방향지시등	28	후미등	8
트렁크등	5	번호판등	5
방향지시등(뒤)	17	도어 램프	5

8.1 자동차용 전선

자동차에 사용되는 전기 배선의 전선 절연층은 주로 합성수지(폴리에틸렌, PVC, 실리콘 고무 등)이다. 절연층은 -40 ~ 100 [℃]의 온도에서도 탄성을 유지하고 물, 기름, 먼지, 연료 등에 민감하지 않아야 한다. 일반적으로 전원에는 적색(R) 배선을 사용하고 접지에는 검은색(B) 배선을 사용한다.

8.1.1 배선 규격 표시법

배선 색깔은 [표 8.2]와 같이 단색으로 15가지 정도다. 단색이 비록 15가지밖에 안 되지만 이 색들이 두 가지씩 조합되면 15 × 15 = 225가지의 각각 다른 색상을 만들 수 있다.

자동차 전장회로 배선 규격 표시법은 AVX-0.5WB라고 표기된다. [그림 8.2]와 같이 0.5의 뜻은 심선의 단면적(mm^2)을 나타낸 것이고 앞의 W는 흰색 바탕색이고 뒤의 B은 검정 줄무늬 색깔을 표시한다. 단, 색깔, 기호, 문자는 표시하나 용도는 표시되지 않는다.

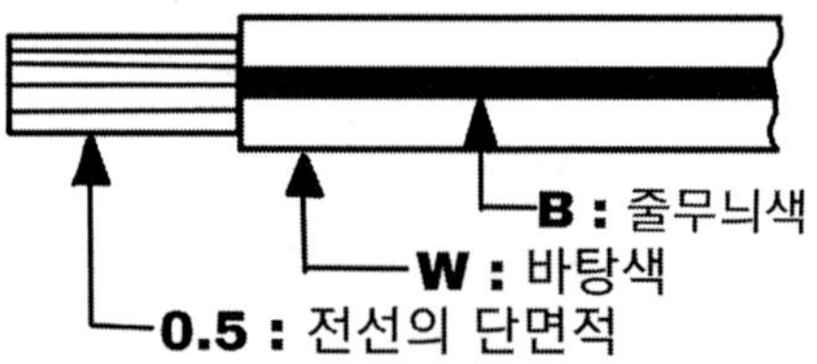

[그림 8.2] 배선 규격 표시법

[표 8.2] 배선 색깔

영문	기호	색	영문	기호	색
Black	B	검정색	Beige	Be	베이지색
White	W	흰색	Brown	Br	갈색
Red	R	빨간색	Gray	Gr	회색
Yellow	Y	노란색	Light green	Lg	연두색
Blue	L	청색	Light blue	Li	연청색
Green	G	녹색	Purple	Rp	자주색
Orange	O	주황색	Tawny	T	항갈색
Pink	P	분홍색			

8.1.2 전선의 배선 방식

배선 방식에는 단선식과 복선식이 있다. 단선식은 [그림 8.3]과 같이 부하의 한끝을 자동차 차체에 접지하는 방식이며, 접지 쪽에서 접촉 불량이 생기거나 큰 전류가 흐르면 전압 강하가 발생하므로 작은 전류가 흐르는 부분에 사용한다. 복선식은 [그림 8.4]와 같이 접지 쪽에서도 전선을 사용하는 방식으로 주로 전조등과 같이 큰 전류가 흐르는 회로에서 사용된다.

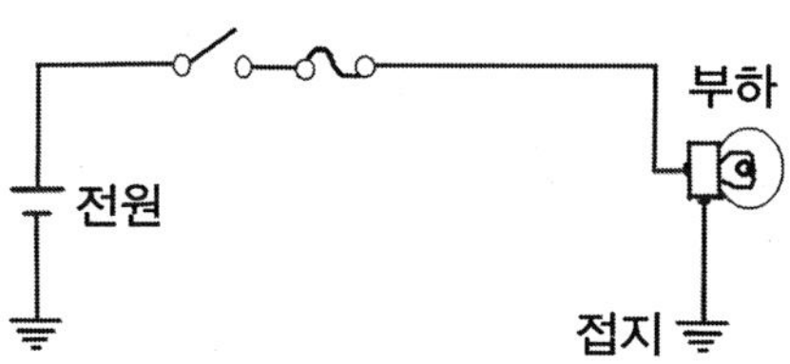

[그림 8.3] 단선식

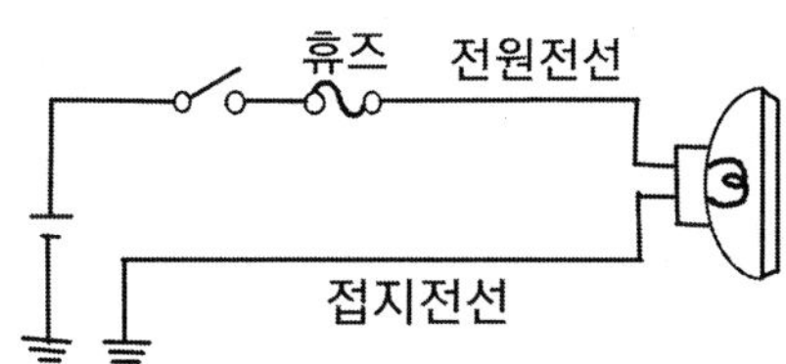

[그림 8.4] 복선식

8.2 조명 용어

8.2.1 광원(光源)

광원이란 말 그대로 빛의 근원이다. 예를 들어 태양, 전등, 반딧불 등은 모두 광원이다.

8.2.2 광속(光束)

광속은 광원으로부터 단위 입체각에 방사되는 빛의 에너지로 빛의 다발을 말하며, 광속의 단위는 루멘(lumen, 기호 : Lm)이며 광속이 많이 나오는 광원은 밝다고 할 수 있다.

8.2.3 광도(光度)

광도란 빛의 세기를 말하며, 단위는 칸델라(candle, 기호 : cd)이다. 1칸델라는 백금의 응고점(1,769℃)에서 흑체 1 [cm^2]의 평탄한 표면광도의 1/60으로 정의하고 있다.

8.2.4 조도(照度)

조도란 빛을 받는 면(피 조도면)의 밝기를 말하며, 단위는 룩스(lux : 기호 Lx)이다. 1룩스는 1칸델라의 광원으로부터 1 [m]의 거리에 있는 수직면의 밝기를 말한다.

$$E = \frac{I}{r^2}\,(\mathrm{Lux})$$

여기서, E : 광원으로부터 r [m] 떨어진 빛의 방향과 수직인 피조면의 조도

I : 그 방향의 광원의 광도 [cd]

r : 광원으로부터 거리 [m]

따라서 피조면의 조도는 광원의 광도에 비례하고 광원으로부터 거리의 2승에 반비례한다.

예제 8-1 전기장치의 배선회로도에서 배선의 치수 및 색깔 코드가 0.85RW일 경우 W가 뜻하는 것은? ( )

가. 단면적　　나. 배선의 굵기
다. 줄무늬 색　　라. 바탕 색

예제 8-2 전조등의 성능을 유지하기 위해 가장 좋은 방법은? ( )

가. 축전지와 직렬시킨다.　　나. 복선식으로 한다.
다. 굵은 선으로 갈아 끼운다.　　라. 단선으로 한다.

예제 8-3 전기배선을 점검하는 데 저항을 측정하고자 한다. 어느 장비를 사용해야 하는가? ( )

가. 점프와이어　　나. 테스트 램프
다. 회로시험기　　라. 가, 나, 다 모두

예제 8-4 자동차 전조등 조명과 관련된 설명 중 ( ) 안에 알맞은 것은? ( )

광원에서 빛의 다발이 사방으로 방사된다. 운전자의 눈은 방사된 빛의 다발 일부를 빛으로 느끼는데 이 빛의 다발을 ( )(이)라 한다. 따라서 ( )이(가) 많이 나오는 광원은 밝다고 할 수 있다. ( ) 안의 단위는 Lm이며, 단위시간당 통과하는 광량이다.

가. 광속, 광속, 광속
나. 광도, 광속, 조도
다. 광속, 광속, 조도
라. 광속, 조도, 광도

예제 8-5 다음 중 광도에 대한 설명으로 옳은 것은? ( )

가. 빛의 세기로서 단위는 칸델라 [cd]이다.
나. 빛의 밝기의 정도로서 단위는 룩스 [Lux]이다.
다. 광원에서 방사되는 빛의 다발로서 단위는 루멘 [Lm]이다.
라. 광속은 광원의 광도에 비례하고 광원으로부터 거리의 제곱에 반비례한다.

예제 8-6 전조등의 광도가 광원에서 25,000 [cd]의 밝기일 경우 전방 100 [m] 지점에서의 조도는 얼마인가? ( )

가. 250 [Lux]
나. 50 [Lux]
다. 12.5 [Lux]
라. 2.5 [Lux]

8.3 전조등

전조등(head light)은 야간 운행 시 안전하게 주행하기 위해 전방을 조명하는 램프이다. 램프 안에는 두 개의 필라멘트가 있으며, 먼 곳을 조명하는 하이 빔과 광도를 약하게 하고 빔을 낮추는 로우 빔이 있다. 하이 빔과 로우 빔은 병렬로 연결되어 접속되고, 등광색은 백색, 설치 위치는 지상 50 ~ 120 [cm] 이내로 한다.

전조등은 렌즈, 반사경, 필라멘트 3부분으로 되어 있다. 필라멘트에서 발생한 빛은 반사경에 반사되어 원통형의 빛의 다발로 렌즈를 통과한다. 렌즈는 원통 모양의 빛의 다발을 좌우로 넓게 하여 운전자의 시야를 넓게 해준다.

8.3.1 전조등 회로

전조등의 전기회로는 퓨즈, 전조등 스위치, 릴레이, 디머 스위치 등으로 구성되어 있으며, 디머 스위치는 하이 빔과 로우 빔을 바꿀 때 사용하는 스위치이다.

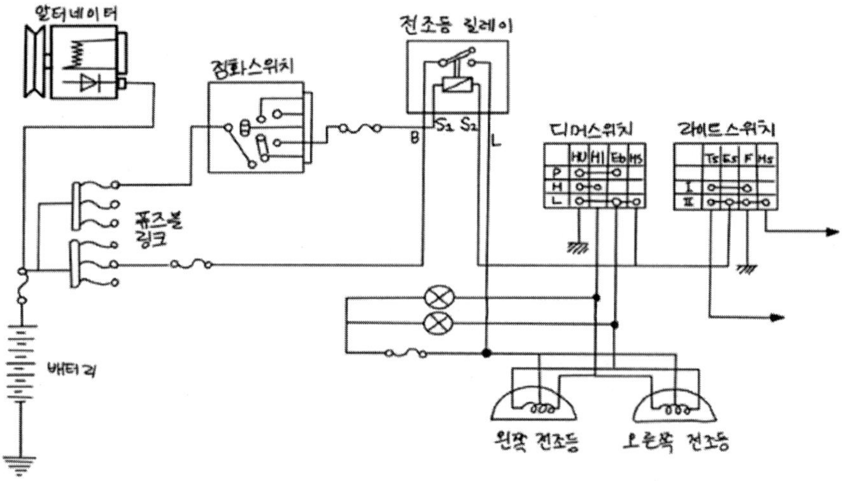

[그림 8.5] 전조등 회로

8.3.2 전조등의 종류

[1] 실드 빔 형식

실드 빔 형식(sealed beam type)은 [그림 8.6] (a)와 같이 렌즈, 반사경, 전구가 일체로 된 형식으로, 그 내부를 진공으로 하고 불활성 가스(Ar, He)를 넣어 그 자체가 하나의 전구가 되게 한 것이다. 대기조건에 따라 반사경이 흐려지지 않고, 광도 변화가 적은 장점이 있으나 필라멘트가 끊어지면 전조등 전체를 교환해야 한다.

[2] 세미 실드 빔 형식

세미 실드 빔 형식(semi sealed beam type)은 [그림 8.6] (b)와 같이 렌즈와 반사경은 일체로 하고, 전구만 분리 가능하도록 한 형식이다. 그러나 전구 설치 부분은 공기의 유통이 있어 반사경이 흐려지기 쉽다.

[3] 할로겐램프

할로겐(halogen) 원소란 원소 주기율표 제17족 원소 가운데 플루오린(F), 염소(Ci), 브로민(Br), 아이오딘(I), 아스타틴(At)의 다섯을 통틀어 이르는 것이다. 전형적인 비금속 원소로, 다른 금속과 빠르게 반응한다.

[그림 8.6] (c)와 같이 구성되어 있으며 필라멘트를 12 [V]의 전압으로 가열하여 발광시키며 이 할로겐램프(halogen lamp)의 특징은 다음과 같다.

① 전구 안에 할로겐 화합물과 불활성가스가 봉입되어 있다.
② 할로겐 사이클로 인하여 흑화현상(필라멘트로 사용되는 텅스텐이 증발하여 전구 내부에 부착되는 것)이 없어 수명을 다할 때까지 밝기의 변화가 없다.
③ 교행용 필라멘트 아래에 차광판이 있어 자동차쪽 방향으로 반사하는 빛을 없애는 구조로 되어 있어 눈부심이 적다.
④ 백열전구에 비해 필라멘트와 전구의 온도가 높고 광 효율이 좋다.

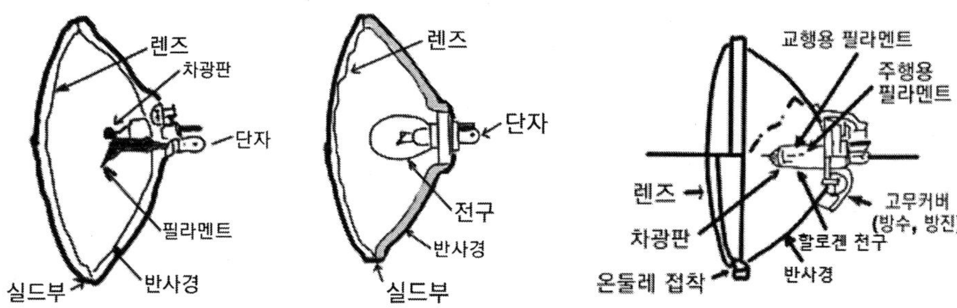

(a) 실드 빔 형식　(b) 세미 실드 빔 형식　(c) 할로겐램프

[그림 8.6] 전조등의 종류

[4] HID 헤드램프

HID(High Intensity Discharge : 고휘도 방전) 헤드램프는 제논(Xenon) 가스를 사용한 초정밀 가스 방전식 전조등을 말한다. 기존의 할로겐램프와 달리 [그림 8.7] (a)와 같이 발광관 안의 제논 가스와 금속 할로겐화합물을 봉입하여 20,000 [V]의 고전압으로 방전시켜 두 개의 텅스텐 전극 사이에서 둥근 호 모양의 빛을 발생시키는 방식으로서, 할로겐램프와 비교해 빛의 밝기는 3배 이상이고 수명은 5배 이상 길다. 또한 필라멘트가 없어 전구교환이 필요 없으며, 소비 전력이 35 [W]이므로 할로겐램프 대비 30 [%] 절감되어 자동차의 저연비, 고효율, 안정성에 효과적이다.

HID 시스템의 구성은 전구, 아크 점화장치(ignitor), 안정기(ballast)로 구성되어 있다. 아크 점화장치는 안정기로부터 전류를 받아 아크 빛을 점등하기 위해 전압을 올린다.

HID 시스템에 의하여 생성되는 빛의 조명색깔은 태양광선에 가까운 백색의 자연광선을 얻을 수 있어 야간 및 악천후 운전 중에 아주 밝고 멀리까지 전방시야를 확보하여 안전운행을 지켜준다.

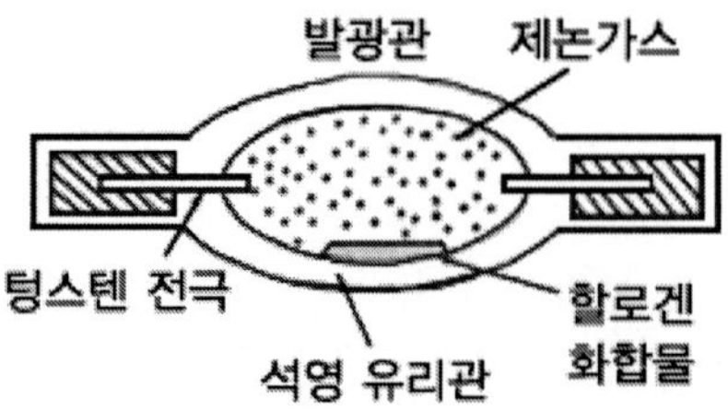

(a) 구조

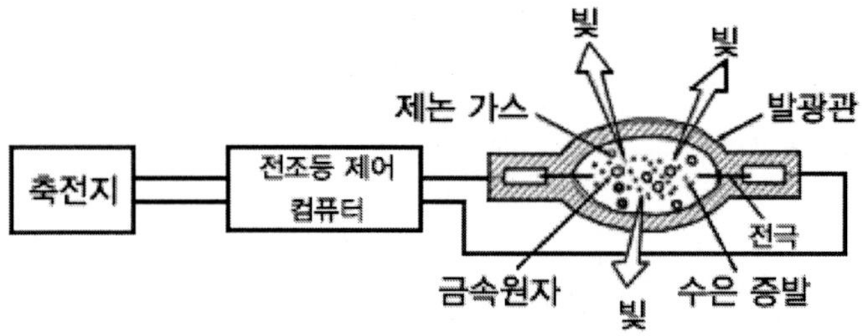

(b) 발광 원리

[그림 8.7] HID 구조 및 발광 원리

발광 원리는 [그림 8.7] (b)와 같이 전조등 제어용 컴퓨터가 축전지로부터 12 [V]를 받아 승압시켜 텅스텐 전극 사이에 순간적으로 약 20,000 [V] 이상의 펄스를 발생시키면 먼저 제논가스가 활성화되면서 청백색의 빛을 발생시킨다. 이 상태에서 전구 내의 온도가 더 상승하면 수은이 증발하여 아크 방전이 일어나고, 온도가 더 상승하면 금속 할로겐화합물이 증발하면서 유리 전자가 발생되는데, 이 유리 전자가 금속원자와 충돌하면서 높은 휘도의 빛을 발생시킨다.

예제 8-7 전조등에서 하이 빔과 로우 빔의 결선 방식은? ( )

가. 직렬연결 나. 병렬연결
다. 직·병렬연결 라. 교류결선

예제 8-8 다음 중 전조등의 구성요소가 아닌 것은? ( )

가. 전구 또는 스위치 나. 디머 스위치
다. 릴레이 라. INT 스위치

예제 8-9 다음 그림과 같이 테스트 램프를 사용하여 릴레이 회로의 각 단자(B, L, S_1, S_2)를 점검하였을 때 테스트 램프의 작동이 틀린 것은? (단, 테스트 램프 전구는 LED 전구이며, 테스트 램프의 접지는 차체 접지) ( )

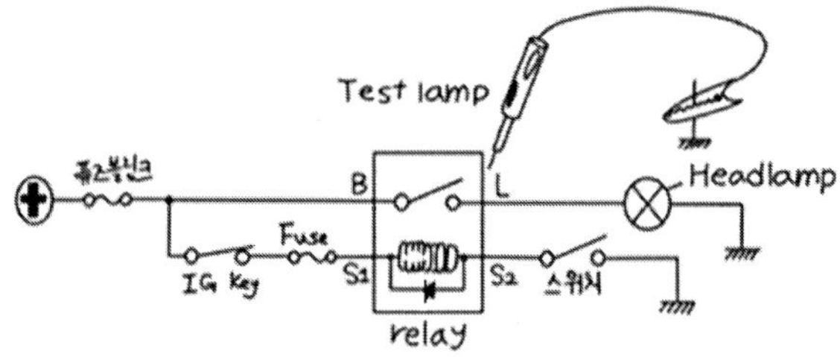

가. B 단자는 점등된다.
나. L 단자는 점등되지 않는다.
다. S_1 단자는 점등된다.
라. S_2 단자는 점등되지 않는다.

예제 8-10 전조등 형식 중 내부에 불활성가스가 들어있고 사용에 따른 광도 변화가 없으며, 대기조건에 따라 반사경이 흐려지지 않는 등의 장점이 많은 전조등의 형식은? ( )

가. 세미실드식 나. 실드식 다. 하이빔식 라. 로우빔식

예제 8-11 자동차 전조등의 형식 중 할로겐 전조등의 특징으로 틀린 것은? ( )

가. 색 온도가 높아 밝은 백광색을 얻을 수 있다.
나. 할로겐 사이클로 흑화 현상이 생긴다.
다. 교행용 필라멘트 아래의 차광판에 의해 눈부심이 적다.
라. 전구의 효율이 높아 밝기가 밝다.

예제 8-12 HID 전조등에 대한 설명으로 틀린 것은? ( )

가. 밸러스트가 있어야 된다.
나. 제논과 같은 불활성가스가 봉입된 고휘도 램프이다.
다. 필라멘트가 있어야 한다.
라. 고전압을 인가하여 방전을 일으켜 빛을 발생시킨다.

8.3.3 자동 전조등 장치

자동 전조등 장치(auto light system)는 차량 내부에 장착된 조도 센서를 이용하여 차량 주변의 조도 변화에 따라 운전자가 전조등 스위치를 조작하지 않아도 오토 모드(auto mode)에서 자동으로 미등 및 전조등을 켜주는 장치이다. 주행 중에 터널로 진입할 때나 비, 눈, 안개 등으로 주위의 조도가 변화하면 시스템이 작동한다. 자동 전조등 회로의 작동은 [그림 8.8]과 같다.

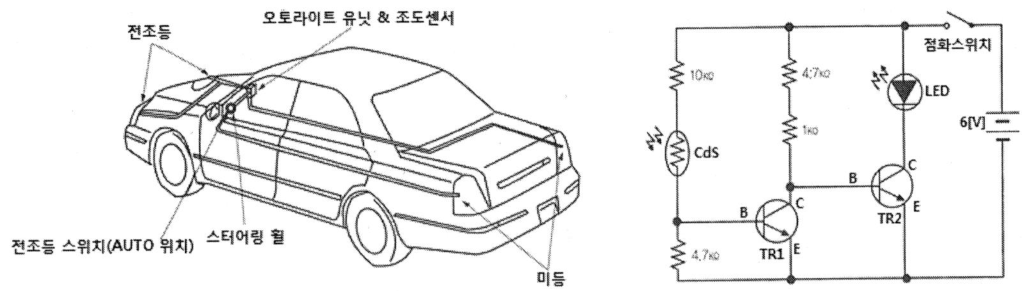

[그림 8.8] 오토 라이트의 구성(예)

(1) 차량 주위가 밝을 때

조도센서(CdS)의 저항이 낮을 때이다. 점화 스위치 ON 상태에서 전류 흐름은 다음과 같다.

① 축전지 → 점화스위치 → 저항 [10kΩ] → CdS → TR1의 B → TR1의 E → 접지,
따라서 ①의 결과로 TR1이 ON이므로

② 축전지 → 점화스위치 → 저항 [4.7kΩ] → 저항 1[kΩ] → TR1의 C → TR1의 E → 접지,
결과는 TR2가 OFF이므로 자동 전조등(LED)은 OFF이다.

(2) 차량 주위가 어두울 때

조도센서의 저항이 높을 때이다. 점화 스위치 ON 상태에서 전류의 흐름은 다음과 같다.

① 축전지 → 점화스위치 → 저항 [4.7kΩ] → 저항 [1kΩ] → TR2의 B → TR2의 E → 접지,
따라서 ①의 결과로 TR2가 ON이므로

② 축전지 → 점화스위치 → 자동 전조등(LED) → TR2의 C → TR2의 E → 접지,
결과는 TR2가 ON이므로 자동 전조등(LED)은 ON이다.

8.3.4 전조등 검사

[1] 전조등 시험기의 종류 및 측정거리

전조등 시험기의 종류는 스크린식, 투영식, 집광식이 있으며, 스크린식과 투영식은 전조등과 시험기와의 거리는 3 [m] 거리에서 측정하고, 집광식은 전조등과 시험기와의 거리는 1 [m] 거리에서 측정한다.

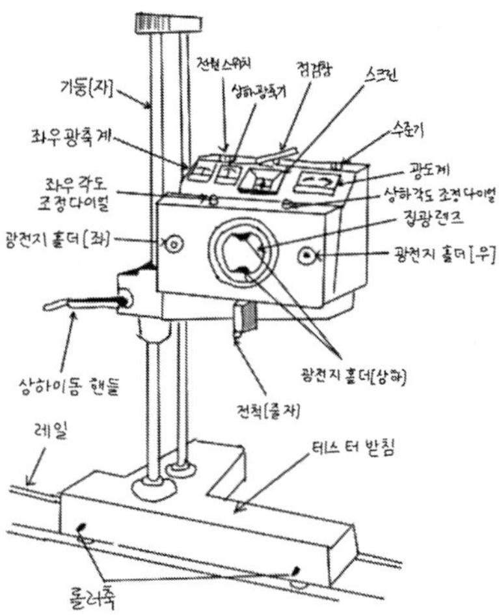

[그림 8.9] 투영식 전조등 시험기의 구조

[그림 8.10] 전조등 검사 모습

[2] 측정조건

① 측정 장소는 바닥이 평탄하여야 한다.

② 자동차는 적절히 예비 운전되어 있는 공차 상태에 운전자 1인이 승차한 상태로 한다. (단, 긴급자동차 등 부득이한 경우는 적차 상태에서 측정한다.)

③ 자동차 축전지는 충전한 상태로 한다.

④ 타이어의 공기압은 표준상태로 한다.

⑤ 자동차 원동기 상태는 공회전 상태로 하고, 상향등을 켠다.

⑥ 4등식 전조등의 경우 측정하지 않는 등화에서 발산하는 빛을 차단한 상태로 한다.

점등 시 주행빔 및 변환빔의 렌즈는 [표 8.3]과 같은 각도에서 관측할 때 차체의 다른 부분에 가려지지 않아야 한다.

[표 8.3] 전조등 렌즈 장애물 가림 각도

구분	상측	하측	외측	내측
주행빔 렌즈	5도	5도	5도	5도
변환빔 렌즈	15도	10도	10도	45도

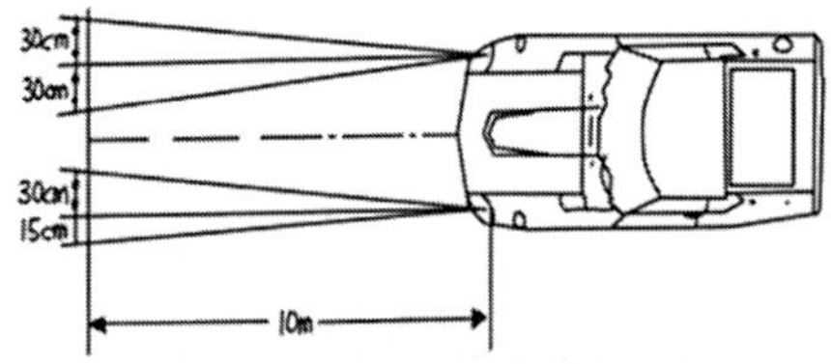

[좌우 진폭 기준]

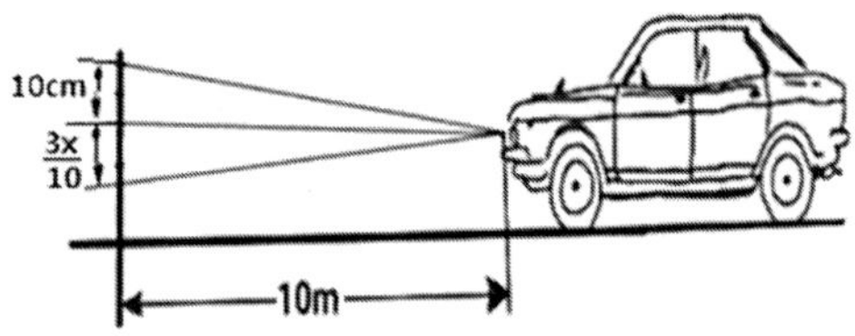

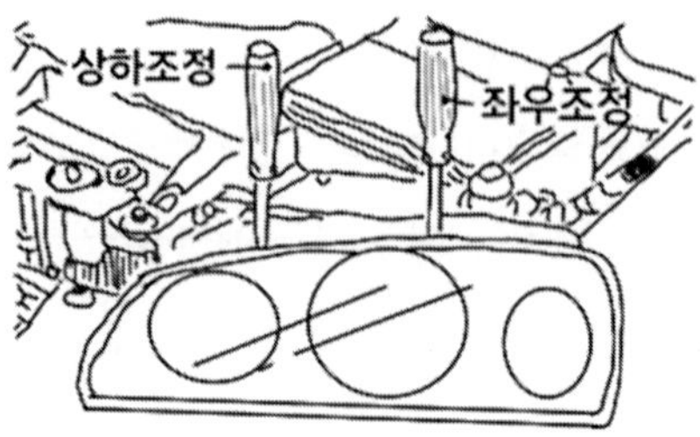

[조정 스크류]

[그림 8.11] 좌우 및 상하 진폭 기준

[3] 검사 합격 기준

(1) 전조등 주광축의 판정 기준(전조등과 수평거리 전방 10 [m]에서)

[표 8.4] 주광축 판정 기준

구분	상진폭	하진폭	좌진폭	우진폭
좌측등	10 [cm] 이하	30 [cm] 이하	15 [cm] 이하	30 [cm] 이하
우측등	10 [cm] 이하	30 [cm] 이하	30 [cm] 이하	30 [cm] 이하

(2) 광도 판정 기준(전조등과 수평거리 전방 10[m]에서)

[표 8.5] 전조등 광도 판정 기준

주행빔	2등식 광도	15,000칸델라 [cd] 이상	※ 좌우 전조등 각각의 광도 총합은 225,000 [cd] 이하 ※ 25 [km/h] 이하인 자동차는 제외한다.
	4등식 광도	12,000칸델라 [cd] 이상	
	최고 광도	1등당 112,500 [cd] 이하	

[4] 전조등 시험기 오차 범위

① 광도 지시 오차 : ±15 [%] 이내

② 광축 편차 오차 : ±1/6 [°] 이내

③ 광도 판정 오차 : ±1,000 [cd] 이내

④ 광축 판정 오차 : ±1/6 [°] 이내

[5] 전조등에서 조도 부족의 원인

① 렌즈 안팎의 물방울 부착에 의한 굴절
② 전구의 장시간 사용에 의한 열화
③ 전구 고정 스프링 약화에 의한 주광축의 처짐
④ 정격 용량보다 낮은 전구 사용 등

8.3.5 보조 전조등(안개등)

일반 전조등의 빛은 안개 속을 통과하면 산란되어 먼 거리까지 도달하지 못하지만, 안개등(fog lamp)은 파장이 긴 빛을 사용하기 때문에 일반적인 빛에 비해 산란이 적어서 같은 조건에서도 빛이 멀리까지 비춰진다. 따라서 안개 등과 같은 악천후 때문에 잘 보이지 않아도 멀리서 다가오는 상대 운전자에게 안개등의 불빛으로 자신의 위치를 알리고 서로 안전하게 운행할 수 있게 한다.

보조 전조등의 등광색은 백색 또는 황색으로 하고, 1등당 광도는 940 ~ 10,000 [cd] 이하, 설치 위치는 지상에서 25 [cm] 이상으로 하고 전조등보다는 낮게 설치하여야 한다. 점등 시 안개등의 렌즈를 다음과 각도에서 관측할 때 차체의 다른 부분에 가려지지 않아야 한다.

[표 8.6] 안개등 렌즈 장애물 가림 각도

구분	상측	하측	외측	내측
안개등	5도	5도	25도	25도

예제 8-13 다음 중 오토라이트에 대한 설명으로 틀린 것은? ( )

가. 조도센서 내의 광전도변환소자를 이용하여 미등과 전조등을 자동으로 점등 및 소등시키는 장치이다.
나. 조도센서 내의 광전변환소자는 주위의 밝기에 따라 저항값이 변하는 특성을 가지고 있다.
다. 조도센서 내의 저항이 낮을 때는 주위가 어두울 때이다.
라. 제어릴레이 내부에는 미등과 전조등의 회로를 구성하는 2개의 비교기가 변환소자의 전압과 회로의 기준 전압을 비교한다.

예제 8-14 다음 중 자동차 전조등의 광도 및 광축을 측정(조정)할 때 유의사항으로 틀린 것은? ( )

가. 시동을 끈 상태에서 측정한다. 나. 타이어 공기압을 규정값으로 한다.
다. 차체의 평형상태를 점검한다. 라. 축전지와 발전기를 점검한다.

예제 8-15 **전조등 시험기를 사용할 때의 측정 전 준비사항으로 틀린 것은? ( )**

가. 자동차를 전조등 시험기의 렌즈 면까지의 거리를 맞추어 진입시킨다.
나. 전조등 시험기가 자동차와 직각인지 확인하여 조정한다.
다. 타이어의 공기압을 규정으로 맞춘다.
라. 자동차가 수평 상태인지 현가장치를 확인한 후 운전자는 하차한다.

예제 8-16 **다음 중 자동차 검사기준 및 방법에서 전조등 검사에 관한 사항으로 틀린 것은? ( )**

가. 전조등의 변환 빔을 측정하여야 한다.
나. 공차상태에서 운전자 1인이 승차하여 검사를 한다.
다. 전조등시험기로 전조등의 광도와 주광축의 진폭을 측정한다.
라. 긴급자동차 등 부득이한 사유가 있는 경우에는 적차 상태에서 검사를 시행한다.

예제 8-17 **전조등의 주광축은 그 하향 진폭이 전방 10 [m]에 있어서 등화설치 높이의 얼마 이내에 있어야 안전기준에 적합한가? ( )**

가. 2/5　　나. 3/8　　다. 3/10　　라. 5/10

예제 8-18 **다음은 전조등 주광축이다. 안전기준에 맞지 <u>않는</u> 것은? ( )**

가. 상 10 [cm] 이하　　나. 우측등 좌진폭 30 [cm] 이하
다. 좌측등 좌진폭 30 [cm] 이하　　라. 좌측등 우진폭 30 [cm] 이하

예제 8-19 **4등식 전조등의 좌측등 광도는 얼마 이하가 되어야 안전기준에 적합한가? ( )**

가. 12,000 ~ 112,500 [cd] 이하　　나. 15,000 ~ 112,500 [cd] 이하
다. 12,000 ~ 225,000 [cd] 이하　　라. 15,000 ~ 225,000 [cd] 이하

예제 8-20 **자동차의 앞면에 안개등을 설치할 경우 1등당 광도로 자동차 안전기준에 적합한 것은? ( )**

가. 10,000 [cd]　나. 12,000 [cd]　다. 13,000 [cd]　라. 15,000 [cd]

8.4 방향지시등

방향지시등(turn signal lamp)은 자동차의 진행방향을 알리는 장치이며, 램프에 흐르는 전류를 주기적으로 단속하는 플래셔 유닛을 이용하여 램프를 60 ~ 120회/분 점멸해야 한다.

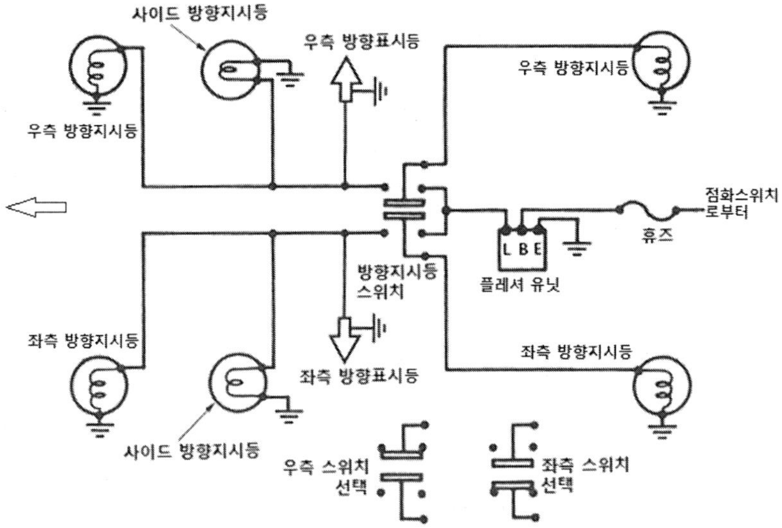

[그림 8.12] 방향지시등 회로

8.4.1 방향지시등이 좌우 점멸횟수가 다르거나 한쪽만 작동되는 경우

① 규정용량의 전구를 사용하지 않았다.

② 전구 하나가 단선되었다.

③ 플래셔 유닛 스위치에서 표시등 사이에 단선이 있다.

④ 접지상태가 불량하다.

8.4.2 방향지시등 점멸이 느린 원인

① 전구의 접지 불량

② 축전지 용량 저하

③ 전구의 용량이 규정보다 작다.

④ 퓨즈 또는 배선의 접촉 불량 등이 있다.

예제 8-21 **자동차 및 자동차부품의 성능과 기준에 관한 규칙에서 정한 방향지시등의 1분간 점멸 횟수는? ( )**

가. 10±30회　　나. 30±30회　　다. 50±30회　　라. 90±30회

예제 8-22 비상등은 정상 작동되지만 좌측 방향지시등이 작동하지 않을 때 관련 있는 부품은? (　)

가. 플래셔 유닛　　나. 비상등 스위치
다. 턴시그널 스위치　　라. 턴시그널 전구

예제 8-23 방향지시등을 작동시켰을 때, 앞 우측 방향지시등은 정상적인 점멸을 하는데 뒤 좌측 방향지시등은 점멸속도가 빨라졌다면, 고장원인으로 볼 수 있는 것은? (　)

가. 비상등 스위치 불량　　나. 방향지시등 스위치 불량
다. 앞 우측 방향지시등 단선　　라. 앞 좌측 방향지시등 단선

예제 8-24 방향지시등 회로를 점검해 보니 다음과 같은 고장이 있었다. 좌우 점멸 횟수가 다르거나 한쪽만 작동이 된다. 이 중 고장원인으로 볼 수 <u>없는</u> 것은? (　)

가. 규정 용량의 전구를 사용하지 않고 있다.
나. 플래셔 유닛의 접지 불량이나 결함
다. 전구 하나가 단선되었다.
라. 플래셔 스위치에서 지시등 사이에 단선이 있다.

예제 8-25 다음 중 방향지시등의 점멸 주기가 빨라지는 원인이 <u>아닌</u> 것은? (　)

가. 충전전압이 높아 회로 내 전압이 높게 걸린다.
나. 방향지시등 회로와 후진등 회로가 단락되었다.
다. 플래셔 유닛의 고장이나 제원이 다르다.
라. 램프의 저항이 규정 값보다 낮은 것을 사용하였다.

예제 8-26 자동차에서 방향지시등의 고장 현상이 발생하였다. 다음 원인에 따른 고장 중 증상이 다른 한 가지를 고르면? (　)

가. 플래셔 유닛의 접지 불량
나. 램프의 필라멘트 단선
다. 램프 용량에 맞지 않는 릴레이 사용
라. 램프의 정격용량이 규정보다 큰 경우

예제 8-27 방향지시등 회로에서 뒤 좌측 방향지시등 전구의 필라멘트가 단선되었을 때의 변화는? ( )

가. 앞 좌측 전구에 가해지는 전압이 높아진다.
나. 전구의 단선과 저항변화는 무관하다.
다. 좌측 방향지시등 회로의 저항이 감소한다.
라. 좌측 방향지시등 회로의 저항이 증가한다.

8.5 후진등(후퇴등)

후진등(back-up lamp)은 자동차가 후진할 때 뒤쪽의 장애물의 확인과 후방에 대하여 자동차가 후진하고 있다는 것을 알리기 위한 등이다. 변속기 시프트레버를 후진 위치에 넣으면 점등된다. 등광색은 백색 또는 황색이고, 1등당 광도는 80 ~ 600 [cd] 이하, 설치 위치는 지상 25 ~ 120 [cm] 이하, 전구는 5 ~ 27 [W] 정도로 한다.

8.6 후미등

후미등(tail lamp)은 야간에 주행하거나 정지하고 있을 때 뒤차에 알리는 표시등이며, 등광색은 적색, 1등당 광도는 2 ~ 25 [cd] 이하, 설치 위치는 지상 35 ~ 200 [cm] 이하이다. 단독식과 [그림 8.14]와 같이 제동등과 겸용으로 사용하는 겸용식이 있다.

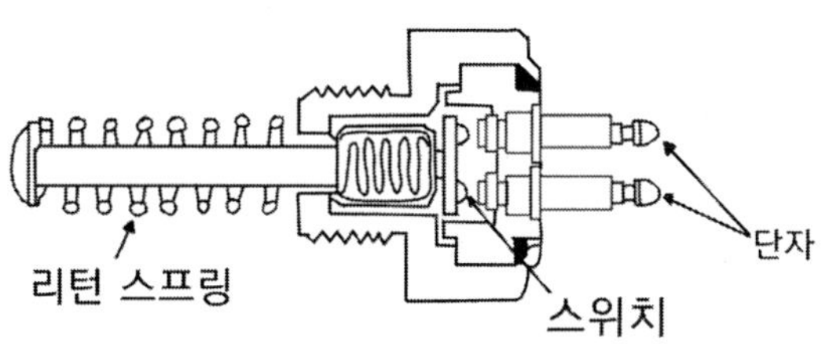

[그림 8.13] 후진등 스위치 구조

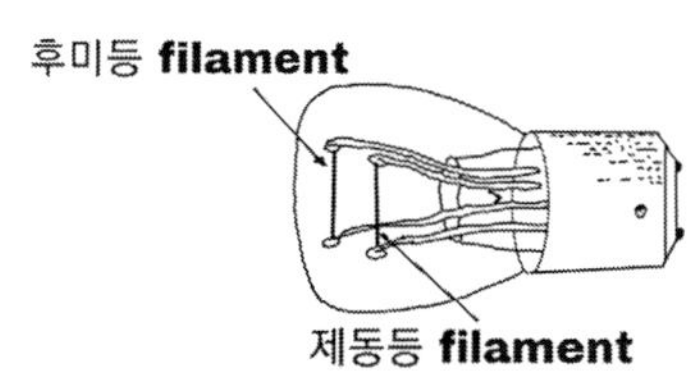

[그림 8.14] 겸용식 후미등 전구의 구조

8.7 제동등

제동등(stop lamp)은 브레이크 페달을 밟았을 때 뒤차에 제동함을 알리는 램프이다. 등광색은 적색, 1등당 광도는 40 ~ 420 [cd] 이하, 후미등과 겸용식일 경우 그 광도가 3배 이상으로 증가하는 구조로 하고, 설치위치는 35 ~ 200 [cm] 이하여야 한다. 제동등 스위치는 기계식과 유압식이 있다. 기계식 스위치는 브레이크 페달을 밟으면 스위치 접점이 접속되어 점등되고,

유압식은 브레이크 페달을 밟으면 마스터실린더 안의 유압이 높아지면 그 유압에 의하여 다이어프램(diaphragm)이 밀려서 접점이 접속되어 제동등이 점등된다.

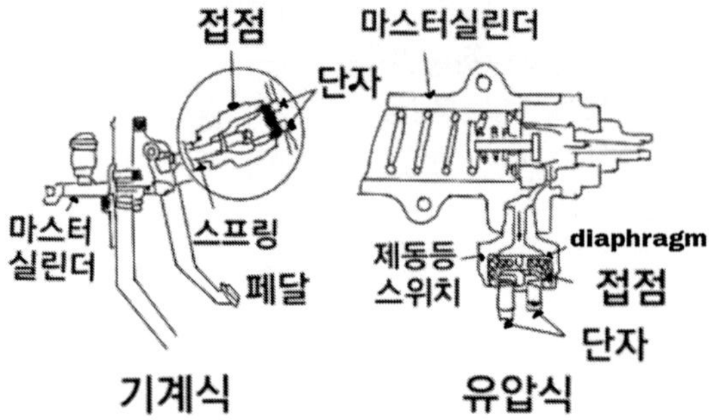

[그림 8.15] 제동등 스위치 구조

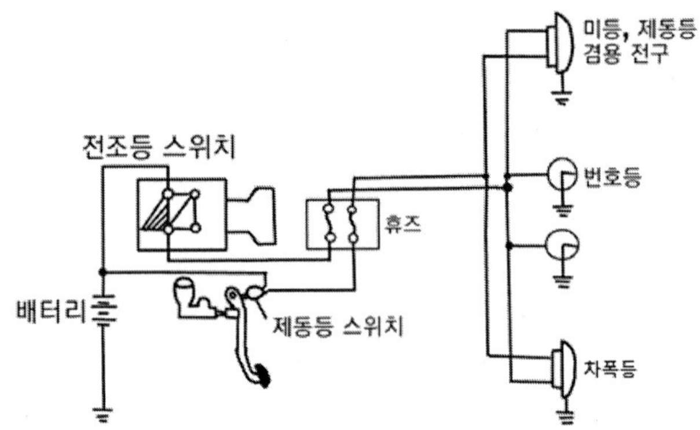

[그림 8.16] 후미등, 번호등, 차폭등의 회로

8.8 번호등

번호등(license lamp)은 미등, 전조등, 차폭등 회로와 연동해서 작동하는 구조여야 하고, 광원이 눈에 직접적으로 보여서는 안 된다. 등광색은 백색, 조도는 8 [lux] 이상, 설치 위치는 차체 뒤쪽 끝으로부터 65 [cm] 이내이고, 입사각은 8 [°] 이상이어야 한다.

8.9 차폭등

차폭등의 등광색은 백색 또는 황색 또는 호박색이고, 광도는 등화중심선 위쪽은 4 ~ 125 [cd] 이하, 등화중심선 아래쪽은 4 ~ 250 [cd] 이하, 설치 위치는 지상 35 ~ 200 [cm] 이내, 차체 바깥쪽으로부터 40 [cm] 이내에 설치한다.

8.10 후부 반사기

후부 반사기의 등광색은 적색, 자동차 뒤쪽 100 [m] 거리에서 전조등으로 비출 경우 식별 가능하고, 설치 위치는 지상 35 ~ 150 [cm] 이하, 반사부는 삼각형 이외로 하고, 면적은 소형, 경형은 10 [cm^2] 이상, 기타 자동차는 20 [cm^2] 이상이어야 한다.

예제 8-28 **제동등은 다른 등화와 겸용하는 제동등은 제동조작을 할 경우 그 광도가 몇 배 이상으로 증가하여야 하는가? ( )**

가. 2배　　나. 3배
다. 4배　　라. 다른 등화 밝기와 관계없다.

예제 8-29 **자동차 뒷면 차량등록번호판 숫자 위의 조도는 각 측정 점에서 몇 룩스 이상이어야 하는가? ( )**

가. 2 [lux]　　나. 4 [lux]　　다. 6 [lux]　　라. 8 [lux]

예제 8-30 **다음 중 번호등 검사에서 안전기준에 적합하지 않은 경우는? ( )**

가. 차폭등과 별도로 소등할 수 없는 구조일 것
나. 전조등과 별도로 소등할 수 없는 구조일 것
다. 등광색은 황색 또는 호박색일 것
라. 등록번호판 숫자 위의 조도 8룩스 이상일 것

예제 8-31 **다음 중 자동차 외부에 바닥조명등을 설치할 경우에 해당되는 자동차 성능과 기준에 관한 규칙의 사항으로 거리가 먼 것은? ( )**

가. 자동차가 정지하고 있는 상태에서만 점등될 것
나. 자동차 주행 시작 후 1분 이내에 소등될 것
다. 최대광도는 60칸델라 이하일 것
라. 등광색은 백색일 것

예제 8-32 다음 중 자동차안전기준에 관한 규칙상 경광등의 등광색을 적색 또는 청색으로 할 수 없는 경우는? ( )

가. 국군 및 주한 국제연합군용 자동차 중 군 내부의 질서유지 및 부대의 질서 있는 이동을 유도하는 데 사용되는 자동차
나. 수사기관의 자동차 중 범죄수사를 위하여 사용되는 자동차
다. 전파 감시업무에 사용되는 자동차
라. 교도소 또는 교도기관의 자동차 중 도주자의 체포 또는 피수용자의 호송·경비를 위하여 사용되는 자동차

8.11 안전장치

자동차는 일정한 안전기준에 따라 질서 있게 운행되며 다른 자동차 또는 보행자에 대하여 주행 중 위험한 상태를 경고할 수 있는 경음기와 자동차의 안전운행을 위하여 비 또는 눈이 내릴 때 운전자의 시계를 확보하기 위한 윈드실드 와이퍼 등이 있다.

8.11.1 경음기

경음기(horn) 소리가 발생하는 시간당 에너지를 음의 세기(데시벨 / decibel, dB)라 하고, 이 소리가 사람의 귀에 주는 느낌을 소리의 크기(폰 / phon, ph)라 한다. 같은 세기의 소리라도 주파수에 따라 사람이 느끼는 크기가 달라진다.

[1] 원리

경음기는 소리를 내는 진동판을 전자석이나 공기로 진동시켜 작동한다. 이 동작을 매초 200 ~ 600회의 주기로 진동판을 진동시켜 전방 2 [m]에서 90 ~ 110 [dB] 이하가 되도록 한다.

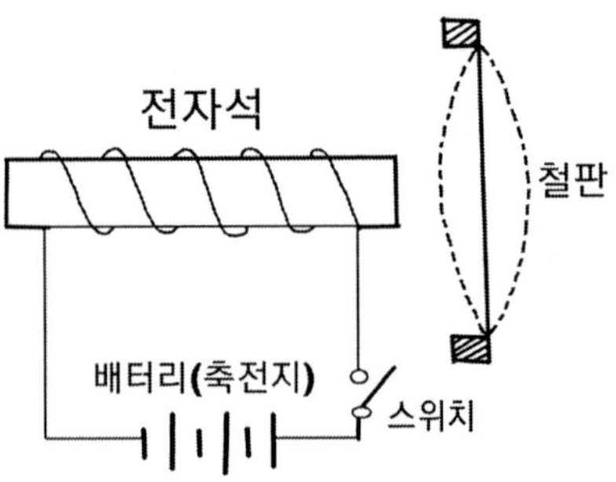

[그림 8.17] 경음기의 원리

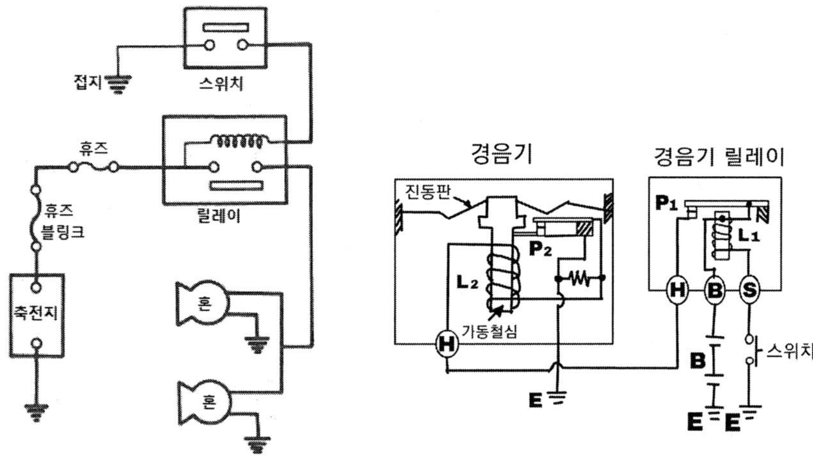

[그림 8.18] 전기식 경음기 작동회로

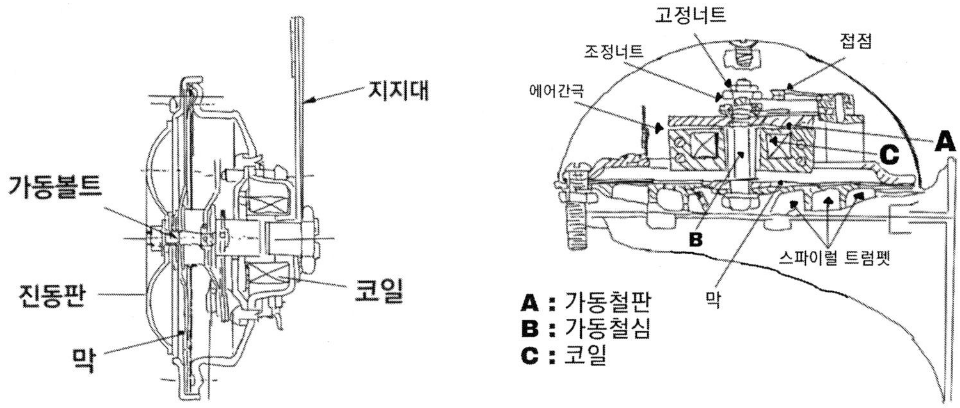

[그림 8.19] 경음기 구조

Handy hint ....

☞ 혼을 축전지에 직접 연결했을 때는 소리가 나는데, 자동차에 설치했을 때는 소리가 나지 않는 원인은?

① 축전지 전압이 너무 낮을 때

② 혼 스위치와 접지선과의 접촉 불량

③ 혼 스위치 불량

④ 퓨즈의 소손 등

☞ 경음기에서 음의 크기가 조절되는 곳은 경음기의 에어 갭이다.

[2] 경음기 안전기준

(1) 소음측정기 설치 위치

차체전방에서 2 [m] 떨어진 지상높이 1.2 [m]가 되는 지점(오차 : ±0.05m)

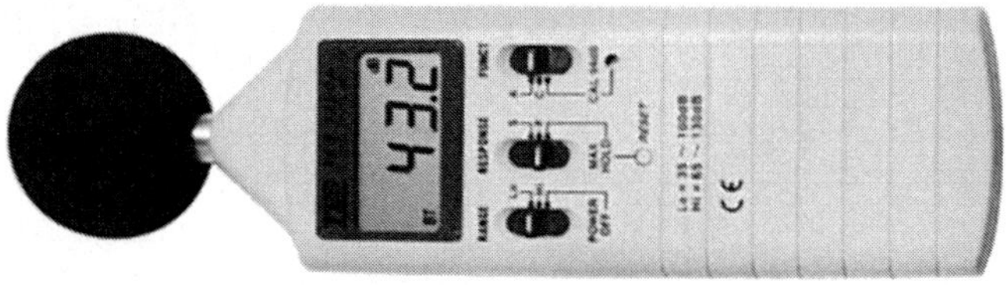

[그림 8.20] 소음측정기의 구조

(2) 측정방법

① 자동차의 원동기를 가동시키지 않은 정차 상태에서 측정한다.

② 자동차의 경음기를 5초 동안 작동시켜 최대 소음도를 측정한다.

③ 2개 이상의 경음기가 장치된 자동차는 경음기를 동시에 작동시킨 상태에서 측정한다.

④ 교류식 경음기인 경우에는 원동기 회전속도 3,000±100 [rpm]인 상태에서 측정한다.

⑤ 2회 이상 측정치(보정한 것을 포함) 중 가장 큰 값을 최종 측정치로 한다. 단, 각 측정값의 차이가 2 [dB]를 초과할 때 측정값은 무효로 하고 재측정한다.

(3) 측정값 산출

① 측정 항목별로 소음측정기 지시치의 최대치를 측정치로 하며, 암소음은 지시치의 평균치로 한다.

② 암소음 측정은 각 측정 항목별로 측정 직전 또는 직후에 연속하여 10초 동안 실시하며, 순간적인 충격음 등은 암소음으로 취급하지 않는다.

③ 자동차소음과 암소음의 측정치의 차이가 3 [dB] 이상 10 [dB] 미만인 경우에는 자동차로 인한 소음의 측정치로부터 아래의 보정치를 뺀 값을 최종 측정치로 하고, 차이가 3 [dB] 미만일 때는 측정치를 무효로 한다.

④ 암소음에 대한 보정치

단위 : dB(C)

자동차 소음과 암소음의 측정치 차이	3	4–5	6–9
보정치	–3	–2	–1

⑤ 2회 이상 측정값(보정한 것 포함) 중 가장 큰 값으로 판정

8.11.2 윈드 실드 와이퍼

[1] 역할 및 구성요소

윈드 실드 와이퍼(wind shield wiper)는 비 또는 눈이 내릴 때 운전자의 시계가 방해 받는 것을 방지하기 위해 앞면의 유리를 닦아내는 작용을 한다. 와이퍼 모터, 와이퍼 암, 와이퍼 블레이드, 링크 기구, 와셔액 등으로 구성되어 있다.

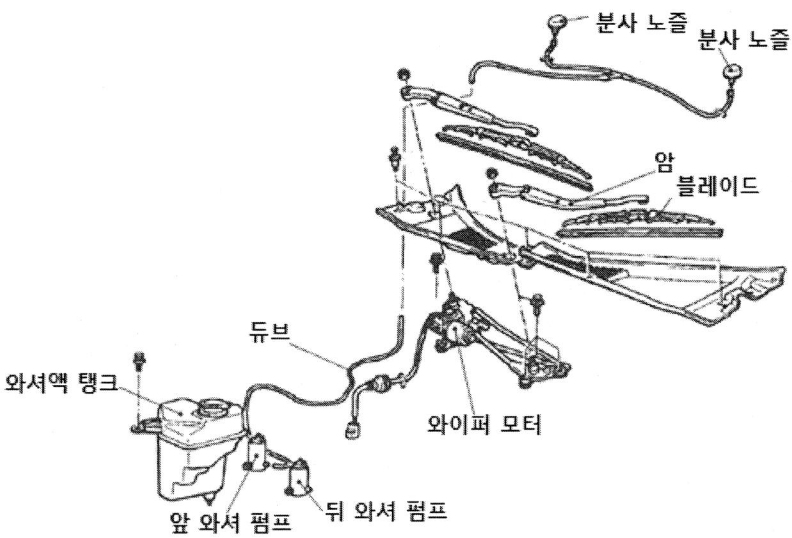

[그림 8.21] 윈드 실드 와이퍼의 구성요소

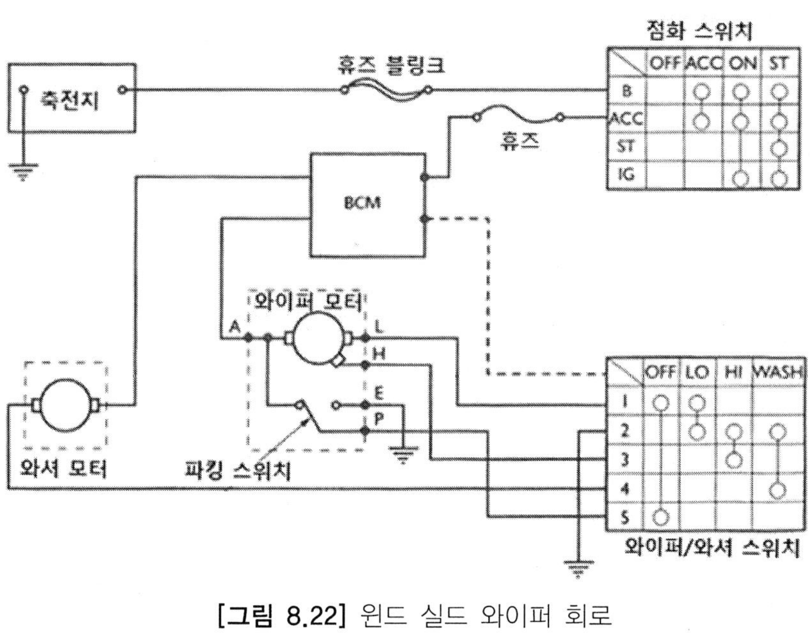

[그림 8.22] 윈드 실드 와이퍼 회로

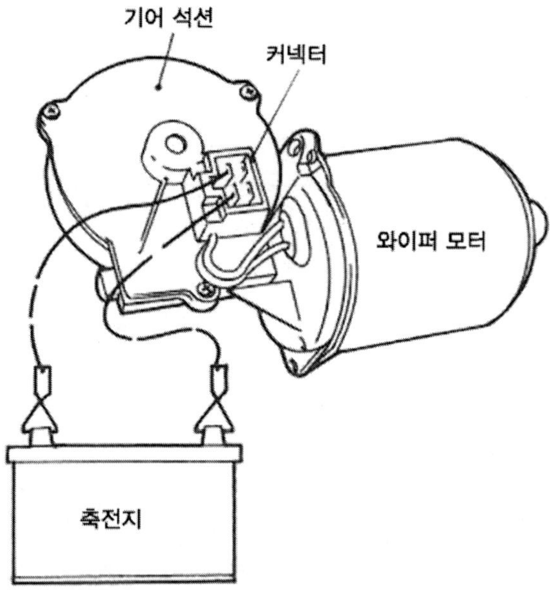

[그림 8.23] 와이퍼 모터 작동 실험

[2] 윈드 실드 와이퍼의 안전기준

① 작동주기의 종류가 2가지 이상인지 확인한다.
② 최저 작동주기는 매 분당 20회 이상이고, 다른 하나의 작동주기는 매 분당 45회 이상인지 확인한다.
③ 최고 작동주기와 다른 하나의 작동주기의 차이가 매 분당 15회 이상인지 확인한다.
④ 작동을 정지시킨 경우 자동적으로 최초의 위치로 복귀되는지 확인한다.
⑤ 세정액 분사가 제대로 이루어지는지 확인한다.

예제 8-33 **경음기에서 구조적으로 음의 크기가 조절되는 곳은? ( )**

가. 경음기 릴레이 접점의 간극　　나. 경음기 스위치의 접점 저항
다. 경음기 회로의 콘덴서 용량　　라. 경음기의 에어 갭

예제 8-34 **다음 중 혼을 축전지에 직접 연결했을 때는 소리가 나오나 자동차에 설치하였을 때 소리가 나지 않는 원인으로 틀린 것은? ( )**

가. 축전지 전압이 너무 낮을 때　　나. 혼 스위치와 접지선과의 접촉 불량
다. 혼 스위치 불량　　라. 축전지 전압이 너무 높을 때

예제 8-35 다음 중 경음기 소음 측정 시 암소음 보정을 하지 않아도 되는 경우는? ( )

가. 경음기 소음 : 84 [dB], 암소음 : 75 [dB]
나. 경음기 소음 : 90 [dB], 암소음 : 85 [dB]
다. 경음기 소음 : 100 [dB], 암소음 : 92 [dB]
라. 경음기 소음 : 100 [dB], 암소음 : 85 [dB]

예제 8-36 다음 중 윈드 실드 와이퍼가 작동하지 않을 때 고장원인이 <u>아닌</u> 것은? ( )

가. 와이퍼 블레이드 노화
나. 전동기 전기자 코일의 단선 또는 단락
다. 퓨즈 단선
라. 전동기 브러시 마모

예제 8-37 와이퍼 장치 작동 중 스위치를 OFF로 전환 시 와이퍼가 파킹 위치로 가지 못하는 경우 점검해야 할 부분이 <u>아닌</u> 것은? ( )

가. 와이퍼 모터 릴레이
나. 파킹 관련 접지
다. 와이퍼 모터 전원 퓨즈
라. 와이퍼 모터

예제 8-38 다음 중 운행차의 경적소음 측정방법으로 틀린 것은? ( )

가. 축전지는 측정개시 전에 정상 충전된 상태여야 한다.
나. 자동차의 원동기를 가동시킨 정차 상태에서 5초 동안 작동시켜 측정한다.
다. 2개 이상의 경음기가 연동하여 음을 발하는 경우에는 연동 상태에서 측정한다.
라. 교류식 경음기인 경우에는 원동기 회전속도 3,000±100 [rpm]인 상태에서 측정한다.

8.12 계기장치

자동차를 상쾌하게 운전하고 또 교통안전을 도모하기 위해 운전 중인 자동차의 상황을 쉽게 알 수 있도록 각종 계기류를 [그림 8.24]에 나타낸 것과 같이 운전석의 계기판(cluster)에 부착하고 있다. 주된 것으로 속도계, 엔진 회전 속도계, 운행기록계, 연료계, 수온계 등이 있으며, 차종에 따라 차이가 있다.

요즈음은 일부 차종에 따라 전자제어 계기판인 스텝모터식 계기판을 사용하기도 하고, 마이컴에 의한 저전압, 저소비 전력으로 고밀도 액정제어 방식인 LCD 계기판도 있다.

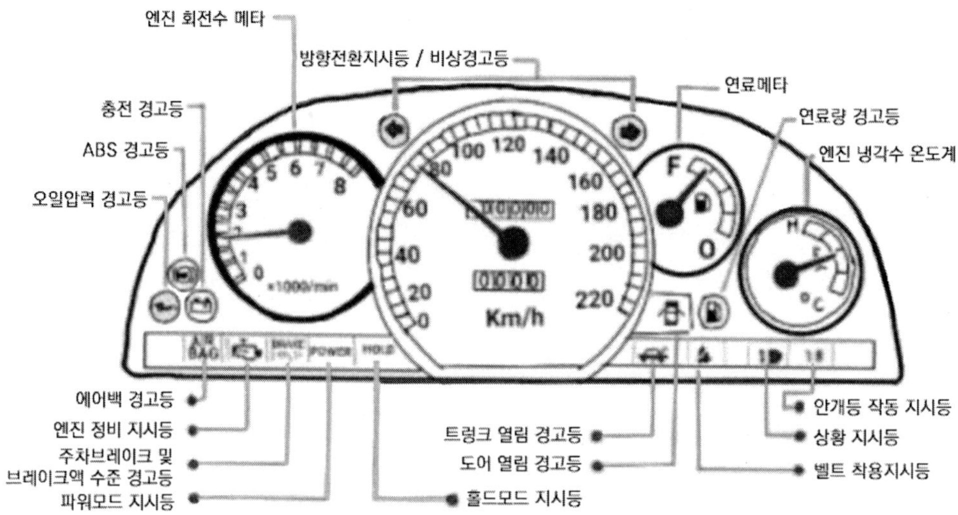

[그림 8.24] 계기판의 외관도

계기 대신 램프(lamp)를 사용하여 경고를 표시하는 방식도 있다. 자동차에 사용되는 계기는 다음과 같은 장점을 가지고 있어야 한다.

① 소형 경량일 것
② 구조가 간단하고 내구성, 내진성이 높을 것
③ 지시가 안정되어 있고, 확실할 것
④ 읽기가 쉬울 것
⑤ 장식적인 면도 고려되어 있을 것
⑥ 가격이 저렴할 것

예제 8-39 **다음은 자동차 LCD 계기판의 특징이다. 틀린 것은? ( )**

가. 마이컴에 의한 액정제어 방식으로 고밀도 제어가 가능하다.
나. 작동 시에 내부의 액정은 전압이 가해지지 않을 때 빛을 투과시키는 성질을 가지고 있다.
다. 표시되는 디스플레이 자유도가 아날로그 방식보다 크다.
라. 저전압, 저소비 전력으로 작동된다.

8.12.1 연료계

연료계(fuel gauge)는 연료탱크 내의 연료량을 나타내는 것으로, 밸런싱 코일식, 서모스탯 바이메탈식, 바이메탈 저항식 등이 있다.

[1] 밸런싱 코일식(balancing coil type)

연료 탱크 안에 연료가 적으면 플로트의 뜨임이 적고 접촉암의 저항이 많은 쪽으로 움직이므로 코일 L_1의 자장(磁場)이 상대적으로 커지고 지침은 E(empty)쪽에서 머무른다. 연료량이 많으면 플로트는 뜨고 접촉암은 저항이 작은 쪽으로 움직임으로 코일 L_2의 자장이 커지고 지침은 F(full)쪽으로 이동된다.

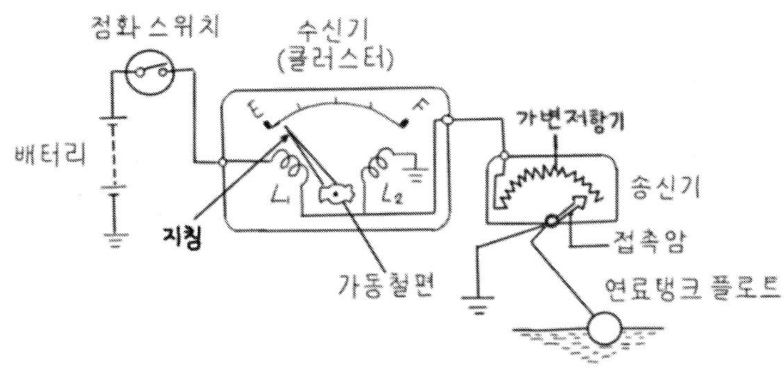

[그림 8.25] 밸런싱 코일식 연료계

[2] 서모스탯 바이메탈식

바이메탈이란 열팽창 계수가 크게 다른 두 개의 금속재료를 겹쳐서 맞붙인 것으로, 한 끝을 고정하고 가열하면 다른 끝은 구부러지는 성질을 이용한 것이다. 서모스탯 바이메탈식(thermostat bimetal type)은 연료가 적을 경우는 플로트가 내려가 있기 때문에 송신부의 접점 압력이 약하다. 따라서 열선에 흐르는 전류의 통전 시간이 짧아지므로 수신부의 지침은 *E*쪽을 가리킨다. 연료가 많을 경우는 플로트가 올라와 접점의 압력이 증가하여 열선에 흐르는 전류의 통전 시간이 길어져 바이메탈의 힘에 따라 지침은 *F*쪽을 가리키게 된다.

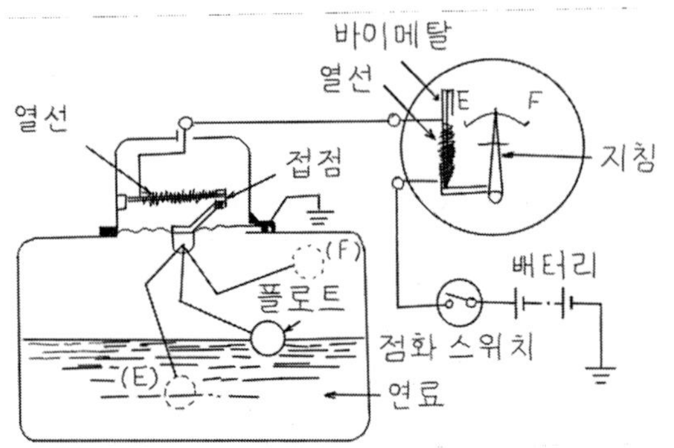

[그림 8.26] 서모스탯 바이메탈식 연료계

[3] 바이메탈 저항식 연료계

바이메탈 저항식은 수신부는 바이메탈로 되어 있고 송신부는 가변저항기로 되어 있으며 수신부와 점화스위치 사이에는 전압조정기용 바이메탈이 설치되어 있으므로 전원전압 변동으로 인한 지침의 오차를 방지한다. 이 연료계는 플로트의 위치에 따라 저항값이 정해지며 이에 따라 전류의 양도 결정된다.

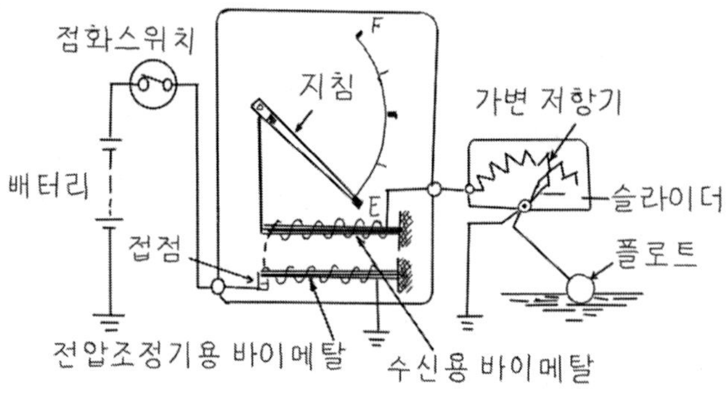

[그림 8.27] 바이메탈 저항식 연료계

8.12.2 연료 잔량경고등

연료 잔량경고등은 연료 탱크 내에 연료량이 일정량 이하가 되면 경고등이 점등되어 연료량이 적다는 것을 운전자에게 알리는 역할을 한다. 일반적으로 연료가 연료탱크 내의 5~10리터 정도 남아있으면 경고등을 점등시킨다. 이 연료 잔량경고등의 종류에는 서미스터식과 플로트식이 있다.

[1] 서미스터식 연료 잔량경고등

서미스터(NTC)식 연료 잔량경고등은 연료계와 병렬로 회로가 형성되었으며 연료가 규정량 이하가 되면 서미스터가 작동하여 점등된다. 서미스터가 연료 속에 잠겨 있을 때에는 저항이 커서 점등되지 않으며 서미스터가 노출되면 기화열에 의하여 저항값이 작아져서 경고등이 점등되어 연료가 적음을 경고하게 된다.

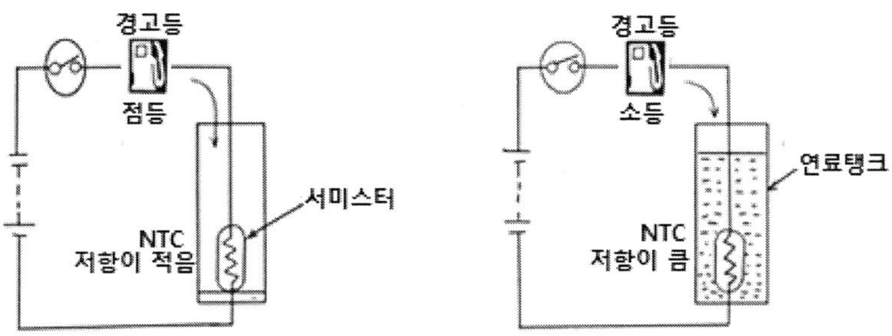

[그림 8.28] 서미스터식 경고등

[2] 플로트식 연료 잔량경고등

플로트식(float type) 연료 잔량경고등은 연료 탱크 안의 연료량이 일정량 이하가 되면 스위치 접점이 닫혀 회로가 형성되고 경고등이 점등되어 연료량이 적다는 것을 알린다.

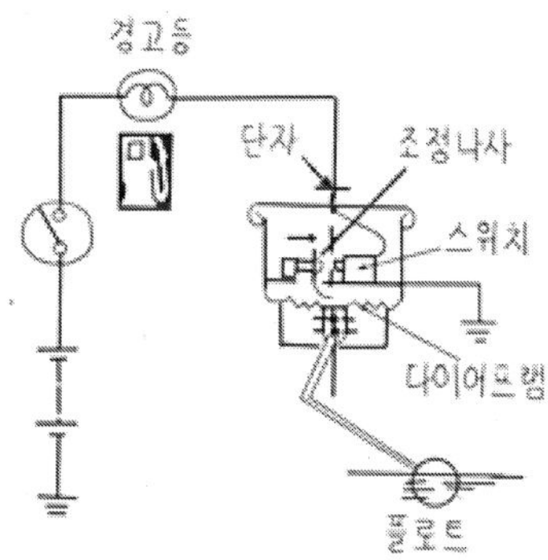

[그림 8.29] 플로트식 경고등

8.12.3 온도계

온도계는 엔진 내부 냉각수의 온도를 알기 위한 것으로, 일명 수온계(water temperature gauge)라고 한다. 온도계는 코일 서미스터식, 바이메탈식, 바이메탈 저항식, 경고등식 등이 있다.

[1] 코일 서미스터식 수온계

코일 서미스터식(coil thermister type)은 2개의 코일과 가동철편 및 지침으로 되어 있고, 송신부는 서미스터를 사용하고 있다. 서미스터(NTC)는 온도에 따라서 저항값이 변화하는 성질을 이용한 반도체로 실린더 헤드의 냉각수 통로에 설치되어 있다. 온도가 낮으면 서미스터 저항값이 높아 수신부의 코일 L_1에 흐르는 전류가 커서 가동철편은 코일 L_1쪽으로 회전하여 지침을 C쪽으로 움직이고 온도가 올라가면 서미스터 저항값이 낮아져 수신부 유닛 내에 흐르는 전류는 L_2쪽으로 많이 흘러 가동철편은 L_2쪽으로 회전하여 지침은 H쪽으로 움직인다. 두 코일에 흐르는 전류가 같을 때는 두 코일에 생기는 자장도 같으므로 지침은 중간에 머무르게 된다.

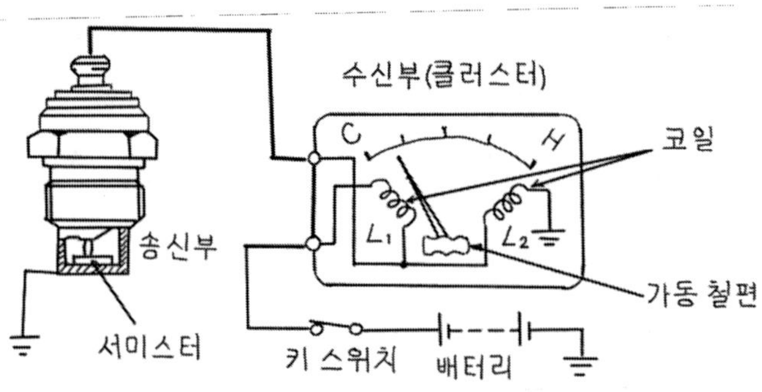

[그림 8.30] 코일 서미스터식 수온계

[2] 바이메탈식 수온계

바이메탈(bimetal type)이란 열팽창 계수가 크게 다른 두 개의 금속재료를 겹쳐서 맞붙인 것으로, 한 끝을 고정하고 가열하면 다른 끝은 구부러지는 성질을 이용한 것이다. 냉각수 온도가 낮으면 송신부 접점은 강하게 닫히게 된다. 접점을 열기 위해서는 열선의 통전 시간도 길어야 하므로 수신부 바이메탈도 그에 따라 열을 받으므로 크게 구부러져 지침은 저온(C)쪽으로 움직인다. 냉각수 온도가 높아지면 송신부의 접점이 닫히는 압력은 약해지고 열선의 통전시간도 짧아지므로 수신부 바이메탈의 구부러짐도 그만큼 적어지기 때문에 고온(H)쪽을 가리킨다.

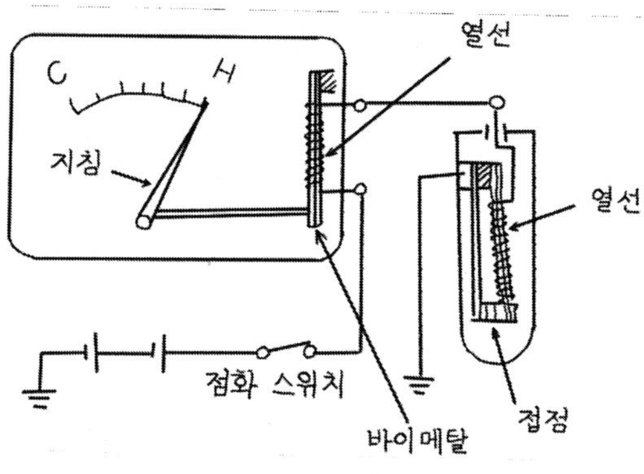

[그림 8.31] 바이메탈식 수온계

[3] 바이메탈 저항식 수온계

바이메탈 저항식은 송신부에는 수온에 따라 저항값이 변화하는 서미스터로 하고, 수신부는 바이메탈을 사용한 방식이다. 온도가 높아지면 저항값이 작아져 전류의 흐름이 커진다. 이 전류는 직렬로 접속된 열선에 흘러 바이메탈을 가열하여 전류량에 비례한 것만큼 굽어 지침을 움직여 수온을 나타낸다. 이 방식은 전류량에 의하여 지시값이 변동되므로 전원전압이 변동하면 지시값의 오차가 생긴다. 이 오차를 방지하기 위하여 전압조정기 내에 열선에 의한 바이메탈을 설치하여 이 오차를 방지하고 있다.

전원전압이 높아지면 전압조정기 내의 바이메탈의 가열시간이 빨라져 접점을 열어 통전시간을 짧게 하므로 높은 전압에 의한 지침의 오차는 생기지 않는다. 또 전원전압이 낮아지면 전압조정기 내의 바이메탈의 가열 시간이 길어지고 그 결과 수신부의 바이메탈의 통전 시간도 늘어나므로 낮은 전원전압에 의한 오차도 생기지 않게 된다.

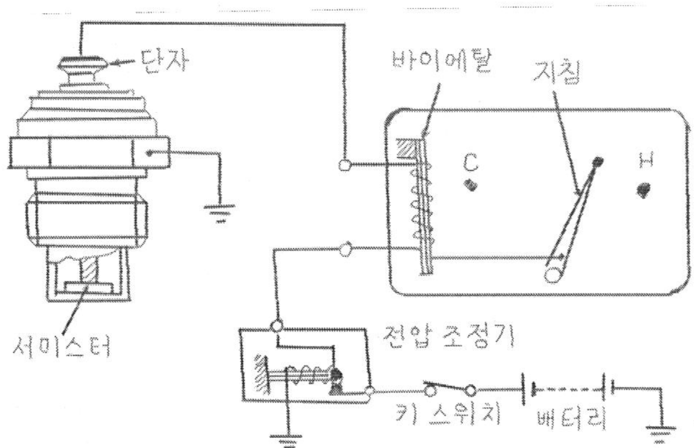

[그림 8.32] 바이메탈 저항식 수온계

[4] 경고등식 수온계

경고등식은 바이메탈을 이용한 것과 서모페라이트(thermo ferrite type) 온도센서를 이용한 것이 있다. 서모페라이트 센서는 어떤 온도에 도달하면 자력선을 통과시키지 못하는, 즉 투자율이 낮은 망간-아연계를 자석 사이에 넣고 리드스위치를 장착한 센서이다.

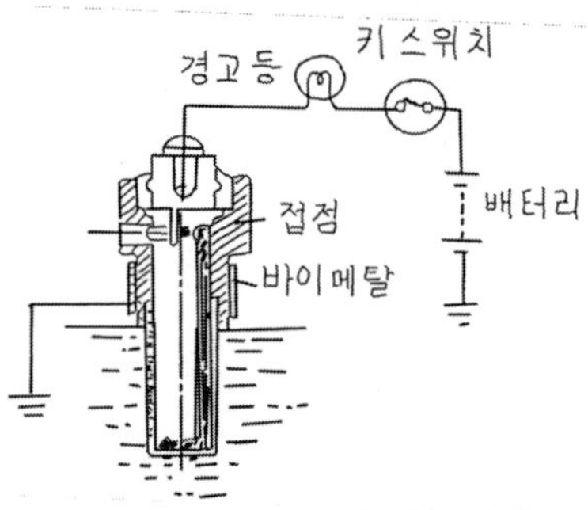

[그림 8.33] 바이메탈 경고등식

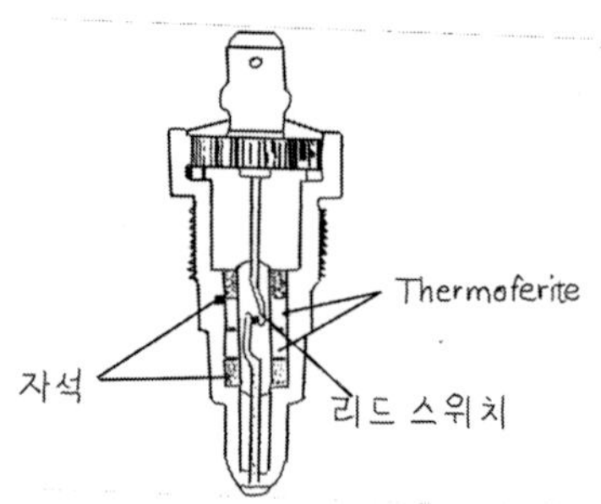

[그림 8.34] 서모페라이트 경고등식

바이메탈식은 냉각수 온도가 규정의 온도 이상이 되면 바이메탈이 작용하여 접점을 닫아 운전석의 경고등이 점등되어 이상이 있음을 알린다. 서모페라이트 2개 사이에 비자성체인 스페이스를 넣은 것으로 리드 스위치는 항상 열린 상태(OFF)로 되어 있으며 일정 온도 이상이 되면 서모페라이트는 상자성체가 되어 자속을 통과시켜 스위치를 닫아(ON) 경고등을 점등하여 이상이 있음을 확인한다.

8.12.4 유압계

유압계(oil pressure gauge)는 엔진오일 공급계통의 오일 압력을 운전석에서 알 수 있도록 된 장치로서 유압 경고등식, 바이메탈식, 밸런싱 코일식, 부어든 튜브식이 있다.

[1] 유압 경고등식

유압 경고등식(oil warning lamp type)은 엔진이 가동 중 엔진오일이 순환되지 않으면 계기판에 점등되는 것으로 오일 압력은 유닛에 의해 작동된다. 오일 압력 유닛은 오일 순환 통로(실린더 블록)에 설치되어 오일이 순환되면 소등되고 순환 압력이 낮으면 점등되어 운전자에게 경고한다.

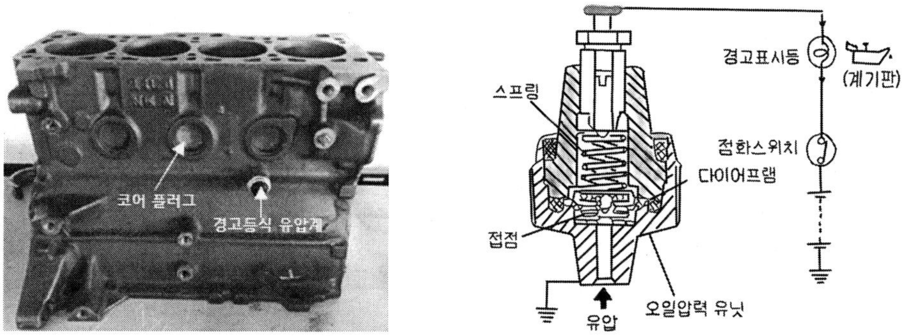

[그림 8.35] 유압 경고등식

[2] 바이메탈식

바이메탈식(bimetal type)이란 열팽창 계수가 크게 다른 두 개의 금속재료를 겹쳐서 맞붙인 것으로, 한 끝을 고정하고 가열하면 다른 끝은 구부러지는 성질을 이용한 것이다. 접합부를 열선으로 감고 오일 유닛의 유압에 의해 전류의 흐르는 양에 따라 유압을 계기에 표시하게 되어 있다.

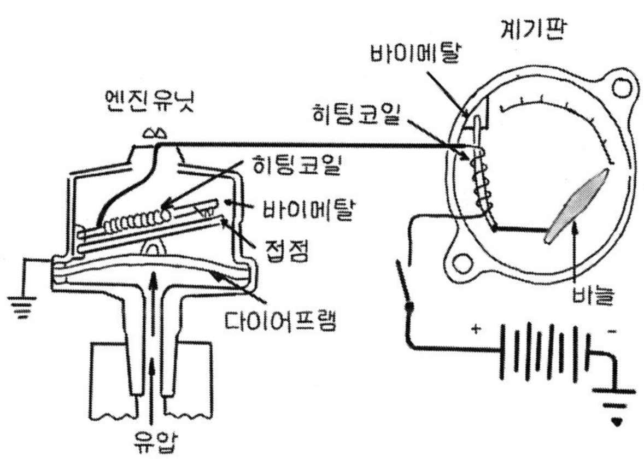

[그림 8.36] 바이메탈식 경고등

[3] 밸런싱 코일식(balancing coil type)

이 형식은 오일 유닛의 유압에 의해 막의 변형에 따라 계기에 흐르는 전류의 크기를 가변저항에 저항 증감으로 밸런싱 코일의 자석 변화로 계기판에 표시된다.

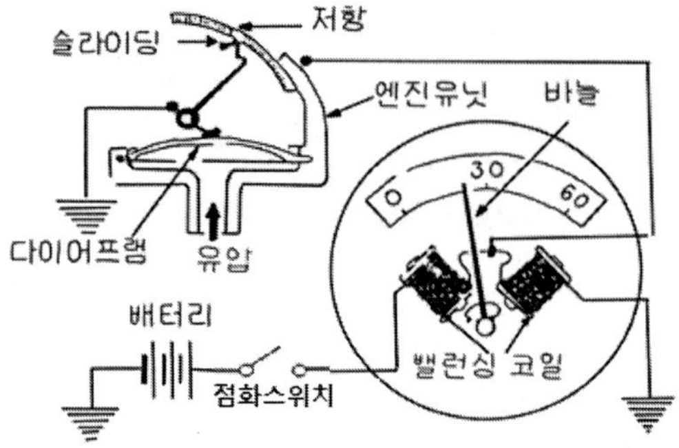

[그림 8.37] 밸런싱 코일식 유압 경고등

[4] 부어든 튜브식(bourdon tube type)

플렉시블(flexible)로 한 부어든 튜브와 오일 통로에 파이프를 연결하여 유압이 올라가면 튜브 내에 공기가 압축되어 팽창하며 튜브 끝에 설치되어 있는 섹터 기어(sector gear) 및 피니언에 의해 바늘을 움직여 나타낸다. 이 형식은 현재 거의 사용하지 않는다.

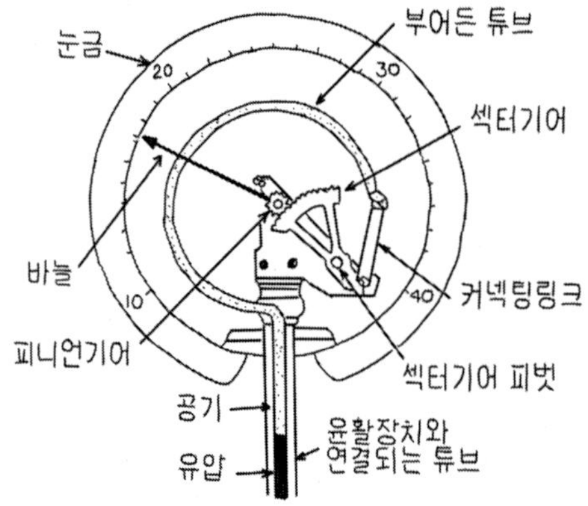

[그림 8.38] 부어든 튜브식 유압 경고등

8.12.5 속도계

속도계(speedometer)는 자동차의 속도를 1시간당 주행거리 [km/h]로 나타내는 속도 지시계와 모든 주행거리를 표시하는 적산계의 두 부분으로 되어 있다. 속도계는 변속기 출력축에 설치되어 있는 차속센서에 의해 지시된다. 현재 사용하고 있는 속도계는 대부분 자기식이며, 속도계 지시 오차 범위는 정(+) 25 [%], 부(-) 10 [%] 이내로 규정하고 있다.

[1] 자기식 속도계의 구조

자기식은 [그림 8.39]에 나타낸 것과 같이 회전축에 붙은 영구 자석, 지시 바늘이 붙은 로터, 회전력을 조절하는 헤어 스프링, 눈금판, 적산계 및 적산계를 구동하는 특수기어 등으로 구성되어 있다.

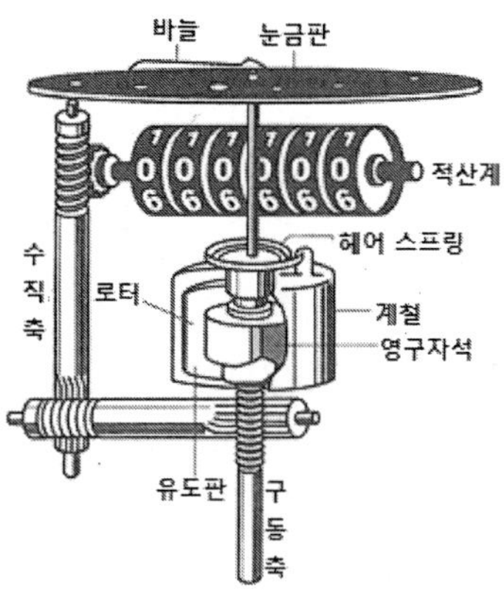

[그림 8.39] 자기식 속도계의 구조

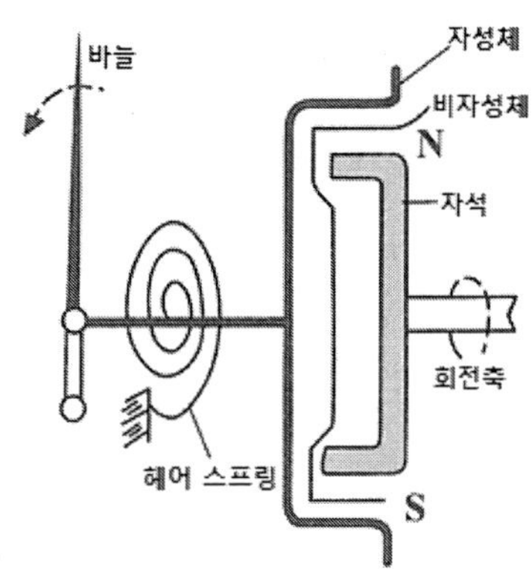

[그림 8.40] 작동 원리

[2] 자기식 속도계의 작동 원리

[그림 8.40]에서 보듯이 영구자석이 회전하면 로터에는 전자유도작용에 의해 맴돌이 전류와 영구자석의 자속과의 상호작용으로 로터에는 영구자석의 회전과 같은 방향으로 회전력이 발생한다. 따라서 로터는 헤어 스프링의 장력과 평형이 되는 점까지 회전하며 이 회전각도만큼 바늘이 움직여 속도를 표시한다.

로터에 발생하는 회전력의 크기는 자속의 세기와 그때의 회전 속도에 비례하므로 주행 속도가 증가되어 속도계 구동 케이블의 회전 속도가 증대되면 그만큼 로터의 회전 속도도 커지게 된다.

8.12.6 적산계

속도계의 회전축은 영구자석을 구동하는 일 외에 웜(worm)기구를 사이에 두고 주행거리를 기록하는 적산계(integrating meter)를 구동한다. [그림 8.41]에 나타난 것과 같이 적산 링은 특수 기어에 의하여 회전하며, 그 적산 링의 왼쪽 면 안쪽에는 1개소, 또 다음 자리의 적산 링의 오른쪽면의 안쪽에는 전 둘레에 걸쳐 이가 파져 있다.

적산 링과 적산 링 중간에는 카운터 기어(counter gear)가 있어, 카운터 홀더 판에 지지되어 적산 링의 이와 물려 있다. 이 적산 링의 회전 순서는 특수기어에 의하여 맨 아랫자리(1눈금이 0.1km)의 링이 회전하여 1회전하면 그 반대쪽에 있는 이에 의해 카운터 기어가 1눈금 돌려져 1자리의 적산 링이 1눈금, 즉 1 [km]를 주행한 것으로 표시한다. 그리고 10눈금(1회전)이 돌려지면 10자리의 링이 1눈금, 즉 10 [km]를 주행한 것으로 표시한다. 이와 같이 차례로 윗자리의 적산 링을 돌려서 주행거리를 적산할 수 있게 된다.

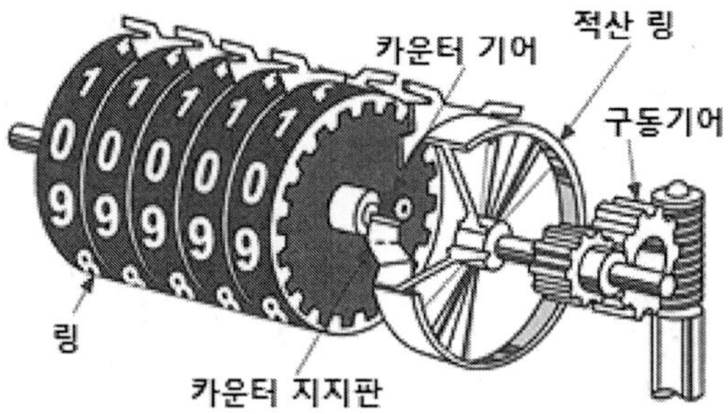

[그림 8.41] 적산계의 구조

8.12.7 엔진 회전계

엔진 회전계(tachometer)는 크랭크축의 회전 속도를 표시하는 계기이며 자석식, 발전식, 펄스식 등이 있다.

[1] 자석식 엔진 회전계

자석식 엔진 회전계의 구조는 자기식 속도계와 같은 구조로 되어 있으며, 구동 케이블이 엔진 크랭크축에 접속되어 엔진의 회전속도를 나타낸다. 구조가 간단하여 2륜 자동차에 주로 쓰인다.

[2] 발전기식 엔진 회전계

발전기식 엔진 회전계는 [그림 8.42]에 나타난 것 같이 계기부와 발전부로 구성되어 있으며 계기부는 가동 코일형 전압부와 다이오드를 이용한 정류회로가 있다.

발전부는 교류 발전기와 같은 구조로서, 영구자석인 로터가 엔진의 회전속도에 비례하는 전압이 스테이터 코일에 발생한다.

엔진이 회전하면 발전기 로터가 회전하여 스테이터 코일에 교류가 발생하고 이것을 4개의 다이오드로 전파 정류하여 가동 코일형의 지시부에 보내어 지시 바늘을 움직인다.

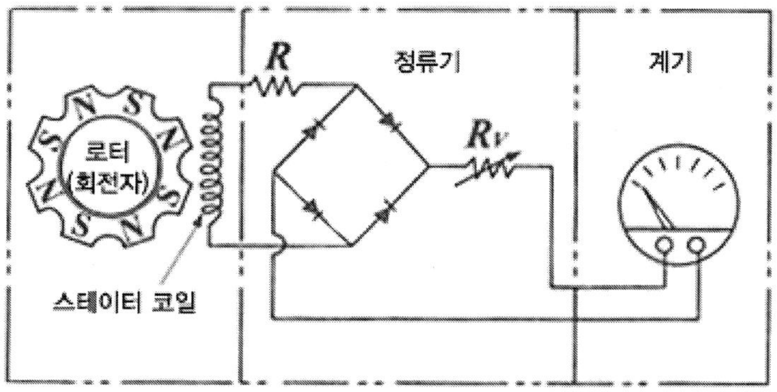

[그림 8.42] 발전기식 엔진 회전계

[3] 펄스식 엔진 회전계

펄스식 엔진(pulse type) 회전계는 [그림 8.43]에 나타낸 것과 같이 가동 코일형 전류계와 펄스식 회전속도 기판으로 구성되어 있다. 펄스식에서는 엔진의 회전속도를 배전기 신호에 의해 검출하고 있으므로 구동 케이블 등의 부속품을 필요로 하지 않는다.

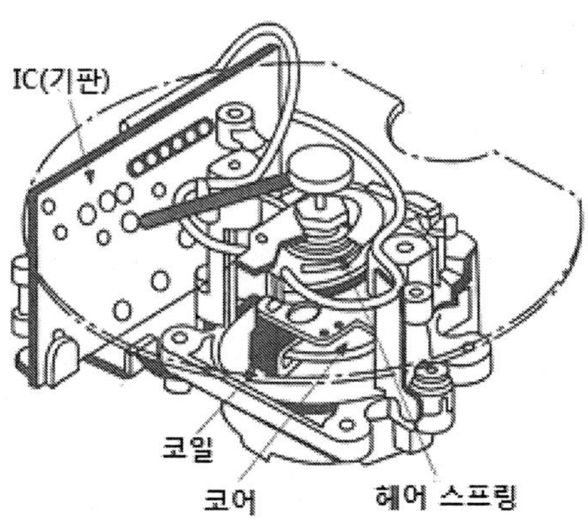

[그림 8.43] 펄스식 엔진 회전계

예제 8-40 연료탱크에 연료가 가득 차 있는데도 연료 잔량경고등이 점등될 수 있는 요인으로 맞는 것은? ( )

가. 경고등 접지선의 단선　　나. 서미스터(NTC) 결함
다. 퓨즈 단선　　라. 경고등 전원선의 단락

예제 8-41 다음 중 유압계의 형식으로 틀린 것은? ( )

가. 서모스탯 바이메탈　　나. 밸런싱 코일 형식
다. 바이메탈　　라. 부든 튜브식

예제 8-42 다음 중 계기판의 유압 경고등 회로에 대한 설명으로 틀린 것은? ( )

가. 시동 후 유압 스위치 접점은 ON 된다.
나. 점화스위치 ON 시 유압 경고등이 점등된다.
다. 시동 후 경고등이 점등되면 오일량 점검이 필요하다.
라. 압력 스위치는 유압에 따라 ON / OFF 된다.

예제 8-43 다음에 기재된 자동차의 계기들 중 전기식 계기에서 바이메탈을 사용하지 않고 영구자석, 전자석으로 조립된 계기는? ( )

가. 전류계　　나. 유압계　　다. 온도계　　라. 연료계

예제 8-44 엔진 기동 스위치가 ON 위치(엔진은 가동되지 않는 상태)에 있을 때 기능이 작동되어 상태를 표시하는 것은? ( )

가. 속도계　　나. 유압계　　다. 연료계　　라. 엔진 rpm

CHAPTER 09 보디전장 장치

9.1 종합경보장치

종합경보장치(total warning system)는 ETACS로 명칭이 시작되어 지금은 BCM(Body Control Module : 보디 전장제어 모듈)로 변경되면서 몇 가지의 기능이 추가되었다. 종합경보장치는 자동차 운전의 편리성과 안전운전을 도모하기 위하여 각종 경보와 조작 장치들을 하나의 컨트롤 유닛(컴퓨터)을 통하여 종합 제어하는 시스템을 말한다. [표 9.1]는 종합경보장치 구성의 예이다.

[표 9.1] 종합경보장치의 입출력 구성도

입력 ⇩		제어 ⇩		Actuator(출력) ⇩
발전기 'L' 단자 전압	⇨	컨 트 롤 유 닛	⇨	• 와이퍼 릴레이 INT 와이퍼 릴레이 와셔연동 와이퍼 제어 차속감응 와이퍼 제어
와이퍼 INT 스위치				
간헐와이퍼 볼륨 스위치				
와셔 스위치				• 열선 릴레이 뒷유리 열선 제어 사이드미러 열선 제어
열선 스위치				
시트벨트 스위치				
도어/후드/트렁크 스위치				• 시트벨트 경고등
				• 도난방지 릴레이 • 비상경고등 릴레이 • 룸 램프 시간제어
파워윈도 스위치				
도어록/언록 스위치				• 파워윈도우 릴레이 파워윈도우 타이머
조향휠 록 스위치				• 도어록/언록 릴레이 중앙집중잠금 제어 키 레스엔트리 제어
차속 센서				

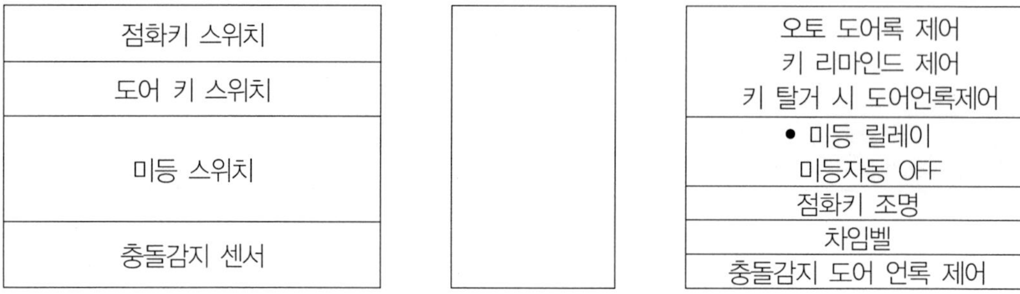

9.1.1 와셔연동 윈드 실드와이퍼 제어

[그림 9.1]의 타임차트에서 와셔연동 윈드 실드와이퍼 제어회로는 와셔 스위치를 작동시켰을 때 0.6초 후에 와이퍼 릴레이에 출력을 보내어 2회 작동시킨다. 또 와셔 스위치가 off되면 2.5 ~ 3.8초 동안 윈드 실드와이퍼를 작동시킨다.

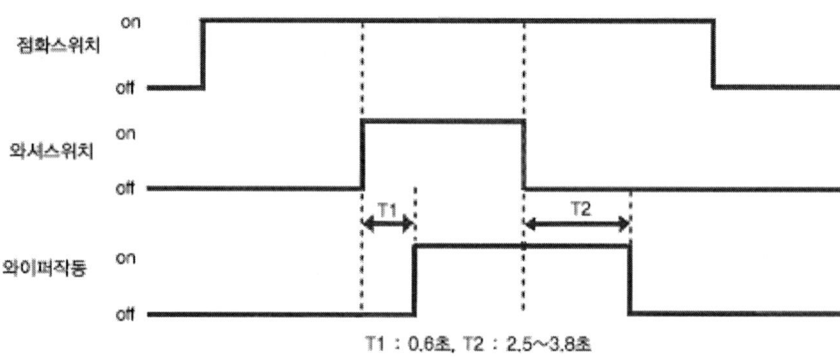

[그림 9.1] 와셔연동 와이퍼 제어 타임차트

[그림 9.2]에서 와셔스위치가 on되면 ETACS의 CPU는 일정한 기간 동안만 TR을 on하여 릴레이를 구동함으로써 와이퍼 모터를 작동하게 한다.

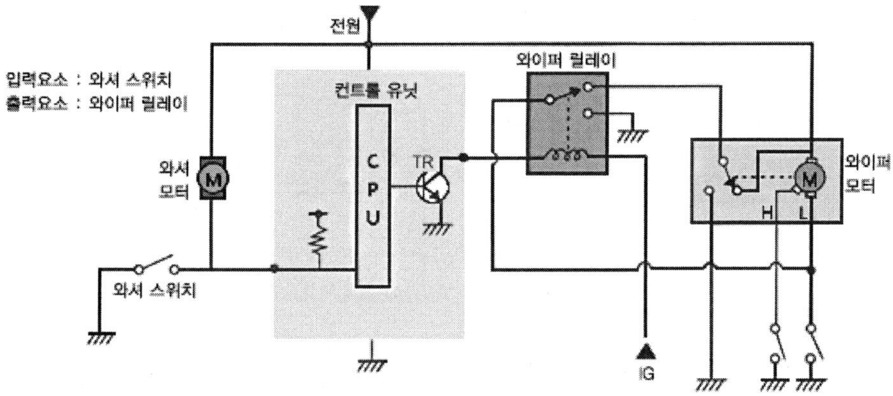

[그림 9.2] 와셔연동 와이퍼 제어 회로도

9.1.2 간헐와이퍼 제어

[그림 9.3] 타임차트에서 ① 점화스위치 on 시 INT 스위치를 작동시키면 T1 후에 와이퍼 릴레이를 on한다. ② 간헐와이퍼 작동 중 와이퍼가 재동작하는 주기는 INT 볼륨(volume) 설정에 따라 T3시간만큼 차이가 발생한다.

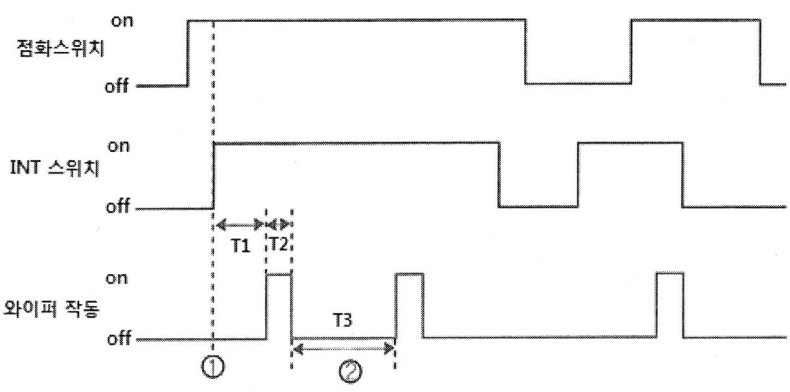

[그림 9.3] 간헐와이퍼 제어 타임차트

[그림 9.4]에서 INT 스위치가 on되면 CPU는 볼륨 스위치의 위치(운전자 의지)에 상응하는 시간마다 TR을 on/off함으로써 와이퍼 릴레이는 일정 시간마다 작동된다.

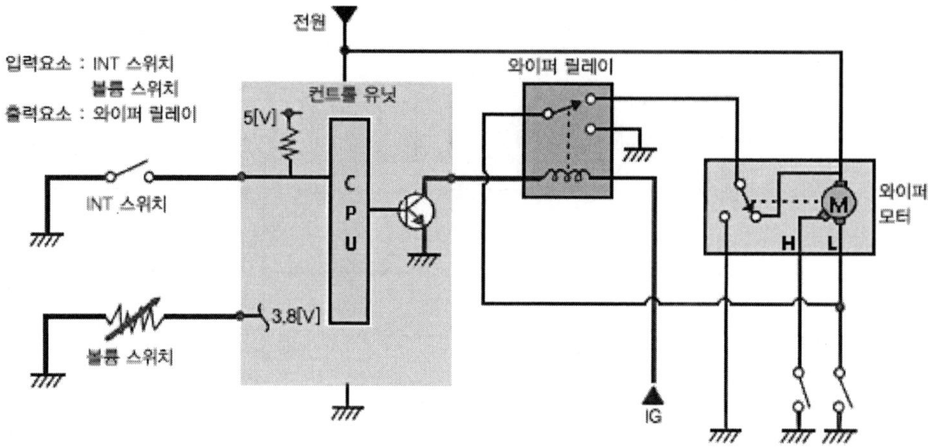

[그림 9.4] 간헐와이퍼 제어 작동회로도

9.1.3 안전벨트 경고등 타이머 제어

[그림 9.5]의 타임차트에서 시트벨트 경고제어(seat belt warning control)는 점화스위치를 on으로 하면 CPU는 안전벨트 착용 여부와 관계없이 경고 램프를 0.6초 주기로 6초간 점멸하는 제어를 수행한다. 차임벨은 0.9초 주기로 듀티율 50 [%]로 6초 동안 경고등을 작동한다.

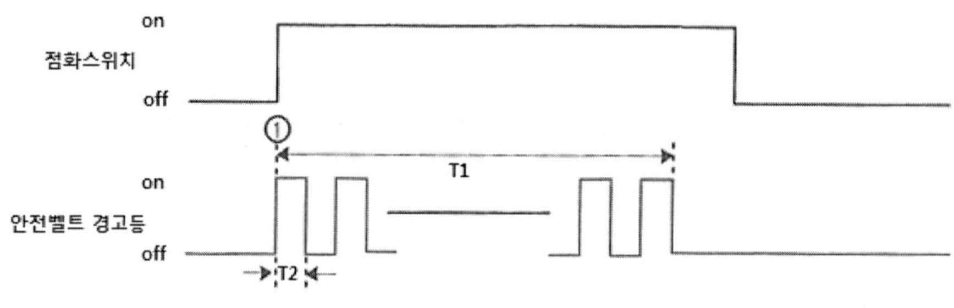

[그림 9.5] 안전벨트 경고등 타이머 제어 타임차트

[그림 9.6]에서 점화스위치가 on되면 컨트롤 유닛은 안전벨트 착용 여부와 관계없이 TR을 on/off하여 경고등을 제어한다. 차임벨 제어차량에서는 제어 중 안전벨트 착용 시 차임벨 경보를 중지한다.

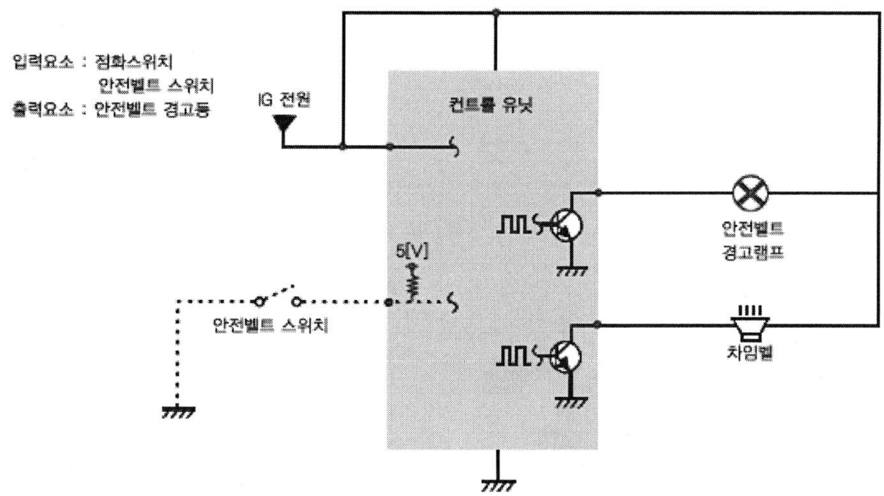

[그림 9.6] 안전벨트 경고등 타이머 제어 작동 회로도

9.1.4 파워윈도우 타이머 제어

컨트롤 유닛은 점화스위치 on시 파워윈도우 릴레이를 구동하여 전원을 공급하는 제어와 점화스위치 off시 일정시간 동안 윈도우가 작동될 수 있도록 릴레이 출력을 유지하는 타이머 제어를 수행한다.

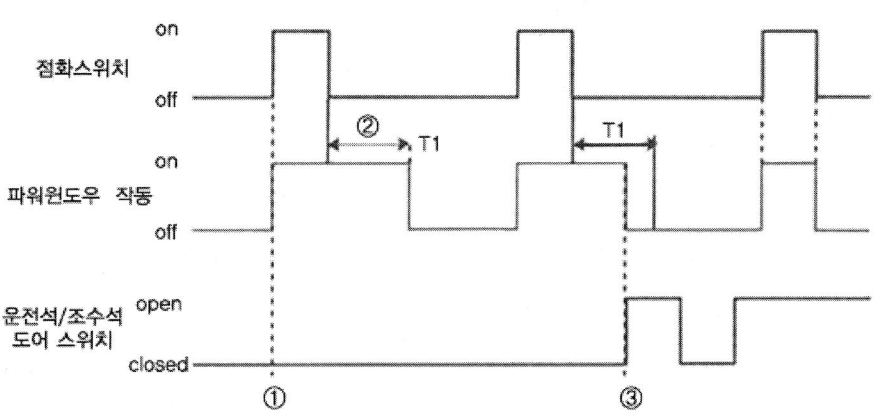

[그림 9.7] 파워윈도우 타이머 제어 타임차트

[그림 9.7]의 타임차트에서 ① 점화스위치를 on으로 하면 파워윈도우 릴레이를 즉시 on시켜 파워윈도우 계통에 전원을 공급한다. ② 점화스위치를 off하면 파워윈도우 릴레이 출력을 30초 동안 유지하여 점화스위치를 빼낸 후에도 파워윈도우를 작동시킬 수 있다. ③ 작동 중 운전석 또는 조수석 도어가 열리면 출력은 즉시 off되나 차종에 따라 30초간 무조건 작동되는 차량과 30초 연장되는 차량도 있다.

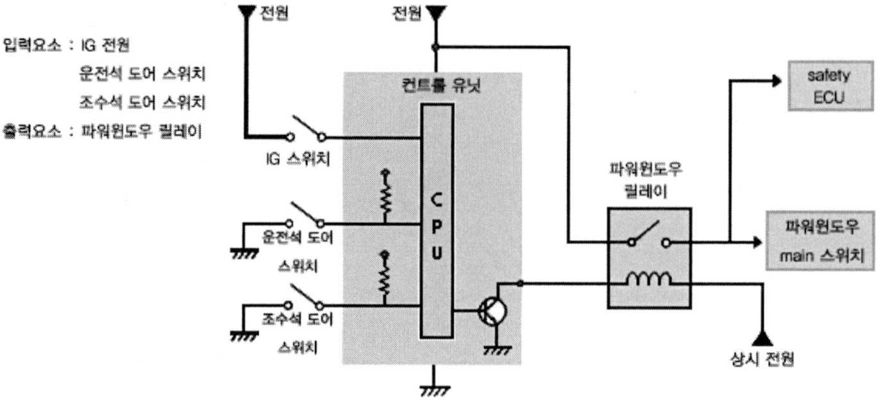

[그림 9.8] 파워윈도우 타이머 제어 작동회로도

9.1.5 감광식 룸램프 제어

감광식 룸램프 제어는 도어를 열고 닫을 때 실내등이 즉시 소등되지 않고 서서히 소등될 수 있도록 함으로써 시동 및 출발 준비를 할 수 있도록 편의를 제공하는 기능이다.

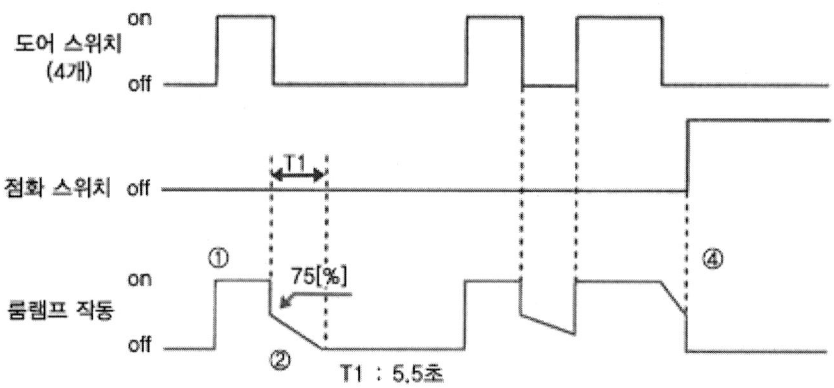

[그림 9.9] 감광식 룸램프 제어 타임차트

[그림 9.9]의 타임차트에서 ① 도어 열림 시 룸램프는 점등한다. ② 도어 닫힘 시 즉시 75[%] 감광 후 서서히 감광하여 5~6초 후에 완전히 소등한다. 도어 스위치 on시간이 0.1초 이하인 경우에는 감광 동작을 하지 않는다. ④ 감광 동작 중 점화스위치 on시 즉시 감광 동작은 정지된다.2)

2) [주] 감광식 룸램프는 룸램프 스위치가 'door' 위치로 설정한 상태에서만 작동한다.

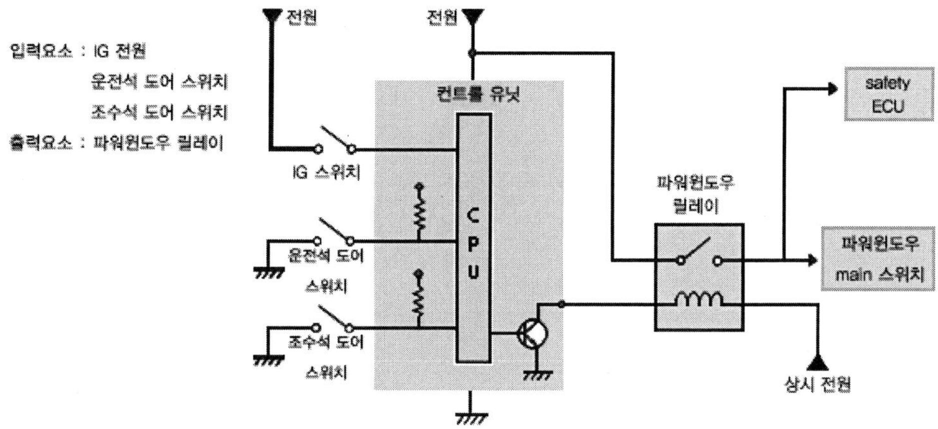

[그림 9.10] 감광식 룸램프 제어 회로도

9.1.6 점화스위치 키 홀 조명

① 점화스위치를 off한 상태에서 운전석 도어를 열면 키 홀에 조명등이 점등된다.

② 점화스위치 키 홀 조명이 작동된 상태에서 운전석 도어를 닫으면 10초간 키 홀 조명 후 소등된다.

③ 위 ①, ② 작동 중 점화스위치를 on하면 즉시 키 홀 조명을 off시킨다.

9.1.7 키 리마인드(reminder) 제어

① 점화스위치를 키 홀에 삽입한 상태에서 운전석 도어를 열고 lock할 경우 5초 동안 unlock 출력시켜 도어 lock이 불가능하게 하여 점화스위치가 꽂힌 상태에서 도어 lock을 작동시키는 것을 방지한다.

② 작동 해제는 점화스위치를 빼거나 운전석 도어를 닫으면 출력은 정지한다.

9.1.8 미등 자동소등 제어

운전자가 미등을 점등시킨 상태에서 점화스위치를 off한 후 운전석 도어가 열리면 미등을 자동으로 소등시켜 축전지가 방전되는 것을 방지하는 기능이다.

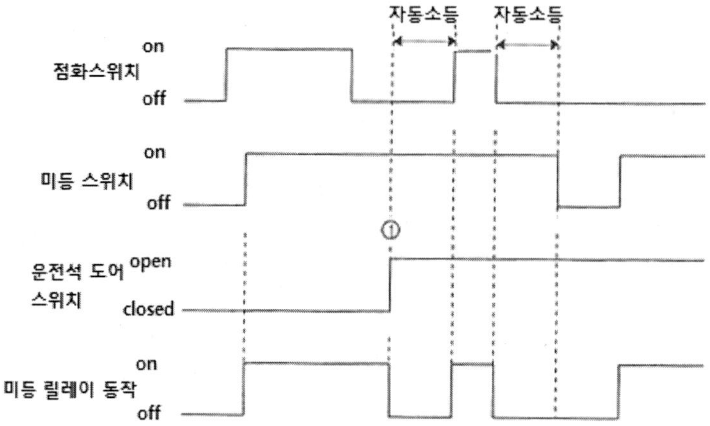

[그림 9.11] 미등 자동소등 제어 타임차트

[그림 9.11]에서 ① 조향휠 lock 스위치 on후 미등 스위치를 on한 경우, 조향휠 lock 스위치를 off하고 운전석 도어를 열었을 경우에 미등은 자동으로 소등된다. 차종에 따라 조향휠 lock 스위치 대신에 점화스위치 on/off 신호에 의해 제어하기도 한다. ② 조향휠 lock 스위치가 on된 상태에서 운전석 도어를 연 후에 조향휠 lock 스위치를 off한 경우에도 미등을 자동으로 소등하고 미등 스위치를 off한 후 on한 경우 미등은 점등된다.

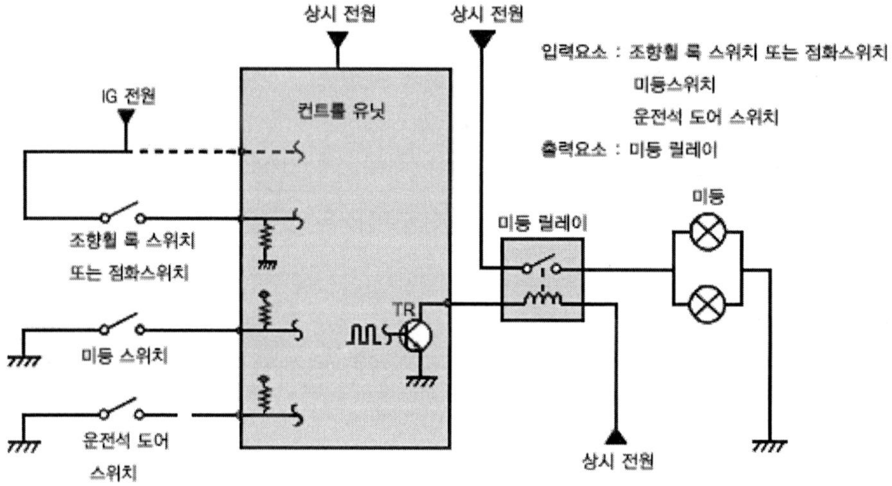

[그림 9.12] 미등 자동소등 제어 작동 회로도

9.1.9 자동 도어록 제어

자동 도어록 제어는 차속이 40 [km/h] 이상이 되면 자동으로 모든 도어가 lock(잠김)으로써 주행 중 도어 열림에 의해 발생할 수 있는 안전사고를 미연에 방지하는 데 목적이 있다.

[그림 9.13]에서

① 점화스위치 on에서 주행속도 40 [km/h] 이상의 상태를 2 ~ 3초 이상 계속 유지하고 모든 도어 중 하나라도 unlock(해제) 상태일 경우 모든 도어를 lock시킨다.

② 40 [km/h] 이상으로 주행 중 unlock을 조작하여도 2 ~ 3초 후 다시 도어를 lock시킨다.

③ 만약 계속해서 unlock이 감지되면 0.5초 on/off 주기로 3회 동안 도어록 릴레이를 on하며 3회 작동 중 lock 신호가 감지되면 즉시 출력을 멈춘다.

④ 3회 작동 후에도 lock 신호가 감지되지 않으면 아무런 변화가 없다가 차속이 0 [km/h]에서 40 [km/h]가 되면 lock 신호를 3회 더 출력한다.

⑤ 3회 추가 작동 후 처음 문제가 발생된 도어 외의 다른 도어의 unlock 감지 시에는 다시 3회 추가 출력한다.

⑥ 본 기능은 점화키 리마인드 기능보다 우선하고 충돌감지센서 신호 입력 시에는 수행하지 않는다.

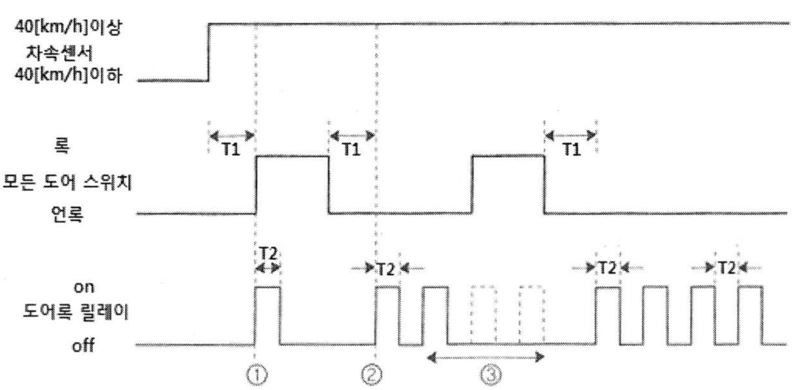

[그림 9.13] 자동 도어록 제어 타임차트

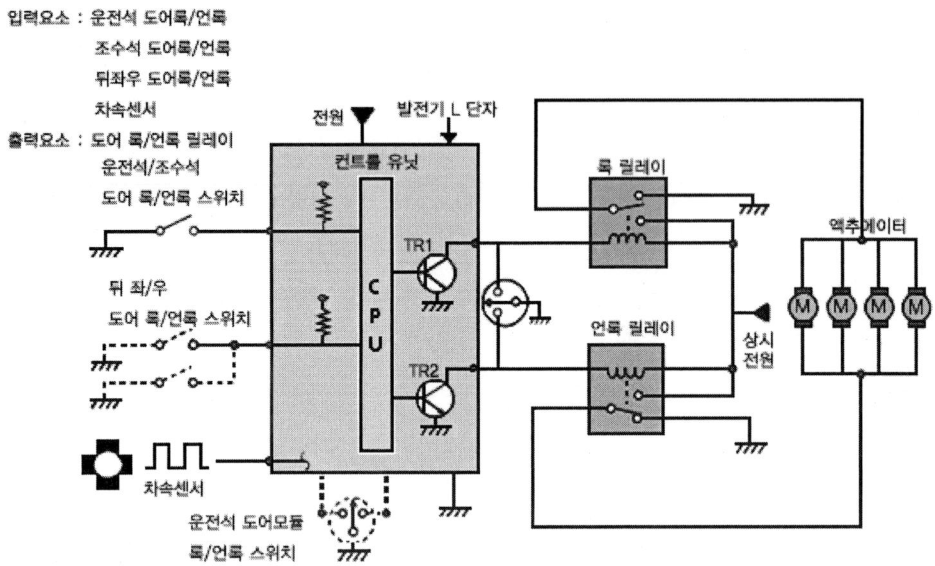

[그림 9.14] 자동 도어록 제어 회로도

9.1.10 충돌감지 언록 제어

이 시스템은 자동차가 주행 중 충돌 사고 발생 시 차체의 충격을 감지하여 자동으로 모든 도어를 언록(unlock)함으로써 운전자 및 승객의 탈출을 용이하도록 제어하는 기능이다.

[그림 9.15]에서

① 자동차가 주행 중 충돌하였을 때 에어백 ECU로부터 에어백 전개신호를 입력 받아 즉시 모든 도어를 언록 출력을 실행한다.

② 충돌감지 언록 기능은 모든 도어록 조건에 우선 처리한다.

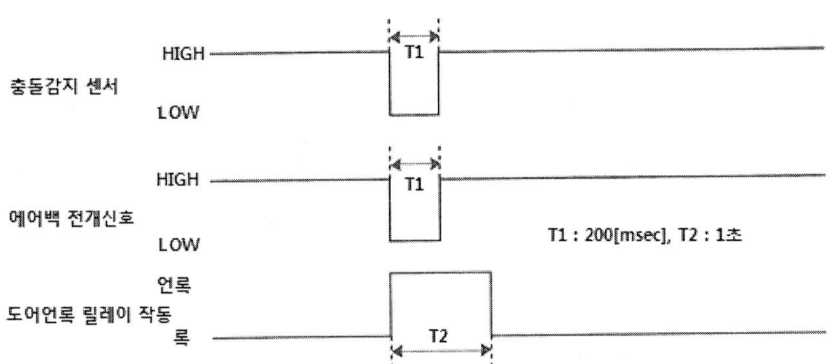

[그림 9.15] 충돌감지 언록 제어 타임차트

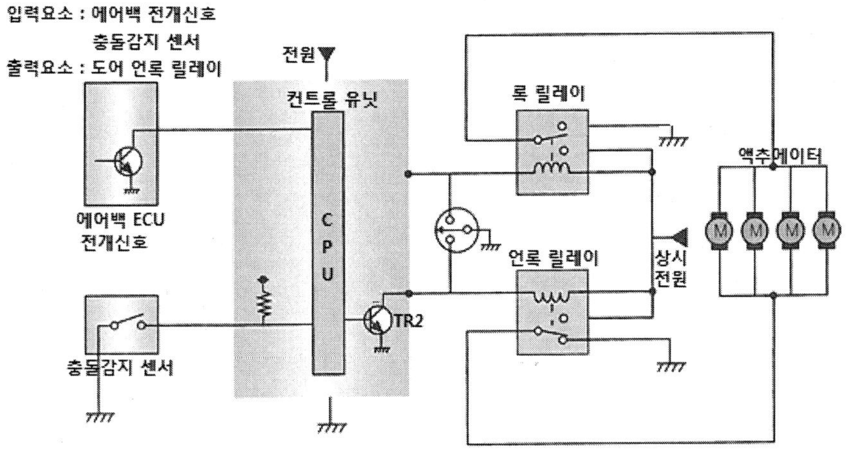

[그림 9.16] 충돌감지 언록 제어 작동 회로도

9.1.11 키레스 엔트리 기능

키레스 엔트리(keyless entry) 잠금제어는 점화스위치를 사용하지 않고 리모컨에 의한 도어 록/언록시키는 기능이다.

[1] 구성요소

(1) remote control(리모컨)

리모컨은 록/언록 스위치 정보를 무선으로 수신기로 송출한다.

① 도어 잠금 및 도난경계모드 설정

리모컨 조작	lock 버튼을 0.5초 누름
리모컨 상태	버튼 조작 시 LED(표시부)가 점멸
차량상태	도어 잠김
	비상등 1회 정도 작동
	도어 잠김 및 도난경계모드로 진입

② 도어 열림 및 도난경계모드 해제

리모컨 조작	unlock 버튼을 0.5초 누름
리모컨 상태	버튼 조작 시 LED(표시부)가 점멸
차량 상태	도어 잠김 해제
	비상등 2회 정도 점멸
	도어 잠김 해제 및 도난경계모드 해제

③ 도난경보 모드

조작	차량의 도어, 후드, 트렁크가 강제적으로 열린 경우
차량 상태	비상등이 연속적으로 점멸 및 사이렌 연속작동
	시동이 걸리지 않도록 시동회로 차단
경보모드 해제	리모컨의 lock 또는 unlock 버튼 누름

④ PANIC 기능

panic 기능은 차량의 위치 확인 또는 차량 주변의 위험 상황 존재 시 작동시킴으로써 위험(도난, 강도 등)으로부터 벗어날 수 있도록 하는 기능이다.

리모컨 조작	panic 버튼을 0.5초 이상 누름
차량 상태	사이렌이 연속적으로 30초간 울림
패닉모드 해제	panic 버튼 다시 누름

(2) receiver(수신기)

리모컨으로부터 입력받은 신호가 사전에 등록된 코드와 일치하는지 비교한다. 일치하면 잠금(lock) 시 50 [ms] 동안 트랜지스터를 ON(0 [V])하고, 잠금 해제(unlock) 시 100 [ms] 동안 ON(0 [V])한다.

(3) control unit(제어기)

수신기 TR의 ON/OFF에 따른 전압 및 시간의 변화 및 각종 입력정보를 종합적으로 판단하여 도어 lock 또는 unlock을 실행한다.

(4) actuator(출력)

도난 경계 상태로 진입, 경보, 해제 시 작동되는 요소들이다. 즉 lock, unlock, 비상등 점멸, 사이렌 연속작용을 행한다.

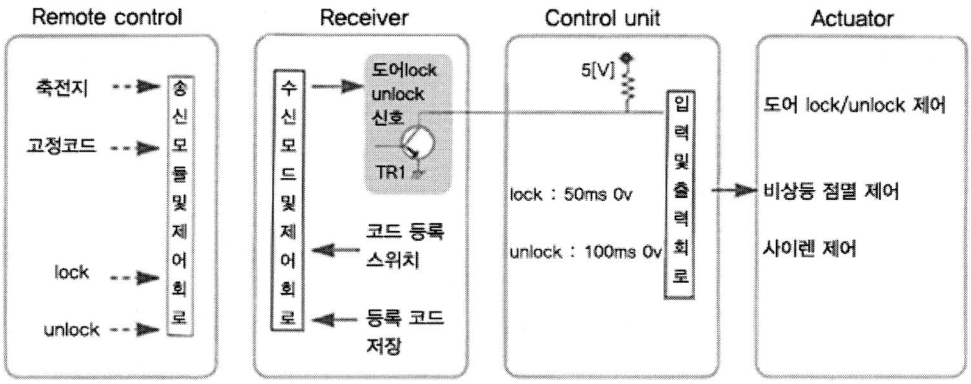

[그림 9.17] 키레스 엔트리 시스템 작동도

[2] 작동 회로도

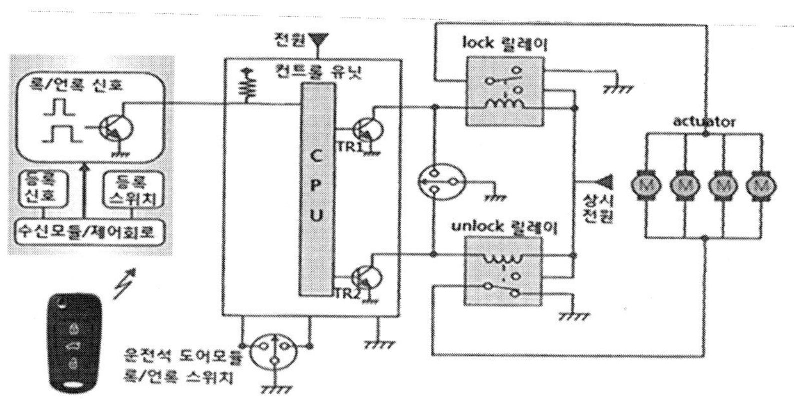

[그림 9.18] 키레스 엔트리 작동 회로도

예제 9-1 다음 중 자동차의 바디전장 종합경보장치(일명 : ETACS) 장착차량에서 제외되는 항목이 <u>아닌</u> 것은? ( )

가. 실내등 제어　　　나. 간헐와이퍼 제어
다. 차고 제어　　　라. 씨트벨트 경보제어

예제 9-2 다음 중 종합경보장치의 제어에 필요한 입력요소가 <u>아닌</u> 것은? ( )

가. 열선스위치　　　나. 도어 스위치
다. 시트벨트 경고등　　　라. 차속센서

예제 9-3 다음 중 미등 자동소등 제어의 입력요소로 틀린 것은? (　)

가. 점화 스위치　　나. 미등 스위치
다. 미등 릴레이　　라. 운전석 도어 스위치

예제 9-4 다음 중 미등 자동소등 기능에 대한 설명으로 틀린 것은? (　)

가. 키 오프 시 미등을 자동으로 소등하기 위해서이다.
나. 키 오프 후 미등 점등을 원할 시에는 스위치를 off 후 on하면 미등은 재점등된다.
다. 키 오프 시에도 미등 작동을 쉽게 빠르게 점등하기 위해서이다.
라. 키 오프 상태에서 미등 점등으로 인한 배터리 방전을 방지하기 위해서이다.

예제 9-5 다음 중 감광식 룸 램프 제어에 대한 설명으로 틀린 것은? (　)

가. 도어를 연 후 닫을 때 실내등이 즉시 소등되지 않고 서서히 소등될 수 있도록 한다.
나. 시동 및 출발 준비를 할 수 있도록 편의를 제공하는 기능이다.
다. 모든 신호는 엔진 컴퓨터로 입력된다.
라. 입력요소는 모든 도어 스위치이다.

예제 9-6 다음 중 도어 록 제어에 대한 설명으로 옳은 것은? (　)

가. 차속 40 [km/h] 이상의 속도에서 운전석 도어가 록인 경우는 록 제어를 하지 않는다.
나. 점화스위치를 OFF로 하면 모든 도어 중 하나라도 록 상태일 경우 전 도어를 록 시킨다.
다. 도어 록 상태에서 주행 중 충돌 시 에어백 ECU로부터 에어백 전개 신호를 입력받아 모든 도어를 해제시킨다.
라. 도어 언록 상태에서 주행 중 차량 충돌 시 충돌 센서로부터 충돌 정보를 입력받아 승객의 안전을 위해 모든 도어에 잠김 출력을 행한다.

예제 9-7 다음 중 차량의 도어 록 제어에 대한 설명으로 맞는 것은? (　)

가. 차량이 일정속도(예 : 40km/h) 이상으로 일정시간 운행을 지속할 경우 자동으로 도어를 록 시킨다.
나. 고속주행 중 록 스위치를 조작하면 모든 도어는 자동으로 언록 된다.
다. 모든 도어가 언록일 경우에만 도어를 록 시킨다.
라. 도어가 열린 상태로 주행 중 충돌이 발생할 경우 자동으로 록 시킨다.

예제 9-8 다음 중 레인센서가 장착된 자동 와이퍼 시스템(RSWCS)에서 센서와 유닛의 작동 특성에 대한 내용으로 틀린 것은? ( )

가. 레인센서 및 유닛은 다기능스위치의 통제를 받지 않고 종합제어 장치회로와 별도로 작동한다.
나. 레인센서는 LED로부터 적외선이 방출되면 빗물에 의해 반사되는 포토다이오드로 비의 양을 감지한다.
다. 레인센서의 기능은 와이퍼 속도와 구동지연시간을 조절하고 운전자가 설정한 빗물측정량에 따라 작동한다.
라. 비의 양이 부족하여 자동모드로 와이퍼를 동작시킬 수 없으면 레인센서는 오토 딜레이 모드에서 길게 머문다.

9.2 통합 운전석 기억장치

통합 운전석 기억장치(IMS, Integrated Memory System)는 운전자가 두 사람 이상인 경우 각각의 운전자에게 맞는 최적의 시트 위치 및 아웃사이드 미러(outside mirror) 위치, 조향 휠 각도(틸트 up/down 위치), 룸 미러 위치 등을 간단한 버튼 조작만으로도 기억된 위치로 자동으로 재생시키는 편의장치이다. 또한 차량 후진 시 차량 뒤편의 낮은 장애물을 확인하기 위해 후진기어 선택 시 아웃사이드 미러의 각도가 자동 5° 하향된다(단, 아웃사이드 미러 'L' 또는 'R' 위치에서만 작동되고, 아웃사이드 수동 스위치 중립에 위치하면 아무런 변화 없다).

재생동작이란 운전자 자신이 설정한 운전석 시트 및 미러, 틸트 UP/DOWN 위치가 변해도 IMS 컨트롤 스위치 및 키레스로 운전자가 설정한 위치로 복귀되는 것이다.

9.2.1 메모리 기억 허가 조건

① 점화스위치 ON일 때
② 차속이 3 [km/h] 이하일 때
③ 변속레버의 위치가 'P' 위치일 때

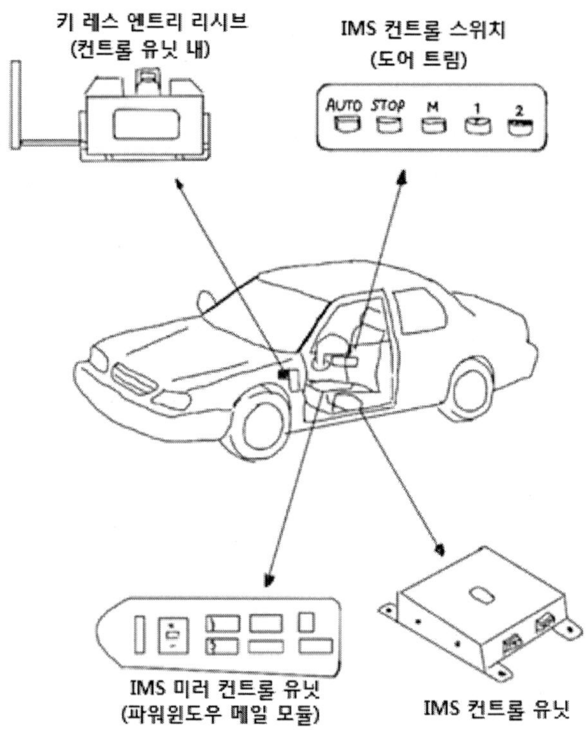

[그림 9.19] IMS 구성요소

9.2.2 IMS 재생금지 조건

① 점화스위치 OFF에 있을 때
② AUTO 스위치가 OFF되어 있을 때
③ 변속레버가 'P' 이외의 위치에 있을 때
④ 파킹 브레이크가 해제(OFF)된 상태일 때
⑤ 재생 동작 중 스톱 스위치 ON인 경우일 때
⑥ 차속이 일정 속도(3 [km/h] 이상)일 때
⑦ 수동 스위치의 조작이 있을 때

9.3 전 · 후방 경보 시스템

전 · 후방(코너) 경보장치란 주차 시 혹은 저속 주행 시, 차량의 코너 및 전 · 후방 시야 사각지대의 장애물 존재 시 해당 위치의 초음파 센서(앞뒤 각각 4개)가 초음파 [40kHz]를 발사하여 장애물에 부딪혀 되돌아오는 초음파를 수신한 후 컨트롤 유닛에서 차량과 장애물과의 수평거리와 수직거리 및 시간을 계산하여 부저의 경보음을 장애물과의 거리에 따라 1차, 2차, 3차 경보를 울리거나 해당 AV 모니터에 세그먼트(segment : 활 모양의 토막 수준)를 통하여 운전자에게 알려주는 운전 보조 장치이다. 초음파 전송속도(V) = 331.5+(0.6×대기온도)로 계산된다.

[그림 9.20] 전·후방 경보장치 입출력 관계

[그림 9.20]에서 IG 스위치 ON 상태, 전후방 경보스위치 ON 상태에서 차속이 전방 10 [km/h] 이하(변속레버 'P' 이외의 위치, 주차브레이크 OFF 상태), 후방 15 [km/h] 이하일 때(변속레버 'R' 위치) 전 · 후방 초음파 센서에 물체가 감지되면 컨트롤 유닛은 센서 신호를 분석, 장애물의 거리를 판단하여 그 거리에 따라 1차, 2차, 3차로 순차적으로 내부 CPU가 출력단에 연결된 부저 TR을 구동하여 부저를 출력하고 연결된 AV측 LIN통신 라인을 통하여 인디케이터(AV 모니터)를 출력한다.

9.4 도난방지 시스템

최근의 자동차에는 각종 도난을 방지하기 위한 시스템이 대부분 적용되는 추세이며 또한 강화되고 있다. 자동차 도난방지 장치는 도난상황 발생 시 단순한 경보수준의 시스템에서부터 이모빌라이저(immobilizer) 시스템까지 다양하게 적용되고 있다. 여기서는 일반적 도난경보와 이모빌라이저 장치에 대해 개략적으로 설명한다.

9.4.1 도난경보 장치

[그림 9.21]에서 보면 도난경보 장치는 대부분 종합경보 장치의 일부 기능으로 적용되며 차량의 도난상황 발생 시 사이렌을 통해 경보한다. 또한 시동회로를 차단하여 시동이 걸리지 않도록 함으로써 도난을 방지한다.

도난경보 장치는 차량에 등록된 리모컨에 의해 작동된다. 도난 경계모드 진입은 다음과 같다.

① 각 도어 스위치가 모두 닫혀있을 것
② 각 도어 lock 스위치가 lock되어 있을 것
③ 후드 스위치가 닫혀있을 것

④ 트렁크 스위치가 닫혀있을 것

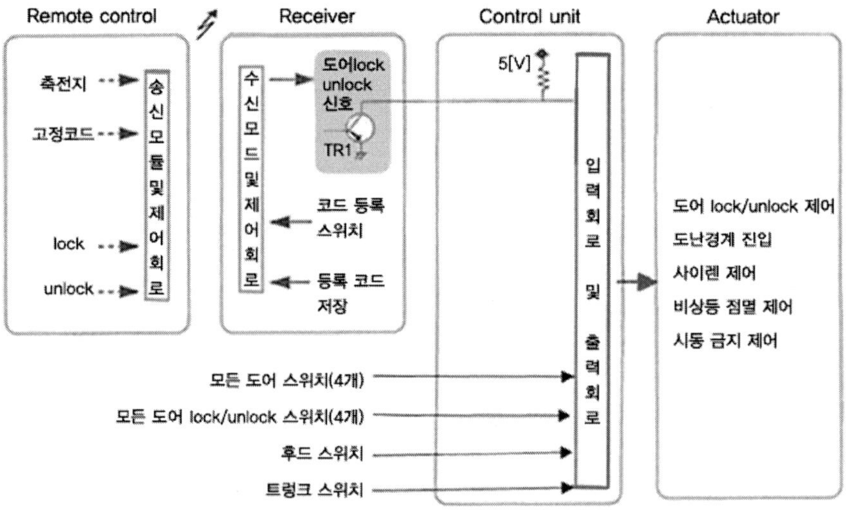

[그림 9.21] 도난경보 장치의 개략도

경계모드 해제는 도난 경계모드 상태에서 리모컨에 의한 도어 unlock 신호가 입력되면 경계상태를 해제한다. 또 경보모드 해제는 경보 중 리모컨으로 도어를 unlock하면 unlock 출력을 0.5초 ON하고 비상등 점멸 및 사이렌 구동을 정지하고 도난방지 릴레이를 OFF하여 경계 해제 상태로 된다.

9.4.2 이모빌라이저 장치

이모빌라이저 장치(immobilizer system)는 무선통신 방식으로 키의 기계적인 일치뿐만 아니라 무선으로 통신하는 암호코드가 키와 차량이 일치하는 경우에만 시동이 걸리도록 한 도난방지장치이다. 트랜스폰더, 코일 안테나, 스마트라, ECU로 구성되어 있다. 또한 시스템 장애 시 암호를 이용하여 시동을 걸 수 있도록 한 림프-홈 제어도 실행한다.

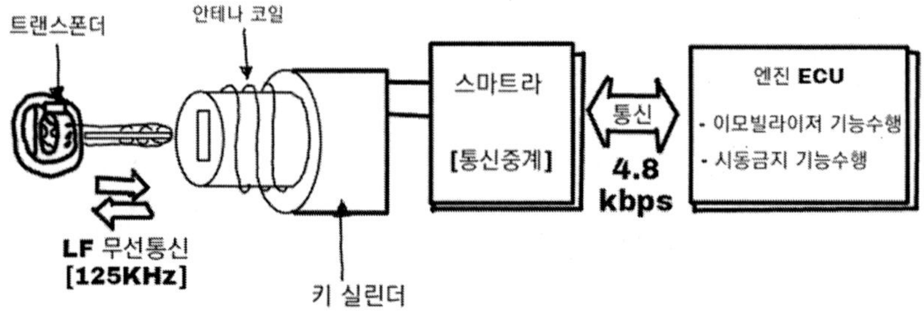

[그림 9.22] 이모빌라이저 시스템

(1) 트랜스폰더의 기능

트랜스폰더(transponder)는 IG key의 손잡이 부분에 있는 반도체 부품으로서, 안테나 코일에 흐르는 전류에 의해 무선으로 에너지를 공급 받아 작동하므로 건전지를 사용하지 않아서 반영구적으로 사용가능하다. 키 정보 및 인증 데이터를 코일 안테나 → 스마트라를 경유하여 엔진 ECU로 전송한다. 트랜스폰더 등록에는 PIN CODE를 반드시 요구한다. PIN 코드란 차대번호 끝자리로 생성된 6자리 숫자의 암호로 암호화된 프로그램 장비에 의해 자동 생성되는 코드로서 키 등록 시와 ECU 초기화 시 꼭 필요하다.

트랜스폰더 등록 순서는 다음과 같다. 마스터1 IG ON 후(진단장비를 연결하고 해당 차종의 이모빌라이저 시스템을 선택) → PIN CODE 8자리 입력 후 3초 유지, 탈거 → 마스터2 IG ON 후 3초 유지, 탈거 → 마스터3 IG ON 후 3초 유지, 탈거 → 마스터4 IG ON 후 3초 유지, 탈거 → 등록 완료.

그리고 키 등록을 선택하면 PIN 코드를 입력하라는 메시지가 출력되는데 이후부터는 진단장비(스캐너)가 지시하는 대로 수행하면 된다. 키는 4개까지 입력 가능하다.

(2) 코일 안테나의 기능

코일 안테나(coil antenna)는 IG ON 시 스마트라로부터 전원을 공급받아 트랜스폰더에 에너지를 공급하는, 즉 트랜스폰더를 충전하는 역할을 한다. 그리고 스마트라와 트랜스폰더 간의 정보전달을 하는 단순한 신호전달매체로서의 역할을 한다.

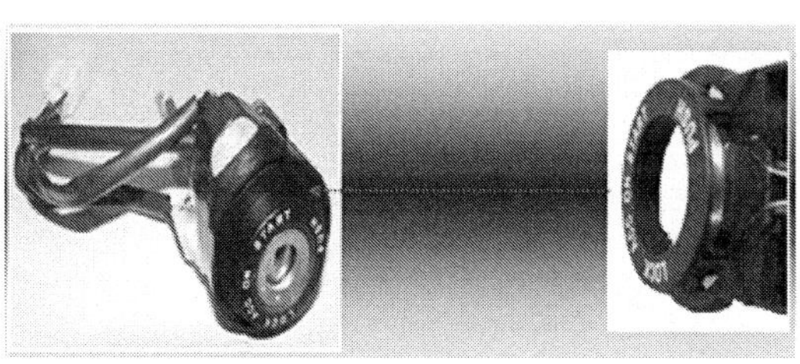

[그림 9.22] 코일 안테나 장착위치

[그림 9.23] 스마트라 외형

(3) 스마트라의 기능

스마트라(smatra)는 트랜스폰더로부터 수신된 키 정보 요구 신호 데이터를 엔진 ECU에 전송하고, IG ON 신호 입력 시 코일 안테나에 전기 에너지를 공급한다. 일종의 통신 중계기 역할을 하며, 어떠한 정보도 저장되지 않는다.

(4) 엔진 ECU의 기능

엔진 ECU는 IG ON 시 트랜스폰더에 키 정보 및 인증 데이터를 전송하고, 암호화된 데이터를 해독하여 시동 가능 또는 불가를 판정하여 시동 불가 판정 시 점화 및 연료를 차단시킨다.

예제 9-9 **다음 중 통합 운전석 기억장치(IMS)의 기능이 아닌 것은? (   )**

가. 뒤 유리 열선 자동 제어기능　　나. 운전석 시트 위치 자동 복귀기능
다. 아웃사이드 미러 각도 자동 복귀기능　　라. 조향 휠 틸트 각도 자동 제어기능

예제 9-10 **통합 운전석 기억장치(IMS)는 운전석 시트, 아웃사이드 미러, 조향 휠, 룸미러 등의 위치를 설정하여 기억된 위치로 재생하는 편의장치이다. 다음 중 재생금지 조건이 아닌 것은? (   )**

가. 점화스위치가 OFF 되어 있을 때
나. 변속레버가 위치 'P'에 있을 때
다. 차속이 일정속도일 때
라. 시트 관련 수동 스위치의 조작이 있을 때

예제 9-11 **다음 중 주차 보조장치에서 차량과 장애물의 거리 신호를 컨트롤 유닛(ECU)으로 보내주는 센서는? (   )**

가. 초음파 센서　　나. 레이저 센서
다. 마그네틱 센서　　라. 적분 센서

예제 9-12 **다음 중 백 워닝(후방경보) 시스템의 기능과 가장 거리가 먼 것은? (   )**

가. 차량 후방의 장애물을 감지하여 운전자에게 알려주는 장치이다.
나. 차량 후방의 장애물을 초음파 센서를 이용하여 감지한다.
다. 차량 후방의 장애물 감지 시 브레이크가 작동되어 차속을 감속시킨다.
라. 차량 후방의 장애물 형상에 따라 감지되지 않을 수도 있다.

예제 9-13 **다음 중 후진 경보장치에 대한 설명으로 틀린 것은? (   )**

가. 후방의 장애물을 경고음으로 운전자에게 알려준다.
나. 변속레버를 후진으로 선택하면 자동 작동된다.
다. 초음파 방식은 장애물에 부딪쳐 되돌아오는 초음파로 거리가 계산된다.
라. 초음파 센서의 작동주기는 1분에 60 ~ 120회 이내여야 한다.

예제 9-14 다음 보기는 후방 주차보조 시스템의 후방 감지 센서와 관련된 초음파 전송속도 공식이다. 이 공식의 'A'에 해당하는 것은? ( )

[보기] V = 331.5 + 0.6A

가. 대기습도　나. 대기온도　다. 대기밀도　라. 대기건조도

예제 9-15 다음 중 후방 주차보조 시스템의 주요 기능이 <u>아닌</u> 것은? ( )

가. 후방 초음파 센서 제어
나. 후방 주차보조 시스템 음영제어
다. LIN 통신라인으로 후방 경보상황 전송
라. CAN 통신라인으로 후방 경보상황 전송

예제 9-16 다음 중 자동차의 도난방지 장치에 입력되는 신호가 <u>아닌</u> 것은? ( )

가. 브레이크 스위치　나. 도어 록 스위치
다. 트렁크 스위치　라. 후드 스위치

예제 9-17 다음 중 도난방지 장치에서 리모컨을 이용하여 경계상태로 돌입하려고 하는데 잘 안 되는 경우의 점검부위가 <u>아닌</u> 것은? ( )

가. 리모컨 자체 점검　나. 글러브 박스 스위치 점검
다. 트렁크 스위치 점검　라. 수신기 점검

예제 9-18 다음 중 이모빌라이저 시스템에 대한 설명으로 틀린 것은? ( )

가. 차량의 도난을 방지할 목적으로 적용되는 시스템이다.
나. 도난 사항에서 시동이 걸리지 않도록 제어한다.
다. 도난 사항에서 시동키가 회전되지 않도록 제어한다.
라. 엔진의 시동은 반드시 차량에 등록된 키로만 시동이 가능하다.

예제 9-19 다음 중 이모빌라이저 시스템의 구성품이 <u>아닌</u> 것은? ( )

가. 스마트라　나. 트랜스폰더 키
다. 안테나 코일　라. 스마트 키 유닛

예제 9-20 **이모빌라이저 시스템에서는 키 정보 및 인정 데이터가 일치되지 않으면 엔진 ECU의 시동이 되지 않도록 제어한다. 어떤 방법으로 시동이 걸리지 않도록 하는가? ( )**

가. 점화 및 연료를 차단시켜 시동이 걸리지 않도록 한다.
나. 기동전동기를 미작동하여 시동이 걸리지 않도록 한다.
다. 점화키를 시동위치로 돌리지 못하도록 LOCK를 건다.
라. 차량의 모든 전원공급을 차단한다.

예제 9-21 **다음 중 전자파 장해방지 장치 시험에 대한 설명으로 틀린 것은? ( )**

가. 전자파 장해란 자동차 및 부품들의 성능을 감소시키는 전자파 현상이다.
나. 전자파 방사란 자동차 및 부품들에서 발생하는 전자파 에너지가 공간을 퍼지는 것이다.
다. 전자파 내성이란 자동차 및 부품들의 성능이 특정한 전자파 장해 하에서 성능의 감소 없이 이행할 수 있는 능력이다.
라. 광대역 방사란 기본 측정 장치 또는 송신기의 대역폭을 가지는 방사를 말한다.

예제 9-22 **다음 중 자동차에서 무선시스템에 간섭을 일으키는 전자기파를 방지하기 위한 대책이 <u>아닌</u> 것은? ( )**

가. 커패시터와 같은 여과소자를 사용하여 간섭을 억제한다.
나. 불꽃 발생원에 축전기 또는 배터리를 직렬로 접속하여 고주파 전류를 흡수한다.
다. 불꽃 발생원의 주위를 금속으로 밀봉하여 전파 방사를 방지한다.
라. 점화케이블의 심선에 고 저항 케이블을 사용한다.

예제 9-23 **다음 중 스마트 정션 박스의 기능에 대한 설명으로 틀린 것은? ( )**

가. Fail Safe Lamp 제어
나. 에어컨 압축기 릴레이 제어
다. 램프 소손 방지를 위한 PWM 제어
라. 배터리 세이버 제어

예제 9-24 다음 중 BCM 제어에 해당되지 않는 것은? (   )

가. 차속 감응형 조절 와이퍼
나. 오토 라이트 컨트롤
다. 도난 경보 기능
라. 스마트 키 시스템

예제 9-25 다음 중 자동차 음향장치의 잡음을 감소하기 위한 방법으로 틀린 것은? (   )

가. 저항을 사용하는 방법
나. 콘덴서를 사용하는 방법
다. 고전압을 발생시키는 방법
라. 다이오드를 사용하는 방법

9.5 스마트 키 및 버튼 시동 시스템

아반떼 하이브리드 차량은 차량 보안 시스템으로 이모빌라이저(암호화 스마트라 방식)가 기본 사양으로 장착되며, 스마트 키 및 버튼 시동 시스템이 옵션 사양으로 장착된다.

아반떼 HEV 차량의 스마트 키 및 버튼 시동 시스템은 기존 차량에 이미 적용된 시스템과 비교했을 때 일부 소프트웨어적인 제어 로직에 일부 변경사항이 있을 뿐 부품 구성이나 기능적인 면에서는 큰 차이가 없다. 따라서 아반떼 하이브리드에 장착되어 있는 스마트 키 및 버튼 시동 시스템에 대해 학습해 보도록 하겠다.

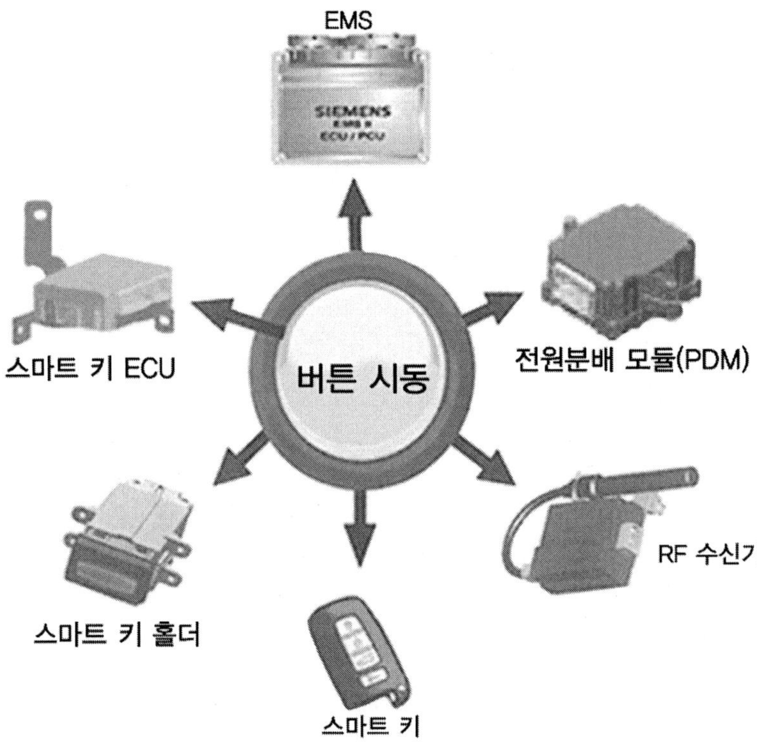

[그림 9.24] 버튼 시동 주요구성 요소

9.5.1 스마트 키 & 버튼 시동 시스템 구성 및 특징

[1] 시스템 구성

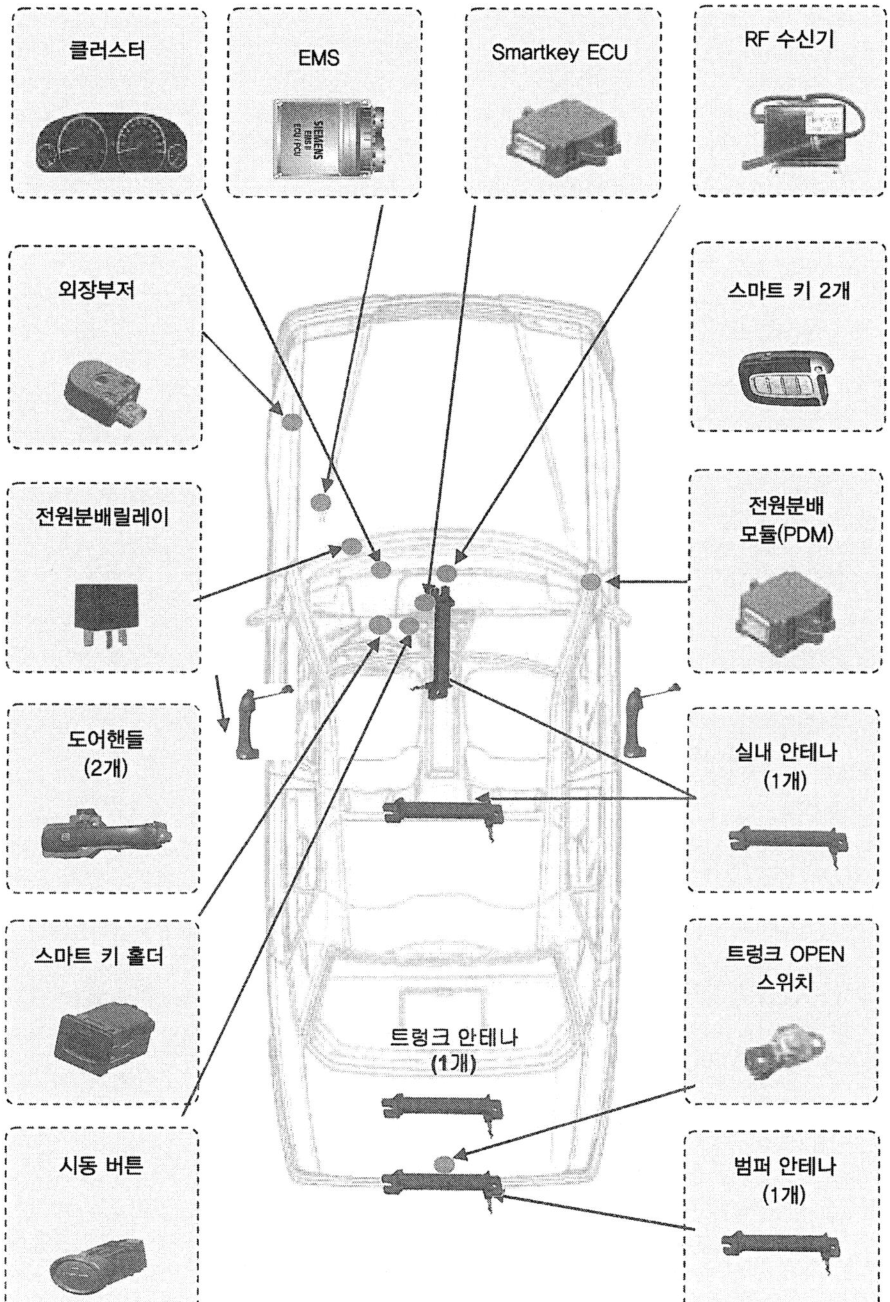

[그림 9.25] 시스템 구성

[2] 구성부품 기능 요약

(1) 스마트 키(SMK) ECU

① 보디 CAN 통신을 통해 전원 이동 명령 전송(→PDM)
② 보디 CAN 통신을 통해 패시브 lock/unlock 명령 전송(→BCM)
③ 시리얼 통신을 통해 인증 정보 송·수신(↔엔진 ECU)
④ 안테나 구동 및 스마트 키 인증
⑤ 유선으로 SSB의 SW2 신호 수신
⑥ CAN으로 SSB SW2 신호를 PDM으로 보냄
⑦ K-라인 통신을 통해 고장진단 지원(↔진단장비)

(2) 도어 아웃사이드 핸들(2개)

① 도어 외부 영역의 스마트 키 감지(LF 안테나 내장)
② 패시브 unlock/lock : 버튼 타입 또는 터치 센서

(3) 범퍼 안테나

트렁크 외부 영역의 스마트 키 감지(LF 안테나 내장)

(4) 클러스터 모듈(CLUM)

① 보디 CAN↔파워 트레인 CAN의 정보를 중계하는 게이트 역할
② 하이브리드&버튼 시동 관련 경고등 및 경고 메시지 표시

(5) 실내 안테나(2개)

스마트 영역의 스마트 키 감지

(6) 외부 수신기

스마트 키 신호 & 리모컨 신호 수신기

(7) 시동 버튼(SSB)

전원 이동 및 엔진 시동을 걸기 위한 버튼

(8) 스마트 키 홀더

① 스마트 키 인증 불가 시 림폼 시동을 위한 스마트 키 삽입 홀더
② 이모빌라이저 통신 수행 : 이모빌라이저 디모듈레이터 내장

(9) 전원 분배 모듈(PDM)

① 스마트 키 ECU의 신호를 수신 받아 ACC / IGN1 / IGN2 / Start 전원 공급 릴레이 제어
② 이모빌라이저 통신 데이터 확인 및 인증
③ 속도 정보 모니터링(BCM 속도 정보와 TCU 속도 중복 점검)

(10) 전원 분배 릴레이

PDM의 전원 분배 제어용 릴레이(ACC / IGN1 / IGN2 / Start 릴레이)

(11) 스마트 키

외부 수신기(리시버)로 고유 ID 무선 송신 및 리모컨 신호 송신

(12) 트렁크 리드 스위치

패시브 테일 게이트 open 제어를 위한 스위치 신호 입력(→ BCM)

(13) 외부 부저

패시브 도어 lock / unlock 시 확인 음 및 각종 경보 음 발생

(14) 엔진 ECU

① 엔진 상태 정보(시동 off / 크랭킹 / 시동 on 상태 등)를 CAN으로 전송
② 스마트 키 ECU와 시동 허가 관련 정보 송 · 수신(↔ 시리얼 통신)

9.5.2 시스템 제어 입·출력 블록 다이어그램

[1] 입 · 출력 블록 다이어그램

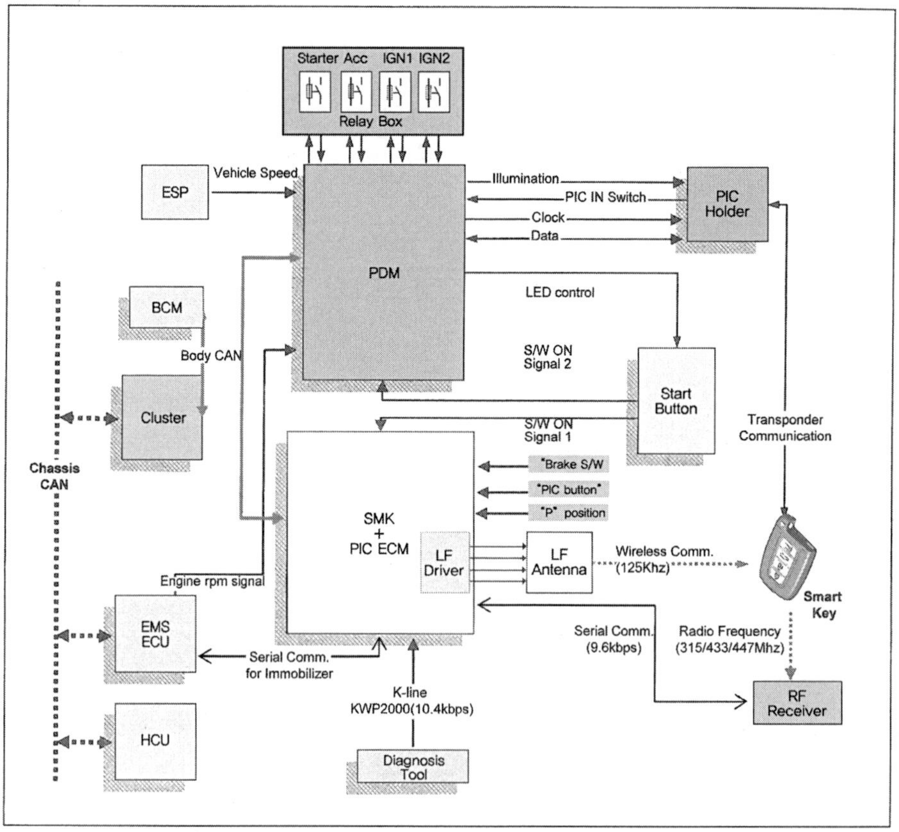

[그림 9.26] 입·출력 블록 다이어그램

① 엔진 상태 정보 입력 : HCU는 엔진 상태정보(엔진 크랭킹, 시동 ON 및 LPI 램프 점등상태)를 EMS로부터 CAN 통신라인을 통해 받고, 받은 정보를 CAN 라인을 통해 클러스터로 보낸다. SMK ECU와 엔진 ECU 간의 시리얼 통신라인으로는 시동 인증에 필요한 정보(스마트 키 인증 정보 요구 및 응답)만 주고받는다(클러스터 모듈이 파워트레인 CAN과 보디전장 CAN의 중계 역할을 수행함).

② 냉간 시동성 향상을 위해 PDM이 스타팅 출력을 내기 전에 LPI 램프 소등되기까지 기다리는 최대 시간이 7초로 변경되었다.

③ 최대 스타팅 출력 제어시간 : PDM이 스타팅 출력을 낸 후 엔진 ECU로부터 시동 ON 정보가 입력되지 않을 경우(디젤, LPI 최대 25초, 가솔린 15초) 동안 스타팅 출력을 유지한다. (엔진 냉각수온에 따라 변동됨)

[2] 버튼 시동 기능 개요(원터치 시동)

(1) 사용자가 FOB 소지 후 SSB 버튼을 누르면 자동 시동 걸림

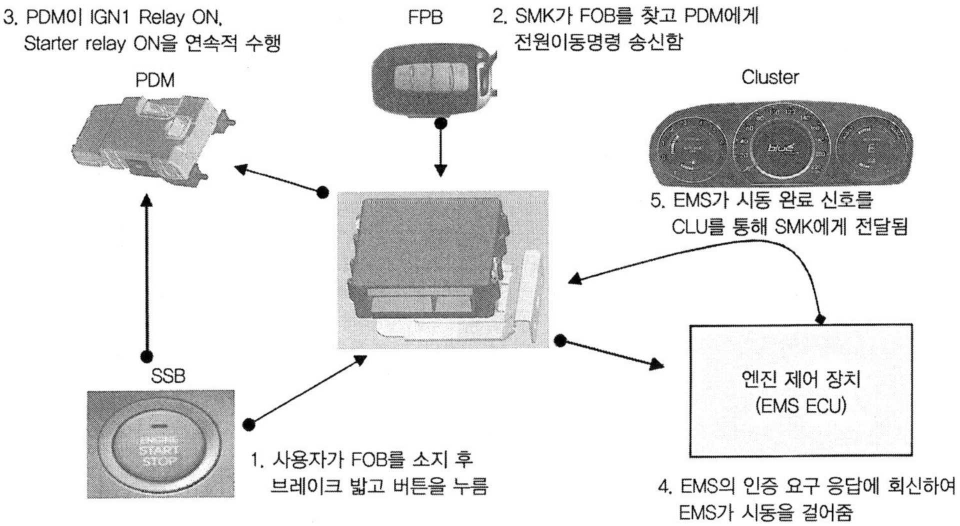

[그림 9.27] 버튼 시동 사이클

(2) 버튼에 의한 엔진 시동

① 스마트 키(FOB) 또는 리모컨 키 기능에 의해 자동차 도어 열림

② 도어 핸들의 푸시 버튼에 의한 구동

③ SMK ECU는 LF 드라이버를 작동→LF 안테나는 FOB 키에 응답 요구

④ FOB는 RF 리시브에 응답→RF 리시버는 SMK ECU에 신호 전송

⑤ SMK는 BCM에 도어 열림 명령을 CAN으로 전송→도어 열림

⑥ 운전자는 'P' 포지션에서 브레이크를 밟고 SSB 버튼을 누름

⑦ PDM은 SMK 요구에 따라 차량 전원 상태 변경(ACC / IG1 / IG2 / DFF)

⑧ PDM은 시동 릴레이(start motor relay)를 작동시킴

⑨ 시동 모터는 엔진과 크랭크 회전→최종 엔진 시동

⑩ 만약 운전자가 엔진을 정지하기 원하면 SSB 버튼을 누름

⑪ 엔진 정지→PDM은 차량 전원 상태 변경(ACC / IG1 / IG2 / OFF) 엔진 시동이 걸릴 때까지 브레이크가 ON상태 유지되어야 함

⑫ 주행 중 신호 대기 등을 위해 정차 시 브레이크 ON 시 idle stop 상태 진입 : 버튼시동 스마트 키는 IGN-HEV 상태 유지

⑬ idle stop 상태 진입 후 주행을 위해 브레이크 OFF하면 엔진 시동 ON되며, 버튼시동 스마트 키는 엔진 running 상태로 이동

9.5.3 버튼 엔진 시동 관련 주요동작 조건

[1] 전원 ON / 시동 ON 조건

스마트 키를 가지고 차량 실내에서 브레이크를 밟지 않고 또는 브레이크를 밟고 버튼을 누르는 것에 따라 OFF → ACC → IGN → OFF로 전원이 바뀐다(단, P단이 아닌 경우 ACC → IGN을 반복, OFF로 전환 불가). 스마트 키를 가지고 P/N단 위치에서 브레이크를 밟고 버튼을 누르면 시동이 가능하다.

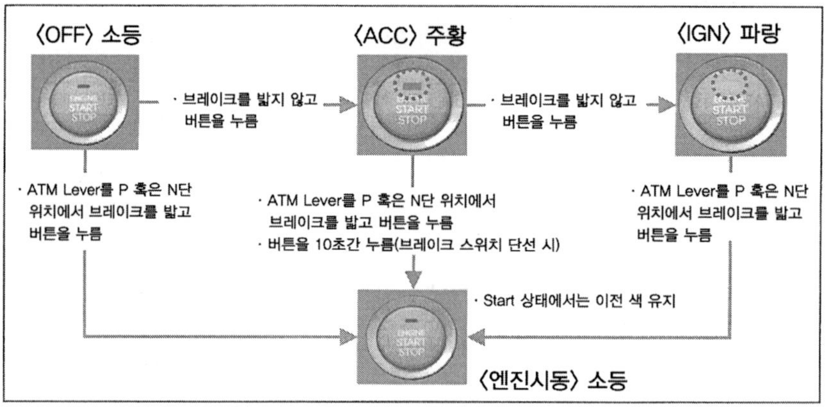

[그림 9.28] 시동 ON 조건

[2] 전원 OFF/시동 OFF 조건

차량 정지 상태에서만 시동 OFF 가능하다(시동 OFF는 ATM lever 위치 무관하게 가능). N단 주차를 위해서는 P단에서 전원 OFF 후, ATM Lever shift release 버튼을 누르고 lever를 이동해야 한다(기존 PIC 스마트 키와 동일).

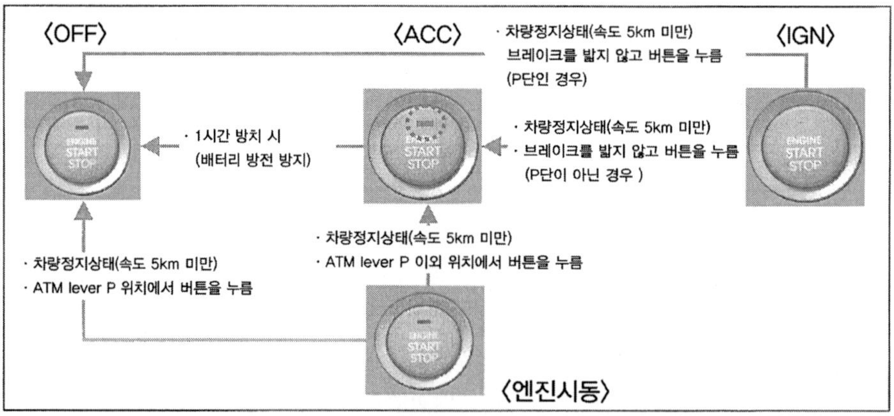

[그림 9.29] 시동 OFF 조건

[3] 주행 중 강제 시동 끄는 방법 및 재시동

차량 전복 시 및 비상 시(예 : 악셀 페달 리턴 불량) 강제로 시동을 끄는 방법은 주행 중에는 버튼을 2초 동안 길게 누르거나 버튼을 연속 3번 이상 누르면 되며, ACC 상태가 된다. 이후 30초간은 실내 스마트 키 유무와 상관없이 재시동이 가능하며, 속도가 있는 상태에서는 브레이크를 밟지 않고 N단에서 버튼만 눌러도 시동이 가능하다(단, D/R단에서는 시동 불가).

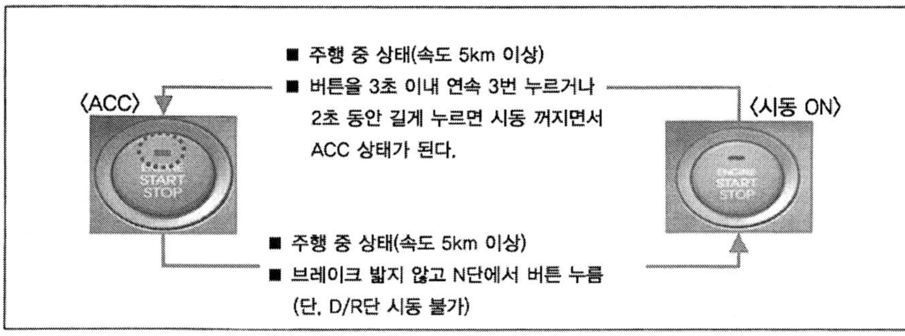

[그림 9.30] 주행 중 강제 시동 끄는 방법 및 재시동

[4] Auto Stop 시

주행 중 차량 정차로 인해 Auto Stop 진입 시에는 IGN HEV Start에 진입하며, 기존 IGN 상태 진입과 동일하게 동작한다.

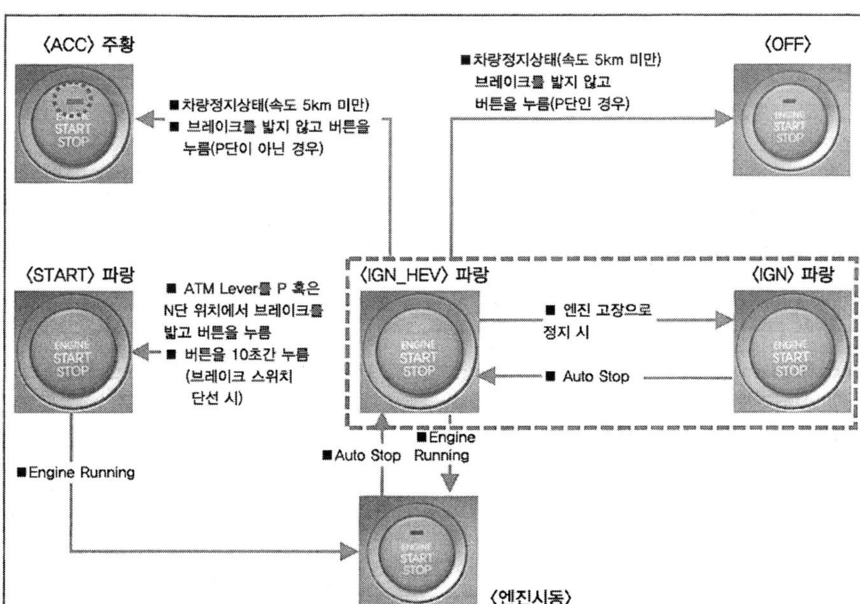

[그림 9.31] Auto Stop 시

9.5.4 인증 및 immo indicator(IND) 동작

[1] 인증

인증(authentication)은 사전 인증과 일반 인증 두 가지로 구분된다.

(1) 사전 인증

성공 또는 실패에 상관없이 클러스터(계기판)에 이모빌라이저 IND OFF 유지한다.

(2) 일반 인증

인증 성공 시 이모빌라이저 IND ON, 실패 시 점멸, 스마트 키 홀더 LED 점멸된다.

(3) 사전 인증이 이루어지는 조건

① IGN OFF 상태 및 실내에 스마트 키가 있는 상태에서 운전석 도어가 열림(30초간 실내에서 3초 주기로 스마트 키를 찾는다)
② OFF 상태 및 실내에 스마트 키가 있는 상태에서 운전석 도어를 닫을 경우
③ 스마트 키를 스마트 키 홀더에 삽입하는 경우
④ 실내에 스마트 키 있는 상태에서 브레이크 페달을 밟는 경우

(4) 일반 인증이 이루어지는 조건

실내에 스마트 키가 있는 상태에서 SSB를 누를 경우이다.

인증 실패 경보 문구 1

인증 실패 경보 문구 동작 없을 때
인증이 최초 실패한 경우(10초)

인증 실패 경보 문구 2

인증 실패 경보 문구 1 or 2 동작중
인증이 다시 실패한 경우(10초)

[그림 9.32] 인증 실패 문구

[2] 보급형 스마트 키 시스템과 비교 테이블

버튼 엔진 시동 시스템과 보급형 스마트 키 시스템에서 주행 중 엔진 정지 또는 시동 꺼짐에 대비하여 FOB 키가 없을 경우에도 시동을 허용하기 위한 인증 타이머는 아래와 표와 같다.

구 분	버튼 스타트 시스템	보급형 스마트 키 시스템
일반인증 성공	30초 ON	10초 ON
일반인증 실패	10초 점멸	5초 점멸

9.5.5 ID out warning

(1) 제어 기능 설명

IGN ON 또는 ACC 이상에서 사용자가 스마트 키를 소지하고 차량을 이탈할 경우 부저로 경고한다.

(2) 입 · 출력

작동조건 (모든 조건 만족 시 진입	• ACC 이상 • 실내에 스마트 키 없음 • 하나의 도어라도 열림
입력	• 모든 도어 닫힘
출력	• 실내 안테나 • 외장 및 내장 음영 발생(5초)

(3) 실내 스마트 키가 없는 경우의 작동순서

① 사용자가 ACC 또는 IGN 상태에서 스마트 키를 가지고 차량을 떠나는 것을 방지하기 위한 기능 중 하나이며, 모든 문이 닫히는 순간 시작된다.

② 스마트 키-in이 아닌 경우만 스마트 키를 찾는다.

③ 실내 스마트 키가 없음을 확인한다.

④ SMK은 모든 인증 정보를 취소하면(단, 엔진 시동 상태 제외), 외장 부저를 5초간 구동하고 BCM이 클러스터 모듈에게 내장 부저 5초간 구동 명령을 송신한다.

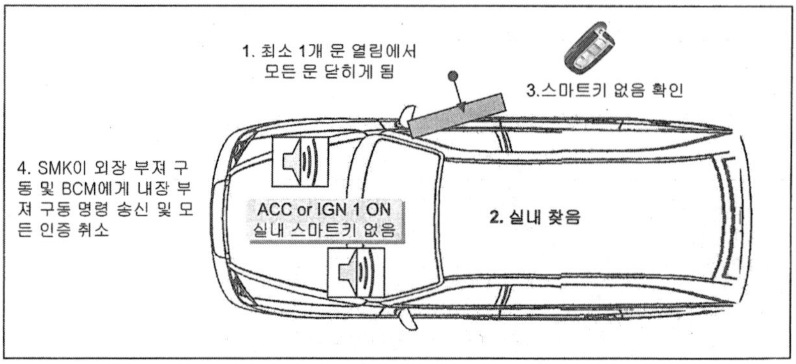

[그림 9.33] 스마트 키가 없는 경우 순서

(4) 실내 스마트 키가 있는 경우 작동순서

① 사용자가 ACC 또는 IGN 상태에서 차량을 떠나는 것을 방지하기 위한 기능 중 하나이며 모든 문이 닫히는 순간 시작된다.

② 스마트 키-in이 아닌 경우만 FOB를 찾는다.

③ 스마트 키가 있는 것을 확인한 경우 ID out 경보 중이면 관련 정보를 중지한다.

④ 엔진 시동 상태가 아닌 경우 일반 인증을 위해 다시 한번 스마트 키를 찾는다. 엔진 시동 상태인 경우 기능이 종료된다.

⑤ 스마트 키를 찾는 경우 30초간 인증을 유지한다.

9.5.6 키 리마인더 1

(1) 제어기능 설명

key reminder-1은 실내에 스마트 키가 존재한 상태로 도어를 열고 하나의 도어라도 록을 실행하면, 실내 스마트 키 감지 후 전 도어 unlock을 실행한다.

(2) 입 · 출력

작동조건 (모든 조건 만족 시 진입)	• 실내 스마트 키 존재 • 도어 열림 • 도어 lock 실행
입력	• 도어 스위치 • 도어 lock 액추에이터 정보(BCM → SMK)
출력	• 실내 안테나-1,2 • 도어 unlock 명령(SMK → BCM)

(3) 작동 순서

① 실내에 스마트 키가 존재하는 상태로 도어를 연다(1개 이상).

② 하나 이상의 도어 lock을 실행한다.

③ 실내 안테나를 구동하여 스마트 키가 응답하면 SMK은 BCM으로 도어 unlock 제어신호를 보낸다.

9.5.7 키 리마인더 2

(1) 제어기능 설명

도어를 닫을 때 래칫 불량에 의한 원치 않는 도어 lock을 방지하는 기능이다.

(2) 입 · 출력

작동 조건 (모든 조건 만족 시 진입)	• 모든 전원 OFF, 경계 해제, 스마트 키 탈거 상태 • 실내에 스마트 키 존재 • 도어 닫힘 • 0.5초 이내에 액추에이터 lock 감지
입력	• 도어 스위치 • 도어 lock 액추에이터 상태정보(BCM→SMK)
출력	• 실내 안테나-1,2 • 도어 unlock 제어신호(SMK→BCM) • 외장 부저(3초)

(3) 작동 순서

① 실내에 스마트 키가 존재하는 상태로 도어를 닫는다(모든 도어).

② 0.5초 이내에 도어 lock이 발생된다(외적요인, 문을 닫는 순간 힘에 의해 닫힘).

③ 실내 안테나를 구동하여 스마트 키가 응답하면 SMK는 BCM으로 도어 unlock 제어신호를 보내고 외장 부저를 5초 동안 구동하여 경고한다.

9.5.8 도어 lock 경고 1

(1) 제어기능 설명

door lock warning-1은 ACC 상태에서 스마트 키 lock을 실행하기 위해 도어 핸들의 lock 버튼을 누르면 부저를 작동하여 경고한다.

(2) 입 · 출력

작동 조건 (모든 조건 만족 시 진입)	• ACC 이상 • 도어 닫힘 • 스마트 키 도어 lock 실행
입력	• 도어 스위치 • 도어 핸들 내 lock/unlock 스위치
출력	• 도어 핸들 안테나 • 외장 부저(3초)

(3) 작동 순서

① ACC 이상 전원이 인가되어 있는 상태로 도어를 닫는다.

② 아웃사이드 핸들의 도어 lock/unlock 버튼을 누른다.

③ 해당 도어 핸들 안테나를 구동하여 스마트 키가 감지되면 도어 lock을 수행하지 않고 외장 부저를 3초간 구동하여 경고한다.

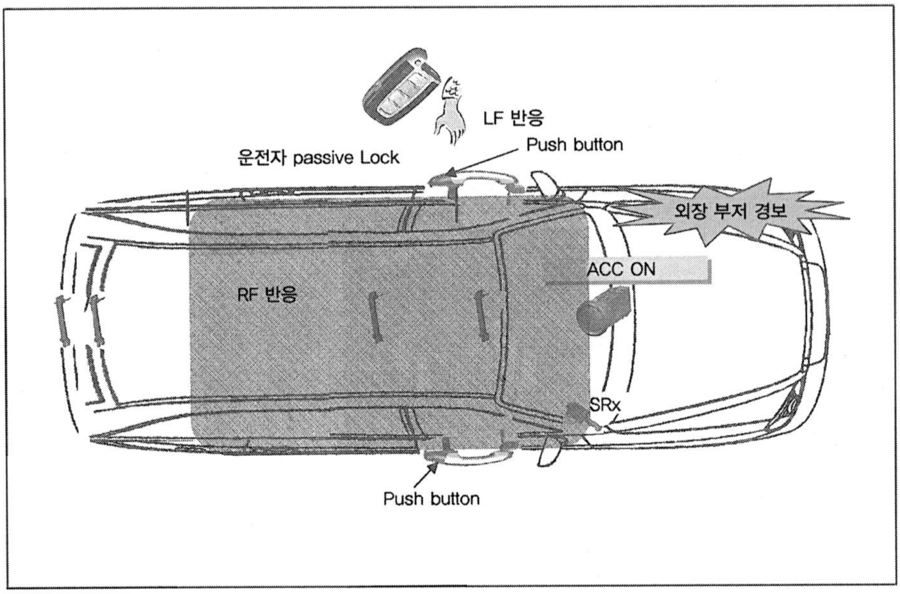

[그림 9.34] 도어 록 경고 1

9.5.9 도어 lock 경고 2

(1) 제어기능 설명

door lock warning-2는 경계진입 가능조건에서 도어가 열린 상태로 스마트 키 lock을 실행하면 외장 부저를 구동하여 경고한다.

(2) 입 · 출력

작동 조건 (모든 조건 만족 시 진입	• 경계진입 가능 조건 • 도어 열린 상태 • 스마트 키 도어 lock 실행
입력	• 도어 스위치 • 도어핸들 내 lock/unlock 스위치
출력	• 도어핸들 안테나 • 외장 부저(3초)

(3) 작동 순서

① 도어가 열린 상태이다.

② 아웃사이드 핸들의 도어 lock/unlock 버튼을 누른다.

③ 해당 도어핸들 안테나를 구동하여 스마트 키가 감지되면 도어 lock을 수행하지 않고 외장 부저를 3초간 구동하여 경고한다.

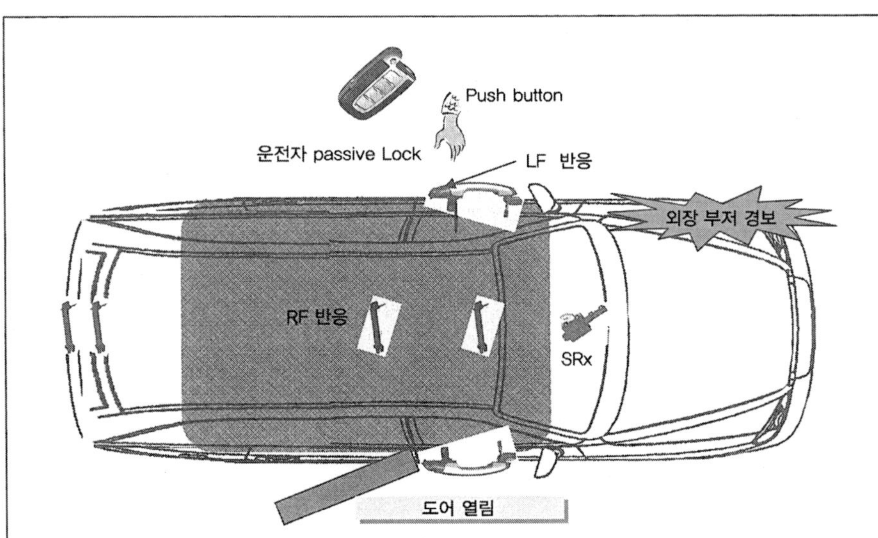

[그림 9.35] 도어 록 경고 2

9.5.10 도어 lock 경고 3

(1) 제어기능 설명

door lock warning-3는 경계진입 기능 조건에서 실내에 스마트 키가 존재할 경우 스마트 키 lock을 실행하면 도어가 잠기지 않으며 외장 부저를 구동하여 경고한다.

(2) 입 · 출력

작동 조건 (모든 조건 만족 시 진입)	• 경계진입 가능조건 • 실내에 스마트 키 존재
입력	• 도어 핸들 내 lock/unlock 스위치
출력	• 실내 안테나-1,2 • 외장 부저(3초)

(3) 작동 순서

① 경계진입이 가능한 조건에서 실내에 스마트 키가 존재한다.
② 도어핸들에 장착된 lock/unlock 버튼을 눌러 스마트 키 lock을 실행한다.
③ 실내 안테나를 구동하여 스마트 키가 감지되면 도어 lock을 실행하지 않고 외장 부저를 3초간 구동하여 경고한다(리모컨 lock 버튼을 누를 경우 기능에 관계없이 도어 lock 가능).

9.5.11 스마트 키 없음 경고

(1) 제어기능 설명

① key out lamp warning은 ACC ON 또는 IGN ON 상태에서 차량이 정지상태이고, 문이 열려 있는 상태에서는 3초에 한 번씩 실내를 찾고 스마트 키가 없으면 램프 워닝을 한다.
② 모든 문이 닫혀 있는 상태에서는 스마트 키가 한 번 찾아지면 경보 OFF 및 다시 찾지 않는다.

(2) 입 · 출력

작동 조건 (모든 조건 만족 시 진입)	• ACC 이상 전원인가 시 • 실내에 스마트 키 존재
입력	• 도어 스위치
출력	• 실내 안테나-1,2 • key out 인디케이터 점멸

(3) 작동 순서

① ACC 이상 전원인가 상태에서 도어를 연다(OFF. Start를 제외한 나머지 상태).

② SMK은 3초 주기로 실내의 스마트 키를 감지한다.

③ 만일 스마트 키 응답이 없으면 key out 인디케이터를 점멸하여 경고하고 모든 인증을 취소한다(단, 엔진 시동 상태인 경우 인증을 취소하지 않는다).

④ 도어가 닫힌 후 실내에 스마트 키가 발견되면 도어가 열리기 전까지 찾지 않는다. (ID out warning과 달리 재인증을 하지 않는다)

스마트 키가 없는 경우 도어의 상태에 관계없이 스마트 키를 찾을 때까지 3초마다 스마트 키를 찾는다(단, 차량 속도가 3 [km/h] 이상이거나 전압이 9 [V] 이하인 경우 스마트 키 찾기를 종료하고 경보도 종료한다).

예제 9-26 **다음 중 버튼 시동시스템에 대한 설명으로 틀린 것은? ( )**

가. 사용자가 FOB 키를 소지 후 브레이크 페달을 밟고, 시동 스톱 버튼을 누르면 자동으로 시동이 걸린다.
나. 시동 스톱 버튼에 LED가 주황색의 경우는 ACC상태, 파랑색은 IG ON상태, LED 소등 시는 전원 OFF 또는 시동상태를 나타낸다.
다. 변속레버가 D레인지에 있어도 사용자가 FOB 키를 소지 후 브레이크 페달을 밟고, 시동 스톱 버튼을 누르면 자동으로 시동이 걸린다.
라. 자동차 전복 시 연료누출 및 비상 시 강제로 시동을 끌 수 있다.

예제 9-27 **다음 중 버튼 엔진 시동 시스템에서 주행 중 엔진 정지 또는 시동 꺼짐에 대비하여 FOB 키가 없을 경우에도 시동을 허용하기 위한 인증 타이머가 있다. 이 인증 타이머의 시간은? ( )**

가. 10초 나. 20초 다. 30초 라. 40초

예제 9-28 다음 중 자동차 PIC 시스템의 주요기능으로 가장 거리가 먼 것은?
( )

가. 스마트 키 인증에 의한 도어 록
나. 스마트 키 인증에 의한 엔진 정지
다. 스마트 키 인증에 의한 도어 언록
라. 스마트 키 인증에 의한 트렁크 언록

CHAPTER 10 에어백 장치

10.1 에어백의 개요

에어백(air bag)은 차량이 충돌할 때 그 충격에서 탑승자를 안전하게 보호하는 장치이다. SRS(Supplement Restraint System : 보조 구속 장치)라고도 불리는 에어백은 안전벨트를 착용해야만 시스템의 효과를 최대화할 수 있다. 에어백의 센서 및 전자제어장치는 자동차가 충돌할 때 충격력을 감지하여 압축가스로 백(bag)을 부풀려 승객에 대한 충격을 완화시킨다. 에어백은 안전띠만을 사용했을 경우보다 상해를 현저히 줄이도록 고안된 2차 충격흡수장치이다.

최근 승객의 안전벨트 착용 유무, 탑승자의 무게, 소아(小兒)의 유무, 측면 · 정면충돌 구분, 차량 전복 등을 감지하는 센서들과 그에 따른 컴퓨터가 에어백의 적절한 양의 가스를 적절한 시간, 적절한 압력이 발생시키도록 하는 장치가 달린 에어백이 개발되었다.

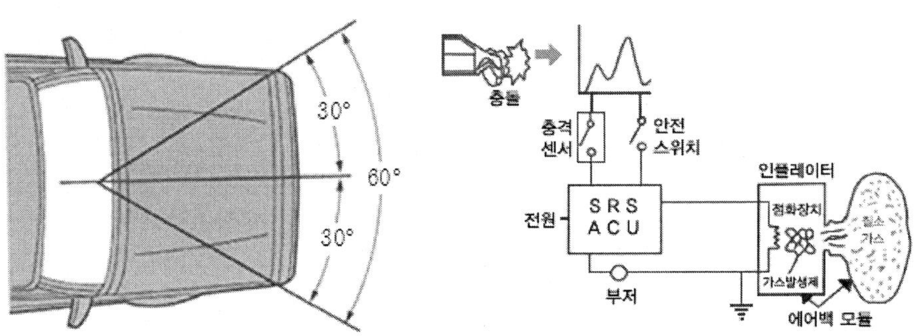

[그림 10.1] 에어백의 작동과정

에어백의 작동 조건은 에어백의 종류와 차종에 따라 조금씩 차이가 있는데, 정면충돌 에어백은 대체로 정면에서 좌우 30° 이내의 각도에서 유효 충돌속도가 약 20 ~ 30 [km/h] 이상일 때 작동한다. 에어백은 충격 감지시스템과 에어백이 터지도록 하는 기체 팽창장치(inflater), 에어백으로 이루어진 에어백 모듈 등으로 구성되어 있다.

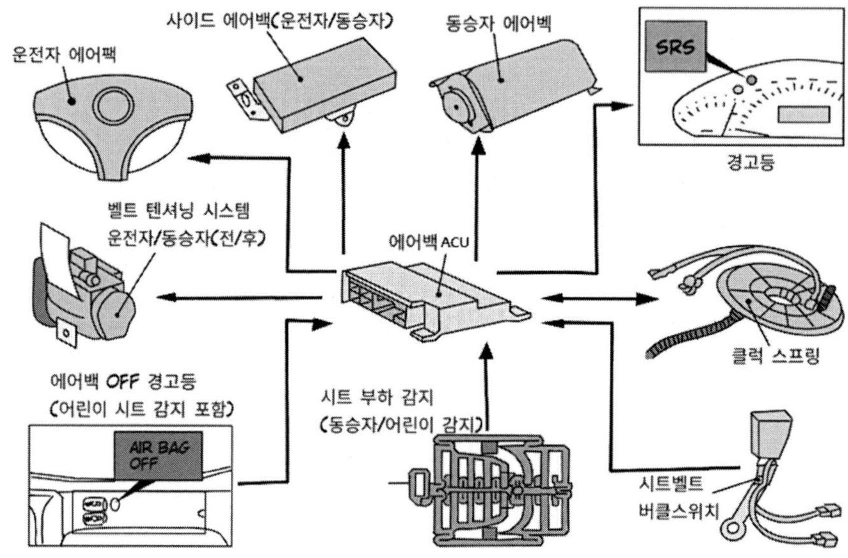

[그림 10.2] 에어백의 시스템

10.2 에어백의 발전 역사

[표 10.1] 에어백 변천과정

SRS 에어백(supplemental restraint system air bag)
일정한 수준의 충격이 오면 터지는 에어백으로 초기 에어백 시스템

↓

디파워드 에어백(depowered air bag)
어린이나 작은 체구 사람에 대한 보호차원으로
SRS 에어백의 팽창력을 20~30% 감소시킨 에어백

↓

스마트 에어백(smart air bag)
센서에 의해 충돌의 정도와 운전자의 위치를 판단하여 팽창력과 시점을 제어하는 에어백

↓

어드밴스 에어백(advanced air bag)
스마트 에어백에 무게 감지 센서까지 추가하여
탑승자(6세 이하 어린이) 등에 따라 에어백 팽창률을 제어하는 에어백

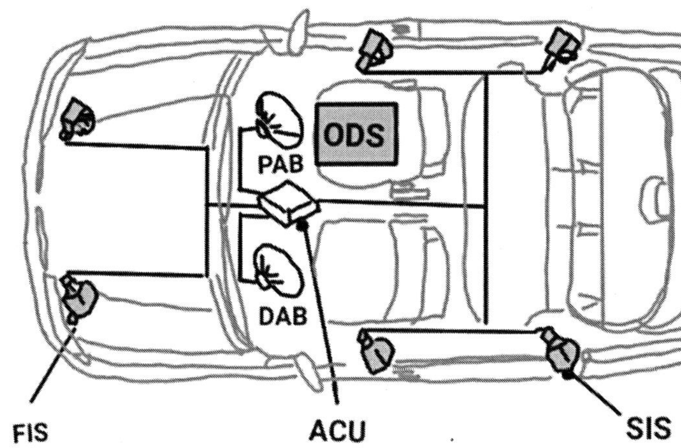

[그림 10.3] advanced airbag 시스템 구성도

ACU : Airbag Control Unit	PAB : Passenger Airbag
F(S)IS : Front(Side) Impact Sensor	SAB : Side Airbag
DAB : Driver Airbag	CAB : Curtain Airbag
KAB : Knee Airbag(무릎 에어백)	ODS : Occupant Detection System (승객 감지 시스템)

10.3 에어백의 구성요소

10.3.1 충돌 감지 센서

충돌 감지시스템은 안전센서(리드 스위치 : 기계식)와 전자센서(G센서; 중력가속도센서 : 가·감속 값을 산출) 두 부분으로 되어 있는데 기계식은 차가 일정속도 이상으로 충돌하는 순간 충돌센서의 롤러는 관성의 법칙에 따라 앞쪽으로 구르면서 스위치를 누르게 된다. 이때 회로에 전류가 흘러 가스 발생장치(Inflater)에 폭발이 일어나게 한다. 이때까지 걸리는 시간은 0.01초이다. 기계식 안전센서는 전자센서 오판을 방지하기 위하여 기계적으로 작동하여 최종적으로 컴퓨터는 충돌을 감지한다. 점화가 되면 질소 가스가 발생하여 에어백 안으로 순식간에 들어간다. 가스 발생장치의 작동과 함께 에어백을 잘 접어 넣어둔 용기가 완전히 부풀기까지는 약 0.05초 이내의 시간이 걸린다.

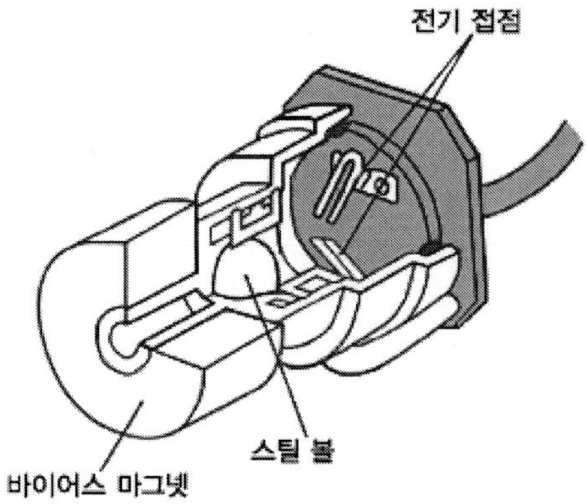

[그림 10.4] 기계식 충돌 센서

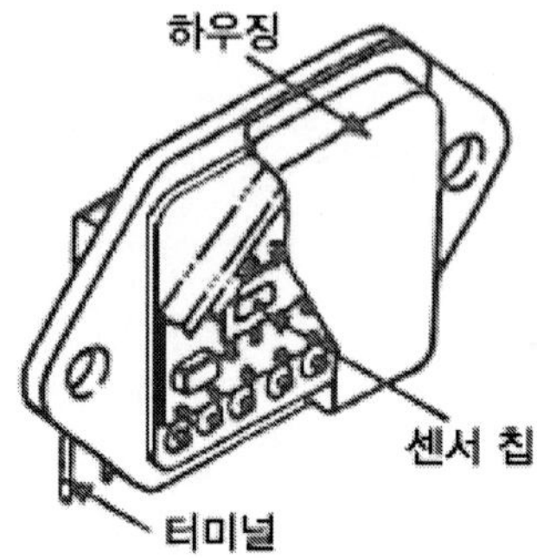

[그림 10.5] 전자식(G) 센서

10.3.2 승객 감지 센서

승객 감지 센서(PPD : Passenger Presence Detect)는 압력에 민감한 저항소자(압전소자 : 피에조)들을 결합하여 제작한 센서로서 매트(mat) 상의 압력분포로부터 ACU는 승객의 몸무게와 착석 위치 및 움직임을 계산한다. 승객이 없으면 조수석 및 측면 에어백을 전개시키지 않는다.

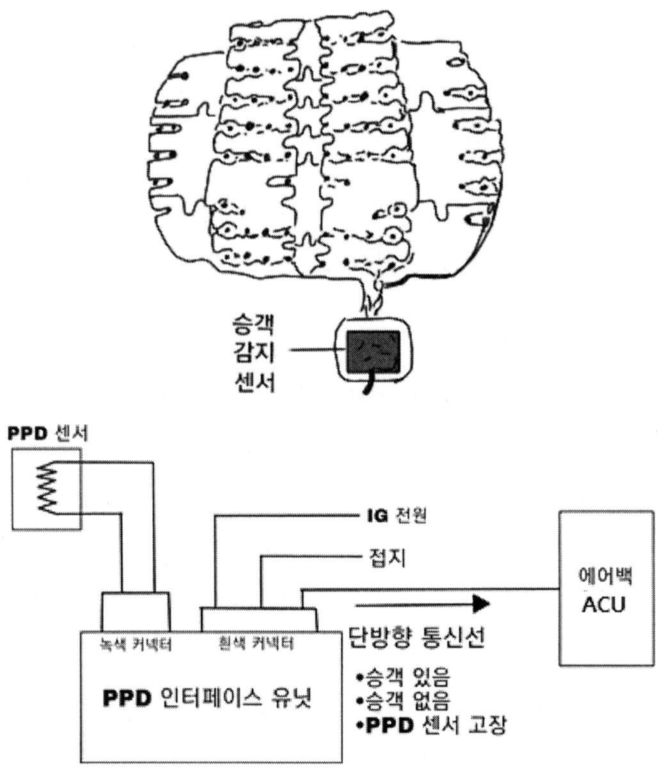

[그림 10.6] 승객 감지 센서의 구조와 제어회로

10.3.3 클럭 스프링

클럭 스프링(clock spring)은 [그림 10.7]과 같이 조향핸들과 조향 칼럼 사이에 설치되며 에어백 컴퓨터와 에어백 모듈을 연결하는 장치이다. 이 스프링은 조향핸들과 함께 회전하므로 반드시 중심위치를 일치시켜야 한다.

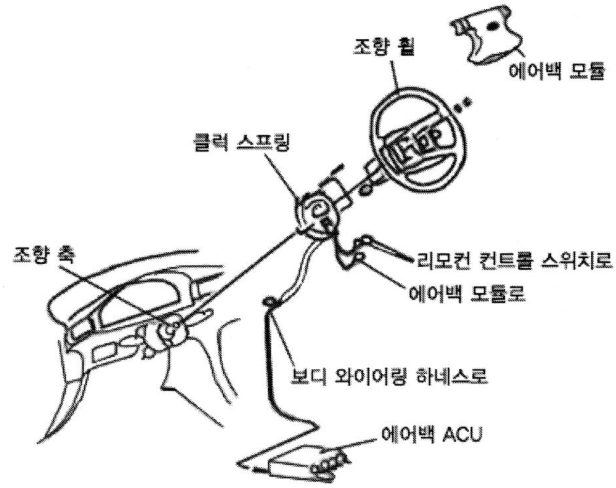

[그림 10.7] 클럭 스프링 장착위치

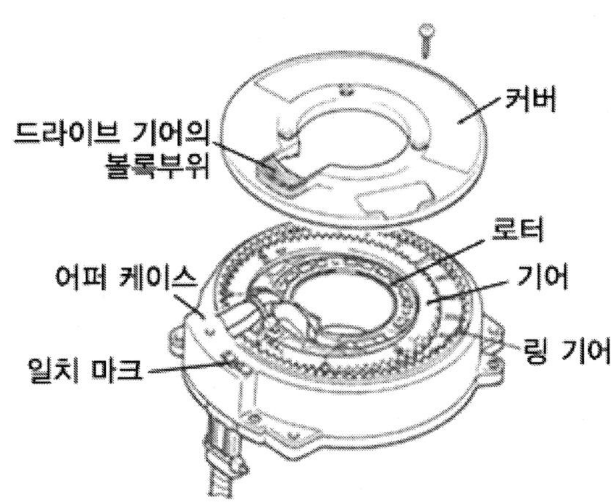

[그림 10.8] 클럭 스프링의 주요부

10.3.4 에어백 모듈

에어백 모듈은 [그림 10.9]와 같이 가스발생기(또는 인플레이터), 에어백, 클럭 스프링 등으로 구성된다. 대부분의 에어백 모듈은 분해하지 않도록 제작되어 있으며, 한번 작동하고 나면 전체를 신품으로 교환해야 한다. 에어백은 고무가 코팅된 나일론 섬유제의 주머니로서 용량은 각기 다르나 운전자 에어백의 경우 에어백 모듈은 약 50~60리터이다.

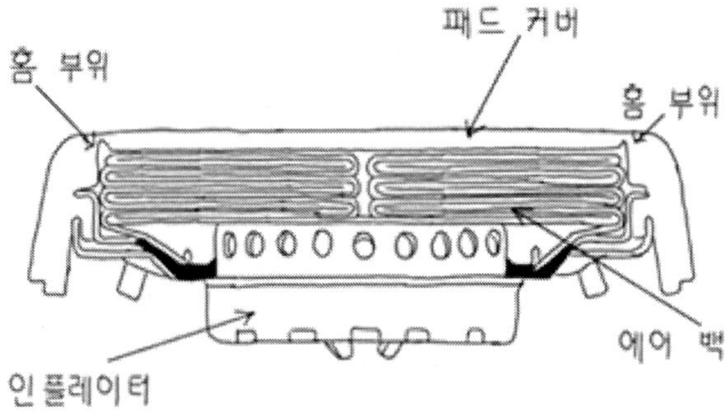

[그림 10.9] 에어백 모듈의 구성요소

10.3.5 인플레이터

인플레이터(Inflater)에는 에어백을 순간적으로 부풀리는 데 사용하는 물질인 나트륨과 질소로 이루어진 아지드화나트륨(NaN_3, sodium azide)이라는 물질이다.

에어백이 장착된 운전대에는 접혀있는 에어백과 아지드화나트륨 캡슐, 약간의 산화철(Fe_3O_2) 그리고 기폭 장치가 들어있다. 충돌 시에 스위치가 작동하여 전류가 기체발생장치 내의 점화기(이그나이트)를 작동시키면 순간적으로 높은 열이 발생하여 불꽃이 생긴다. 이때 아지드화나트륨 캡슐을 터뜨려 산화철과 반응하게 만들고 아지드화나트륨을 나트륨과 질소로 분해된다. 이때 나오는 질소 가스가 에어백을 채워 부풀게 한다.

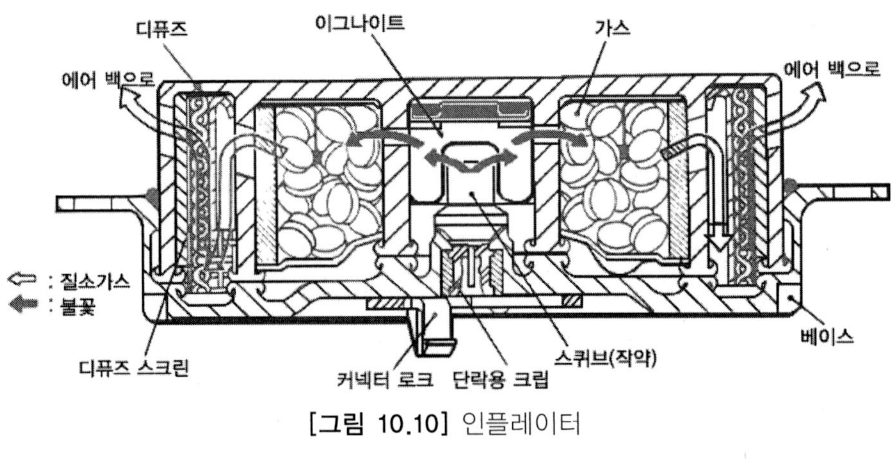

[그림 10.10] 인플레이터

10.3.6 시트 벨트 버클 센서

시트 벨트 버클 센서는 마이크로 스위치 또는 홀(hall) 센서를 이용하여 탑승자가 안전벨트를 착용하였는지의 여부를 확인할 수 있다. 탑승자가 안전벨트를 착용하지 않았을 경우에는 에어백 트리거링(triggering) 값이 낮아진다.

10.3.7 벨트 프리 텐셔너

벨트 프리 텐셔너(belt pre tensioner)는 사고가 발생했을 때, 탑승자의 부상을 최소화하기 위해서 탑승자들은 반드시 안전벨트를 착용하고 있어야 한다. 50 [km/h]의 속도로 주행 중에 정면충돌할 경우, 안전구조 차체일지라도 탑승자는 30 ~ 50 [g](1g = 9.81m/s^2)의 중력가속도에 노출된다. 따라서 체중이 70 [kg]이라면 중력가속도에 대항하기 위해서는 약 30 [kN]의 힘을 필요로 한다. 따라서 충돌사고가 발생했을 때, 좌석벨트 텐셔닝 시스템은 안전벨트를 잡아당겨 탑승자의 상반신이 전방으로 튀어나가는 것을 방지한다.

10.3.8 단락 바

단락 바(short bar)는 SRS ACU와 클릭 스프링 사이에 연결되어 ACU 또는 중간 커넥터를 탈거 시 정전기에 의한 에어백 폭발을 방지하기 위해 단락 바를 설치하여 커넥터 분리 시 HIGH선과 LOW선을 단락시켜 에어백 경고등을 점등시키고 에어백 전개를 방지한다.

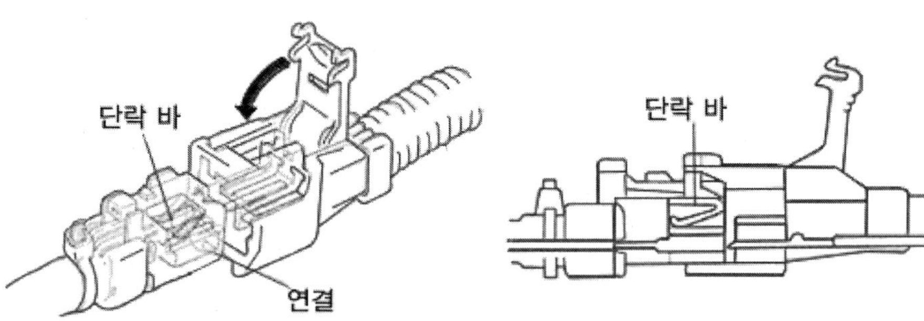

[그림 10.11] 단락 바 커넥터

10.3.9 에어백 ACU

에어백 ACU는 자기진단기능을 갖추고 있다. ACU가 SRS-시스템에 고장이 있음을 감지하면, 고장은 ACU에 수록되고 경고등이 점등된다. 저장된 고장기록은 전용 테스터를 이용하여 판독할 수 있으며, 서비스 정보 또는 충돌 전/후 에어백의 상태를 확인하는 자료로 이용된다. 저장되는 정보들에는 충돌 횟수, 경고등 상태, 경고지속기간, 경고 후 시동횟수 등이 있다.

10.3.10 경고등

점화 스위치를 'ON' 시키면, 일정 시간(예 : 최대 약 6초)동안 점등되었다가 소등된다. 이는 시스템에 저장된 결함이 없다는 것을 뜻한다. 시스템이 비정상일 경우에는 경고등은 계속 점등 상태를 유지하고, 고장 내용은 ECU에 저장된다.

10.4 에어백 시스템 취급 시 주의사항

에어백 취급 시 주의사항은 다음과 같다.

① 작업 전에 배터리의 (-)선을 제거하며, ACU 내부에 있는 데이터를 유지하기 위한 내부 콘덴서에 충전되어 있는 전하량을 방전시키기 위해 30초 경과 후 작업을 하고 에어백 모듈은 분해 혹은 소각해서는 안 된다.

② 에어백 모듈은 탈거 후 패드 면이 상향(전기배선은 아래)으로 보관해야 한다.

③ 클럭 스프링은 탈, 부착 혹은 교환 시 중심 마크를 일치시킨다.

④ 에어백 모듈에 저항을 아날로그 시험기로 측정해서는 안 된다.

⑤ 에어백 모듈 충격을 가하지 않는다.

⑥ 충돌 센서는 충격을 가하거나 분해해서는 안 된다.

⑦ 1.5 [m] 이상에서 자유낙하 정도의 충격이 없어야 한다.

⑧ 배선 및 커넥터에 10 [kgf] 이상의 인장력을 가하지 말아야 한다.

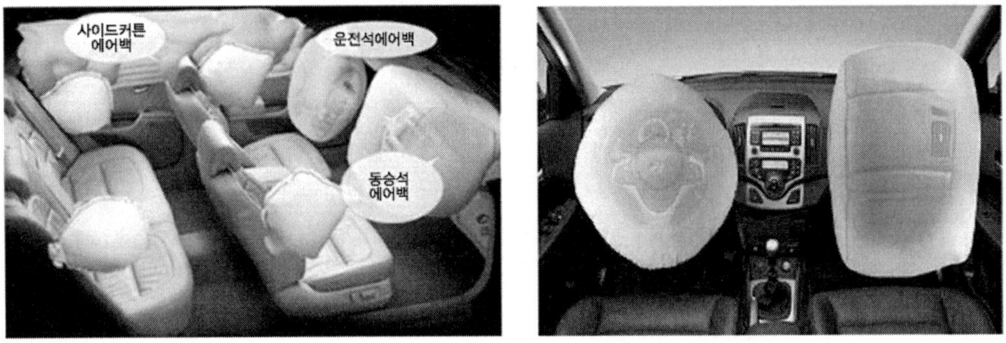

[그림 10.12] 어드밴스 에어백

예제 10-1 **다음 중 자동차 충돌 시 피해를 경감하는 기술에 해당되지 않는 것은? ( )**

가. 충돌 시의 충격 흡수 차체 구조　　나. 보행자 사고 조사 기술
다. 승객 보호 기술(구속 장치 기술)　　라. 보행자 피해 경감 기술

예제 10-2 **다음 중 자동차의 에어백에 대한 설명으로 옳은 것은? ( )**

가. 에어백은 충격센서에 일정 이상의 충격이 가해지면 세이프센서와 함께 작동해야 한다.
나. 부풀어 오른 에어백은 계속 그 상태를 유지해야 한다.
다. 충격센서는 차량 전방에만 설치되어 있다.
라. 시스템이 고장 나면 핸들이 멈추면서 자동차는 정지한다.

예제 10-3 **다음 중 에어백 시스템에 대한 설명으로 옳은 것은? ( )**

가. 후방 충격에서만 작동한다.
나. 전개된 에어백은 계속 그 상태를 유지한다.
다. 전방에 일정 이상의 강한 충격을 받았을 때 전개되고 수축된다.
라. 경고등이 점등되어도 강한 충격 발생 시 전개된다.

예제 10-4 **다음 중 에어백 모듈 구성요소에 속하지 않는 부품은? ( )**

가. 인플레이터　　나. 에어백　　다. 에어백 ECU　　라. 클럭 스프링

예제 10-5 **다음 중 에어백 인플레이터의 역할에 대한 설명으로 옳은 것은? ( )**

가. 에어백의 작동을 위한 전기적 충전을 하여 배터리가 없을 때도 작동시키는 역할을 한다.
나. 점화장치, 질소가스 등이 내장되어 에어백이 작동할 수 있도록 점화 역할을 한다.
다. 충돌할 때 충격을 감지하는 역할을 한다.
라. 고장이 발생하였을 때 경고등을 점등한다.

예제 10-6 다음 중 자동차의 에어백 장치에서 컨트롤 유닛으로 입력 신호가 아닌 것은? ( )

가. 충돌 감지 센서　　나. 가속도 센서
다. 버클 센서　　라. 조향각 센서

예제 10-7 에어백 시스템에서 모듈 탈거 시 각종 에어백 회로가 전원과 접지되어 에어백이 펼쳐질 수 있다. 이러한 사고를 미연에 방지하는 것은? ( )

가. 프리 텐셔너　　나. 단락 바
다. 클럭 스프링　　라. 인플레이터

예제 10-8 에어백 시스템의 부품 중 고장 시 경고등이 점등되지 않는 것은? ( )

가. 에어백 모듈　　나. 충돌 감지센서
다. 클럭 스프링　　라. 디퓨저 스크린

예제 10-9 괄호 안에 알맞은 소자는? ( )

SRS 점검 시 반드시 배터리의 (-)터미널을 탈거 후 5분 정도 대기한 후 점검한다. 이는 ECU 내부에 있는 데이터를 유지하기 위한 내부 ( )에 충전되어 있는 전하량을 방전시키기 위함이다.

가. 서미스터　　나. G 센서　　다. 사이리스터　　라. 콘덴서

예제 10-10 다음 중 에어백이 장착된 차량의 계기판에 고장 경고등이 점등되는 원인으로 거리가 먼 것은? ( )

가. 퓨즈 단선　　나. IG 키 스위치 불량
다. 인터페이스 유닛 불량　　라. 충돌감지 센서 불량

예제 10-11 **다음 중 에어백 시스템에 대한 설명으로 틀린 것은? ( )**

가. 안전벨트 프리 텐셔너는 충돌 시 에어백보다 먼저 동작된다.
나. 고장 진단을 위해 배터리를 체결한 상태에서 교환 점검을 한다.
다. 사고 충격이 크지 않는다면 에어백은 미 전개되며 프리 텐셔너만 작동할 수도 있다.
라. 커넥터를 탈거 시 폭발이 일어나는 것을 방지하기 위해 단락 바가 설치되어 있다.

예제 10-12 **다음 중 자동차 전기식 프리 텐셔너 시트벨트 기능 및 취급 시의 주의사항 중 옳지 않은 것은? ( )**

가. 내부의 고장이 판단될 경우 반드시 배터리를 탈거하고 5분이 경과한 후에 분해해서 수리한다.
나. 보통 에어백보다 더 낮은 속도에서 동작되고 에어백 작동보다 앞서서 작동되어야 한다.
다. 차체에 충격을 가하는 작업을 할 경우에는 반드시 배터리 (-)케이블을 탈거한 후 30초 이상 경과 후 작업해야 한다.
라. 프리 텐셔너의 기능은 단 1회 작동하므로 작동 후에는 반드시 교환해야 한다.

예제 10-13 **다음 중 에어백 장치 중 진단모듈에 속하지 않는 것은? ( )**

가. 시스템 내의 구성부품 및 배선의 단선, 단락 진단
나. 부품 이상 시 경고등 점등 또는 점멸
다. 전기신호로 에어백 팽창
라. 시스템 이상 시 경고등 점등

예제 10-14 **다음 중 에어백 작업 시 주의사항으로 잘못된 것은? ( )**

가. 스티어링 휠 장착 시 클럭 스프링의 중립을 확인할 것
나. 에어백 관련 정비 시 배터리 (-)단자를 떼어 놓을 것
다. 보디 도장 시 열처리를 요할 때는 인플레이터를 탈거할 것
라. 인플레이터의 저항은 아날로그 테스터기로 측정할 것

예제 10-15 **다음 중 에어백 모듈 취급 시 유의사항으로 틀린 것은? ( )**

가. 물에 닿지 않도록 한다.
나. 1.5 [m] 이상에서 자유낙하 정도의 충격이 없어야 한다.
다. 배선 및 커넥터에 10 [kgf] 이상의 인장력을 가하지 말아야 한다.
라. 배선에 문제가 있을 경우 수리하여 장착한다.

예제 10-16 **다음 중 승객석 에어백 모듈을 떼어낼 때 주의사항이 아닌 것은? ( )**

가. 에어백 모듈을 분해하지 않는다.
나. 에어백 모듈은 균열 변형이 있으면 신품으로 교환한다.
다. 에어백 모듈은 평편한 곳에 패드 면이 아래로 오도록 한다.
라. 에어백 모듈은 물 또는 오일이 있는 곳에 떨어뜨리지 않도록 한다.

예제 10-17 **다음 중 에어백 시스템의 인플레이터(에어백 모듈) 정비 시 유의사항으로 틀린 것은? ( )**

가. 인플레이터 배선측이 위로 가도록 보관한다.
나. 도장 건조 작업 시에는 탈거 후에 해야 한다.
다. 취급 시 충격을 가하지 않도록 한다.
라. 화기 근처에 놓지 말아야 한다.

CHAPTER 11

하이브리드 자동차

11.1 개요

하이브리드 전기 자동차(HEV : Hybrid Electric Vehicle)는 잡종이라는 의미를 담고 있다. 즉, 성질이 서로 다른 것들이 결합해서 새로운 것을 창조한다는 의미로 사용된다. 다시 말해서 엔진의 동력과 전기 모터의 2개의 동력원을 함께 사용해서 유해 배출가스를 저감하고, 연비를 향상시키는 것으로 정의할 수 있다.

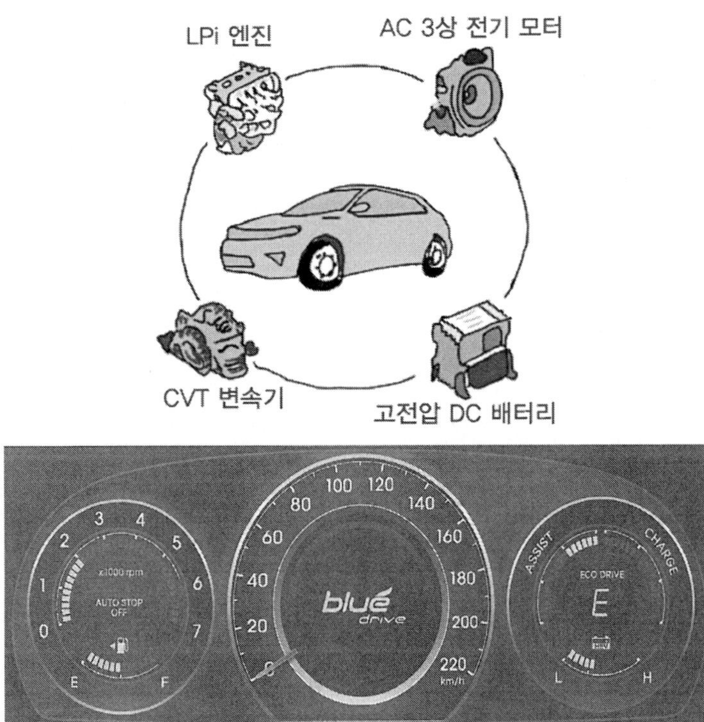

[그림 11.1] 하이브리드 자동차의 주요 구성품

하이브리드 자동차는 계기판에 READY 램프가 점등(ON) 시 정상 주행이 가능하고, 소등(OFF) 시 주행이 불가능하고, 점멸 시(blinking) 비상모드 주행이 가능하다. 또한 운전석 계기판에 'CHARGE' 표시등이 점등되면 모터가 차량의 여유 동력을 발전제어하여 배터리를 충전시키는 상태이고, 'ASSIST'가 점등되면 모터가 엔진을 보조하여 차량 성능을 향상시키는 상태를 나타낸다.

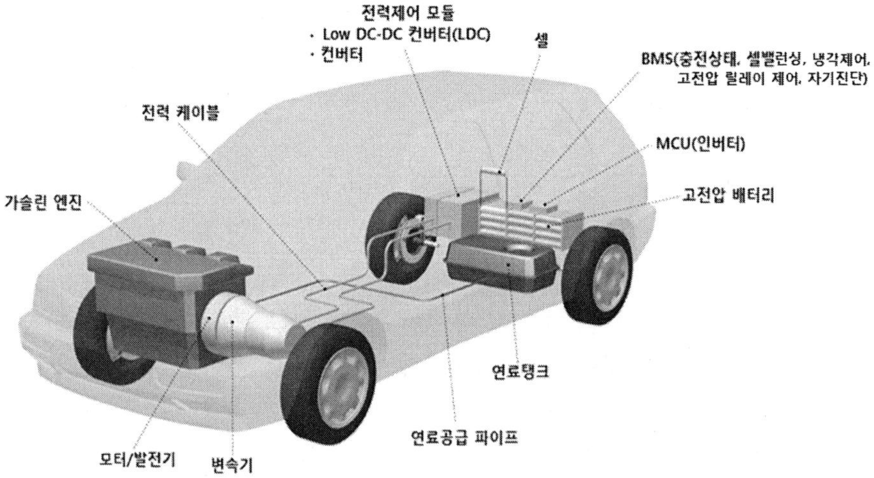

[그림 11.2] 하이브리드 자동차의 구조

하이브리드 리튬-폴리머 이온 배터리는 15년 30만 [km]의 내구성을 갖고 있고, 보증 기간은 10년 20만 [km]다. 무게는 22 [kg]으로 일반 차량 대비 공차중량이 많이 나가는 것은 사실이지만, 하이브리드 차량은 엔진 기동을 최적점에서 운행하고 모터 주행 가능 시 엔진을 OFF시켜 전기로 주행하기 때문에 불필요한 엔진 기동을 줄여 가솔린차 대비 연비가 좋아지게 된다.

11.2 하이브리드 자동차 용어 설명

[표 11.1] 하이브리드 자동차 용어 설명(아반떼 하이브리드 기준)

용어	영문	국문	비고
HEV	Hybrid Electric Vehicle	하이브리드 전기자동차	
HCU	Hybrid Control Unit	하이브리드 총합 제어기	실내 조수석에 장착
MCU	Motor Control Unit	모터 컴퓨터 (인버터)	IPM 내부에 장착(180V) (고전압 직류를 삼상교류로 전환하여 모터를 구동)
BMS	Battery Management System	고전압 배터리 관리 시스템	충전상태(soc), 파워제한, 셀밸런싱, 냉각제어, 고전압 릴레이 제어, 자기진단 등을 수행
LDC	Low DC-DC Converter	DC-DC 변환기	IPM 내부에 장착, 높은 전압을 낮은 전압으로 변환하여 12V 배터리에 충전
ECU	Engine Control Unit	엔진 컴퓨터	에어클리너 옆에 장착
IFB	Inter Face Box	LPI 컴퓨터	운전석 A-필러 하단 장착
TCU	Transmission Control Unit	자동변속기 컴퓨터	브레이크 부스터 옆
TMK	Tire Mobility Kit	타이어 펑크 수리 키트	아반떼 HEV 미적용
CAS	Creep Aid System	밀림 방지 시스템	
CVT	Continuously Variable Transmission	무단 변속기	
MDPS	Motor Driven Power Steering	전동식 모터 조향장치	
PRA	Power Relay Assembly	고전압 릴레이 어셈블리	IPM 내부에 장착 (고전압계 고장으로 인한 안전사고 방지)
IPM	Intergrated Package Module	통합 패키지 모듈 (배터리, 인버터, LDC)	
SOC	State Of Charge	배터리 충전상태	

레졸버	Resolver	모터위치 센서	모터 내부에 장착 (회전자의 위치 및 속도 정보로 MCU가 가장 큰 토크로 모터를 제어하기 위해)
안전 플러그	Safety Plug	고전압 차단 플러그	IPM 내부에 장착
HSG	Hybrid Starter Generator	스타트 & 충전 모터	별도 엔진 시동기능과 발전기능을 수행, 감속 시 배터리 충전,
FMED	Flywheel Mounted Electric Device	모터가 플라 휠에 장착	소프트 타입 의미 (병렬연결 HEV)
TMED	Transmission Mounted Electric Device	모터가 변속기에 장착	하드 타입 의미 (병렬연결 HEV)
플러그-인	Plug-in Hybrid Electric Vehicle	가정용 등 별도의 외부 전원을 사용하여 배터리를 충전할 수 있는 HEV	
NI-MH	Nickel-Metal Hybird	니켈-수소 배터리 셀당전압 : 1 ~ 1.6V(1.2V)	리튬-폴리머 배터리보다 수명이 짧고, **메모리효과 있음**
Li-PB	Lithium-Polymer	리튬 이온-폴리머 배터리 셀당전압 : 2.5 ~ 4.3V(3.75V)	자기방전이 거의 없음 내부 수소가스 없음

11.3 하이브리드 자동차의 분류

11.3.1 직렬형 하이브리드 시스템

직렬형(series type)은 [그림 11.3]과 같이 기관을 가동하여 얻은 전기를 축전지에 저장만 하고, 차체는 순수하게 전동기의 힘만으로 구동하는 방식이다.

11.3.2 병렬형 하이브리드 시스템

병렬형(parallel type)은 [그림 11.4]와 같이 기관과 변속기가 직접 연결되어 바퀴를 구동한다. 동력전달은 축전지 → 전동기 → 변속기 → 바퀴로 이어지는 전기적 구성과, 기관 → 변속기 → 바퀴의 내연기관 구성이 변속기 중심으로 병렬로 연결된다. 구동용 모터 용량을 크게 할 수 없고, FMED 방식과 TMED 방식이 있다. 또한 병렬형은 소프트 방식과 하드 방식으로 나누어진다.

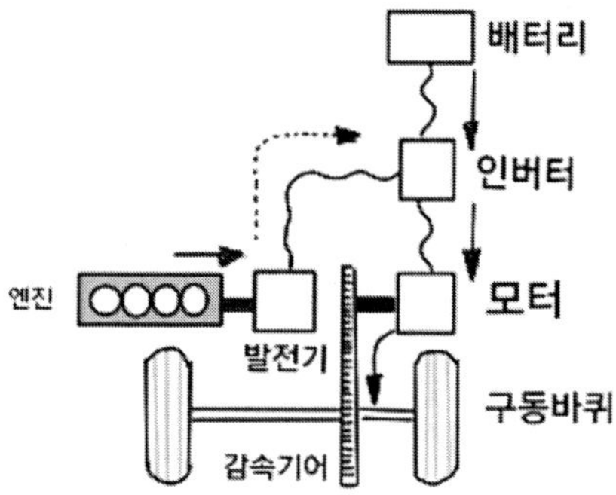

[그림 11.3] 직렬형 하이브리드

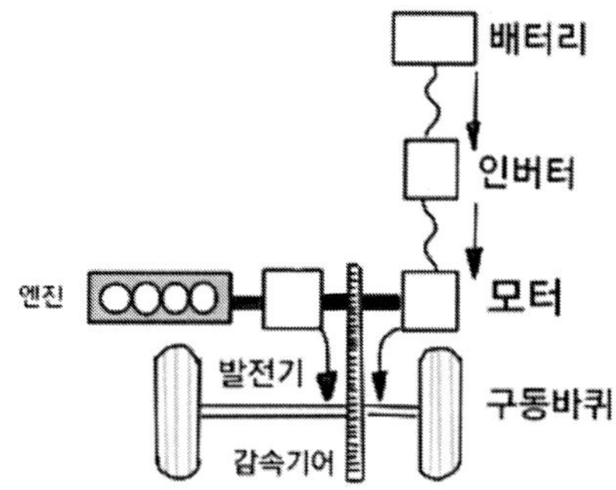

[그림 11.4] 병렬형 하이브리드

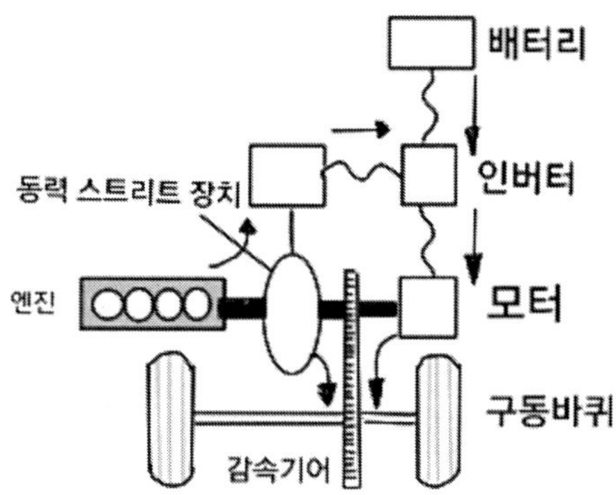

[그림 11.5] 직·병렬형 하이브리드

[1] 소프트 타입 : 순수 EV 주행모드가 없다.

소프트 타입(soft type)은 [그림 11.6]과 같이 출발 시 모터와 엔진을 사용하고 평지 주행 시(부하가 적음)는 엔진만으로 주행하고 있다. 가속/등판과 같이 큰 출력이 요구되는 상황에서는 엔진과 모터를 사용하며, 감속 시 기존 차량에서 브레이크에 의해 버려지는 감속 에너지를 모터가 회생시켜 에너지를 회수하여 배터리에 충전한다(회생제동기능). 마지막 신호대기 또는 정차 시 엔진을 정지시켜 전혀 연료소비를 하지 않는 Auto-Stop 기능을 보여주고 있다.

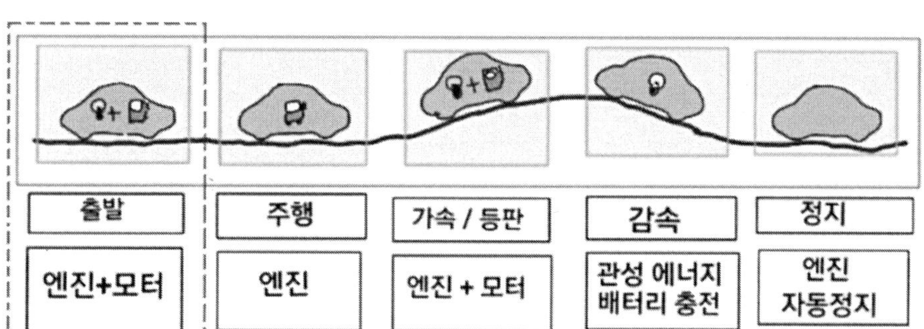

[그림 11.6] 소프트 타입

[2] 하드 타입 : 소프트 타입에 비해 연비 향상

하드 타입(hard type)의 주행 모드는 소프트 타입과 동일하나, [그림 11.7]과 같이 처음 출발과 저속주행 시 일체의 엔진을 사용하지 않고 모터로만 주행을 하고 있다. 순수 전기구동(EV) 모터가 있으면 하드 타입이다. 고산지 약 7 [km] 계속되는 오르막과 같은 등판을 하는 경우, 고전압 배터리의 충전량은 떨어지고 등판력 확보 및 배터리 충전을 위해서 엔진이 기동된다. 엔진 동력으로 인하여 등판은 가능하다.

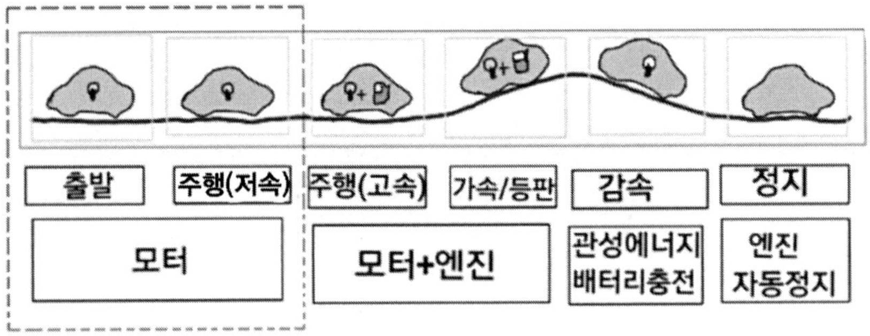

[그림 11.7] 하드 타입

11.3.3 직·병렬형 하이브리드 시스템

출발할 때와 경부하 영역에서는 축전지로부터의 전력으로 전동기를 구동하여 주행하고, 통상적인 주행에서는 기관의 직접구동과 전동기의 구동이 함께 사용된다. 그리고 가속, 앞지르기, 등판할 때 등 큰 동력이 필요한 경우 통상주행에 추가하여 축전지로부터 전력을 공급하여 전동기의 구동력을 증가시킨다. 감속할 때는 전동기를 발전기로 변환시켜 감속에너지로 발전하여 축전지에 충전하여 재생한다.

11.4 HCU(Hybrid Control Unit : 메인 컴퓨터)

하이브리드 자동차에는 자동차의 운전 상태 및 각 장치의 상태를 파악하여 차량의 최적 조건에서 운전될 수 있도록 제어하는 하이브리드 컴퓨터가 적용되었다. 이 HCU는 차량의 메인 컴퓨터로서, ECU(엔진 컴퓨터), MCU(모터 컴퓨터), TCU(변속기 컴퓨터), BMS(배터리 컴퓨터), LDC(DC-DC 컨버터 : 12V 배터리 충전용 직류변환장치) 등을 제어한다.

11.4.1 HCU 입력 구성요소

[1] 보조 배터리 전원

HCU는 보조 배터리(12V) 전원을 공급받아 제어기를 구동할 수 있는지를 판단한다. 보조 배터리 전압이 7 [V]보다 낮을 경우가 30초 이상 지속 시 보조 배터리경고등을 점등시킨다.

[그림 11.8] 보조 배터리 전원 회로

[2] 브레이크 스위치

브레이크 스위치는 브레이크 페달 상부에 장착되어 있으며 브레이크 페달의 작동상태를 감지한다. 이 스위치가 고장 나면 오토-스톱을 금지시킨다.

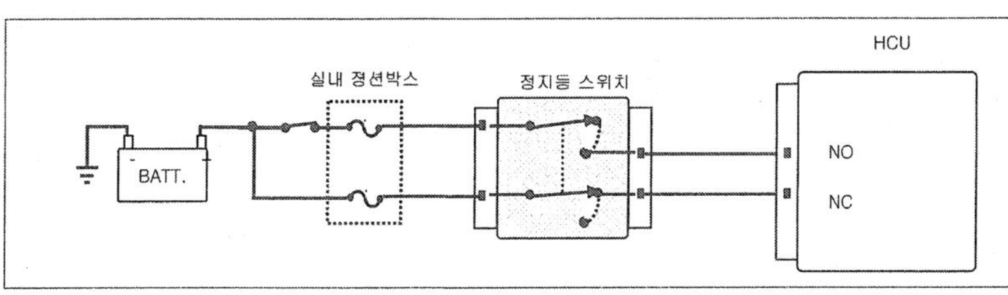

[그림 11.9] 브레이크 스위치 회로

[3] 스타트 컷 릴레이

스타트 컷 릴레이는 오디오 뒤쪽에 장착되어 있다. HCU가 스타트 컷 릴레이를 제어하면 하이브리드 모터로 엔진 시동이 가능하고, 스타트 컷 릴레이를 제어하지 않으면 엔진 스타트 모터로 엔진 시동이 가능하다. HCU는 시스템이 정상일 경우 스타트 컷 릴레이를 항상 접지 제어하여 하이브리드 모터로 엔진 시동이 가능하도록 제어한다. 접지 제어 이유는 HCU가 고장 시 스타트 릴레이를 작동시킬 수 있어 스타트 모터로 시동을 하기 위함이다.

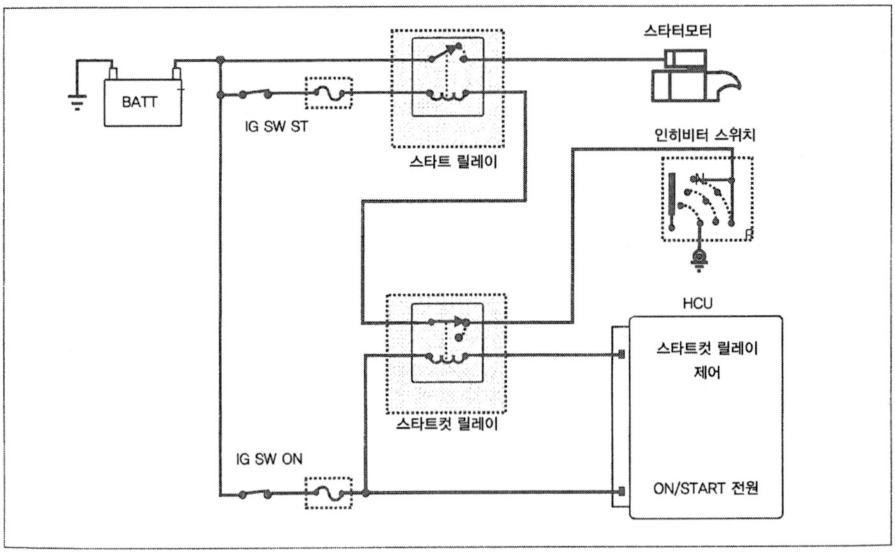

[그림 11.10] 스타트 컷 회로도

[4] 브레이크 부스터 압력센서

브레이크 부스터 압력센서는 브레이크 부스터에 장착되어 있으며, 브레이크 부스터 압력을 측정한다. 브레이크 부스터 내 부압이 부족하여 비정상적인 브레이크 제동을 방지하기 위하여 부압이 형성되도록 제어한다. 아이들 상태에서 부압이 부족할 경우 엔진의 부하 토크를 감소시켜 스로틀 밸브를 닫힘 방향으로 제어하여 부압이 생성되도록 하고, 부압의 크기와 출력전압은 비례한다. 오토-스톱 상태에서 부압이 부족할 경우 오토-스톱을 해제 제어(엔진 시동)을 하여 부압이 생성되도록 한다.

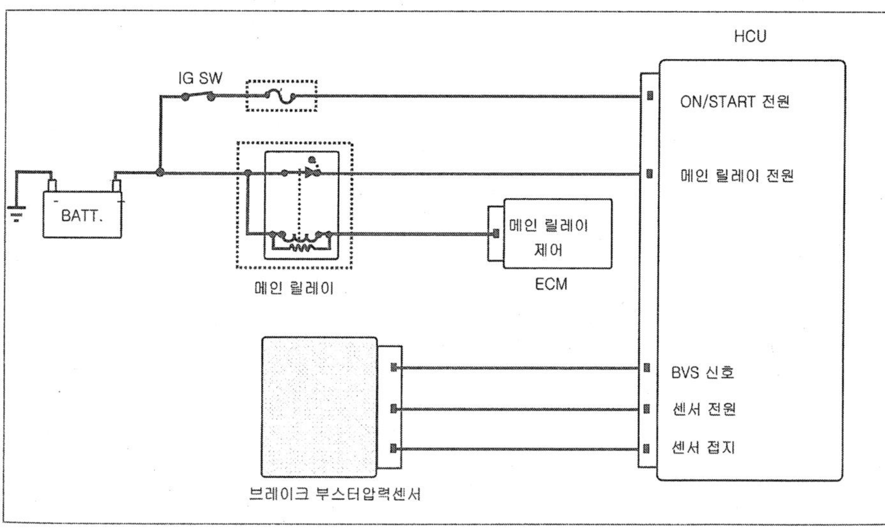

[그림 11.11] 브레이크 부스터 압력제어 회로도

[5] 경사각 센서

경사각 센서는 히터 코어 아래에 장착되어 있으며, 차량의 경사도를 측정한다. 또 차량이 경사로 등에서 뒤로 밀리지 않도록 밀림방지 제어를 하는 데 중요한 신호로 사용된다. 차량이 언덕길에 정차하여 오토-스톱 상태가 된 후 출발 시 차량이 뒤로 밀리는 경우가 있는데, 이를 방지하기 위해 브레이크 페달을 뗀 후에도 경사도에 따라 일정시간 동안 제동장치가 작동하도록 제어한다. 밀림방지 제어를 하기 위해서는 경사각 센서, 브레이크 스위치, ABS 모듈, HCU 등이 필요하다.

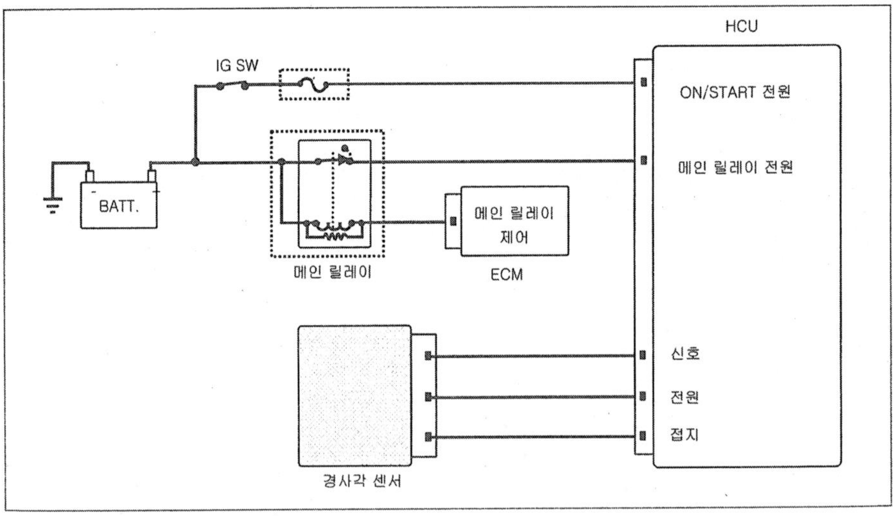

[그림 11.12] 경사각 제어 회로도

[6] 알터네이터 L 릴레이

알터네이터 릴레이는 계기판 뒤쪽 ICM 릴레이박스 내에 장착되고, HCU는 LDC가 정상적으로 12 [V]를 발생시켜 보조 배터리를 충전시키는지 확인한다. 만약 LDC가 비정상일 경우 보조 배터리에 충전이 안 되며, HCU는 알터네이터 릴레이를 제어하여 보조 배터리 충전 경고등이 점등되고 에탁스로 신호를 보내며, 에탁스는 부하가 큰 전장품을 OFF 제어하도록 한다.

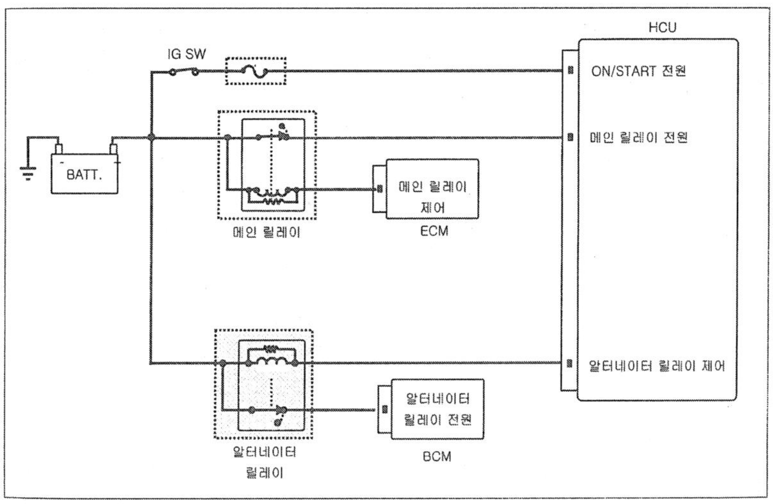

[그림 11.13] 알터네이터 제어 회로

[7] 에어백 신호

에어백이 전개되었을 경우 에어백 ECU에서 HCU로 에어백이 전개되었다는 신호를 보낸다. 이 경우 HCU는 운전자 및 차량의 안전을 위해서 하이브리드 고전압 시스템을 중지시킨다.

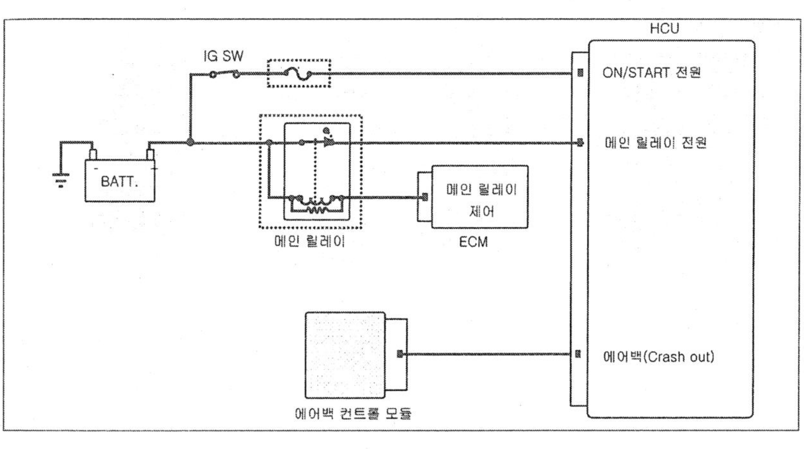

[그림 11.14] 에어백 제어 회로

11.4.2 HCU 제어 기능

[1] HEV 모터 시동

IG KEY 시동 혹은 오토 스톱 이후 HEV 모터를 이용하여 시동하고, HEV 모터 작동 불가 시 스타터 모터(Key)로 시동을 가능하게 한다. 또 장시간 오토 스톱 후 시동 시 자동변속기 유압발생을 위해 시동 rpm 상승하게 한다. 하이브리드 모터 시동 금지조건은 아래와 같다.

① 배터리/모터 방전 제한 값(엔진의 시동 토크보다 적을 때)
② 배터리 온도가 낮을 때(-10℃)
③ 배터리 온도가 높을 때(45℃ 이상)
④ MCU(모터조절기)가 94 [℃] 이상일 때
⑤ 냉각수 온도가 -10 [℃] 이하 시
⑥ SOC(고전압 배터리 충전율)가 18 [%] 이하일 때
⑦ ECU/MCU/BMS 고장 시(CAN 통신 고장)

[2] HEV 모터 보조

가속 시 HEV 모터 구동을 통한 엔진 토크 보조한다.

[3] HEV 모터 회생제동

감속 시 HEV 모터 발전을 통한 전기에너지를 회수하여 고전압 배터리 충전을 시킨다.

[4] 변속기 변속비 제어

주행 상태에 따른 최적 변속비 제어를 실행한다.

[5] 오토 스톱 제어

오토 스톱은 차량이 정지할 경우 연료 소비를 줄이고 배기가스를 저감시키기 위해 엔진을 자동으로 정지시키는 기능이다(공조 시스템은 일정시간 유지 후 정지). 오토 스톱이 해제되면 모터 크랭킹과 엔진 연료분사를 재개하여 엔진을 재시동시킨다. 즉, D단 주행 후 브레이크 정차 시 엔진정지, 브레이크 페달 OFF 혹은 가속페달 ON 시 엔진 재시동 가능하게 한다. 동작조건은 9 [km/h] 이상의 속도로 2초 이상 운행 후 브레이크 페달을 밟은 상태로 4 [km/h] 이하가 되면 엔진 정지하고, 브레이크 페달을 떼고 차속이 발생하고 구배가 17 [%](경사각 10°) 이상이면 해제한다.

오토 스톱이 작동되면 AUTO STOP 램프가 점멸하고, AUTO STOP가 해제되면 AUTO STOP 램프가 소등된다. 또한 AUTO STOP 스위치가 눌러 있지 않은 경우 AUTO STOP OFF 램프가 점등된다. IG OFF 후 IG ON할 경우 AUTO STOP 스위치는 ON 상태로 된다.

AUTO STOP 금지 조건은 아래와 같다.

① 엔진 냉각수 온도가 50[℃] 이하

② 오토-스톱 스위치가 OFF인 경우

③ Main 배터리 충전량이 낮은 경우(18% 이하)

④ 브레이크 부압이 낮은 경우(250mmHg, 680hPa)

⑤ 12[V] 배터리 전압이 낮은 경우(전기 부하가 클 때)

⑥ 가속 페달을 밟은 경우

⑦ 변속레버가 P 또는 R단인 경우

⑧ 관련 시스템(배터리, 모터)의 Fault가 검출된 경우

⑨ 급감속 시(기어 비 추정 로직)

⑩ ABS 작동 시

AUTO STOP 스위치는 기존 차량의 'ECO' 스위치로 표시되었으며, 이 스위치를 OFF하게 되면 경제적인 운전을 하지 않겠다는 운전자의 의지이다.

[6] 브레이크 밀림방지 장치

브레이크 밀림방지 장치(CAS : creep aid system)는 경사로 등에서 출발 시 차량이 밀리는 현상을 방지하기 위한 장치이다. 아이들 스톱 후 해제 시 엔진 재시동이 되어 엔진 creep 토크가 발생하기까지 차량이 밀리는 현상을 최소화하기 위해 경사도에 따라 밀림방지 장치를 동작시킨다. 차량 정지상태(오토 스톱 후)에서 브레이크 페달을 밟았을 때 동작하기 시작하여 브레이크 페달을 뗀 후에도 경사도에 따라 일정시간 동안 제동 장치가 작동하도록 한 뒤 동작이 해제된다.

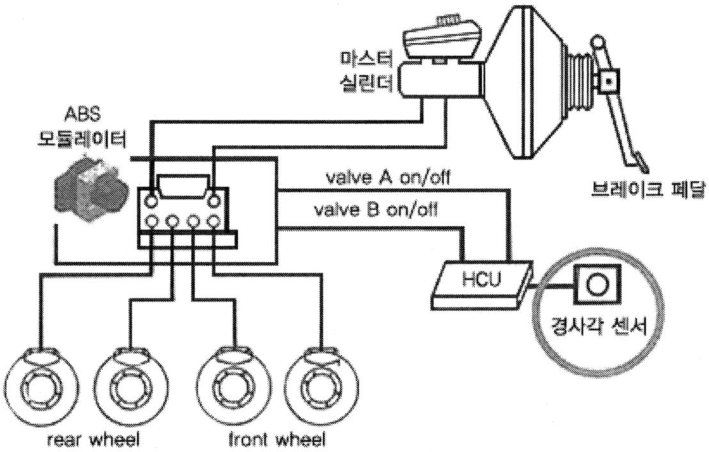

[그림 11.15] 브레이크 밀림방지 장치

(1) 동작조건

① 정지 상태

② 변속기어 위치 D단, R단, L단

③ 브레이크 페달 스위치 ON

④ 차량 정지 시

(2) 해제조건

① 브레이크 페달 OFF시 경사도에 따라 일정시간 지연 후 밀림방지 장치 작동 해제

② 차량 정지 1.2초 후 평지로 판단할 경우 CAS 작동 해제

[7] 연료 컷 및 분사 허가

시동 시 연료 분사를 허가하고 SOC와 변속비 조건에서 연료 컷 및 연료 분사의 금지를 요구한다.

[8] 모터 및 배터리 보호

180 [V] 배터리 과충전 방지, 토크 제한, 보조배터리(12V)의 과방전 방지 제어를 하고, 과방전 시 오토 스톱 금지시킨다.

[9] 브레이크 부압 보조

하이브리드 차량은 브레이크 부압이 부족할 경우가 있다. 부압이 부족하다고 판단되면 부압을 회복하기 위해 아래와 같이 제어한다.

(1) 엔진 시동이 OFF된 경우

오토 스톱 경우에 엔진이 정지하면 부압이 낮아진다. 부압이 낮다고 판단되면 엔진 시동을 건다.

(2) 엔진 시동이 ON된 경우

① LDC 충전전압(12.8V)을 낮추어 부압을 확보한다.

② 에어컨의 부하가 클 때(ETC밸브가 열려 있어 부압 저하) 에어컨을 OFF하여 부압을 확보한다.

③ CVT 발진 클러치 초기출발 토크확보를 위해(ETC밸브가 열려 있어 부압 저하) 열려 있던 ETC 밸브를 닫는다.

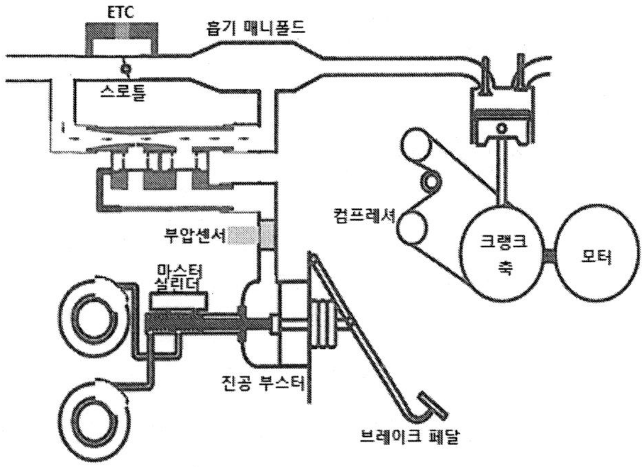

[그림 11.16] 브레이크 부압 보조

[10] LDC 제어

HEV 차량에는 전장전원을 공급하는 장치는 기존의 발전기를 대체하는 LDC를 적용함으로써 오토 스톱 시에 원활한 전장전원 공급이 가능하고 발전기보다 효율이 높아 연비 향상에 기여하게 되었다. 즉, 180 [V] 높은 전압을 낮추어 보조배터리(12V)에 충전하는 역할을 한다. LDC를 Low DC-DC 변환기라고도 한다.

[11] 서비스 램프제어

HCU, BMS, MCU, TCU, LDC 등이 고장 시 계기판에 점등시키고, 서비스 램프가 점등되면 하이브리드 시스템 작동은 중지하고 엔진동력으로만 운행하도록 한다.

[12] 경제운전 안내

E(economic)단으로 D레인지에서 변속레버를 오른쪽으로 이동하면 출력을 감소시키고 연비를 향상시키는 주행패턴으로 변경하여 주행속도별 rpm 감소, APS에 대한 rpm 반응성 저하, 엔진과 모터 토크 저감, 회생제동량이 증대된다. 즉, 경제적인 운전 영역에서 운행할 수 있도록 유도하며 연비 악화로 인한 불만 해소 및 연비향상을 안내한다.

11.5 고전압 배터리 시스템

하이브리드 전기 자동차는 차량 내 타 시스템, 즉 하이브리드 전기자동차 제어기(HCU), 모터 제어기(MCU) 등과의 CAN통신을 통하여 배터리 충전 상태, 가용파워 예측, 자기진단, 셀 밸런싱, 냉각제어, 고전압 릴레이 제어 등을 수행한다.

전기 동력 시스템은 DC 180 [V]의 고전압 배터리와 AC 180 [V], 15 [kW]급 3상 교류 동기 모터, 모터 제어기(MCU), LDC(DC-DC 변환기), 파워 케이블 등으로 구성되어 있다.

기존 차량에 장착되어 사용해왔던 DC 12 [V] 배터리의 경우 하이브리드 전기자동차에서는 일반 바디전장이나 각종 제어 ECU 동작을 위한 보조 배터리의 개념으로 이해해야 하며, 정격 전압 180 [V]의 고전압 배터리 시스템은 12 [V] 보조 배터리와는 완전히 분리되는 독립적인 전원 시스템임을 주지해야 한다.

[그림 11.17]은 고전압 배터리 시스템과 연결된 전체적인 하이브리드 시스템 구성도이다.

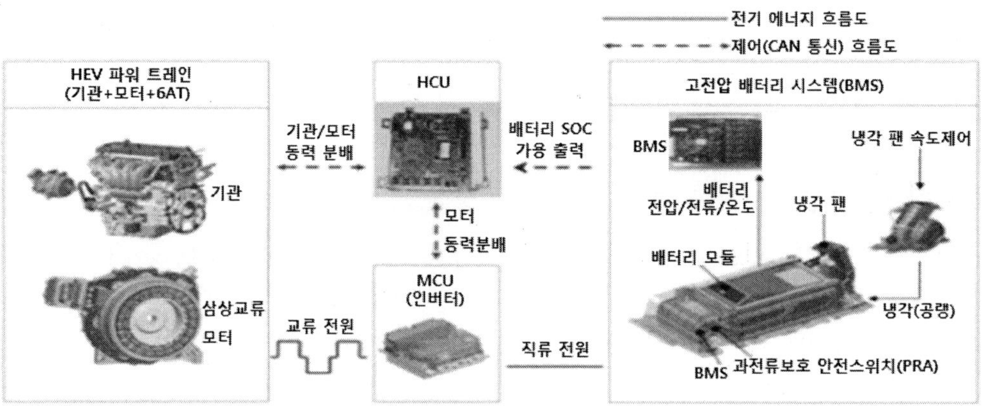

[그림 11.17] 고전압 배터리 시스템과 전체적인 하이브리드 시스템의 구성도 (1)

[표 11.2] 고전압 배터리 시스템과 전체적인 하이브리드 시스템의 구성도 (2)

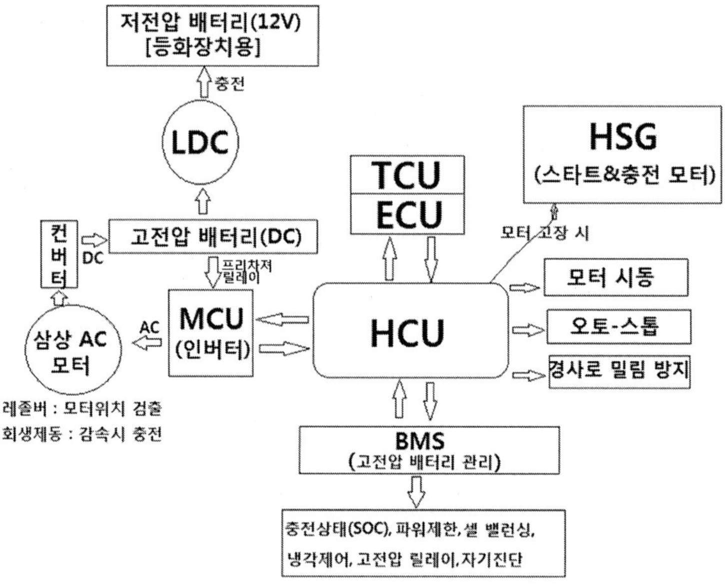

11.5.1 고전압 배터리 시스템 용어 정리

SOC	• SOC는 start of charge의 약자로서 배터리 사용 가능 에너지(충전상태, 잔존용량)를 표시한 양 • 배터리 정격용량(nominal capacity) 또는 비율용량(rated capacity) 대비 방전 가능한 잔존량의 백분율로 표시된다. 예) 100 [%] : 만충전 상태, 0 [%] : 심 방전 상태
가용파워	배터리로 입 · 출력할 수 있는 제한 값으로 전류에 대한 전압 값으로 표시
전류센서	배터리로 입 · 출력되는 에너지, 전류량을 측정하기 위한 센서로서 SOC 및 가용파워 계산에 사용된다.
셀 밸런싱	전압 편차가 생긴 셀을 동일한 전압으로 매칭
PRA	PRA(power relay assembly)는 400 [V] / 60 [A] 사양으로 고전압 배터리의 기계적인 분리(암전류 차단), 고전압 회로 과전류 보호(fuse), 전장품 보호(초기충전회로 적용), 고전압 정비 시 작업자 보호를 위해 안전 스위치가 적용되어 있다.

11.5.2 리튬폴리머 배터리 팩 구성

DC 180 [V] 정격의 리튬폴리머(Li-Pb) 배터리는 DC 3.75 [V]의 배터리 셀 총 48개가 직렬로 연결되어 있고 한 개의 모듈은 8개의 셀로 구성되며, 6모듈+1BMS는 1팩이다.

셀	모듈	배터리 팩
		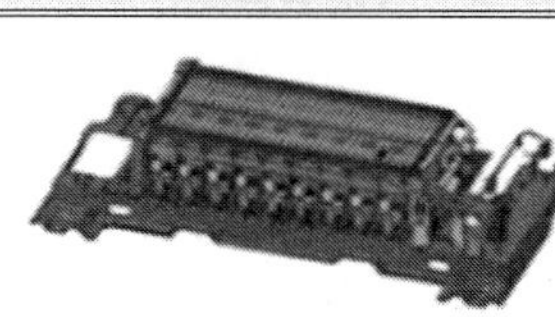
– 리튬이온 폴리머 배터리 – 전압 : 3.75V	– 1 모듈은 8개의 셀로 구성 – 전압 : 30V(3.75V×8)	– 6개의 모듈로 구성 – 전압 : 180V(30V×6개)

[그림 11.18] 아반떼 고전압 배터리의 사양

배터리 팩 상단에 장착된 외기온도 센서는 부특성 서미스터(NTC) 소자를 사용하며, 배터리 냉각 유입 온도를 감지하여 BMS ECU로 입력시킨다.

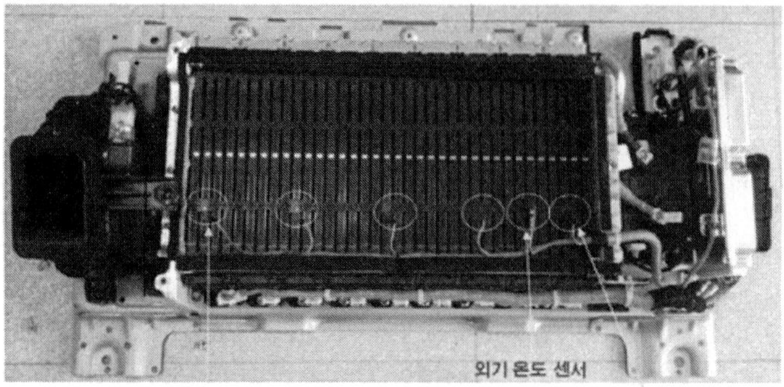

[그림 11.19] 고전압 배터리 온도센서 장착위치

고전압 배터리 가용온도는 -30 [℃] ~ 55 [℃]이지만 평균온도 30 [℃]로 유지한다. BMS 제어 금지 조건은 다음과 같다.

① 고전압 배터리 온도가 -10 [℃] 이하
② 고전압 배터리 온도가 50 [℃] 이상
③ 고전압 배터리 충전율(SOC)이 20 [%] 이하 시(충전 제한 영역은 20 ~ 70%)
④ ECU, MCU, BMS ECU Fail 시

11.5.3 HEV 고전압 배터리의 특징

[표 11.3] 니켈 메탈 배터리와 리튬이온 폴리머 배터리의 비교

구분 항목	Ni-MH (니켈 메탈)	Li-PB (리튬이온 폴리머)	비고
셀당 전압	1.0 ~ 1.6 [V](1.2V)	2.5 ~ 4.3 [V](3.75V)	동일 전압으로 갈 때 부피가 작아짐
수명	보통	우세	
특징	내부 수소가스 발생	내부 수소가스 없음	가스 배출 없음
자기방전 (self discharge)	보통	거의 없음	
메모리 효과	있음	없음	
사용차종	혼다시빅 / MC / JB / 도요타 프리우스	아반떼 / 포르테	

※ 메모리 효과 : 완전히 방전되지 않은 상태에서 충전을 반복하면 최대 용량이 줄어듦

[표 11.4] 리튬이온 배터리와 리튬폴리머 배터리의 비교

항목 \ 구분		리튬이온		리튬폴리머
형상		원통형	각형	파우치
재질	케이스	SUS/Al CAN		Al film
	양극재	삼성분계(Ni+Co+Mn)		망간계(안전성 유리)
	전해질	액상 전해액		겔 폴리머 전해질(누액 없음)
	분리막	다공성 필름		다공성 필름+세라믹 코팅 (내부 단락 방지)
패키지 설계		우세(기계적 강성 우수)		열세(강성재 보강 필요)
내구 수명		열세(발열 특성 취약)		우세(발열 특성 우수)
안전성		열세 (내압 강성 크고 폭발가능성 있음)		우세(폭발 가능성 없음)
기술 확장성		열세(대용량 설계 불리)		우세(대용량, 대면적 설계 유리)
메모리 효과		없음		없음

11.5.4 아반떼 HEV 고전압 배터리의 사양

[표 11.5] 아반떼 HEV 고전압 배터리 사양

항목	세부내용	비고
타입	Li-PB(리튬이온 폴리머)	
정격전압	180 [V]	3.75 [V]×48셀
정격용량	5.3 [Ah]	
중량	약 22 [kg]	배터리 팩 어셈블리
가용전압	132 [V] ~ 206 [V]	각셀(2.75V ~ 4.3V)
가용전류	(-)150 [A] ~ (+)150 [A]	(-)충전, (+)방전
가용온도	-30 [℃] ~ 55 [℃]	

11.6 BMS

BMS(battery management system)는 SOC 추정, 파워제한, 냉각제어, 릴레이제어, 셀밸런싱, 고장진단 등을 수행하고 배터리 에너지 상태 정보를 HCU 또는 인버터(MCU)로 송신하는 역할을 한다. BMS의 기능은 [표 11.6]과 같다.

[표 11.6] BMS의 기능

항목	제어 내용
SOC	• 배터리의 전압, 전류, 온도를 측정하여 배터리의 SOC를 계산하고 차량제어기에 전송하여 적정 SOC 영역 관리 • SOC : 배터리의 사용 가능한 에너지(배터리 정격용량 대비 방전 가능한 전류량의 백분율) • SOC 최대제한영역은 20 ~ 80 [%] 이내이며, 평상시에는 SOC 영역이 55 ~ 65 [%] 범위를 벗어나지 않게 제어한다.
파워 제한	• 배터리 보호를 위해 상황별 입 · 출력 에너지 제한 값을 산출하여 차량제어기로 정보 제공 • 배터리 가용파워 예측, 배터리 과충(방)전 방지, 내구 확보, 배터리 충(방)전 에너지 극대화
셀 밸런싱	• 배터리 충 · 방전과정에서 전압 편차가 생긴 셀을 동일한 전압으로 매칭 • 배터리 내구 수명 증대, 사용 가능 에너지 용량 증대, 배터리의 에너지 효율 증대 • 셀 밸런싱을 통해 48개 셀 SOC 값을 제어한다.
냉각 제어	• 최적의 배터리 동작 온도를 유지하기 위한 냉각 팬을 이용하여 배터리 온도유지 관리 • 배터리 최대 온도 및 배터리 최대, 최소 온도 편차에 따라 팬 속도 제어
고전압 릴레이 제어	• IG key ON/OFF 시 고전압 배터리단과 고전압을 사용하는 PE부품 전원공급 및 전원차단 • 고전압계 고장으로 인한 안전사고 방지 • 프리차저 릴레이 또는 프리차저 저항 : BMS는 메인 릴레이를 작동시키기 이전에 프리차저 릴레이를 먼저 동작시켜 고전압 배터리 전원을 인버터측으로 인가하게 되는데, 이때 프리차저 릴레이가 작동되면 저항을 통해 180 [V] 고전압이 인버터측으로 공급되기 때문에 순간적으로 돌입전류에 의한 인버터 손상 방지할 수 있다. • 메인 릴레이 : IG ON 시 고전압 배터리의 전원을 MCU, LDC로 공급하여 모터를 이용한 엔진 시동을 준비하는 릴레이 이다.
고장 진단	• 배터리시스템 고장 진단, 데이터 모니터링, 소프트웨어 다시쓰기 • fail safe level을 분류하여 출력 제한치를 규정 • 차량측 제어 이상 및 전지 열화에 의한 배터리의 안전사고를 방지하기 위해 릴레이 제어

11.7 모터 및 모터 제어기

11.7.1 삼상 교류 모터

하이브리드 자동차에 적용된 모터는 엔진과 무단변속기 사이에 장착되어 있고, 모터의 구동력을 발생시키는 회전자가 엔진의 크랭크축과 연결되어 엔진의 동력을 보조하여 무단변속기의 입력 축으로 전달하는 시스템으로 엔진과 모터의 동력을 조화롭게 제어하여 차량을 구동함으로써 엔진의 부하가 줄어들고 연비가 향상된다.

악셀러레이터의 조작이 없이 관성의 힘으로 주행하는 내리막길이나 감속 시 또는 제동 시에는 모터를 발전기로 작동시키고, 이때 운동에너지를 전기에너지로 변환해 회수하는 충전모드로 전환되므로 제동력을 발휘하면서 하이브리드 모터 발전을 통해 전기에너지가 고전압 배터리로 충전한다.

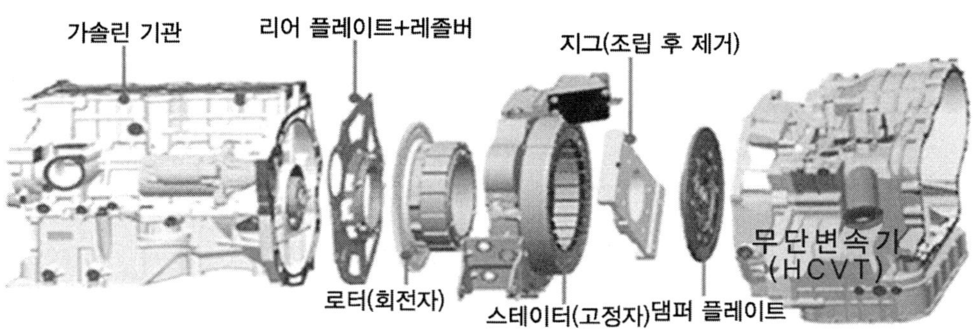

[그림 11.20] 하이브리드 모터

Handy hint ....

▌모터의 주요 기능

① 모터에 의한 엔진 시동(Auto stop & Go)

② 가속 시 구동력 보조

③ 감속 시 에너지 회수(배터리 충전 : 회생제동)

모터가 가열되면 영구자석 및 고정자의 코일 등의 변형 및 성능 저하가 발생된다. 이를 방지하기 위해 모터 내부에 온도센서를 장착하여 모터 온도에 따라 제어하도록 되어 있다.

엔진의 CMPS(캠 포지션 센서)를 이용하여 피스톤 상사점을 검출하고 ECU는 상사점에서 연료분사 및 점화를 시켜 엔진의 가장 큰 힘을 출력한다. 모터도 마찬가지로 가장 큰 힘으로 제어하기 위해 회전자와 고정자의 위치를 정확하게 알아야만 한다. 즉, 회전자의 위치 및 속도 정보로 MCU가 가장 큰 토크로 모터를 제어하기 위해 레졸버(resolver)가 장착된다.

11.7.2 모터 제어기

모터 제어기(MCU)는 고전압 배터리(180V)의 직류(DC) 전원을 모터 작동에 필요한 3상 교류(AC) 전원으로 변경하고, 하이브리드 총합 제어기(HCU)의 명령을 받아 모터의 구동 전류 제어와 감속 및 제동 시 모터를 발전기 역할로 변경하여 배터리 충전을 위한 에너지 회수 기능을 담당한다. 모터 제어기를 인버터(inverter)라고도 부른다.

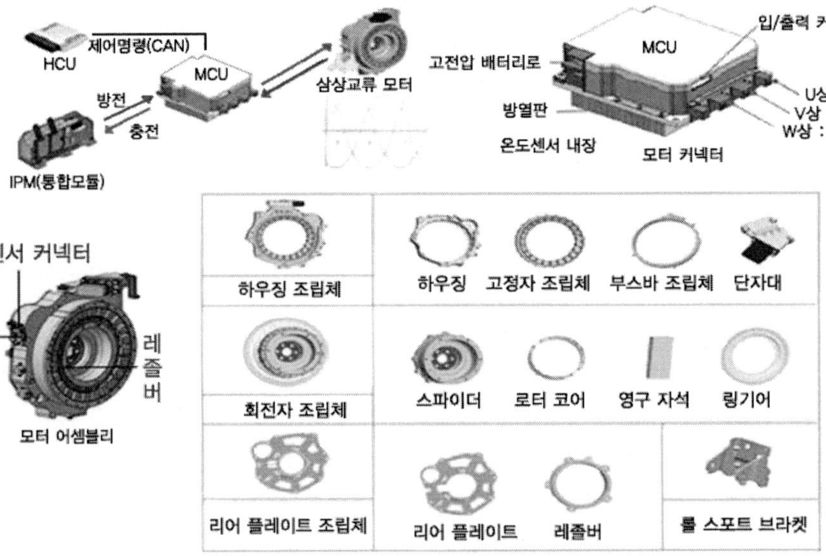

[그림 11.21] 모터제어기 입·출력과 모터 구성부품

11.8 LDC

11.8.1 차량 시스템 구성

LDC(low voltage DC-DC converter)는 직류 변환 장치로 고전압 직류(DC) 전원을 저전압 직류 전원으로 변환시켜 차량에 필요한 전원으로 공급하는 장치이다. 아반떼 하이브리드 차량의 DC-DC 컨버터는 180 [V]의 고전압의 전원을 12 [V]의 저전압 전원으로 변환해 공급하는 발전기 역할을 한다.

11.8.2 컨버터와 인버터 기능

인버터(inverter)는 직류(DC) 전원을 가변 주파수(Hz) 및 가변 전압의 교류(AC) 전원으로 변환시키는 장치를 말하며, 그 반대의 개념으로 교류를 직류로 변환시키는 장치를 통상적으로 컨버터(converter)라고 한다.

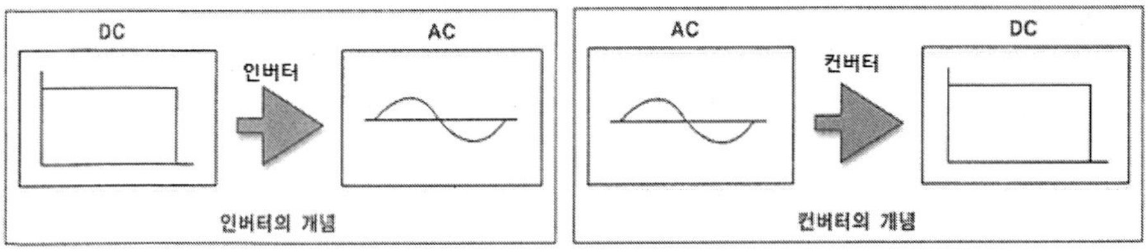

[그림 11.22] 인버터와 컨버터의 개념

11.8.3 AC-AC 컨버터

전압을 필요한 값으로 변환시키는 장치로서 트랜스라고도 한다. 전압의 변환은 동시에 전류의 변환을 의미하며, 필요한 값의 전류를 얻기 위해 변압기를 사용하는 경우도 있지만, 대개의 경우는 전압의 변환이 목적이다.

11.9 하이브리드 자동차 작업 시 주의 사항

하이브리드 시스템은 일반 배터리(12V)도 있지만 고전압(140 ~ 380V) 시스템으로 구성되어 아래 주의사항을 준수하지 않을 경우 쇼트, 감전, 누전 등으로 개인의 심각한 부상이나 장비에 악영향을 끼칠 수 있다.

11.9.1 작업 전 준비사항

① 안전복, 절연장갑, 고무장갑, 보호 안경 및 안전화를 준비한다.
② ABC 소화기를 준비한다(다량의 물을 사용하는 것은 무방하나 소량일 경우 위험하다).
③ 전해질을 닦을 수 있는 수건을 준비한다.

11.9.2 고전압 시스템 점검 시 주의사항

① 취급 기술자는 고전압 시스템에 대한 검사와 서비스 교육이 선행되어야 한다.
② 모든 고전압 시스템을 취급하는 단품에는 고전압이라는 라벨이 붙어있다.
③ 고전압 작업 시 절연장갑을 착용하고, 차량 고전압 차단을 위한 안전 스위치를 OFF 한다.
- 안전 스위치는 후석 시트 등받이를 제거하고, 경고문구가 있는 안전 커버를 제거하면 ON/OFF 스위치가 보인다.

④ 안전 스위치를 탈거하고 5분 경과 후 작업해야 한다(MCU 인버터 내의 콘덴서에 충전되어 있는 고전압 방전 시간 필요).
⑤ 작업 시 금속성 물질은 몸에서 탈거해야 한다(시계, 반지, 금속성 필기구 등).
⑥ 고전압 케이블(주황색) 금속부 작업 시 반드시 전압계를 사용하여 0.1V 이하인지 확인한다.

⑦ 고전압 터미널부 체결 시 반드시 규정 토크를 준수한다.
⑧ 정비/점검 시 주의 : '고전압 흐름. 작업 중 촉수 금지' 경고판으로 알릴 필요가 있다.
- 고전압 관련 주요부품은 고전압 배터리, MCU&인버터, LDC, 모터 등으로, 특히 모터는 강한 영구자석이므로 신용카드, 핸드폰, 시계 등을 가까이 대면 손상될 수 있다.

11.9.3 차량 정비 시 작업 준수

① 이그니션(점화스위치 : Key) 스위치 : OFF
② 후석 시트 등받이를 제거한다.
③ 절연장갑을 착용한 상태에서 12V 배터리(보조 배터리) (-)케이블을 제거한다.
④ 안전 스위치를 OFF한다.
⑤ 안전 스위치를 OFF한 후 고전압 부품을 취급하기 전에 5~10분 이상 대기한다.

11.9.4 차량 사고 시 조치사항

① 고전압 케이블(절연피복이 벗겨진 상태)은 손대지 말 것(불가피할 경우 차체와 케이블에 고전압 통전상태인지 확인할 것).
② 차량 화재 시 ABC 소화기로 진압할 것.
③ 차량이 반쯤 침수 상태일 경우 차량의 안전 스위치 등에 접근을 일절 금지할 것.
④ 차량에 손을 댈 필요가 있을 경우, 물에서 차량을 완전히 안전한 곳으로 이동하여 주차한 후 조치할 것.
⑤ 고전압 배터리 전해질 누수 발생 시에는 피부에 접촉하지 말 것.
⑥ 리튬 폴리머 배터리는 겔(Gel) 타입의 전해질 적용으로 액상 전해질이 미적용됨(누수 가능성은 희박하나 전해질 피부 접촉 시 비눗물로 깨끗이 씻는다).
⑦ 차량 파손으로 고전압 차단이 필요 시 다음 순서로 작업 조치할 것.
- 차량 정지 후 P단으로 위치하고 사이드 브레이크를 작동시킬 것
- IG Key 제거 후 보조 배터리의 접지(-)를 탈거할 것
- 절연장갑 착용 후 안전 스위치를 OFF 할 것(차량 파손으로 불가능할 경우 IG 릴레이 또는 배터리 퓨즈를 제거할 것)

11.9.5 차량 도색 건조 시 주의 사항

① 고전압 배터리 통합 패키지 모듈(IPM : Integrated Package Module(배터리, 인버터, LDC))를 탈거하고 고온 건조 작업을 할 것.
② 고전압 배터리 통합 패키지 모듈의 탈거가 불가피할 경우에는 70℃에서 30분 초과 금지하고 80℃에서 20분 초과 금지할 것.

예제 11-1 **다음 중 하이브리드 시스템에 대한 설명으로 틀린 것은? ( )**

가. 소프트 타입은 순수 EV(전기차) 주행 모드가 없다.
나. 하드 타입은 소프트 타입에 비해 연비가 향상된다.
다. 플러그-인 타입은 외부 전원을 이용하여 배터리를 충전시킨다.
라. 직렬형 하이브리드는 소프트 타입과 하드 타입이 있다.

예제 11-2 **다음 중 병렬형 하드 타입 하이브리드 자동차에 대한 설명으로 옳은 것은? ( )**

가. 배터리 충전은 엔진이 구동시키는 발전기로만 가능하다.
나. 구동모터가 플라이휠에 장착되고 변속기 앞에 엔진 클러치가 있다.
다. 엔진과 변속기 사이에 구동모터가 있는데 모터만으로는 주행이 불가능하다.
라. 구동모터는 엔진의 동력보조뿐만 아니라 순수 전기모터로도 주행이 가능하다.

예제 11-3 **다음 중 하이브리드 자동차(HEV)에 대한 설명으로 거리가 먼 것은? ( )**

가. 병렬형은 엔진과 변속기가 기계적으로 연결되어 있다.
나. 병렬형은 구동용 모터 용량을 크게 할 수 있는 장점이 있다.
다. FMED(Flywheel Mounted Device) 방식은 모터가 엔진 측에 장착되어 있다.
라. TMED(Transmission Mounted Electric Device)는 모터가 변속기 측에 장착되어 있다.

예제 11-4 **다음 중 병렬형 TMED 방식의 하이브리드 자동차의 HSG에 대한 설명으로 틀린 것은? ( )**

가. 엔진 시동 기능과 발전 기능을 수행한다.
나. 감속 시 발생되는 운동에너지를 전기에너지로 전환하여 배터리를 충전한다.
다. EV 모드에서 HEV 모드로 전환 시 엔진을 시동한다.
라. 소프트 랜딩 제어로 시동 ON 시 엔진 진동을 최소화하기 위해 엔진 회전수를 제어한다.

[해설]
- HSG(Hybrid Starter Gennerator) : 전기 모터만 사용하는 전기차 모드와 엔진과 모터가 함께 동력을 발생시키는 하이브리드 모드로 전환할 때 엔진을 시동하고 발전을 하는 기능을 수행한다.

- 소프트 스타팅 : 차량 운행 중 필요에 따라 엔진의 시동을 부드럽게 걸어주는 기능
- 소프트 랜딩 : 엔진 정지 시 덜컹거리는 진동을 완화시키는 기능

예제 11-5 다음 중 리튬-이온 축전지의 일반적인 특징에 대한 설명으로 틀린 것은? ( )

가. 셀당 전압이 낮다.
나. 높은 출력 밀도를 가진다.
다. 과충전 및 과방전에 민감하다.
라. 열관리 및 전압관리가 필요하다.

예제 11-6 다음 중 리튬이온 배터리와 비교한 리튬폴리머 배터리의 장점이 아닌 것은? ( )

가. 폭발 가능성이 적어 안전성이 좋다.
나. 패키지 설계에서 기계적 강성이 좋다.
다. 발열 특성이 우수하여 내구 수명이 좋다.
라. 대용량 설계가 유리하여 기술 확장성이 좋다.

예제 11-7 다음 중 메모리 효과가 발생하는 배터리는? ( )

가. 납산 배터리　　나. 니켈 배터리
다. 리튬-이온 배터리　　라. 리튬-폴리머 배터리

예제 11-8 다음 중 하이브리드 시스템 자동차에서 전장부품, 각종 등화장치에 전기 에너지를 공급하는 것은? ( )

가. 보조 축전지　　나. 고전압 축전지
다. 모터　　라. 엔진 컨트롤 유닛

예제 11-9 다음 중 하이브리드 자동차에서 종합제어 기능에 해당되지 않는 것은? ( )

가. 오토 스톱제어　　나. 경사로 밀림방지 제어
다. 자동 주차제어　　라. 브레이크 부압제어

예제 11-10 다음 중 하이브리드 자동차에서 감속 시 전기 모터를 발전기로 전환하여 차량의 운동 에너지를 전기 에너지로 변환시켜 배터리로 회수하는 시스템은? (　)

가. 회생제동 시스템　　나. 파워 릴레이 시스템
다. 아이들링 스톱 시스템　　라. 고전압 배터리 시스템

예제 11-11 하이브리드 자동차는 감속 시 전기에너지를 고전압 배터리로 회수(충전)한다. 이러한 발전기 역할을 하는 부품은? (　)

가. AC 발전기　　나. 스타팅 모터
다. 하이브리드 모터　　라. 모터 컨트롤 유닛

예제 11-12 다음 중 병렬형 하드 타입의 하이브리드 자동차에서 HEV모터에 의한 엔진 시동 금지 조건인 경우, 엔진의 시동은 무엇으로 하는가? (　)

가. HEV모터　　나. 블로워 모터
다. 기동 발전기(HSG)　　라. 모터 컨트롤 유닛(MCU)

예제 11-13 주행 중인 하이브리드 자동차에서 제동 및 감속 시 충전 불량 현상이 발생하였다면 점검이 필요한 것은? (　)

가. 회생제동 장치　　나. LDC 제어장치
다. 발진제어 장치　　라. 12 [V]용 충전장치

예제 11-14 하이브리드 자동차의 고전압 배터리 관리 시스템(BMS)에서 셀 밸런싱 제어의 목적은? (　)

가. 배터리 적정온도 유지
나. 상황별 입출력 에너지 제어
다. 배터리 수명 및 에너지 효율 증대
라. 고전압 계통 고장에 의한 안전사고 예방

예제 11-15 다음 중 하이브리드 자동차에서 고전압 배터리관리 시스템(BMS)의 주요 제어 기능으로 틀린 것은? (　)

가. 모터제어　　나. 출력제한　　다. 냉각제어　　라. SOC제어

예제 11-16 다음 중 고전압 배터리의 충·방전 과정에서 전압 편차가 생긴 셀의 동일한 전압으로 매칭하여 배터리 수명과 에너지 용량 및 효율 증대를 갖게 하는 것은? ( )

가. SOC(state of charge)
나. 파워 제한
다. 셀 밸런싱
라. 배터리 냉각 제어

예제 11-17 다음 중 BMS에서 제어하는 항목과 제어내용에 대한 설명으로 틀린 것은? ( )

가. 고장진단 : 배터리 시스템 고장진단
나. 컨트롤 릴레이 : 배터리 과열 시 컨트롤 릴레이 차단
다. 셀 밸런싱 : 전압 편차가 생긴 셀을 동일한 전압으로 매칭
라. SOC : 배터리의 전압, 전류, 온도를 측정하여 적정 SOC 영역관리

예제 11-18 다음 중 하이브리드 고전압장치 중 프리차저 릴레이 & 프리차저 저항의 기능이 <u>아닌</u> 것은? ( )

가. 메인 릴레이 보호
나. 타 고전압 부품 보호
다. 메인 퓨즈, 버스바, 와이어 하네스 보호
라. 배터리 관리 시스템 입력 노이즈 저감

예제 11-19 다음 중 하드 방식의 하이브리드 전기자동차의 작동에서 구동모터에 대한 설명으로 틀린 것은? ( )

가. 구동모터로만 주행이 가능하다.
나. 고 에너지의 영구 자석을 사용하며 교환 시 레졸버 보정을 해야 한다.
다. 구동모터는 제동 및 감속 시 회생제동을 통해 고전압 배터리를 충전한다.
라. 구동모터는 발전 기능만 수행한다.

예제 11-20 다음 중 하이브리드 자동차에서 모터의 회전자와 고정자의 위치를 감지하는 센서는? ( )

가. 레졸버
나. 인버터
다. 경사각 센서
라. 저전압 직류 변환장치

예제 11-21 다음 중 하이브리드 자동차의 컨버터와 인버터의 전기특성 표현으로 옳은 것은? ( )

가. 컨버터 : AC에서 DC로 변환, 인버터 : DC에서 AC로 변환
나. 컨버터 : DC에서 AC로 변환, 인버터 : AC에서 DC로 변환
다. 컨버터 : AC에서 AC로 승압, 인버터 : DC에서 DC로 승압
라. 컨버터 : DC에서 DC로 승압, 인버터 : AC에서 AC로 승압

예제 11-22 다음 중 하이브리드 자동차에서 모터 제어기의 기능으로 틀린 것은? ( )

가. 하이브리드 모터 제어기는 인버터라고도 한다.
나. 하이브리드 통합제어기의 명령을 받아 모터의 구동전류를 제어한다.
다. 고전압 배터리의 교류전원을 모터의 작동에 필요한 3상 직류전원으로 변경하는 기능을 한다.
라. 감속 및 제동 시 모터를 발전기 역할로 변경하여 배터리 충전을 위한 에너지회수기능을 담당한다.

예제 11-23 다음 중 하이브리드 자동차의 고전압 배터리 (+)전원을 인버터로 공급하는 구성품은? ( )

가. 전류 센서
나. 고전압 배터리
다. 세이프티 플러그
라. 프리 차저 릴레이

예제 11-24 다음 중 하이브리드 자동차의 특징이 <u>아닌</u> 것은? ( )

가. 회생제동
나. 고전압 배터리 충전을 위해 LDC 사용
다. 저전압 배터리와 고전압 배터리 사용
라. 2개의 동력원으로 주행

예제 11-25 다음 중 하이브리드 자동차의 전기장치 정비 시 반드시 지켜야 할 내용이 <u>아닌</u> 것은? ( )

가. 절연장갑을 착용하고 작업한다.
나. 서비스 플러그(안전 플러그)를 제거한다.
다. 전원을 차단하고 일정시간이 경과한 후 작업한다.
라. 하이브리드 컴퓨터의 커넥터를 분리해야 한다.

예제 11-26 **다음 중 하이브리드 차량 정비 시 고전압 차단을 위해 안전 플러그(세이프티 플러그)를 제거한 후 고전압 부품을 취급하기 전에 일정시간 이상 대기시간을 갖는 이유로 가장 적절한 것은? ( )**

가. 고전압 배터리 내의 셀의 안정화
나. 제어모듈 내부의 메모리 공간 확보
다. 저전압(12V) 배터리에 서지 전압 차단
라. 인버터 내 콘덴서에 충전되어 있는 고전압 방전

CHAPTER

12 최신 자동차 전기전자 기술

(1) ADAS의 개요

ADAS(Advanced Driver Assistance Systems : 첨단 운전자 보조 시스템)는 특정한 기능을 말하는 것이 아니고 여러 가지 기능이 복합적으로 운전자가 안전하고 편리하게 주행할 수 있도록 도와주는, 즉 최첨단 주행 지원 기술을 통해 사전에 사고발생을 감지하고 막아주는 기술의 집약체로서, 운전자의 운전주행을 도와주는 첨단 운전자 보조시스템(ADAS)이다.

(2) ADAS가 제공하는 기술

① 차선 이탈방지 보조(LKA)
② 전방 충돌방지 보조 시스템(FCA)
③ 후측방 충돌방지 보조(BCA)
④ 안전 하차 보조(SEA)
⑤ 지능형 속도 제한 보조(ISLA)
⑥ 운전자 주의 경고(DAV)
⑦ 후측방 모니터 기능(BVM)
⑧ 스마트 크루즈 컨트롤(SCC)
⑨ 차로 유지 보조(CLFN)
⑩ 고속도로 주행 보조(HDA)
⑪ 서라운드 뷰 모니터(SVM)
⑫ 후방 교차 충돌방지 보조(RCCA)
⑬ 후방 주차 충돌방지 보조(PCA)
⑭ 원격 스마트 주차 보조(RSPA)
⑮ 자동 조향 및 자동 브레이크 조작(AEB)

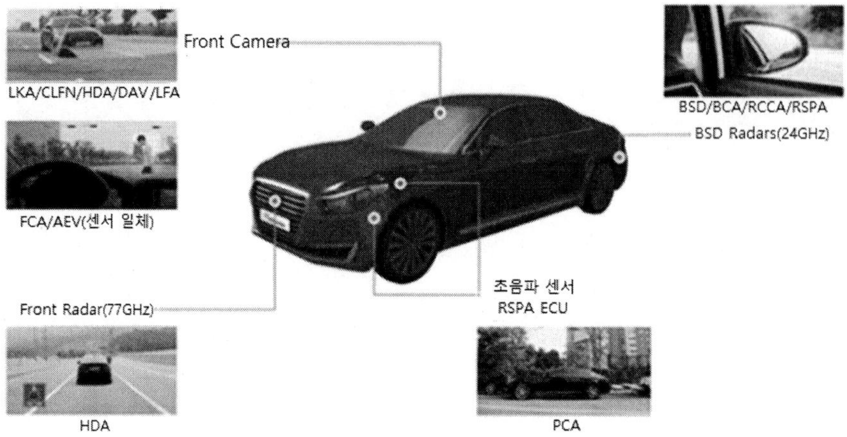

[그림 12.1] ADAS가 제공하는 기술들

능동적인 ADAS는 자동차 움직임을 부분적으로 제어함으로써 사고를 방지하도록 설계된다. 이러한 자동 안전 시스템은 미래의 완전 자율 주행 자동차를 위한 기반을 구축한다.

Handy hint ....

① 카메라(camera) : 렌즈를 통해 신호등 색깔 · 차선 · 차량 · 보행자 등을 분별

② 레이더(radar) : 전파를 전송하는 데 걸리는 시간을 측정해 주변 사물과의 거리, 속도 등을 읽어내는 장치

12.1 차선 이탈방지 보조(LKA)

(1) 개요

LKA(Lane Keeping Assist)는 운전자가 방향지시등을 켜지 않고(부주의 또는 졸음운전 등으로) 차선을 이탈 시 차선 및 도로 이탈을 방지하기 위하여 운전자에게 주의를 주는 장치이다. 의도하지 않게 차선을 벗어날 경우 차량이 요철띠 위를 운전하는 것과 같은 소리를 내거나 운전대를 진동시키는 방법으로 운전자에게 경고한다.

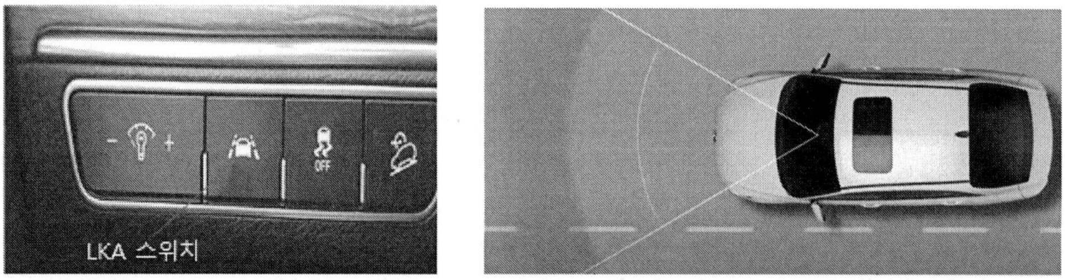

(2) 적용 장치

① 광각 카메라
② 전파레이더
③ 버저(buzzer)
④ ECU 모듈

(3) 차선 인식

카메라가 전방 연상을 촬영하면 모듈 내부에 장착된 센서 모듈이 색상에 따른 차선을 인식하고, 이를 바탕으로 주요 요소인 차량 중심, 도로 폭, 진행각도, 도로곡률반경을 계산한다.

(4) 차선 감지 조건 및 경보 금지 조건

① 차선 감지 조건
- 황색, 청색, 백색 중 두 차선이 있는 직선도로일 것
- 차선의 끊어진 부분이 10 [m] 이하일 것
- 차속이 60 [km/h] 이상일 것

② 경보 금지 조건
- 방향지시등을 작동시킨 후 차선 변경 시
- 와이퍼 high 구동 시

12.2 전방 충돌방지 보조(FCA)

FCA(Forward collision-Avoidance Assist)는 정체 시나 앞 차의 급정거 시 등으로 인해 앞서 가던 차량과 충돌이 예상되면 작동한다. 전방 카메라, 전방 레이더 그리고 전측방 레이더로 감지하여 기존보다 빠른 시점에 제동해서 사고 가능성을 획기적으로 줄여주는 기능이다. 또한 자전거를 탄 사람이나 보행자를 인식해서 작동하기도 한다.

FCA의 추가 기능은 다음과 같다.

① 교차로 대향차 대응 기능 : 전방 카메라와 전방 레이더
② 교차로 교차차량 대응 기능 : 전방 카메라, 전방 레이더, 전측방 레이더
③ 추월 시 대향차 대응 기능
④ 측방 접근차 대응 기능 : 전방 카메라, 전방 레이더, 전측방 레이더, 후측방 레이더
단, 2차사고 위험이 있을 경우에는 자동 조향을 하지 않고 경보만 운전자에게 위험 상황을 알려준다.

⑤ FCA w ESA(Evasive Steering Assist) : 전방에 있는 차량, 보행자, 자전거 탑승자와 충돌 경고 상황이 발생했을 때 운전자는 사고회피를 위해 스티어링 휠을 조작하게 되는데, 이때 같은 방향으로 조향의 힘을 더해주어 사고를 회피할 수 있도록 도와주는 기능

12.3 후측방 충돌방지 보조(BCA)

BCA(Blind-Spot Collision-Avoidance Assist)는 주행 시 차로 변경을 위해 방향지시등을 켰을 때 후측방에 차량이 있으면 경고를 한다. 또 경고 후에 충돌 위험성이 높아지면 클러스터에 경고를 표시하고 자동으로 차량을 제어해 충돌 회피를 도와주는 기능이다. 추가로 평행 주차상태에서 전진 출차 중 후방차량과 충돌 위험이 감지되면 자동으로 제동을 도와준다.

[그림 12.1] 후측방 차량 감지

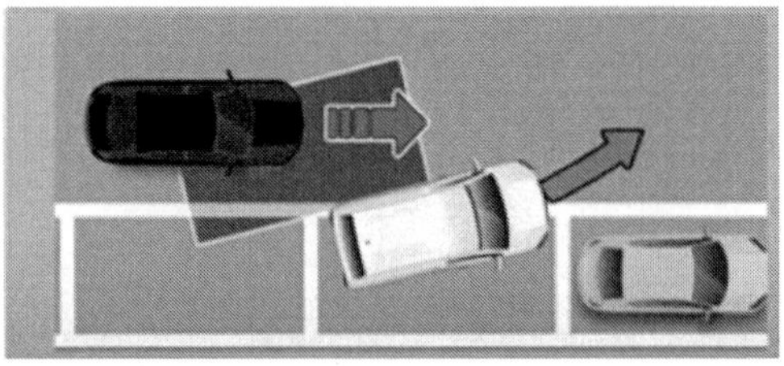

[그림 12,2] 평행주차 후방감지

12.4 안전 하차 보조(SEA)

SEA(Safety Exit Assist)는 차량을 주차한 뒤에 차에서 내리려고 할 때 후측방에서 다가오는 차와 충돌 위험이 있는 상황에서 전자식 차일드 락 또는 파워 슬라이딩 도어 버튼을 누르면 뒷좌석 문을 잠금 상태로 그대로 유지하고 경고하는 기능이다. 뒷좌석에 아이들을 태우는 패밀리카에서 특히 도움이 되는 기능이다. 이미 도어가 열린 이후에도 후측방 차량과 충돌 위험이 있으면 경고를 해 준다.

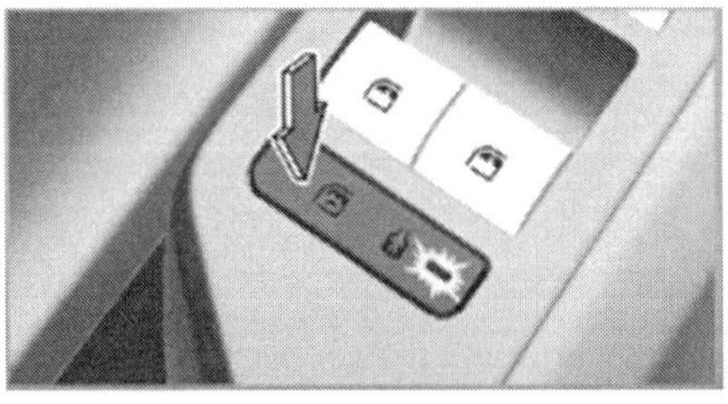

[그림 12.3] 차일드 락 버튼

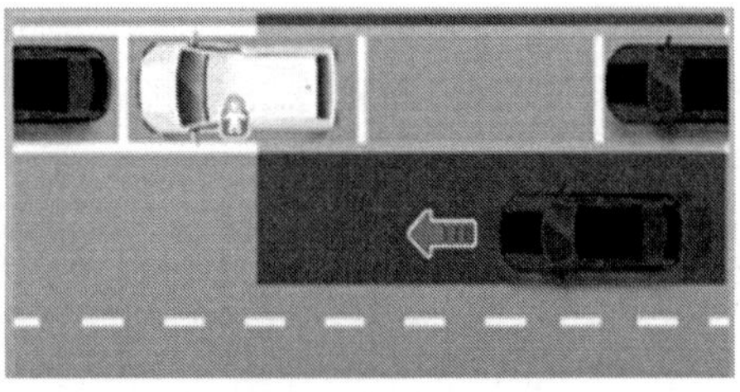

[그림 12.4] 어린이 안전하차 보조

12.5 지능형 속도제한 보조(ISLA)

ISLA(Intelligent Speed Limit Assist)는 주행 시 도로의 제한속도를 초과하지 않도록 도와주는 기능이다. 제한속도를 초과하여 주행 시 경고를 하며 수동 속도제한 보조(MSLA) 또는 스마트 크루즈 컨트롤(SCC)을 작동하고 있는 경우에는 +/-스위치를 조작하여 제한속도에 맞추어 설정 속도를 변경할 수 있다.

[그림 12.5] ISLA

12.6 운전자 주의 경고(DAW)

DAW(Drive Attention Warning)는 운전자의 패턴을 분석해 운전자의 주의 운전 상태를 분석하고 필요시 경고를 해주는 기능이다. 차로를 따라가는 능력이 떨어지거나 갑작스럽게 조향하는 경우 또는 조향력이 약한 경우 등의 상황을 분석해 운전자 주의가 저하되었다고 판단되면 휴식을 권유해 준다. 그리고 정차 시 앞차가 출발하면 운전자에게 알려주는 기능도 포함하고 있다.

[그림 12.6] 운전자주의 경고

[그림 12.7] 운전자주의 경고

12.7 후측방 모니터 기능(BVM)

BVM(Blind-spot View Monitor)은 사이드 미러에서 보이지 않는 사각지대까지 클러스터 화면에 보여주는 기능이다. 운전자가 차로를 변경하기 위해서 방향지시등을 작동하면 광각카메라를 이용해 실시간으로 후측방 영상을 클러스터에 보여준다. BVM은 사이드 미러 대비 2배 이상 넓은 후측방 시야각을 제공해 사각지대를 없애는 장점이 있다.

[그림 12.8] BVM 기능

12.8 스마트 크루즈 컨트롤(SCC)

SCC(Smart Cruise Control)은 앞차와 거리를 유지하며 운전자가 설정한 속도로 주행하도록 도와준다. 앞차가 멈출 경우 자동으로 멈추고 짧은 시간 안에 앞차가 출발할 경우 자동으로 출발한다. 일정 시간이 지난 경우에는 가속 페달을 밟거나 스위치를 조작하여 출발한다. 운전 스타일 연동이 적용된 차량은 평소 운전자의 주행 성향을 학습하여 차간거리, 가속강도, 반응속도를 제한해 준다. 내비게이션 기반 스마트 크루즈 컨트롤(NSCC)은 고속도로 또는 자동차 전용도로 주행 시 도로 상황에 적절한 속도로 주행할 수 있도록 도와준다. 고속도로 안전속도 구간, 곡선구간, 램프구간에 들어가기 전에 속도를 자동으로 줄여준다. 이후 제어구간을 벗어나면 원래 설정한 속도로 다시 돌아간다.

[그림 12.9] NSCC 기능

12.9 차로 유지 보조(LFA)

LFA(Lane Following Assist)는 주행 시 차로 중앙을 유지하며 주행하도록 도와주는 주행 편의 기능이다. 저속주행에서 작동하지만, 150km/h 이상에서는 작동하지 않는다.

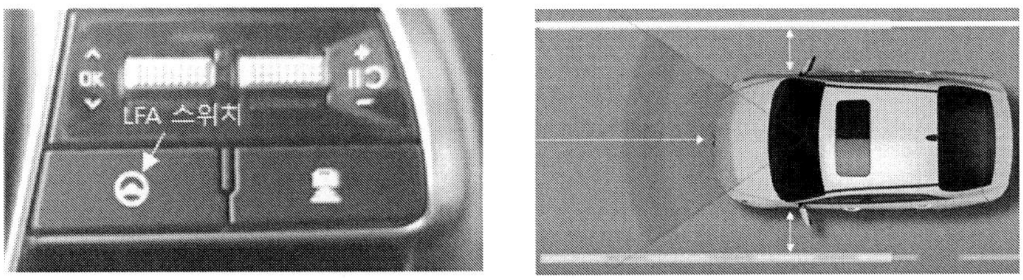

[그림 12.10] 차로 유지 기능

12.10 고속도로 주행 보조(HDA)

HDA(Highway Driving Assist)는 고속도로 및 자동차전용도로 주행 시 앞차와 거리를 유지하며 운전자가 설정한 속도로 차로 중앙을 유지하며 주행하도록 도와주는 기능이다. HAD2에서는 주행 중 옆 차량과 가까워지는 경우 위험하지 않도록 차로 내 편향 주행을 한다. 일정 속도 이상으로 주행 시에는 스티어링 휠을 잡고 방향지시등 스위치를 변경하고자 하는 차로 방향으로 움직이면 자동으로 차로를 변경한다.

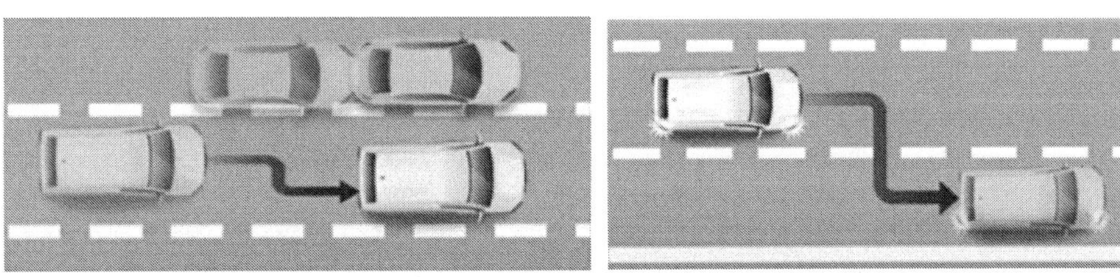

[그림 12.11] 고속 주행 보조 기능

12.11 서라운드 뷰 모니터(SVM)

SVM(Surround View Monitor)는 주행 및 주차 시 전방, 측방, 후방에 장착된 4개의 광각 카메라에서 입력된 주변 상황을 영상으로 보여주는 주차 안전 기능이다. 4개의 광각 카메라로 입력된 영상을 합성하여 다양한 뷰로 차량 주변 상황을 보여준다.

작동조건은 다음과 같다.

① 스위치 ON 상태 : 20[km/h] 이하에서 작동

② 스위치 OFF 상태 : R상태 〉 D단으로 자동 On되어 동작할 경우 10 [km/h] 이하에서 작동
③ 외부에 장착된 카메라로 차량의 주변 360° 상황을 표시하는 주차지원 시스템

[그림 12.12] SVM 영상

12.12 후방 교차 충돌방지 보조(RCCA)

RCCA(Rear Cross-Traffic Collision-Avoidance Assist)는 주차 상태에서 후진으로 출차할 경우 뒷범퍼 좌우의 후측방 레이더를 통해 좌우에서 다가오는 차량을 인식한다. 다가오는 차량과 충돌 위험을 감지하면 경고음을 울린다. 경고 후에도 충돌 위험이 높아지면 자동으로 제동을 도와준다.

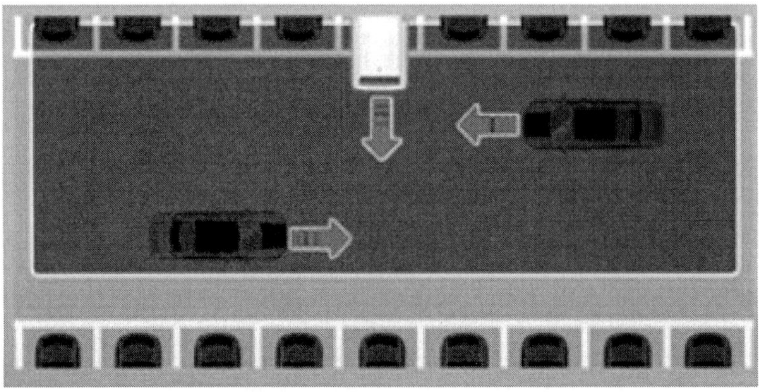

[그림 12.13] RCCA 기능

12.13 후방 주차 충돌방지 보조(PCA)

PCA(Parking Collision-Avoidance Assist)는 주차 상태에서 후진으로 출차할 경우 광각-후방 카메라와 후방 초음파센서를 통해 차량 후방의 보행자 또는 장애물을 인식한다. 후방 물체와 충돌 위험을 감지하면 경고음을 울리고 클러스터에 경고를 해준다. 경고 후에도 충돌 위험이 높아지면 자동으로 제동을 도와준다.

[그림 12.14] PCA 기능

12.14 원격 스마트 주차 보조(RSPA)

RSPA(Remote Smart Parking Assist)는 좁은 주차장 때문에 타고 내리기가 힘든 경우 유용한 기능이다. 차에서 내려 스마트 키를 이용해 원격으로 전진, 후진 및 후진 주차를 할 수 있다. 차량 안에서는 주차/뷰 버튼을 눌러 스마트 주차 또는 평행 전진 출차를 할 수 있다.

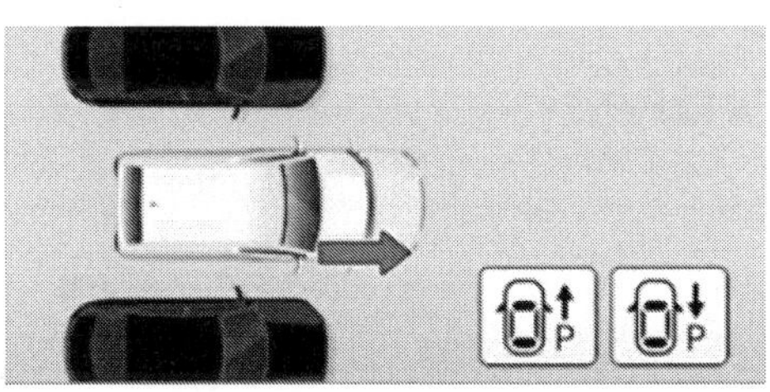

[그림 12.15] RSPA 기능

[그림 12.16] 주차/뷰 스위치

12.15 자동 긴급제동 시스템(AEB)

(1) 개요

AEB(Autonomous Emergency Braking)는 첨단 주행보조 장치의 일종으로, 이름에서 볼 수 있듯이 전방추돌상황이 감지되는 상황에서 운전자가 부주의하거나 반응을 못해서 브레이크를 잡지 않아도 차량이 경고를 울리며 직접 감속시켜주거나 브레이크를 잡아주는 장치이다.

(2) 작동방식

AEB는 차량 전방의 장애물을 감지한 후 제동하는 식으로 작동하며 전방 차량을 인식하는 방식에 따라 크게 4가지 종류로 분류한다.

① 레이더+카메라 방식
② 카메라 방식
③ 레이더 방식
④ 라이더 방식

12.16 응급상황 비상정지 시스템(AESS)

AESS(Aid Emergency Stop System)는 스마트 워치(smart watch)와 같은 IT 기기와의 융합으로 심박수 등 운전자의 건강에 이상이 발견되면 차가 알아서 갓길로 이동하는 기능이다.

12.17 경사로 저속주행 장치(DBC)

DBC(Downhill Brake Control)는 비포장 길 또는 급커브 길 등의 경사가 심한 곳을 내려올 때 브레이크 페달 작동 없이 자동으로 일정 속도 약 10 [km/h] 이하로 감속시켜 운전자가 조향핸들 조작에 집중할 수 있도록 도와주는 기능이다.

12.18 차량 통합제어 시스템(AVSM)

AVSM(Advanced Vehicles Safety Management)은 충돌 위험을 줄여주기 위한 장치이다. 차량거리 감지 센서를 통하여 선행 차량과의 거리를 미리 인식하여 충돌 위험 단계에 따라 경고문 표시, 경고음, 안전벨트 떨림 등으로 충돌 위험을 운전자에게 알려주고, 브레이크 제어력을 향상시키며 안전벨트를 자동으로 당김으로써 승객을 보호한다.

12.19 앞좌석 프리액티브 시트 벨트(PSB)

PSB(Preactive Seat Belt)는 긴급 브레이크, 미끄러짐 등의 위험상황 감지 시 시트 벨트를 당겨 탑승자를 보호하고, 급제동 시에도 시트 벨트를 되감아 운전자의 쏠림 현상을 예방하는 기능을 한다.

12.20 헤드업 디스플레이(HUD)

(1) 개요

HUD(Head Up Display)는 운전자의 가시영역인 차량 전면 유리창에 운전에 필요한 정보를 화상으로 나타내어 보여주는 전방 표시 장치이다. 차량에 설치된 장치들에 따라 보이는 내용은 정속 주행, 능동 정속 주행, 내비게이션, 주행 속도, 체크 컨트롤 메시지 등이며 운전자가 필요로 하는 정보들을 직접 선택할 수 있다.

[그림 12.17] 전면 유리 HUD 표시

(2) 장점

① 운전자의 가시영역 내에 제공되므로 1차적으로 도로교통상황에만 정신을 집중할 수 있다.

② 운전자가 계기판과 도로를 번갈아가며 주시할 필요가 훨씬 줄어든다.

③ 운전자의 피로경감 및 주행안전에 기여한다.

12.21 자동배광 가변형 전조등 시스템(AFLS)

(1) 개요

AFLS(Adaptive Front Lighting System)는 주행 시 핸들의 움직임, 차량 속도, 차량 기울기 등에 따라 전조등 각도를 상 · 하, 좌 · 우로 조절하여 운전자의 시야를 확보함으로써 안전운행을 가능하게 하는 장치이다.

(2) 기능

① 시동이 걸린 상태에서 조명 스위치를 AUTO(자동점등) 위치로 하면 전조등 점등 시 어댑티브 헤드램프 기능이 동시에 작동된다.

② 조명 스위치를 AUTO(자동점등) 위치에서 다른 위치로 돌리면 기능을 해제시킬 수 있다. 기능이 해제되어도 상 · 하 각도 조절 기능의 전조등 각도 조절 장치는 계속 작동된다.

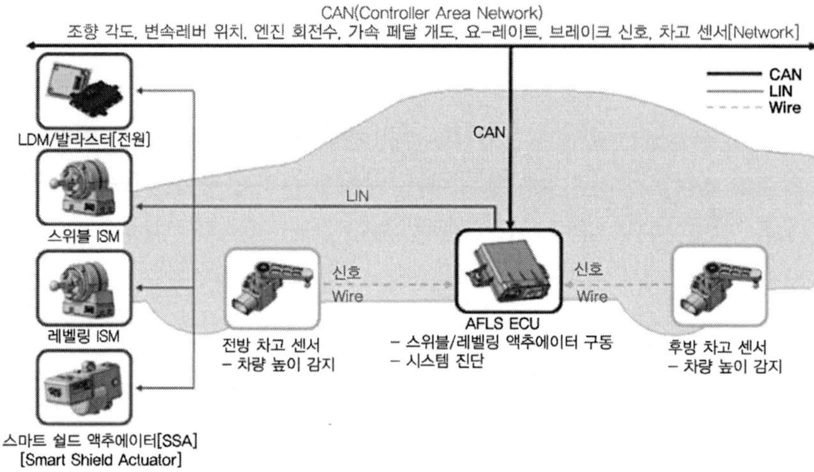

[그림 12.18] AFLS 제어 시스템

AFLS는 각각의 센서로부터 받은 정보를 AFLS ECU에서 판단하여 헤드램프에 달려있는 LDM(전원), 스위블 스텝핑 모터, 레벨링 스텝핑 모터, 액추에이터를 조절하여 램프의 각도와 밝기를 조절한다. 일반 모터가 아닌 스텝핑 모터를 사용하여 제어하기 때문에 램프의 각도를 세밀하게 조절할 수 있다.

③ Dynamic Bending : 곡선 도로에서 차량진행 방향에 최적의 조명 제공
④ Auto Leveling : 차량의 기울기 조건에 대한 헤드램프 로우 빔 보상
⑤ 페일 세이프 : 시스템 고장 및 오작동 감지 시에 안전모드 동작

12.22 하이 빔 어시스트(HBA)

HBA(High Beam Assist)는 다기능 스위치 AUTO & 상향등 시 마주 오는 차량의 불빛을 감지한 후 상향등의 ON/OFF를 제어하고, 전방의 밝기와 색을 감지해 하이 빔을 자동으로 조정하는 기능이다. 한적하고 어두운 길에서는 하이 빔을 작동시키고, 반대편에 차량이 감지되거나 주변이 밝아지면 하이 빔을 끈다.

12.23 스마트 하이 빔 어시스트(HBA)

HBA(High Beam Assist)는 마주 오는 차량 또는 선행 차량의 광원을 인식하여 상향등을 자동으로 점등 또는 소등하는 시스템이다. 단순히 상향등을 끄는 것이 아닌, 하향등으로 전환 점등을 실행해 운전자가 시야를 잃지 않도록 해준다.

이 기능은 차량이 시속 35 [km] 이하로 감속했을 때나 주변이 갑자기 밝아질 경우에도 스스로

작동하여 안전한 전방시야 확보를 도와 주행안전 및 편의성을 높여준다.

12.24 승객 구분 시스템(OCS)

(1) 개요

OCS(Occupant Classification System)는 동승자가 올바른 자세로 차량에 탑승한 경우, 이를 감지하여 동승석 에어백을 정상적으로 작동시켜 필요한 경우에 팽창시킨다.

(2) 승객 구분 시스템의 주요 구성

① 동승석 시트 쿠션에 장착되어 있는 승객 구분 센서

② 동승석 에어백 시스템의 작동 여부를 결정하는 에어백 제어 장치

③ 동승석 에어백 작동 여부를 나타내는 PASS AIR BAG 'OFF' 표시 등 동승석 시트에 장착된 승객 구분 센서는 동승석 승객을 어린이 보호용 장치(보조 좌석)와 성인으로 구분하여 에어백 제어 장치(ACU : Airbag Control Unit)에 승객 정보를 보내는데, 동승석의 승객 정보와 충돌 신호를 이용하여 동승석 에어백 전개 여부를 결정한다. 그래서 어린이 보호용 장치(보조 좌석)가 동승석에 설치된 경우 이를 감지하고 동승석 에어백이 작동하지 않는다. 그러나 체구가 작은 성인이 올바르지 않은 자세로 앉아 있거나 순정 제품 외의 커버로 씌워져 있는 경우에는 동승석 에어백이 작동하지 않을 수 있다.

12.25 CPD 시스템

CPD(Child Presence Detection)는 차량 뒷좌석 사람이 방치되는 것을 방지하는 시스템이다. 자동차 도어 개폐기록을 근거로 하여 뒷좌석 상황을 경고음으로 알리는 기존의 도어로직 방식을 차용하고 있는 것과 달리, 초음파 센서에 의해 정차 후에 차내에서 움직임이 감지될 경우 스마트폰이나 앱을 통해 이를 실시간으로 운전자에게 통보하는 시스템이다.

12.26 차량관리 시스템

(1) 개요

오토케어(autocare) 시스템은 블루투스 원거리 통신을 통해 차량 고장 진단, 경제운전 분석, 각종 소모품 교환 시기 등의 서비스를 무상으로 제공하는 시스템이다. 또한 차량 정비소 또는 주유소 입고 시 인적사항 확인, 보증기간 확인, 고장부분 확인 및 안내 등의 서비스를 제공받을

수 있다. 오토케어는 차량 관리 시스템의 총칭을 의미하며, 이 서비스를 구현하기 위해서는 CUbiS(Car Ubiquitous System)라는 모듈이 장착되어 있어야 한다.

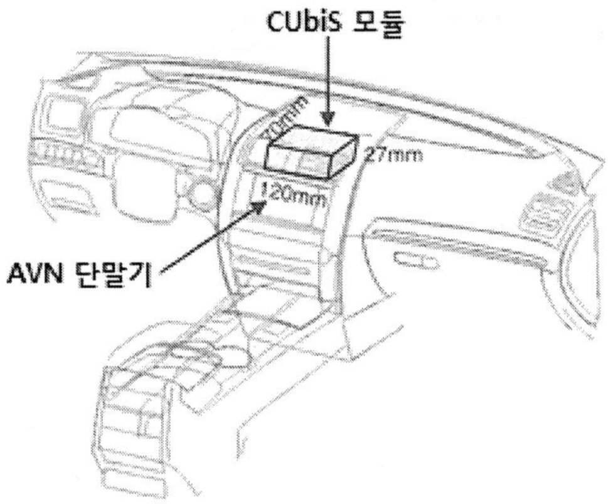

[그림 12.19] 차량관리 시스템

(2) 오토케어 관련 용어 설명

① 오토케어 - CUbiS(car ubiquitous system)

차량 내부의 다양한 네트워크와 연결하여 차량정보를 실시간 수집하고 기록하며 원격지 서버로 무선 통신을 통해 전송하여 고객이 원하는 기능을 필요한 시점에 제공하는 시스템이다.

② 서비스 존 - AP(access pointer)

CUbiS에서는 블루투스 무선통신을 통하여 차량과 원격지 서버를 연결한다.

③ 오토케어 통신 - 블루투스(bluetooth) 무선 통신

통상 100 ~ 200 [m] 이내에서 2개의 장치를 무선으로 연결해주는 통신 매체로서, 기능은 CUbiS는 블루투스 통신을 통하여 AP와 무선 통신을 수행한다.

④ VRM(vehicle relationship management) 서버

차량 정보를 수집, 분석하고 운전자에게 관련 콘텐츠를 제공하는 서버 시스템이다. 고장정보 수집, 고장 설명문 데이터베이스 내장, 차량 관리(소모품, 운행이력, 안전 및 경제운전 분석) 기능을 수행한다.

12.27 회로보호 장치(IPS)

(1) 개요

IPM모듈은 IPS(Intelligent Power Switching device)라는 반도체 집적회로(IC)를 이용해 많은 전기 부하의 작동을 제어하고 있다. IPS를 적용하면 전기장치를 제어하는 데 있어 릴레이

및 퓨즈를 삭제할 수 있는 점과 출력 단에 대한 고장 모니터링이 가능한 장점 때문에 차량등의 전기장치 제어에 광범위하게 적용되고 있다.

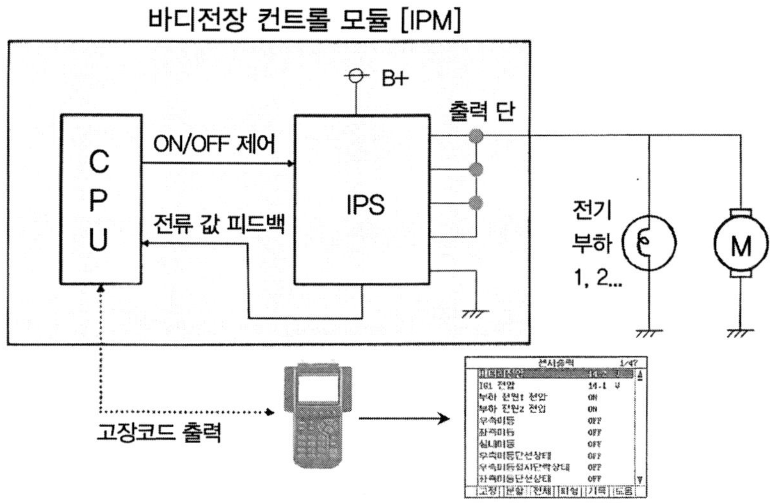

[그림 12.20] 회로보호 장치

(2) IPS

반도체 소자(IC)를 이용한 부하 전원 컨트롤 장치를 말한다.

(3) 특징

① 퓨즈 또는 릴레이를 대체할 수 있는 반도체 소자(IPS가 제어하는 전기 부하는 퓨즈 및 릴레이 미적용)

② 회로 보호 능력 있음 : 단선, 단락, 과부하 등에 따른 전류 값 부족 또는 과대를 감지하여 회로 차단

③ 자기진단 및 고장내용 지원 : 부하전원 출력 단의 단선 및 단락 발생 시 고장을 감지하여 진단장비로 고장정보 전송

④ 빠른 스위칭 제어 기능 : ON/OFF 또는 PWM(pulse width modulation) 출력 제어 가능

⑤ 소형 또는 다 채널 제어가 가능하여 많은 전기부하를 동시 제어가 가능하며, 제어기능 추가 시 업그레이드가 용이함

예제 12-1 **다음 중 주행안전장치에서 AFLS(Adaptive Front Lighting System)의 주요 제어 기능에 관한 설명으로 적절하지 않은 것은? ( )**

가. Dynamic Bending - 곡선 도로에서 차량진행 방향에 최적의 조명 제공
나. Auto Leveling - 차량의 기울기 조건에 대한 헤드램프 로우 빔 보상
다. Around View Monitoring - 운전자가 원하는 주변 부분 감지
라. 페일 세이프 - 시스템 고장 및 오작동 감지 시 안전모드 동작

예제 12-2 **다음 중 HID전조등에 대한 설명으로 틀린 것은? ( )**

가. 얇은 캡슐 형태의 방전관 내에 크세논 가스, 수은 가스, 금속 할로겐 성분 등이 있다.
나. 플라즈마 방전으로 빛을 발생한다.
다. 형광등과 같은 구조이다.
라. 필라멘트가 설치되어 있다.

예제 12-3 **다음 중 퓨즈와 릴레이를 대체하며 단선, 단락에 따른 전류 값을 감지함으로써 필요 시 회로를 차단하는 장치는? ( )**

가. IPS (Intelligent Power Switching device)
나. BCM (Body Control Module)
다. 전자 클러치 (Magnetic Clutch)
라. IMS (Integrated Memory System)

CHAPTER 13

자율주행 자동차

13.1 개요

자율주행 자동차(autonomous driving vehicle)의 상용화가 머지않았다. Automotive 업계에서는 완전 자율주행 자동차 시대가 되면 지금까지의 경쟁구도가 아닌 새로운 생태계가 형성될 것으로 본다. 즉 Player들은 다시 새로운 출발선에서 경쟁을 시작하게 된다는 의미이다. 주요 자동차 OEM(Original Equipment Manufacture : 주문자 상표에 의한 제품생산 기업)사들은 2021년부터 자율주행 레벨3 차량을 순차적으로 개발하였다. 이로써 앞으로 Automotive 시장은 새로운 전환기를 맞이할 것으로 전망된다.

자율주행을 위해서는 [그림 13.1]과 같이 하드웨어(hardware) 부분인 인식(detection), 소프트웨어(software) 부분인 판단(decision)과 제어(control), 빗물 · 열 · 온도 · 진동 · 충격 등 다양한 환경에도 견딜 수 있는 충분한 내구성이 요구된다.

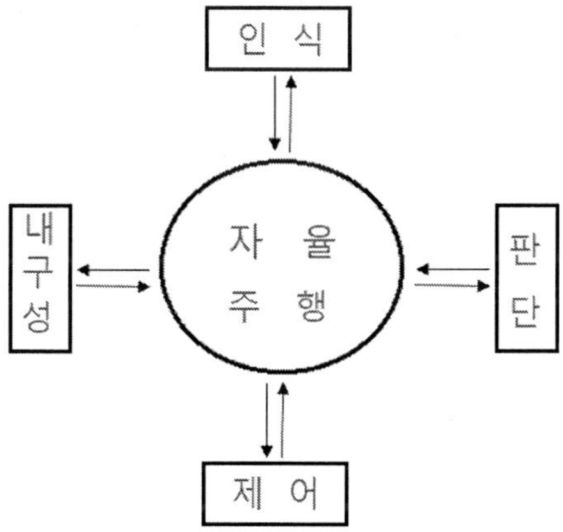

[그림 13.1] 자율주행의 개요

ADAS(첨단 운전자 보조장치) 적용을 위해서 라이다의 대중화가 진행되어야 한다. 현재 차량에서는 라이다(lidar), 레이더(radar), 카메라(camera), 초음파 센서(ultrasonic sensor), 차속센서(wheel speed sensor), 인공지능(AI) 등 다양한 센서들이 부착되어 시험 중에 있다. 현재 개발되어 있는 초음파 센서, 카메라 같은 것들은 향후 기능이 다양해지고 라이다와 viewing camera, thermal camera 온도 측정까지 특수한 용도의 센서(sensor)들이 추가로 개발되어 자율주행 기능을 향상시킬 것으로 예상된다.

13.2 자율주행 단계별 분류

현재 자율주행은 어디까지 왔을까? 완전 자율주행 가능한 '로보택시'가 시험운행되었고, 2024년도에는 4단계 '로보택시'가 상용화된다고 한다. 국내에서는 현대자동차(주) Genesis G90가 레벨3 단계에서 2022년도 12월에 시험운행을 하였다.

국제자동차공학회(SAE : Society of Automotive Engineers)는 기술 수준에 따라 자율주행을 다음과 같이 6단계로 분류하고 있다.

단 계	내 용
level 0	전통적 주행으로, 차선 이탈 시 운전자에게 경고만 하는 단계
level 1	운전자 보조(조향 및 가 · 감속 중 하나만 자동제어. 앞차와 간격을 유지하면서 주행)
level 2	부분 자동제어(조향, 가 · 감속 모두 자동제어)
level 3	조건부 자동제어[고속도로 자율주행, 돌발 상황(시스템 요청) 시 운전자 개입]
level 4	고도의 자율주행(특정 지역 완전 자율주행. 운전자 개입 불필요)
level 5	모든 지역 완전 자율주행(운전석, 스티어링 휠, 브레이크 페달 불필요)

[표 13.1] 자율주행 자동차의 분류

13.3 자율주행 인프라 산업

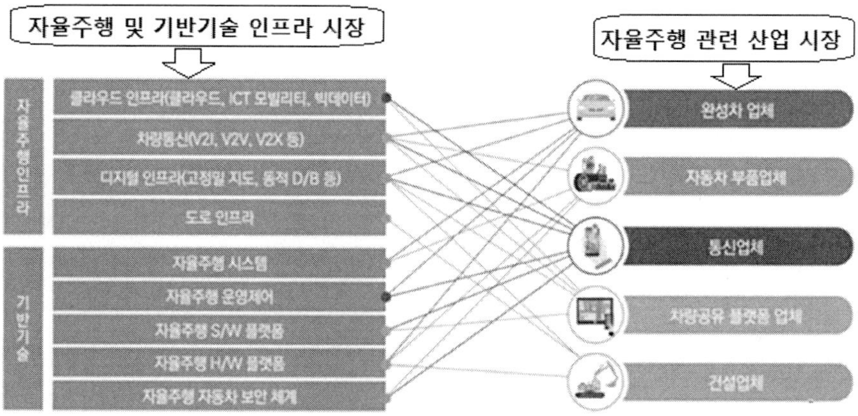

[그림 13.2] 자율주행 인프라 산업의 새로운 기회와 패권 전쟁

13.4 자율주행 주요 구성요소

자율주행 자동차에서 주변 상황 정보를 수집하는 센서, 센서가 수집한 정보를 처리하는 소프트웨어, 정보 수집에 도움을 주는 도로 인프라는 없어서는 안 되는 중요한 구성요소이다.

센서에는 초음파를 발사하여 거리나 두께, 움직임 등을 검출하는 초음파 센서(ultrasonic sensor), 파장 길이가 긴 전자기파를 발사하여 원거리 감지에 용한 레이더 센서(radar sensor), 단파 적외선 레이저(laser)를 이용한 라이다 센서(lidar sensor) 등이 있다.

라이다 센서는 직진성이 강한 고출력 레이저를 360° 발사한다. 또 주변 범위를 3D로 구성하여 레이더보다 더 정확한 정보 수집한다. 카메라 센서(camera sensor)는 이미지를 수집하여 물체 형상이 어떤지 무슨 색인지 파악하여 신호등 색깔을 볼 수 없는 다른 센서들을 보완한다. [그림 13.3]을 보면 라이다 센서는 가격 문제와 기술 문제로 적용되지 않았음을 알 수 있다.

① 전방 카메라	⑤ 전방 카메라(SVM)
② 전방 카메라(SVM)	⑥ 전방 레이더
③ 전측방 레이더	⑦ 전측방 초음파 센서
④ 전방 초음파 센서	

[그림 13.3] Genesis G90 센서위치

두뇌 역할을 하는 딥러닝 소프트웨어는 수집된 주변 정보를 분석 · 학습하여 학습할수록 더 정확하고 안전하게 운전하게 한다. 소프트웨어를 탑재한 초소형 컴퓨터와 이를 서비스할 수 있는 차량 개발도 필수적이다.

내비게이션(navigation) 역할을 하는 도로 인프라(infrastructure)도 중요하다. 폭설에 가려진 차선, 악천후, 센서 오작동 등의 상황이 발생할 경우에는 센서만으로 정확한 정보를 얻는 것이 불가능하다. 이 부족한 정보를 채워주는 도로 인프라, 즉 정밀도로지도, 차선의 수, 신호등 위치, 도로 전반에 대한 정보, 양방향 지능형 교통정보 공유 시스템(C-ITS) 등을 제공하여 도로에서 더 신속하고 더 능동적인 대응 가능하고 정확하게 도로주변 상황을 파악하여 교통상황에 맞춰 사람보다 더 안전하게 주행할 수 있어야 된다.

Handy hint ....

① SVM(Surround View Monitor) : 차의 앞뒤와 옆면에 부착된 카메라를 통해 차내에서 차 주위 공간을 볼 수 있는 모니터로, 주차를 편하게 하기 위해 개발된 장치.

② 딥러닝(DL : Deep Learning) : 딥러닝은 머신러닝(ML : Machine Learning)보다 더 진화된 버전이며 컴퓨터가 스스로 외부 데이터를 조합, 분석하여 학습하는 기술을 뜻한다. 딥러닝의 고안으로 인공지능(AI : Artificial Intelligence)이 획기적으로 도약하게 되었다.

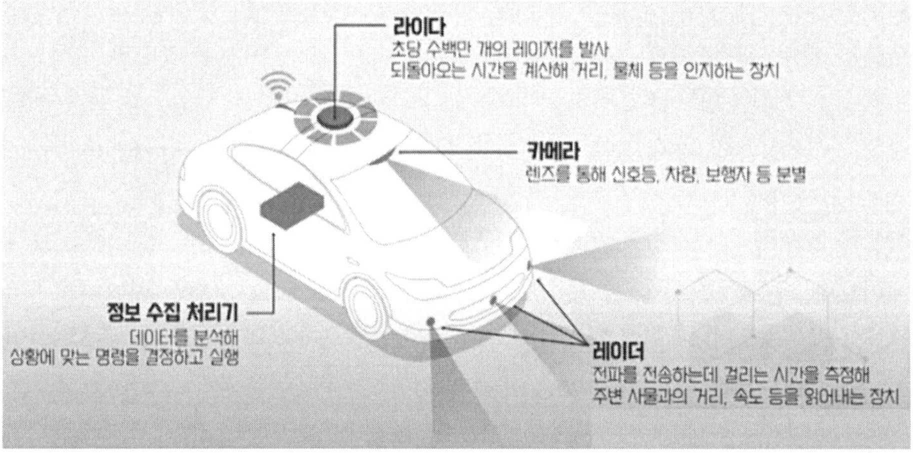

[그림 13.4] 자율주행 자동차의 주요구성 요소

13.4.1 라이다 센서(lidar sensor)

라이다(light + radar) 센서는 단파장 레이저로 3차원 공간을 인식하는 센서로서, 1930년대 아일랜드의 물리학자 에드워드 허친슨 신지(Edward Hutchinson Synge)가 고안한 개념이다. 초기 라이다는 강력한 서치라이트를 이용해 대기를 조사하는 방식을 구상했다. 라이다 센서는 1971년 아폴로 15호가 라이다 센서를 활용해 달 표면을 지도화하는 모습이 소개되면서부터 알려지기 시작했다.

[그림 13.5] 라이다로 달 표면을 촬영한 모습

이후 라이다는 물리학과 천문학, 농업, 지질학, 보안, 안전 등 사회전반에 폭넓게 이용되었다. 그러던 중 라이다는 주행 중인 차량 간격을 유지시켜 속도를 조절하는 크루즈 컨트롤에 접목되면서 차량용으로 크게 주목받았다.

자율주행 차량은 센서와 지도, 통신이 사물을 인지하고 인공지능과 소프트웨어가 상황을 판단해 차량의 각 장치가 주행 장치를 제어하는데, 여기서 라이다는 렌즈 카메라와 함께 사물을 인지하는 센서, 즉 자율주행차의 눈 역할을 한다.

라이다 센서는 어두울 때는 잘 나오지만 밝은 낮에는 검출이 거의 잘 안 되는 문제점이 있다. 이에 따라 고감도 센서와 태양광 잡음을 제거하는 알고리즘을 넣어 고감도 라이다 센서를 개발되고 있다. 또한 라이다의 가장 중요한 성능지표 중에 '최대 검출거리'라는 것이 있는데 300 [m] 이상 나오는 고성능 제품을 개발할 필요가 있다. 빗물, 온도, 진동 등 다양한 환경에도 정상적으로 작동하는 내구성 확보도 필요하다.

(a) 실제 도로 (b) 라이다에서 검출된 도로

[그림 13.6] 실제 도로와 라이다의 비교

(1) 라이다 센서의 구조

라이다 센서(lidar sensor)는 [그림 13.7]과 같이 회전하는 모터와 가이드 빔 45°로 기울어져있는 미러 센서에 빛을 모이게 하는 렌즈와 최종적으로 빛을 모으는 디텍터로 구성되어 있다. 이 라이더는 360°로 회전하면서 동작한다. 현재의 라이더는 소형화하면서 차량 윗부분에 표시가 안 되는 방식으로 향후 만들어질 것이다.

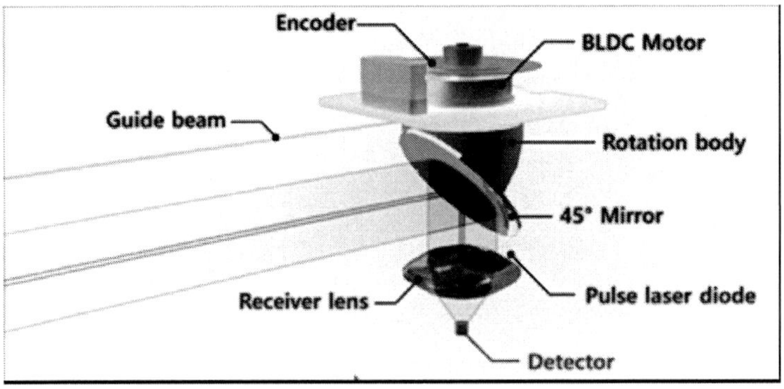

[그림 13.7] 회전식 라이다의 구조

(2) 라이다 센서의 재질

현재는 '인듐갈륨알센하이드'라는 고가의 화합물 반도체를 사용하고 있다. 가격을 낮추기 위해 [그림 13.8]과 같이 초박막 '실리콘(Si) 반도체'를 라이다에 적용하여 1,300 ~ 1,500[nm]의 적외선 단파장의 빛을 흡수할 수 있게 되었다. 이로 인해 기존의 라이더 센서보다 크기와 가격을 낮출 수 있을 것으로 예상된다.

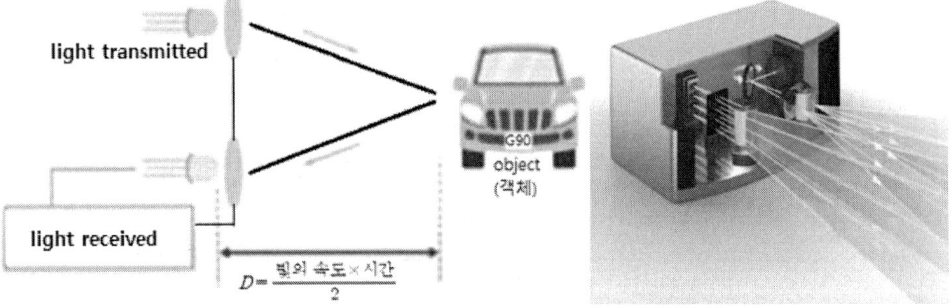

[그림 13.8] 실리콘 라이다의 구조

(3) 라이다 센서의 거리(D) 계산

$$D = \frac{\text{빛의 속도} \times \text{시간}}{2}[\mathrm{m}] \quad \therefore \text{The velocity of light=299,792,458[m/sec]}$$

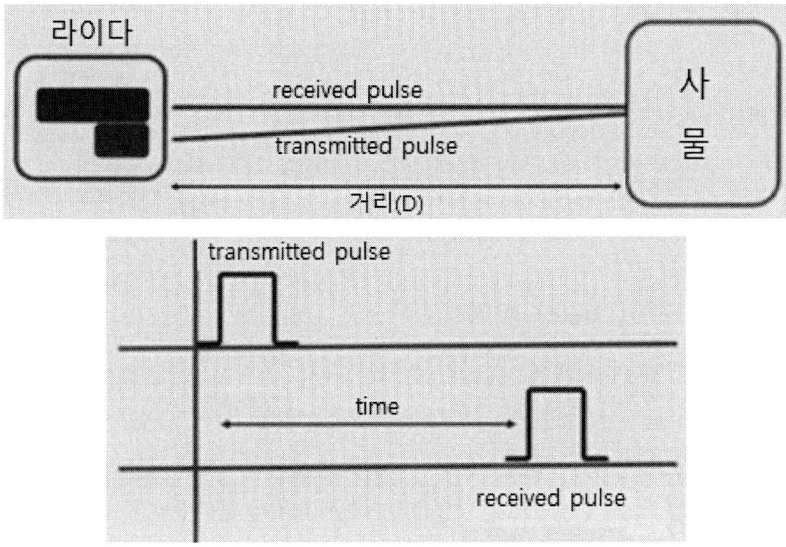

[그림 13.9] 라이다의 거리계산 방법

앞차와의 위치와 속도 예측 방법은 베이즈 정리(Bayes' theorem)라는 확률로 한다. 베이즈 정리란 생각하는 직관과 실제로 관측했던 관측치를 모두 다 종합해서 추론하는 과정이다. 이는 동전 던지기를 상상해보면 이해가 될 것이다.

목표차간거리란 안전거리를 유지하게 대응할 수 있게 하는 최소거리이며, 보통 속력에 대한 함수로 표현하고 있다. 만약 30[km/h]로 주행하는 자동차가 있다면 계산 방식은

$$목표차간거리 = 실제\ 관측한\ 값 \times 속력 \times 최소유지거리$$
$$\therefore\ 목표차간거리 = 1.2 \times 8.3[m/s] \times 4 \fallingdotseq 14[m]$$

가 된다.

(4) 라이다 센서의 소프트웨어

학습되지 않는 비정형 객체까지 라이다가 인지하여 자율주행 시 예상치 못한 돌발 장애물에 대해 빠른 판단을 내리는 것이 매우 중요하다. 라이다 인지 소프트웨어 원리는 하드웨어가 수집해준 데이터를 적용하면 기존의 모든 장애물과 도로정보를 먼저 검출한 뒤 이를 차량, 차선, 보행자 등으로 분류하는 것이다. 이러한 과정을 통해 인지능력을 기른 소프트웨어는 차량이 낯선 길 위에서도 주행 전략을 짤 수 있게 해준다.

기존의 엔드 투 엔드(end-to-end) 딥러닝 기반의 인지 소프트웨어 같은 경우에는 학습된 전형 객체만을 검출하기 때문에 돌발 상황에 대응하는 비정형 객체 대응이 쉽지 않다는 단점을 가지고 있었다.

(5) 라이다 센서의 대중화를 가로막는 장벽

① 가격 절감을 위한 혁신

② 소프트웨어의 기술

③ 사람의 눈을 해치지 않고 고해상도의 세밀한 이미징에 강한 단파 적외선이라는 긴 적외선 개발

13.4.2 레이더 센서(radar sensor)

레이더는 전자파(76 ~ 77[GHz])를 전송하는 데 걸리는 시간을 측정해 주변 사물과의 거리, 속도, 방향 등을 탐지하고 추적할 수 있는 가장 대표적인 전자파 센서이다.

최근에 레이더 관련 전자파 기술이 급속하게 발전함에 따라 항공, 선박, 자동차, 우주, 국방, 교통, 민수(民需), 과학 기술 전 분야에 걸쳐 기술파급효과와 활용분야가 날로 증가하고 있다.

∴ The velocity of ray = 3×10^{10}[㎝/sec] 대기중에서는 광속도와 같다.

(1) 레이더 전자기파(electromagnetic pulse)

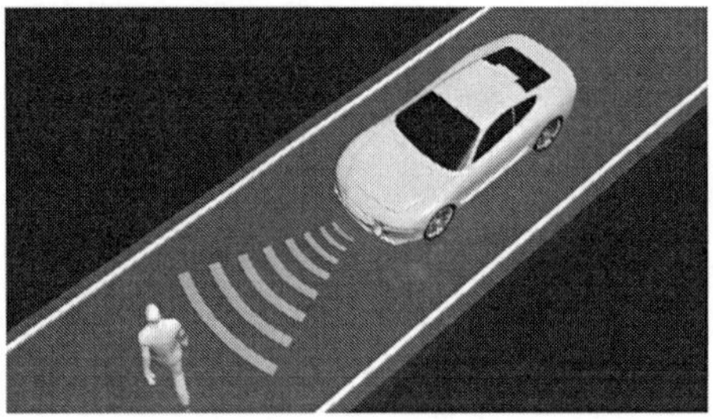

[그림 13.10] 레이더 전자기파

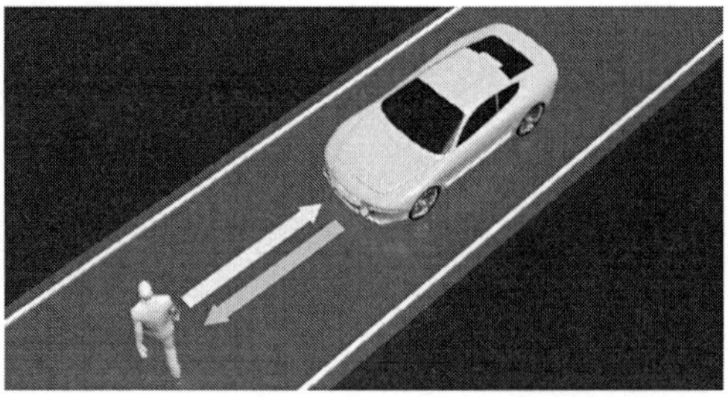

[그림 13.11] 레이더 반사

(2) 3차원 입체도(three-dimensional diagram) 비교

[그림 13.12] 라이다

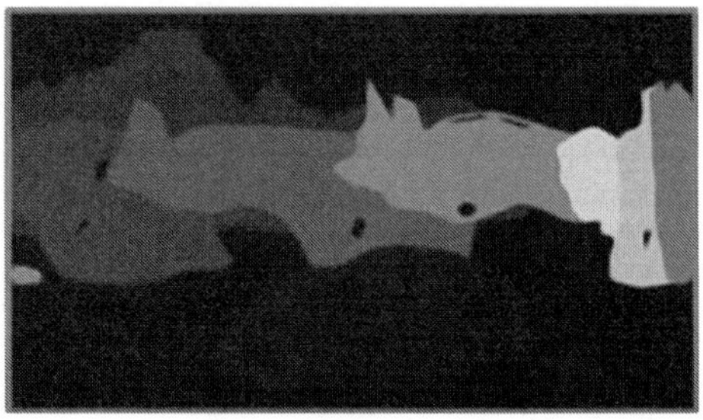

[그림 13.13] 레이더

13.4.3 초음파 센서(ultrasonic sensor)

사람의 귀에 들리지 않을 정도로 높은 주파수(약 20[kHz] 이상과 속도 340[m/s]) 소리인 초음파가 가지고 있는 특성을 이용하여 거리나 두께, 움직임 등을 검출하는 센서이다.

초음파는 공기나 액체, 고체에 사용할 수 있고, 주파수가 높고 파장이 짧기 때문에 높은 분해력을 계측할 수 있는 특징이 있다

초음파 센서는 초음파의 발신소자와 수신소자가 동일하다. 센서 재료로는 자기변형 재료(페라이트 등)나 전압, 전기 변형재료(로셀염, 티탄산 바륨 등)가 이용되고 있다.

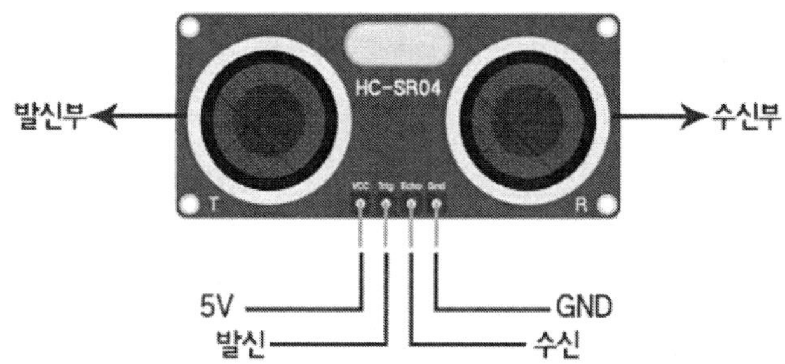

[그림 13.14] 초음파 센서 구조

13.4.4 광각 카메라 센서(camera sensor)

(1) 카메라의 초점거리 및 광각

카메라에는 렌즈의 초점으로 분류된다. [mm]는 초점거리를 말하고, 초점거리가 작으면 작을수록 광각 효과가 크게 나타나며 광각 효과가 크게 나타날수록 상이 많이 왜곡되어 표현된다.

카메라 렌즈는 표준렌즈, 광각렌즈, 단렌즈, 어안렌즈, 접시렌즈 등이 있다. 일반적으로 사용되는 광각렌즈(wide angle lens)의 경우 초점거리가 28 ~ 35[mm]인데 이보다 더 작은 경우는 초광각 렌즈나 어안렌즈라고 말한다.

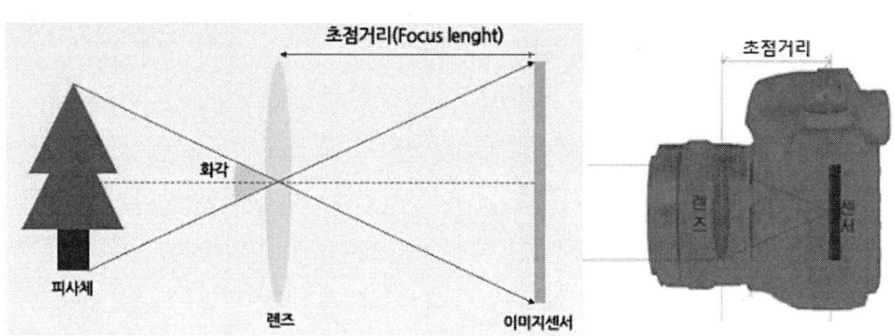

[그림 13.15] 초점거리

① 어안렌즈 : 초점거리는 7~15[mm] 이하, 광각이 180[°] 이상

② 광각렌즈 : 초점거리는 50[mm] 이하이고, 광각이 40~80[°], 초점거리가 짧은 렌즈로 넓은 범위의 사진과 뚜렷한 사진을 담아낸다. 왜곡현상이 나타나고 원근감이 강조된다.

③ 표준렌즈 : 초점거리 24~35[mm], 광각이 40~60[°]으로 준망원까지 커버할 수 있는 줌 렌즈를 말하며, 풍경이나 인물사진 등 다양하게 사용된다. 대표적인 렌즈로는 24-105, 24-85, 28-135 등이 있다.

④ 망원렌즈 : 초점거리가 60[mm] 이상의 렌즈를 가리키며 광각이 40[°] 이하, 화각이 좁아지고 멀리 있는 피사체를 가볍게 촬영할 수 있다.

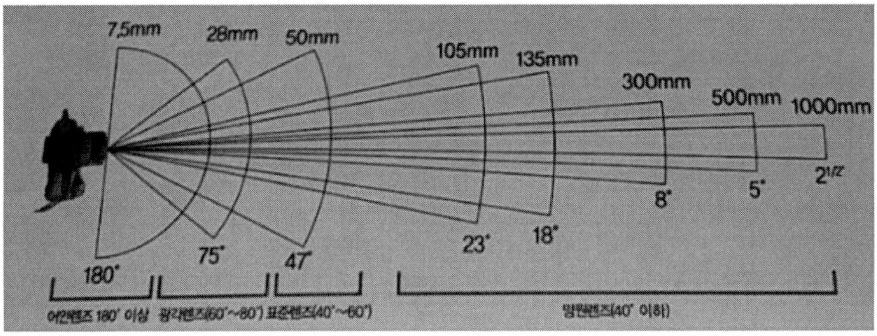

[그림 13.16] 렌즈의 초점거리 및 광각

(2) The speed of camera

필름이 카메라의 노출 장치를 통과하여 촬영되는 속도이다. 대개는 초당 프레임 수를 뜻하는 fps(frame per second)로 표시한다. 카메라 속도에 따른 영상 효과는 다음과 같다[영화사전 자료 인용].

① 싱글 프레임 : 한 번에 1프레임만 촬영하는 것으로 가장 느린 카메라 속도이다. 전용 모터를 이용하여 1시간에 1프레임 혹은 하루에 1프레임씩 촬영할 수 있다. 꽃이 피는 장면, 건물이 지어지는 장면 등에서 시간을 압축하여 오랜 시간이 걸리는 현상을 빠르게 기록할 수 있다.

② 2 ~ 3[fps] : 매우 느린 저속 촬영으로 자동차, 비행기, 사람 등과 같은 일상적인 물체들의 빠른 동작을 만들어낸다.

③ 4 ~ 7[fps] : 2 ~ 3[fps]와 유사하나 덜 뚜렷하다.

④ 8 ~ 16[fps] : 마치 무성 영화의 액션과 같은 효과가 만들어진다. 코믹한 효과를 위해 사용한다.

⑤ 20 ~ 24[fps] : 사람들이 속도가 약간 빠르다고 인식하는 수준으로, 짧은 쇼트나 동작이 빠른 액션 장면에 이용한다.

⑥ 24[fps] : 모든 동작이 정상인 속도로, 현실을 그대로 복제하는 속도이며 동시 녹음을 위해 사용한다.

⑦ 24 ~ 30[fps] : 약간 느린 동작을 만든다. 액션에 따라 눈치 채지 못할 수도 있다.

⑧ 30 ~ 48[fps] : 운동 경기와 같은 격렬한 액션을 촬영할 때 느리면서도 기품 있는 동작을 만들어낸다.

⑨ 48 ~ 64[fps] : 정상보다 2 ~ 3배 정도 느린 동작이 만들어진다. 미니어처나 동작 분석 등에 사용한다.

⑩ 64 ~ 96[fps] : 우아하고 환영(phantom) 같은 슬로 모션을 만든다.

⑪ 150[fps] 이상 : 폭발, 스턴트, 자동차 경주, 비행기와 같이 빠른 물체를 촬영할 때 사용하는 속도이다. 새의 날갯짓, 유리의 흔들림, 로켓 발사 등 빠른 동작의 촬영에 적합하다.

자율주행 자동차에서는 광각렌즈를 사용하고 있으며, 렌즈를 통해 신호등, 차량, 보행자 등을 분별, 이미지(image) 등을 수집하여 물체 형상이 어떤지 무슨 색인지 파악하여 traffic signals color를 볼 수 없는 다른 센서(sensor)들을 보완한다.

13.4.5 카메라, 레이더, 라이다 특성 비교

기술적 특징(Technical features)	Camera	Radar	Lidar	Fusion
탐지거리(range detection)	short	long	300[m]	O
해상도(resolution)	양호	중간	양호	O
속도 측정(speed detection)	×	가능	가능	O
3차원 탐지(3d detection/ego location)	×	나쁨	양호	O
물체 해석(object interpretation) (signs, traffic signals)	양호	나쁨	나쁨	O
외부 요인(External factors)				
저조도(low light/darkness)	중간	가능	양호	O
매우 밝은 빛(very bright light)	중간	양호	나쁨 (개선필요)	O
날씨(안개, 비, 눈) (weather(fog, rain, snow)	나쁨	양호	중간	O
먼지/오염(dust/dirt)	나쁨	양호	나쁨	O
전파 방해(interference)	없음	중간	없음	O
승인/인수(Acceptance)				
성숙한 해결(solution maturity)	양호	양호	△	
걸어온 길(footprint)	사용 중	사용 중	2022년 차량용 개발 완료	
가격 (price)	저렴함	저렴함	△	

13.5 결론(conclusion)

Autonomous driving vehicle의 원리는 사람이 운전하는 원리와 같다. 먼저 최종목적지를 입력하고 경로를 결정한다. 이후 차량에 장착된 레이더(radar), 라이다(lidar), 카메라(camera), 초음파 센서(ultrasonic sensor), 차속센서(wheel speed sensor), 위성위치확인시스템(GPS : global positioning system) 등으로 주행 환경에 대한 정보를 수집하고 인식(detection)한다. 그 다음부터는 정밀 위치를 계산하고 선택적으로 사람을 대신해 조향 및 가·감속을 판단해 차량 스스로 경로를 따라 운행하게 된다.

어떻게 보면 원리는 간단하지만, 그 원리에 상응하는 기술들은 절대 간단하지만은 않다. 인식-판단-제어의 알고리즘(algorithm)이 모두 함께 진행되어야 하기 때문이다. 주행 환경 인식 기술은 대부분 sensor를 통한 sensing으로 진행된다. 주로 레이더(radar), GPS, 카메라(camera), 라이다(lidar), 초음파 센서(ultrasonic sensor), 차속센서 등을 이용해 운전 중 나타나는 보행자와 교통신호(traffic signals), 다른 차량 주행속도 등을 파악한다.

그러나 주행 환경 인식 기술에는 한계가 존재한다. 왜냐하면 센싱(sensing)이 불가능한 사각지대(폭설에 가려진 차선, 악천후, 센서 오작동 등)가 존재하기 때문이다. 이에 따라 무선측위 시스템 및 map matching technology을 통해 한계 극복에 나섰다. 즉, 정밀도로지도, 차선 개수, 신호등 위치, 도로 전반에 대한 정보, 양방향 지능형 교통정보 공유 시스템(C-ITS) 등을 제공하는 GPS 기술이다. GPS로 위치를 알고 있는 출발점에서 현재 위치까지의 진행 방향 및 거리를 계산하면서 현재의 위치를 추적하는 기술이 이에 해당한다.

다음은 차량 주행전략 및 제어 기술이다. 이전에는 운전자가 직접 했던 구동, 제동, 조향, 돌발 상황 대응 등을 ADAS(첨단 지능형 운전자 보조 시스템)를 통해 실제 구동장치를 제어하여 사람이 운전하는 것 보다는 1,000배 이상 안전한 운전이 가능하게 된다. 또한 차량의 각 바퀴 내에 구동, 제동, 조향, 현가 등의 시스템을 통합하여 각각의 바퀴가 독립적으로 360°회전하여 복잡한 도로에서 쉽게 자율주행이 가능하게 할 필요가 있다.

마지막으로 자율주행으로 이동할 때 사람은 차내에서 무엇을 해야 할까? 목적기반 모빌리티(PBV)를 이용하여 실내에서 교육, 레저, 휴식, 영화, 쇼핑, 헬스케어, 엔터테인먼트 등 다양한 여가 서비스를 제공하게 된다.

이렇게 멋지고 편안한 전자율 주행 시대는 언제쯤 오냐고 필자에게 묻는 사람들이 많다. 공공재 개념의 자동차, 즉 제한지역(청소차, 순찰차, 택시 등) 내에서 저속자율운행 자동차는 곧 양산될 것으로 본다. 하지만 100[km/h] 이상의 자율주행 자동차는 센서 인지거리가 200[m] 이상 되어야만 충분한 제동거리가 나오므로 스스로 인지, 판단, 제어할 반도체 기술이 개발되어야 하고, 또 주행 중 사고가 발생되었을 때 인간지능에 필적한 일반인공지능기술이 필요하다. 또 보안, 보험, 운행제도, 도덕적 딜레마 등 사회적 합의가 필요하다. 이러한 이유들 때문에 조심스럽지만 필자의 생각으로는 운전석이 없는 완전자율주행은 30년 후에나 가능하리라고 본다.

부록 | 예제문제 정답

CHAPTER 01 기초전기

예제 1-1	가	예제 1-2	다	예제 1-3	가	예제 1-4	라	예제 1-5	나
예제 1-6	다	예제 1-7	라	예제 1-8	나	예제 1-9	가	예제 1-10	나
예제 1-11	라	예제 1-12	라	예제 1-13	나	예제 1-14	다	예제 1-15	가
예제 1-16	라	예제 1-17	나	예제 1-18	라	예제 1-19	다	예제 1-20	라
예제 1-21	라	예제 1-22	가	예제 1-23	라	예제 1-24	나	예제 1-25	다
예제 1-26	다	예제 1-27	다	예제 1-28	다	예제 1-29	라	예제 1-30	다
예제 1-31	다	예제 1-32	나	예제 1-33	다	예제 1-34	나	예제 1-35	라
예제 1-36	라	예제 1-37	나	예제 1-38	나	예제 1-39	다	예제 1-40	다
예제 1-41	나	예제 1-42	나	예제 1-43	나	예제 1-44	가	예제 1-45	나
예제 1-46	다	예제 1-47	나	예제 1-48	라	예제 1-49	다	예제 1-50	가
예제 1-51	라	예제 1-52	다	예제 1-53	다	예제 1-54	다	예제 1-55	가
예제 1-56	라	예제 1-57	가	예제 1-58	나				

CHAPTER 02 기초전자

예제 2-1	라	예제 2-2	나	예제 2-3	라	예제 2-4	라	예제 2-5	나
예제 2-6	가	예제 2-7	라	예제 2-8	나	예제 2-9	나	예제 2-10	라
예제 2-11	라	예제 2-12	다	예제 2-13	라	예제 2-14	다	예제 2-15	라
예제 2-16	가	예제 2-17	라	예제 2-18	나	예제 2-19	라	예제 2-20	다
예제 2-21	다	예제 2-22	가	예제 2-23	라	예제 2-24	라		

CHAPTER 03 축전지

예제 3-1	라	예제 3-2	가	예제 3-3	나	예제 3-4	라	예제 3-5	가
예제 3-6	라	예제 3-7	다	예제 3-8	나	예제 3-9	라	예제 3-10	라
예제 3-11	가	예제 3-12	나	예제 3-13	가	예제 3-14	나	예제 3-15	나
예제 3-16	나	예제 3-17	가	예제 3-18	가	예제 3-19	나	예제 3-20	가

부록 | 예제문제 정답

CHAPTER 04 시동장치

예제 4-1	나	예제 4-2	가	예제 4-3	가	예제 4-4	나	예제 4-5	라
예제 4-6	라	예제 4-7	다	예제 4-8	라	예제 4-9	나	예제 4-10	다
예제 4-11	나	예제 4-12	가	예제 4-13	가	예제 4-14	다	예제 4-15	가
예제 4-16	나	예제 4-17	가	예제 4-18	가	예제 4-19	라	예제 4-20	나
예제 4-21	다	예제 4-22	나						

CHAPTER 05 점화장치

예제 5-1	가	예제 5-2	나	예제 5-3	다	예제 5-4	다	예제 5-5	나
예제 5-6	가	예제 5-7	다	예제 5-8	다	예제 5-9	라	예제 5-10	다
예제 5-11	가	예제 5-12	라	예제 5-13	라	예제 5-14	라	예제 5-15	다
예제 5-16	가	예제 5-17	라	예제 5-18	다	예제 5-19	가	예제 5-20	나
예제 5-21	가	예제 5-22	다	예제 5-23	가	예제 5-24	가	예제 5-25	다
예제 5-26	다	예제 5-27	라	예제 5-28	가	예제 5-29	나	예제 5-30	라
예제 5-31	다	예제 5-32	다	예제 5-33	라	예제 5-34	다	예제 5-35	가
예제 5-36	가	예제 5-37	가	예제 5-38	라	예제 5-39	라	예제 5-40	라
예제 5-41	다	예제 5-42	가	예제 5-43	나	예제 5-44	라	예제 5-45	가
예제 5-46	다	예제 5-47	라						

CHAPTER 06 충전장치

예제 6-1	나	예제 6-2	라	예제 6-3	나	예제 6-4	나	예제 6-5	나
예제 6-6	다	예제 6-7	나	예제 6-8	다	예제 6-9	나	예제 6-10	라
예제 6-11	가	예제 6-12	라	예제 6-13	다	예제 6-14	라	예제 6-15	가
예제 6-16	가	예제 6-17	다	예제 6-18	가	예제 6-19	라	예제 6-20	나
예제 6-21	다	예제 6-22	나	예제 6-23	라	예제 6-24	나	예제 6-25	라
예제 6-26	가	예제 6-27	다	예제 6-28	나	예제 6-29	나	예제 6-30	나
예제 6-31	라	예제 6-32	나						

부록 | 예제문제 정답

CHAPTER 07 공조장치

예제 7-1	다	예제 7-2	라	예제 7-3	라	예제 7-4	라	예제 7-5	나
예제 7-6	다	예제 7-7	가	예제 7-8	나	예제 7-9	가	예제 7-10	나
예제 7-11	나	예제 7-12	라	예제 7-13	가	예제 7-14	다	예제 7-15	다
예제 7-16	나	예제 7-17	라	예제 7-18	가	예제 7-19	라	예제 7-20	나
예제 7-21	라	예제 7-22	가	예제 7-23	라	예제 7-24	라	예제 7-25	나
예제 7-26	라	예제 7-27	다	예제 7-28	다	예제 7-29	다	예제 7-30	다
예제 7-31	나	예제 7-32	가	예제 7-33	라	예제 7-34	다		

CHAPTER 08 등화 및 계기장치

예제 8-1	다	예제 8-2	나	예제 8-3	다	예제 8-4	가	예제 8-5	가
예제 8-6	라	예제 8-7	나	예제 8-8	라	예제 8-9	라	예제 8-10	나
예제 8-11	나	예제 8-12	다	예제 8-13	다	예제 8-14	가	예제 8-15	라
예제 8-16	가	예제 8-17	다	예제 8-18	다	예제 8-19	가	예제 8-20	가
예제 8-21	라	예제 8-22	다	예제 8-23	라	예제 8-24	나	예제 8-25	나
예제 8-26	가	예제 8-27	라	예제 8-28	나	예제 8-29	라	예제 8-30	다
예제 8-31	다	예제 8-32	다	예제 8-33	라	예제 8-34	라	예제 8-35	라
예제 8-36	가	예제 8-37	다	예제 8-38	나	예제 8-39	나	예제 8-40	나
예제 8-41	가	예제 8-42	가	예제 8-43	가	예제 8-44	다		

CHAPTER 09 보디전장 장치

예제 9-1	다	예제 9-2	다	예제 9-3	다	예제 9-4	다	예제 9-5	다
예제 9-6	다	예제 9-7	가	예제 9-8	가	예제 9-9	가	예제 9-10	나
예제 9-11	가	예제 9-12	다	예제 9-13	라	예제 9-14	나	예제 9-15	라
예제 9-16	가	예제 9-17	나	예제 9-18	다	예제 9-19	라	예제 9-20	가
예제 9-21	라	예제 9-22	나	예제 9-23	나	예제 9-24	라	예제 9-25	다
예제 9-26	다	예제 9-27	다	예제 9-28	나				

부록 | 예제문제 정답

CHAPTER 10 에어백 장치

예제 10-1	**나**	예제 10-2	**가**	예제 10-3	**다**	예제 10-4	**다**	예제 10-5	**나**
예제 10-6	**라**	예제 10-7	**나**	예제 10-8	**라**	예제 10-9	**라**	예제 10-10	**나**
예제 10-11	**나**	예제 10-12	**가**	예제 10-13	**다**	예제 10-14	**라**	예제 10-15	**라**
예제 10-16	**다**	예제 10-17	**가**						

CHAPTER 11 하이브리드 자동차

예제 11-1	**라**	예제 11-2	**라**	예제 11-3	**나**	예제 11-4	**라**	예제 11-5	**가**
예제 11-6	**나**	예제 11-7	**나**	예제 11-8	**가**	예제 11-9	**다**	예제 11-10	**가**
예제 11-11	**다**	예제 11-12	**다**	예제 11-13	**가**	예제 11-14	**다**	예제 11-15	**가**
예제 11-16	**다**	예제 11-17	**나**	예제 11-18	**라**	예제 11-19	**라**	예제 11-20	**가**
예제 11-21	**가**	예제 11-22	**다**	예제 11-23	**라**	예제 11-24	**나**	예제 11-25	**라**
예제 11-26	**라**								

CHAPTER 12 최신 자동차 전기전자 기술

예제 12-1	**다**	예제 12-2	**라**	예제 12-3	**가**				

저 | 자 | 소 | 개

이찬수 (공학석사) / 現 부산자동차정비학원 원장
황성일 (공학박사) / 現 기아자동차(주)부산서비스센터
정중호 (공학박사) / 現 한국폴리텍대학 부산캠퍼스 자동차과 교수
유재복 (공학박사) / 現 한국폴리텍대학 창원캠퍼스 자동차과 교수

저자와의
협의에 의해
인지 생략

자동차 전기전자공학

3판 3쇄 2026년 3월 10일

저 자	이찬수 / 황성일 / 정중호 / 유재복
발행인	송광헌
발행처	**복두(더)**
주 소	서울특별시 영등포구 경인로82길 3-4 센터플러스 807호 (우) 07371
전 화	02-2164-2580
FAX	02-2164-2584
등 록	1993. 11. 22. 제 10-902 호

정가 : 30,000원

ISBN : 979-11-6675-276-6 93550

한국과학기술출판협회 회원사